Georg Löffler

Funktionelle Biochemie

Eine Einführung in die medizinische Biochemie

Mit 227 Abbildungen und 55 Tabellen

Springer-Verlag
Berlin Heidelberg New York
London Paris Tokyo
Hong Kong Barcelona Budapest

Professor Dr. Georg Löffler
Institut für Biochemie, Genetik und Mikrobiologie
Universität Regensburg
Universitätsstraße 31
8400 Regensburg

ISBN 3-540-54692-8 Springer-Verlag Berlin Heidelberg New York

Die Deutsche Bibliothek – CIP-Einheitsaufnahme
Löffler, Georg: Funktionelle Biochemie: Eine Einführung in die medizinische Biochemie; mit 55 Tabellen/Georg Löffler. – Berlin; Heidelberg; New York; London; Paris; Tokyo; Hong Kong; Barcelona; Budapest: Springer 1993 (Springer Lehrbuch)
ISBN 3-540-54692-8 (Berlin . . .)
ISBN 0-387-54692-8 (New York . . .)

Satz: Danny Lewis Buchproduktion, Berlin;
Druck und Bindearbeiten: Stürtz, Würzburg
15/3020-5 4 3 2 1 0 — Gedruckt auf säurefreiem Papier

Vorwort

Die heutige Biochemie hat eine medizinische und eine naturwissenschaftliche Wurzel. Die medizinische Biochemie oder physiologische Chemie hat sich aus der Physiologie abgespalten und reflektiert den Wunsch, die Dynamik der Lebensprozesse und ihrer Störungen auf einem molekularen Niveau zu verstehen. Die naturwissenschaftliche Biochemie hingegen entstammt ursprünglich der Naturstoffchemie und damit dem Bedürfnis, die einzelnen Bestandteile lebender Systeme auf molekularem Niveau kennenzulernen. Aus dem Zusammenschluß dieser beiden Richtungen ist die heutige moderne Biochemie entstanden, ein Fach, das die Aufklärung der einzelnen Reaktionen des Stoffwechsels inzwischen sehr weit getrieben hat und zu dessen Hauptrichtungen derzeit die Aufklärung so grundlegender zellbiologischer Phänomene wie Genexpression, Differenzierung und Wachstum gehören. Über die Jahre hinweg sind die Beziehungen zwischen Biochemie und Medizin außerordentlich lebendig geblieben. Wenn ursprünglich die Medizin anhand der von ihr beschriebenen Krankheitsbilder die Anstöße zur Aufklärung des normalen und pathologischen Stoffwechsels lieferte, so bezieht sie heute aus dem rasanten Fortschritt der Biochemie und Molekularbiologie neue Impulse. Die Zeit von der biochemischen Entdeckung bis zu seiner Anwendung in der Medizin zu diagnostischen oder therapeutischen Zwecken, hat sich immer weiter verkürzt.

Die wenigen hier dargestellten Tatbestände machen es verständlich, daß der Biochemie sowie der Pathobiochemie im Rahmen der medizinischen Ausbildung ein zunehmend breiterer Raum gewährt wird. Dies bedeutet natürlich auch, daß die Belastung der Medizinstudenten durch dieses Fach immer weiter zunimmt. Eine der Hauptschwierigkeiten ist dabei, das für die Ausbildung zum Arzt Notwendige aus der Fülle des biochemischen Wissens herauszufinden. Das vorliegende Buch ist aus meiner langjährigen Erfahrung mit den verschiedensten Aspekten des Biochemieunterrichts entstanden und faßt die für die Medizin besonders relevanten Teile der Biochemie zusammen. Die ersten vier Kapitel enthalten in kurzer Form eine Zusammenstellung des Aufbaus tierischer und damit auch menschlicher Zellen aus Proteinen, der katalytischen Funktion von Proteinen, der Funktion der DNS sowie des Aufbaus der zellulären Kompartimente. Die Kapitel 5 – 14 geben dann eine Zusammenfassung der für die Medizin besonders wichtigen Aspekte des Stoffwechsels einschließlich der Molekularbiologie und Genexpression. Die Kapitel 15 – 23 schildern schließlich die medizinisch wichtigen Aspekte der Funktion von Organen und Organsystemen. Ich habe dabei versucht, in jedem einzelnen Kapitel dem nach dem Gegenstandskatalog in der derzeit gültigen Fassung geforderten Stoff gerecht zu werden sowie die Gebiete der Biochemie abzuhandeln, die von allgemeiner medizinischer Bedeutung sind und dementsprechend auch häufig in Prüfungen abgefragt werden. In diesem Sinne stellt die jetzt vorliegende Fassung des Buches nicht nur eine Modernisierung, sondern auch eine Erweiterung der in der Reihe Heidelberger Taschenbücher 1983 von mir veröffentlichten Grundzüge der physiologischen Chemie dar.

Das Buch wendet sich an alle Studenten, die besonderes Interesse an der Biochemie des Menschen haben, bevorzugt damit natürlich an Studenten der Medizin und Zahnmedizin, daneben an Pharmazeuten und, wegen ihrer vielfältigen Tätigkeit im Bereich verschiedener medizinischer Fächer, auch an Biologen und Chemiker. Es soll den Lesern den Einstieg in die medizinrelevante Biochemie vermitteln, das Arbeiten mit umfangreicheren Lehrbüchern erleichtern und schließlich als Hilfe bei der Examensvorbereitung dienen.

Bei den Mitarbeitern des Springer Verlags, besonders bei Frau A.C. Repnow, sowie bei Frau G. Maas. möchte ich mich für die stete Hilfsbereitschaft bedanken, mit der sie geholfen haben, meine Wünsche bezüglich der Ausstattung und Gestaltung des Buches zu realisieren. Besonders Dank gebührt Frau A. Löffler für die Zusammenstellung des Manuskripts sowie für die vielen Stunden, die sie mit dem Lesen der Korrekturen zugebracht hat.

Regensburg, Februar 1993 Georg Löffler

Inhalt

1 Aminosäuren und Proteine

ZUSAMMENFASSUNG

Die Aminosäuren: Die Seitenketten der Aminosäuren bestimmen ihre chemischen Eigenschaften. Die Struktur und Funktion von Proteinen werden durch die Seitenketten der Aminosäuren bestimmt.
Proteine: Proteine sind für Struktur, Katalyse und Erkennung verantwortlich. In Proteinen sind Aminosäuren durch Peptidbindungen miteinander verknüpft. α-Helix und β-Faltblatt bilden die Sekundärstruktur von Proteinen. Für die Ausbildung der Tertiärstruktur sind Wechselwirkungen zwischen bestimmten Aminosäureseitenketten in Proteinen verantwortlich. Proteine aus verschiedenen Untereinheiten verfügen über Quartärstruktur.

1.1 Aminosäuren

Die besondere Bedeutung der ***Aminosäuren*** liegt darin, daß sie die Bauteile aller in lebenden Organismen vorkommenden ***Proteine*** sind. Insgesamt finden sich in den bisher bekannten Proteinen die 20 in Tabelle 1.1 dargestellten sog. proteinogenen Aminosäuren. Darüber hinaus haben Aminosäuren als Ausgangssubstanzen für die Biosynthese vieler wichtiger Verbindungen große Bedeutung. Beispiele hierfür sind Hormone (*Katecholamine*, s.S. 346), Neurotransmitter (z.B. γ-*Aminobutyrat*, s.S. 470), biogene Amine (z.B. *Serotonin*, s.S. 205). Außerdem dienen Aminosäuren als Stickstofflieferanten bei der Biosynthese N-haltiger Verbindungen (Purin-, Pyrimidinbiosynthesen, s.S. 259).

Tabelle 1.1. Die proteinogenen Aminosäuren

$^{-}OOC-CH(NH_3^+)-H$	Glycin
$-CH_3$	Alanin
$-CH(CH_3)-CH_3$	Valin
$-CH_2-CH(CH_3)_2$	Leucin
$-CH(CH_3)-CH_2-CH_3$	Isoleucin
$-CH_2-CH_2-S-CH_3$	Methionin
$-CH_2-SH$	Cystein
$-CH_2-OH$	Serin
$-CH(OH)-CH_3$	Threonin
$-CH_2-COO^-$	Asparaginsäure
$-CH_2-CONH_2$	Asparagin
$-CH_2-CH_2-COO^-$	Glutaminsäure
$-CH_2-CH_2-CONH_2$	Glutamin
$-CH_2-CH_2-CH_2-NH-C(=NH)-NH_2$	Arginin
$-CH_2-CH_2-CH_2-CH_2-NH_2$	Lysin
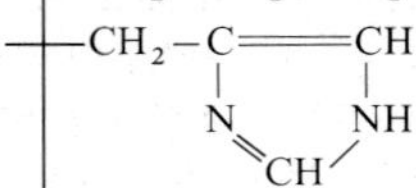	Histidin
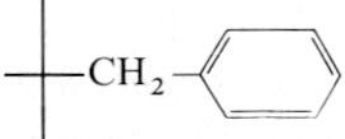	Phenylalanin
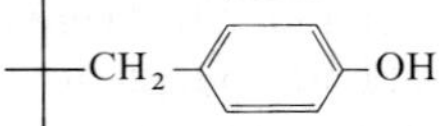	Tyrosin
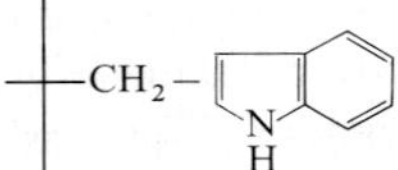	Tryptophan
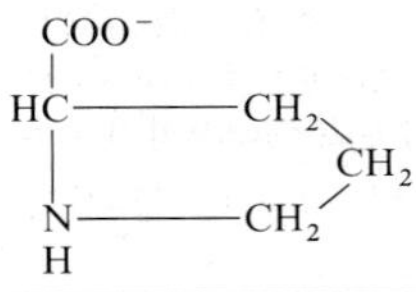	Prolin

Die Seitenketten der Aminosäuren bestimmen ihre chemischen Eigenschaften

Die 20 bekannten *proteinogenen* Aminosäuren unterscheiden sich ausschließlich in der Natur ihrer Seitenkette, während die funktionellen Gruppen am α-C-Atom, also die ***Amino-*** und ***Carboxyl-Gruppe, bei allen*** Aminosäuren gleich sind.

Die Aminosäuren Glycin, Alanin, Valin, Leucin und Isoleucin zeichnen sich durch eine aliphatische Seitenkette aus, die verzweigt sein kann. In diese Reihe gehört auch die Aminosäure Methionin, die eine Mercaptomethylgruppe enthält. Eine ebenfalls schwefelhaltige Aminosäure ist das Cystein, das eigentlich ein Strukturanaloges des Alanins darstellt, bei dem die CH_3-Gruppe durch eine CH_2-SH-Gruppe ersetzt ist. Es entspricht in seiner Struktur dem Serin, das statt der CH_2-SH- eine CH_2-OH-Gruppe besitzt. Das um eine CH_3-Gruppe verlängerte Homologe des Serins ist die Aminosäure Threonin.

Monoaminodicarbonsäuren sind die beiden Aminosäuren Asparaginsäure und Glutaminsäure. Liegt die Carboxylgruppe in Form ihres Amides vor, so entsteht Asparagin bzw. Glutamin. Aminosäuren mit einer Seitenkette, die eine Aminogruppe enthält, sind das Arginin und das Lysin. Histidin, Phenylalanin, Tyrosin und Tryptophan tragen eine aromatische Seitenkette; beim Prolin schließlich handelt es sich um eine Aminosäure mit cyclischem Aufbau.

Tabelle 1.2 stellt wichtige *nichtproteinogene* Aminosäuren zusammen. Ornithin und Citrullin sind wichtige Zwischenprodukte des Harnstoffcyclus (s.S. 189), γ-Aminobuttersäure ist strenggenommen keine echte Aminosäure. Sie entsteht durch Decarboxylierung am α-C-Atom des Glutamates.

Struktur und Funktion von Proteinen werden durch die Seitenketten der Aminosäuren bestimmt

Für die Konformation und Funktion der Proteine sind neben der Peptidbindung (s.S. 6) die Aminosäureseitenketten von größter Bedeutung. Ein Beispiel hierfür ist die SH-Gruppe der Aminosäure ***Cystein***. Bei vielen Proteinen erfolgt eine Stabilisierung der Raumstruktur durch Oxidation zweier in unmittelbarer Nachbarschaft liegender Cysteinyl-SH-Gruppen zu einer *Disulfidbrücke*. So verfügt

Tabelle 1.2. Wichtige nichtproteinogene Aminosäuren

$\mathrm{H-\underset{\overset{+}{N}H_3}{\overset{COO^-}{C}}-CH_2-CH_2-CH_2-NH_2}$	Ornithin
$\mathrm{H-\underset{\overset{+}{N}H_3}{\overset{COO^-}{C}}-CH_2-CH_2-CH_2-NH-CO-NH_2}$	Citrullin
$\mathrm{H-\underset{\overset{+}{N}H_3}{\overset{H}{C}}-CH_2-CH_2-COO^-}$	γ-Aminobuttersäure

beispielsweise das Proteohormon Insulin (s.S. 354) über zwei derartige Disulfidbrücken, die die A- und B-Kette miteinander „quervernetzen“. Die Struktur der A-Kette wird außerdem durch eine intramolekulare Disulfidbrücke zwischen zwei Cysteinresten stabilisiert. Auch für die katalytische Funktion vieler Enzyme ist die SH-Gruppierung eines Cysteinylrestes essentiell. So erfolgt die Oxidation des Phosphoglycerinaldehyds zum 1,3-Bisphosphoglycerat erst nach covalenter Bindung von Phosphoglycerinaldehyd an eine derartige SH-Gruppe, wobei zunächst als Zwischenprodukt ein Thiohalbacetal entsteht (s.S. 117). Von besonderer Bedeutung sind die Hydroxylgruppen der Aminosäuren Serin und Threonin. Sie tragen in O-glykosidischer Bindung die Kohlenhydratseitenketten von Glykoproteinen. Darüber hinaus werden sie bei den durch covalente Modifikation (Interkonvertierung) regulierten Enzymen modifiziert. Im allgemeinen geschieht dies durch Übernahme eines Phosphatrestes in Esterbindung (s.S. 103).

Die Säureamidgruppierung des Asparagins dient bei vielen Glykoproteinen als Anker für die in diesem Fall N-glykosidisch angeheftete Kohlenhydratseitenkette.

Die Seitenketten der Aminosäuren Alanin, Valin, Leucin, Isoleucin und Phenylalanin sind aufgrund ihres stark hydrophoben Charakters für *hydrophobe Wechselwirkungen* und damit für die ***Struk-***

tur von Proteinen verantwortlich (s.S. 10). In Abhängigkeit vom pH-Wert können die an sich hydrophoben Seitenketten der Aminosäuren Tyrosin und Histidin (p-Hydroxyphenylalanin bzw. α-Amino-β-Imidazolpropionsäure) protoniert bzw. deprotoniert werden und dienen so der Protonenübertragung bei verschiedenen Enzymkatalysen (s.S. 38). Für die katalytische Wirksamkeit vieler Enzyme ist die ϵ-Aminogruppe des Lysins wichtig. Sie ist imstande, mit Aldehyden ***Schiffsche Basen*** auszubilden und damit beispielsweise die Voraussetzung für Aldoladditionen zu schaffen.

1.2 Proteine

Proteine sind für Struktur, Katalyse und Erkennung verantwortlich

Angesichts der vielfältigen Aufgaben von Proteinen im Organismus ist es schwer, typische Vertreter dieser Gattung zu nennen. Proteine können als ***Strukturbestandteile*** des ***Organismus*** wichtige Funktionen erfüllen. Als Beispiel hierfür seien die *Keratine* (s.S. 9), die Proteine des kontraktilen Apparats der Muskeln (s.S. 453) sowie die Proteine des Cytoskeletts genannt (s.S. 83). Diese Verbindungen verfügen entweder in hohem Umfang über die als Sekundärstruktur weiter unten geschilderten Strukturelemente oder besitzen die Fähigkeit, durch die Bildung von Aggregaten übergeordnete Strukturen zu bilden.

Im Gegensatz dazu zeigen Enzyme als die Träger der katalytischen Funktionen in lebenden Zellen meist einen relativ einheitlichen Aufbau. Es handelt sich häufig um globuläre Proteine, die eine zentrale Vertiefung besitzen, an der das Substrat angelagert wird (s.S. 19). Auch die Immunglobuline als Träger der biologischen Abwehrmechanismen sind einheitlich aufgebaut. Es handelt sich um hochorganisierte durch viele Disulfidbrücken quervernetzte Gebilde mit einer spezifischen Bindungsstelle für das Antigen (s.S. 421).

Über die Wechselbeziehungen zwischen *Struktur* und *Funktion* bei anderen biologisch aktiven Proteinen wie beispielsweise den Proteohormonen, den Transportproteinen sowie anderen Membrangebundenen Proteinen herrscht heute noch weitgehende Unklarheit.

Dies ist wenigstens zum Teil darauf zurückzuführen, daß sich Proteine mit ausgeprägten hydrophoben Regionen, wie die der Membranproteine, nur schlecht *kristallisieren* lassen und der Röntgenstrukturanalyse somit noch nicht zur Verfügung stehen.

In Proteinen sind Aminosäuren durch Peptidbindungen miteinander verknüpft

Peptide und Proteine sind Polymerisate der 20 proteinogenen Aminosäuren. Die Verknüpfung der einzelnen Aminosäuren erfolgt dabei durch ***Peptidbindungen***, die formal durch Wasserabspaltung zwischen der Carboxylgruppe der einen und der Aminogruppe der nächsten Aminosäure entstehen (Abb. 1.1).

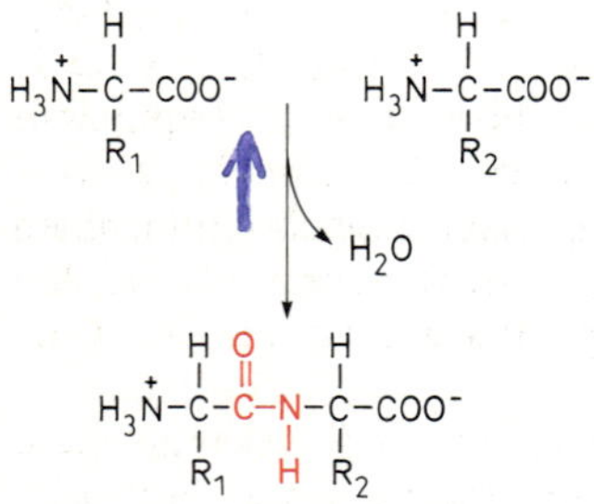

Bild 1.1. Entstehung einer Peptidbindung durch Wasserabspaltung zwischen der Carboxylgruppe der Aminogruppe der folgenden Aminosäure

An die freie Carboxylgruppe der jeweils neu ankondensierten Aminosäure läßt sich eine dritte, vierte, fünfte usw. Aminosäure anheften, so daß auf diese Weise lange, kettenförmige und stets unverzweigte Moleküle entstehen.

Der hier dargestellte formale Mechanismus der Bildung einer Peptidbindung durch Wasserabspaltung bedarf in lebenen Systemen einer Vielzahl von Einzelschritten, die in Kap. 14 geschildert sind.

Bei Verbindungen bis 100 Aminosäuren spricht man von Peptiden, noch größere werden als Proteine bezeichnet. Es ist jedoch klar, daß eine derartige Auftrennung relativ willkürlich ist.

Die Sequenz der einzelnen durch Peptidbindungen verknüpften Aminosäuren eines Peptides oder Proteins bezeichnet man als ***Primärstruktur***. Da formal jedes Peptid und Protein durch schrittweise Kondensation der Carboxylgruppe einer Aminosäure mit der Aminogruppe der nächstfolgenden entstanden ist, verfügt es auch über zwei verschiedene Enden, das aminoterminale- bzw. das carboxyterminale Ende (Abb. 1.1). Nach Konvention beginnt man bei der Notierung der Aminosäuresequenz oder Primärstruktur eines Peptides immer mit der ***N*-terminalen** Aminosäure und schließt mit der ***C*-terminalen** Aminosäure.

Dank ausgeklügelter Methoden ist es heute möglich, die Primärstruktur von Proteinen auf verschiedene Arten und ohne unvertretbar großen Aufwand zu ermitteln. Im Prinzip besteht hierbei die Strategie darin, das zu sequenzierende Peptid oder Protein mit Hilfe spezifischer, meist enzymatischer Verfahren in definierte Bruchstücke zu zerlegen, deren Sequenz dann durch schrittweisen Abbau vom Amino-terminalen Ende her ermittelt werden kann (Edmann-Abbau).

Nur in den seltensten Fällen lassen sich aufgrund der Kenntnis der Primärstruktur eines Peptids oder Proteins exakte Aussagen über seine räumliche Konfiguration machen. Dies gilt, obwohl die C-N-Bindung einer Peptidbindung nicht, wie man zunächst annehmen könnte, eine frei drehbare Einfachbindung ist, sondern viel eher den Charakter einer planaren Doppelbindung annimmt, um die eine freie Drehung nicht mehr möglich ist.

Der Grund für dieses Phänomen ist der Abb. 1.2 zu entnehmen. Der stark elektrophile Sauerstoff zieht ein Elektronenpaar der C=O-Bindung an, was die Verschiebung eines weiteren freien Elektronenpaars des Stickstoffs zur C-N-Bindung auslöst. Der Sauerstoff erhält damit eine negative, der Stickstoff eine positive Partialladung.

Die tatsächliche Zustandswahrscheinlichkeit einer Peptidbindung liegt zwischen den beiden in Abb. 1.2 geschilderten mesomeren Grenzzuständen. Dies geht auch aus der Tatsache hervor, daß der C-N-Abstand in etwa zwischen dem Wert von 0,147 nm für die Einfach- und dem Wert von 0,127 nm für die Doppelbindung liegt. Er beträgt in der mesomeren Form etwa 0,132 nm.

Durch die oben geschilderten speziellen Eigenschaften der Peptidbindung wird die Zahl der möglichen ***Konformationen*** eines Peptids oder Proteins stark eingeschränkt. Aufgrund der für jedes Protein individuellen Sequenz einzelner Aminosäuren und der speziellen Eigenschaften der Aminosäureseitenketten ergibt sich eine festgelegte

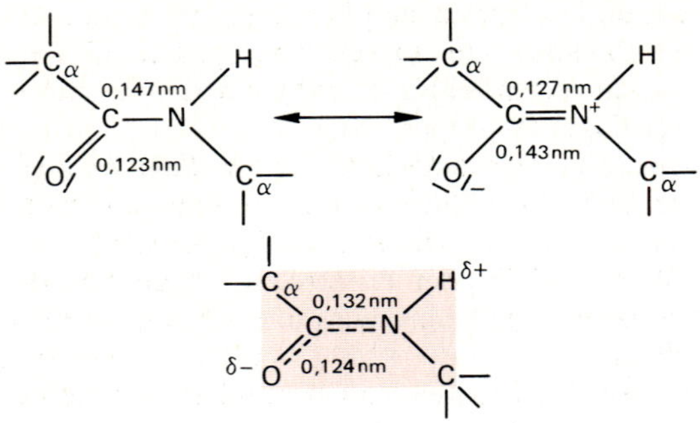

Bild 1.2. Mesomerie der Peptidbindung. **Oben:** Die beiden Grenzstrukturen; **unten:** der mesomere Zwischenzustand mit trans-Stellung der Peptidbindung

Raumstruktur, die auch als Konformation eines Peptids oder Proteins bezeichnet wird.

Die wichtigste und heute am weitesten verbreitete Methode zur Erfassung der Konformation von Peptiden und Proteinen ist die ***Röntgenstrukturanalyse***. Sie beruht im Prinzip darauf, daß ein Kristall des zu untersuchenden Proteins einem gut fokussierten Röntgenstrahl ausgesetzt wird, dessen Wellenlänge im Bereich der Atomabstände liegt. Dadurch ergibt sich ein für das betreffende Protein charakteristisches Beugungsbild, das die genaue Lokalisation der in einem Protein vorkommenden Atome ermöglicht. Eine grundsätzliche Limitierung des Verfahrens besteht darin, daß zur Röntgenstrukturanalyse relativ große Kristalle des zu untersuchenden Proteins eingesetzt werden müssen. Proteine, die *schlecht* oder gar *nicht kristallisieren*, wie z.B. Membranproteine, können durch Röntgenstrukturanalyse *nicht untersucht* werden. Daher ist unsere Kenntnis über ihre Konformation bis heute sehr lückenhaft.

α-Helix und β-Faltblatt bilden die Sekundärstruktur von Proteinen

Schon sehr früh zeigte sich bei entsprechender Vermessung von Strukturproteinen mit Hilfe der Röntgenstrukturanalyse, daß die tatsächlich vorhandenen Atomabstände nicht mit der Annahme einer vollständig gestreckten Polypeptidkette in Übereinstimmung gebracht werden können. Dieser Widerspruch wurde durch die Entdeckung der *α-Helix-* sowie der *β-Faltblattstruktur* im wesentlichen von **Pauling** und **Corey** aufgeklärt.

Bei vielen Proteinen, besonders jedoch bei den α-Keratinen (fibrilläre Proteine der Haare und der Wolle), liegt die Polypeptidkette in Form einer *rechtsgewundenen Schraube* (α-Helix) vor (Abb. 1.3). Pro 360° Windung finden sich 3,6 Aminosäuren; die Ganghöhe jeder Schraubenwindung beträgt 0,54 nm. Bei dieser Anordnung kommen die NH-Gruppen der einen Peptidbindung mit der C=O-Gruppierung der vierten folgenden Peptidbindung in etwa parallel zur Achse der Helix übereinander zu liegen. Dies begünstigt die Ausbildung von

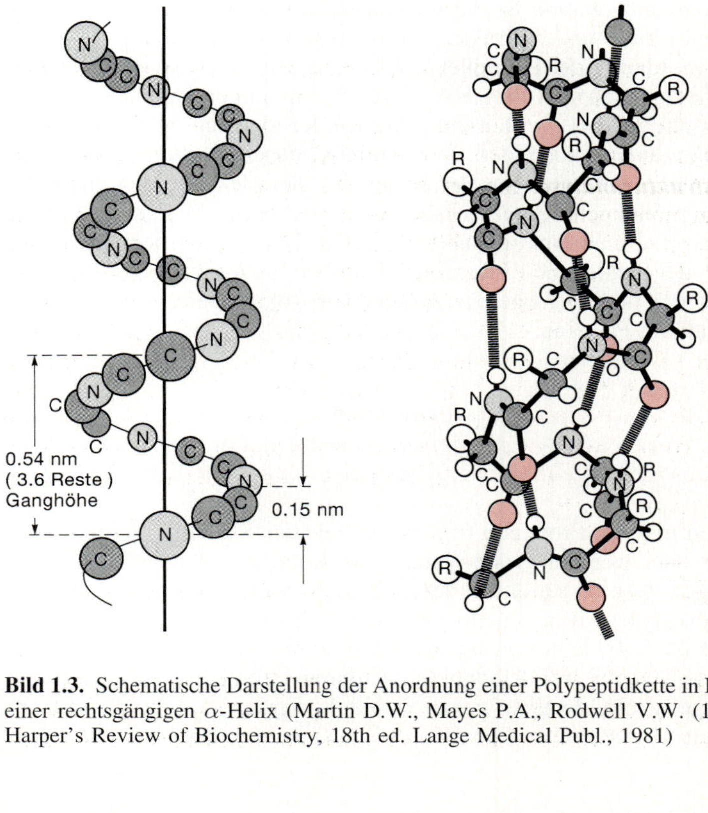

Bild 1.3. Schematische Darstellung der Anordnung einer Polypeptidkette in Form einer rechtsgängigen α-Helix (Martin D.W., Mayes P.A., Rodwell V.W. (1981) Harper's Review of Biochemistry, 18th ed. Lange Medical Publ., 1981)

Wasserstoffbrückenbindungen zwischen der NH- und der C=O-Gruppe.

Die Bindungsenergie einer einzelnen Wasserstoffbrückenbindung ist zwar relativ schwach, da jedoch in den helikalen Bereichen von Proteinen *nahezu* alle Peptidbindungen an der Brückenbildung teilnehmen, stellen sie insgesamt den wichtigsten Faktor für die Stabilität der Helix dar. Alle α-Keratine besitzen als grundlegendes Strukturprinzip die α-Helix. α-Keratine sind die Aufbauproteine der Haare, der Haut, der Schnäbel, Nägel und Klauen der meisten Wirbeltiere. Auch in löslichen Proteinen kommen, wenn auch in geringerem Umfang, α-helikale Anteile vor. Mit etwa 70% hat das Myoglobin den höchsten α-Helix-Gehalt globulärer Proteine.

Eine weitere durch Wasserstoffbrückenbindungen stabilisierte und zum Oberbegriff der ***Sekundärstruktur*** gehörige Möglichkeit der Proteinkonformation ist die ***Faltblattstruktur***, die im Gegensatz zur α-Helix auch als β-Struktur bezeichnet wird. Abbildung 1.4 zeigt die Anordnung der Peptidkette in Zickzackform. Diese wird dadurch stabilisiert, daß sich Wasserstoffbrückenbindungen zu einem parallel (oder antiparallel) verlaufenden Bezirk der gleichen oder einer zweiten Peptidkette ausbilden. Die Aminosäureseitenketten ragen dabei nach oben und unten aus der Ebene des zickzackförmigen durch die Peptidbindungen vorgegebenen Proteinrückgrates heraus.

Eine Faltblattstruktur haben vor allen Dingen die fibrillären Proteine der Seide, die β-Keratine. Darüber hinaus finden sie sich in größerem oder geringerem Anteil als Strukturbauteile der meisten globulären Proteine.

Für die Ausbildung der Tertiärstruktur sind Wechselwirkungen zwischen bestimmten Aminosäureseitenketten in Proteinen verantwortlich

In den meisten Proteinen (mit Ausnahme der Keratine) kommen nur mehr oder weniger große Anteile der Kette in einer der beiden genannten Konformationen, der helikalen oder der Faltblattstruktur, vor. Trotzdem bewirkt eine Reihe von Kräften, daß sich Proteine zu exakt festgelegten Raumstrukturen aufknäulen.

Am Beispiel der Ribonuklease, deren räumlicher Aufbau durch Röntgenstrukturanalyse genau ermittelt wurde, ist diese dreidimensionale Faltung eines Peptidfadens gut zu erkennen (Abb. 1.5). Das

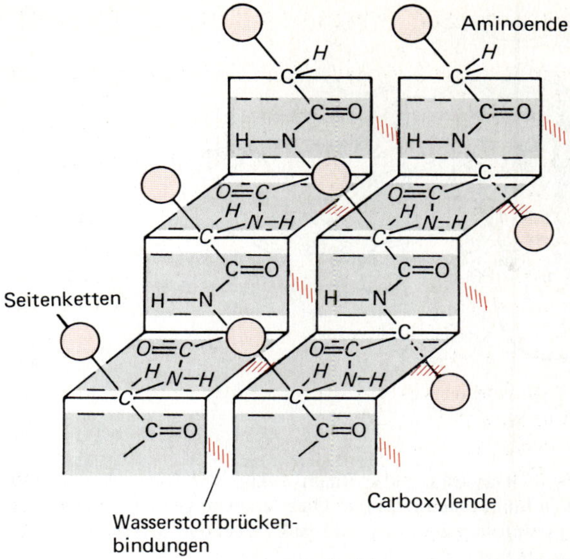

Bild 1.4. Anordnung von zwei Polypeptidketten als β-Faltblatt

Protein besteht aus einer einzigen Kette von 124 Aminosäuren. In der Abbildung sind aminoterminaler Anfang und carboxyterminales Ende des Moleküls bezeichnet.

Als Sekundärstruktur verfügt die Ribonuklease über einen α-helikalen Bereich sowie über Areale mit Faltblattstruktur. Diese machen jedoch nur einen verhältnismäßig kleinen Anteil der Gesamtstruktur aus, deren äußerer Eindruck mit dem sachlich sicher falschen Begriff „Zufallsknäuel" bezeichnet wird. Bei der Anordnung eines Peptidfadens als „Zufallsknäuel" handelt es sich nämlich um eine durch die Primärstruktur der Aminosäuren genau festgelegte und durch verschiedene Kräfte stabilisierte Anordnung des Peptidfadens, die für die Funktion des Proteins von essentieller Bedeutung ist (s.u.).

Das „Zufallsknäuel" der Ribonuklease wird zunächst durch 4 Disulfidbrücken zwischen Cysteinylresten fixiert (Abb. 1.5). Die Knüpfung der Disulfidbrücken erfolgt dabei zwischen den Cysteinylresten 26 und 84, 40 und 95, 58 und 110 sowie 65 und 72. Im „Zu-

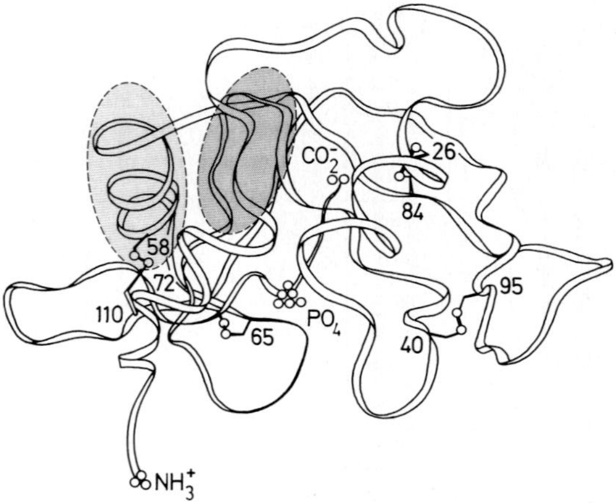

Bild 1.5. Schematische Darstellung der Raumstruktur der Ribonuklease. Der Amino- bzw. Carboxyterminus sind markiert. Quervernetzungen der Kette finden sich zwischen den Cysteinresten 26 und 48, 40 und 95, 58 und 110 sowie 65 und 72. Die α-helikale Region sowie das β-Faltblatt sind entsprechend markiert (Martin D.W., Mayes P.A., Rodwell V.W. (1981) Harper's Review of Biochemistry, 18th ed. Lange Medical Publ., 1981)

fallsknäuel" kommen sich also verschiedene Teile des Peptidfadens sehr nahe und bilden hochorganisierte Strukturen, die für die spezifischen Funktionen eines Proteins (z.B. Enzymkatalyse, s.S. 37) von großer Bedeutung sind. Über die Quervernetzung eines Peptidfadens mit Disulfidbrücken hinaus gibt es eine Reihe von nicht kovalenten, schwächeren Kräften, die jedoch zusammen sehr wesentlich zur Stabilität der Tertiärstruktur beitragen. Es handelt sich um ***Wasserstoffbrückenbindungen***, ***Salzbrücken*** (elektrostatische Bindungen zwischen Aminogruppen und Carboxylgruppen von Aminosäureseitenketten), sowie vor allem um ***hydrophobe Wechselwirkungen***. Unter dieser Bezeichnung versteht man die Tatsache, daß in einer Peptidkette in wäßriger Lösung die hydrophoben Aminosäureseitenketten aus thermodynamischen Gründen versuchen, in eine energetisch günstige Position zu gelangen. Sie haben das Bestreben, sich von der wäßrigen Lösung abzuwenden und sich dabei aneinander zu lagern. Die Bedeutung der Primärstruktur für die Auf-

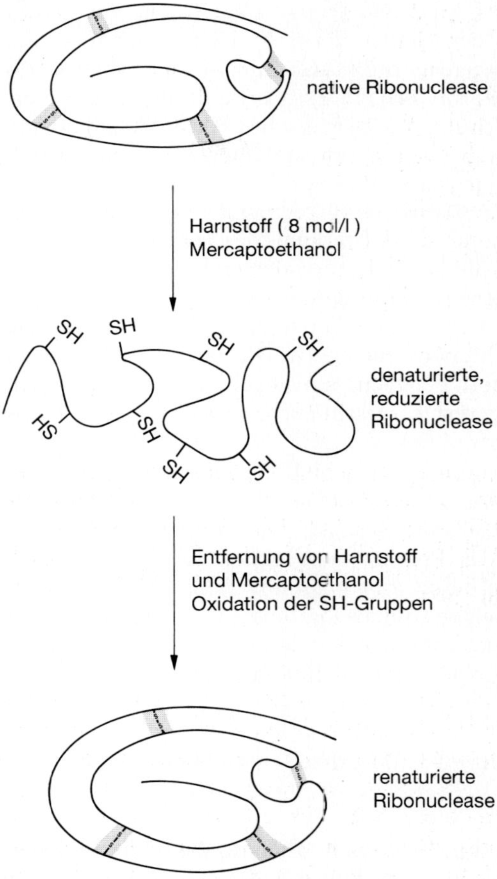

Bild 1.6. Denaturierung und Renaturierung von Ribonuklease (Einzelheiten siehe Text)

rechterhaltung der Sekundär- und Tertiärstruktur und damit für die *Funktion* eines Proteins ist in besonders eindrucksvoller Weise von ***Anfinsen*** ebenfalls am Beispiel der Ribonuklease gezeigt worden (Abb. 1.6). Versetzt man gereinigte Ribonuklease mit Mercaptoethanol (HO-CH_2-CH_2-SH) sowie einem Überschuß von Harnstoff, so kommt es durch das Mercaptoethanol zur Lösung der Disulfidbrücken sowie durch den Harnstoff zur Auflösung vor allem der Wasserstoffbrückenbindungen, so daß das Enzym schließlich in regelloser, *denaturierter* Form vorliegt. Es überrascht nicht, daß hiermit ein vollständiger Verlust der enzymatischen Aktivität einhergeht.

Entfernt man nun durch Dialyse Harnstoff und Mercaptoethanol, so erlangt das Enzym langsam seine volle enzymatische Aktivität zurück. Dieser auch als ***Renaturierung*** bezeichnete Prozeß läßt sich nur so verstehen, daß durch die Entfernung des Harnstoffes wieder die Möglichkeit zur Ausbildung nichtkovalenter Wechselwirkungen zwischen den verschiedenen Aminosäureresten des Peptidfadens gegeben ist. Zwangsläufig kommt es dabei zu einer Konformation, die derjenigen des nativen Enzyms entspricht. Die immer vorhandenen Spuren von Luftsauerstoff genügen, um Disulfidbrücken zwischen einander nahen Cysteinylresten zu schließen, so daß schließlich das intakte Enzym wieder hergestellt ist.

Aus diesem Experiment muß der Schluß gezogen werden, daß bereits in der *Primärstruktur* eines Proteins, d.h. in der Sequenz der einzelnen Aminosäurereste, die *gesamte Information* für die dreidimensionale Struktur des Proteins vorgegeben ist. Es wird auch verständlich, warum ein durch *Punktmutation* (s.S. 293) entstandener Austausch von nur einer Aminosäure unter Umständen zu einer schwerwiegenden Beeinträchtigung der dreidimensionalen Struktur und damit der Funktion eines Proteins führen kann.

Proteine aus verschiedenen Untereinheiten verfügen über Quartärstruktur

Die Quartärstruktur von Proteinen. Eine Reihe von Proteinen verfügt zusätzlich zu den oben geschilderten Strukturelementen über eine Quartärstruktur. Mit diesem Begriff bezeichnet man die Tatsache, daß sich mehrere identische bzw. nichtidentische Peptide als Untereinheiten zu einem oligomeren Gebilde als ***Funktionseinheit*** zusammenlagern. Hierfür ist notwendig, daß die einzelnen monomeren Untereinheiten über spezifische Regionen verfügen, die sie instandsetzen, ihren Partner zu erkennen und zu binden. Die für die Quartärstruktur verantwortlichen Kräfte sind meist hydrophobe Wechselwirkungen bzw. Wasserstoffbrückenbindungen. Die Anzahl der Untereinheiten ist variabel. Die Leberphosphorylase z.B. besteht aus 2, Hamoglobin aus 4 und das Hüllprotein des Tabakmosaikvirus aus einigen tausend Untereinheiten. Eine Reihe von Schlüsselenzymen des Stoffwechsels verfügen über Quartärstruktur und erlangen dadurch die Eigenschaft der allosterischen Regulierbarkeit (s.S. 99).

2 Proteine als Katalysatoren: Die Enzyme

ZUSAMMENFASSUNG

Einteilung der Enzyme: Enzyme werden nach den Reaktionen eingeteilt, die sie katalysieren. Einige Enzyme benötigen für ihre Funktion Coenzyme.
Die Enzymkinetik: Die spezifischen Wechselwirkungen zwischen Enzym und Substrat bestimmen die Enzymkinetik. Die Enzymkatalyse zeigt Spezifität. Die Enzymmenge wird durch Messen der biologischen Aktivität bestimmt. Die Geschwindigkeit enzymkatalysierter Reaktionen hängt von der Substratkonzentration ab. Die Aktivität von Enzymen hängt von physikalischen Faktoren ab und kann durch Inhibitoren beeinflußt werden. Temperatur und Ionenkonzentration beeinflussen die Enzymaktivität. Die Enzymaktivität kann durch körperfremde und körpereigene Verbindungen gehemmt werden. Für die Wechselwirkung mit dem Substrat ist das aktive Zentrum von Enzymen verantwortlich.

2.1 Einteilung der Enzyme

Enzyme werden nach den Reaktionen eingeteilt, die sie katalysieren

In jedem lebenden Organismus läuft *gleichzeitig* eine Vielzahl komplizierter chemischer Reaktionen ab, die einmal dem Abbau komplexer organischer Verbindungen für die Energiegewinnung dienen, zum anderen der Biosynthese zelleigenen Materials. Die dabei herrschenden Bedingungen – neutraler pH-Wert, konstanter Druck und Temperatur, Überschuß an Wasser als Lösungsmittel – machen es von vornherein unwahrscheinlich, daß die geschilderten Reaktionen ohne weiteres mit der benötigten Geschwindigkeit ablaufen. Die Natur bedarf vielmehr zur Aufrechterhaltung des Stoffwechsels eines großen Satzes außerordentlich effektiver Katalysatoren, die als *Enzyme* bezeichnet werden.

Enzyme sind immer ***Proteine*** und wirken als Katalysatoren in biologischen Systemen. Ihre Molekulargewichte schwanken zwischen etwa 10 000 und mehreren Millionen.

Während in den Anfangsjahren der Enzymologie neu entdeckte Enzyme von ihren Entdeckern mit mehr oder weniger phantasievollen Namen ausgestattet wurden, hat es sich später durchgesetzt, Enzyme nach dem jeweiligen Substrat mit der Endung -ase zu bezeichnen (z.B. *Lipase* für *fettspaltende* Enzyme, Proteasen für *proteolytisch* wirkende Enzyme).

Eine verbesserte Nomenklatur ergab sich in der Folgezeit aus der Benennung von Enzymen nach ihrer *Funktion* (*Oxidasen, Reduktasen, Synthetasen* usw.). Dieses System ist in vielen Trivialnamen der heute bekannten Enzyme enthalten und wird zudem durch ein in den letzten Jahren von der „International Union of Biochemistry" vorgeschlagenes Nomenklatursystem ergänzt, das Enzyme nach den *katalysierten Reaktionen* benennt.

Tabelle 2.1 zeigt die heute gültige Systematik, die insgesamt 6 Hauptklassen unterscheidet:

Die erste und besonders wichtige Hauptklasse bilden die sogenannten ***Oxidoreduktasen***. Sie katalysieren Redoxreaktionen, die beim Substratabbau zur Energiegewinnung eine außerordentlich große Rolle spielen. Bei vielen Oxidoreduktasen ist ein Partner der Redoxreaktion als sogenanntes Wasserstoff-übertragendes Coenzym mehr oder weniger fest an das Enzym gebunden. Wie aus den in Tabelle 2.1 angegebenen Beispielen hervorgeht, katalysieren Oxidoreduktasen u.a. die Oxidation von CHOH-, $CHNH_2$- sowie CH_2-CH_2-Gruppierungen.

Zur zweiten Hauptgruppe der Enzyme, den ***Transferasen***, gehören diejenigen Enzyme, die den Transfer einer Gruppe X zwischen zwei Substraten S und S′ katalysieren. Beispiele für diese wichtige Gruppe von Enzymen sind die Kinasen, die den Phosphattransfer von ATP auf entsprechende Substrate vermitteln. Andere Transferasen übertragen Glykosyl-, Acyl- oder Alkyl-Gruppen.

Tabelle 2.1. Einteilung der Enzyme in Hauptklassen

Hauptklasse	Katalysierte Reaktion	Beispiele
1. Oxido-reduktasen	$S_{red} + S'_{ox} \leftrightarrows S_{ox} + S'_{red}$	Lactatdehydrogenase (S. 121) Glutamatdehydrogenase (S. 186) Succinatdehydrogenase (S. 159) Pyruvatdehydrogenase (S. 155)
2. Transferasen	$S-X + S' \leftrightarrows S + S'-X$	Hexokinase (S. 116) Phosphorylase (S. 122)
3. Hydrolasen	$S-S' + H_2O \rightarrow S-OH + S'-H$ Hydrolytische Abspaltung von Gruppen	Proteasen, Peptidasen Esterasen Glykosidasen
4. Lyasen	Nichthydrolytische Abspaltung von Gruppen	Aldolase (S. 117) Transketolase (S. 130) Fumarase (S. 159)
5. Isomerasen	Umwandlungen isomerer Verbindungen	Retinalisomerase (S. 319) Triosephosphatisomerase S. 117) UDP-Galaktose-4-Epimerase (S. 125)
6. Ligasen	Energieabhängige Verknüpfung von Bindungen	Pyruvatcarboxylase (S. 222) Thiokinase (S. 141) Glutaminsynthetase (S. 193)

Eine große Bedeutung beim Abbau der verschiedenen Makromoleküle haben die ***Hydrolasen***. Sie katalysieren ganz allgemein die hydrolytische Spaltung von Estern, Ethern, Peptiden, Glykosiden, Säureanhydriden oder C-C-Bindungen. Hauptvertreter dieser dritten Hauptklasse sind die vielen Hydrolasen des Verdauungstraktes.

Lyasen katalysieren im Gegensatz zu den Hydrolasen die nichthydrolytische Abspaltung von verschiedenen Gruppen. Gespalten werden können C-C-, C-O-, C-N-, C-S-Bindungen.

Isomerasen sind Enzyme, die die Umwandlung der verschiedenen in der Natur vorkommenden Isomere ineinander ermöglichen.

Zu ihnen gehören die Aldose-Ketose-Isomerasen der Glykolyse, die verschiedenen Epimerasen sowie die Cis-Trans-Isomerasen.

Die letzte Hauptgruppe von Enzymen stellen schließlich die ***Ligasen*** dar, die im wesentlichen für biosynthetische Prozesse benutzt werden. Sie katalysieren die energieabhängige Knüpfung von Bindungen. Der Energiedonator ist im allgemeinen das ATP, jedoch kann es durch analoge Verbindungen mit hohem Gruppenübertragungspotential ersetzt werden.

Einige Enzyme benötigen für ihre Funktion Coenzyme

Alle bisher bekannten *Enzyme* gehören zu der Gruppe der *Proteine.* Ein großer Teil der Enzyme ist gut wasserlöslich und befindet sich im cytosolischen Raum der Zelle. Wie man aus Röntgenstrukturanalysen weiß, handelt es sich in diesem Fall um *globuläre* Proteine. Andere Enzyme, die sogenannten ***Membranenzyme***, sind fest an die verschiedenen zellulären Membranen der tierischen Zelle gebunden. Beispiele hierfür sind die Enzyme des Elektronentransports der biologischen Oxidation (s.S. 164), die Enzyme der Glykoproteinbiosynthese (s.S. 78, 400), die Enzyme des *Ionentransportes,* sowie die Enzyme der Lipidbiosynthese (s.S. 241). Häufig gelingt es nicht, Membranenzyme ähnlich wie die wasserlöslichen cytosolischen Enzyme durch konventionelle Anreicherungsverfahren (s.u.) zu reinigen. Beim Versuch, sie aus der Lipidmatrix der Membran zu lösen, werden sie oft inaktiviert, so daß es erheblichen experimentellen Geschickes bedarf, sie zur Reaktivierung in entsprechende künstliche Membransysteme einzubauen. Membranenzyme besitzen in vielen Fällen ***hydrophobe Aminosäuren***, was sicherlich ihren Einbau in die Lipidmatrix von Membranen erleichtert.

Viele Enzyme, besonders diejenigen der Hauptklassen 1, 2, 5 und 6, katalysieren die Reaktionen mit ihrem Substrat nur in Gegenwart eines speziellen Nichtprotein-Moleküls, das im allgemeinen als ***Coenzym*** bezeichnet wird (Tabelle 2.2). Coenzyme sollten *dann* besser als Cosubstrate bezeichnet werden, wenn sie wie ein *zweites Substrat* an der Reaktion teilnehmen. Dies wird besonders deutlich am Beispiel der Oxidoreduktasen, die alle über wasserstoffübertragende Coenzyme verfügen. Im Gegensatz zum eigentlichen Substrat ist das Coenzym oder Cosubstrat häufig relativ fest, gelegentlich auch durch covalente Bindungen, an das Enzymprotein gebunden. Der Komplex aus Enzym und Coenzym wird auch als ***Holoenzym*** bezeichnet, der Proteinanteil alleine als ***Apoenzym***.

Tabelle 2.2 gibt einen Überblick über die wichtigsten *Coenzyme*. Die überwiegende Zahl von Coenzymen leitet sich interessanterweise von ***Vitaminen*** ab, kann also vom Organismus selbst nicht synthetisiert werden (s.S. 305). Dabei sind die Funktionen der von Vitaminen abgeleiteten Coenzyme außerordentlich vielfältig. Sie reichen von Wasserstoffübertragung in Redoxsystemen zu Decarboxylierungen, Carboxylierungen, Transaminierungen, C-1-Gruppenübertragungen und Acylgruppenverschiebungen. Aus dieser Tatsache wird

Tabelle 2.2. Herkunft und Funktion wichtiger Coenzyme

Coenzym	Funktion	Vitamin	Beispiel
Ascorbat	Hydroxylierungen Redoxsystem	Ascorbat Vitamin C	Prolin Hydroxylase (s. S. 464)
Thiamin-pyrophosphat	Decarboxylierung Aldehydgruppen-transfer	Thiamin Vitamin B_1	Pyruvatdehydrogenase (s. S. 155)
Flavinmononucleotid (FMN); Flavin-adenin dinucleotid (FAD)	Wasserstoff-übertragung	Riboflavin Vitamin B_2	Succinatdehydrogenase (s. S. 159) NADH-Coenzym Ubichinonreduktase (s. S. 164)
Nicotinamid-adenin dinucleotid (-phosphat) NAD^+; $NADP^+$	Wasserstoff-übertragung	Nicotinsäure	Glucose-6-Phosphat-dehydrogenase (s. S. 130) HMG-CoA-Reduktase (s. S. 255)
Pyridoxal-phosphat	Transaminierung, Decarboxylierung, α-,β-Elimination	Pyridoxin Vitamin B_6	Aspartat Aminotransferase
Coenzym A	Acylübertragung	Pantothensäure	Citratsynthase (s. S. 157) Ketothiolase (s. S. 145)

Tabelle 2 (Fortsetzung)

Coenzym	Funktion	Vitamin	Beispiel
Biotinyl-Lysyl-Enzym	Carboxylierung	Biotin	Pyruvatcarboxylase (s. S. 222) Acetyl-CoA-Carboxylase (s. S. 244)
Lipoyl-Lysyl-Enzym	Wasserstoff- und Acylgruppenübertragung	Liponsäure	Pyruvatdehydrogenase (s. S. 155)
Tetrahydrofolat	C1-Gruppenübertragung	Folsäure	Purinbiosynthese (s. S. 260)
5′-Adenosylcobalamin	1,2-Verschiebung von Alkylgruppen	Cobalamin (=Vitamin B_{12})	Methyl-Malonyl-CoA-Mutase (s. S. 145)
Difarnesylnaphthochinon	Carboxylierung von Glutamylresten in Proteinen	Naphthochinon (=Vitamin K)	γ-Carboxylierung von Glutamylresten des Prothrombin (s. S. 408)
Ubichinon	Wasserstoffübertragung	–	NADH-Ubichinonreduktase (s. S. 164)
Cytochrome	Elektronenübertragung	–	Cytochrom a/a_3 (s. S. 166)
Adenosintriphosphat (ATP)	Phosphatübertragung Adenylübertragung	–	Hexokinase (s. S. 116)
Cytidindiphosphat (CDP)	Phospholipidbiosynthese	–	Übertragung von Phosphorylcholin (s. S. 250)
Uridindiphosphat (UDP)	Saccharidübertragung	–	Glykogensynthase (s. S. 233)
Adenosylmethionin	Methylgruppenübertragung	–	Cholinbiosynthese (s. S. 206)
Phosphoadenosyl-Phosphosulfat (PAPS)	Sulfatübertragung	–	Saccharidsulfatierung (s. S. 238)

verständlich, daß ernährungsbedingte Vitaminmangel-Zustände, die ja häufig mehrere Vitamine betreffen, ein eher unspezifisches, jedoch schweres Krankheitsbild hervorrufen, da die grundlegenden Reaktionen des Stoffwechsels beeinträchtigt sind.

Als Coenzym dienende Verbindungen, die vom Organismus selbst synthetisiert werden können, leiten sich zum großen Teil von Purin- oder Pyrimidin-Nucleotiden ab. Sie dienen der Übertragung von Phosphat- oder Adenylresten, der Phospholipidbiosynthese, der Saccharidübertragung, der Übertragung von Methylgruppen sowie der Sulfatübertragung. Als Coenzyme in den Elektronentransport der Atmungskette eingeschaltet sind schließlich noch das Ubichinon sowie die verschiedenen Cytochrome.

2.2 Die Enzymkinetik

Die spezifischen Wechselwirkungen zwischen Enzym und Substrat bestimmen die Enzymkinetik

▶ Die Enzymkatalyse zeigt Spezifität

Die in der Chemie üblichen Katalysatoren, die keine Proteine darstellen, beschleunigen in aller Regel relativ unspezifisch eine Reihe von Reaktionen. Im Gegensatz dazu katalysieren Enzyme den Umsatz von nur wenigen strukturell verwandten Verbindungen, häufig sogar nur eine einzige Reaktion.

Die Spezifität von Enzymen geht gelegentlich so weit, daß nicht ganze Moleküle, sondern nur bestimmte Gruppen innerhalb eines Moleküls als Erkennungsmerkmal für das Substrat dienen. So zeigen die meisten Enzyme eine absolute ***Stereospezifität*** für einen Teil des Substratmoleküls. Das heißt, daß von zwei oder mehreren Stereoisomeren eines Substrates selektiv nur ein einziges umgesetzt wird.

So wird beispielsweise von den beiden Stereoisomeren des Lactates nur das L-Lactat, nicht jedoch das D-Lactat, durch die Lactatdehydrogenase als Substrat erkannt und zum optisch inaktiven Pyruvat oxidiert. Umgekehrt ist es so, daß bei der Reduktion von Pyruvat zu Lactat nicht das Razemat D,L-Lactat, sondern wiederum *ausschließ-*

lich L-Lactat entsteht. Dieses erstaunliche Phänomen läßt sich nur durch die hohe Spezifität der Bindung von Lactat an entsprechende Bindungsstellen im aktiven Zentrum der Lactatdehydrogenase verstehen (s.u.).

Neben der Stereospezifität findet sich bei einer Reihe von Enzymen auch eine sogenannte ***Gruppenspezifität***. Bei Enzymen mit Gruppenspezifität handelt es sich um solche, die bestimmte chemische Gruppierungen wie Ester-, Anhydrid-, Peptid- oder glykosidische Bindungen als Substrate erkennen, wobei sonst eine eher breite Substratspezifität vorliegt. Die im Verdauungstrakt vorkommende Protease *Trypsin* z.B. spaltet Peptidbindungen in einer Vielzahl von Proteinen, jedoch nur nach den geladenen, hydrophilen Aminosäuren Arginin bzw. Lysin. Eine Reihe von Glykosidasen zeigt hohe Spezifität bezüglich des die glykosidische Bindung eingehenden Zuckers und der sterischen Anordnung der glykosidischen Bindung (α- bzw. β-glykosidische Bindung), jedoch nur eine sehr geringe Spezifität bezüglich des Aglykons.

▶ Die Bestimmung der Enzymmenge erfolgt durch Messung der biologischen Aktivität

Enzyme als Proteine unterscheiden sich im *allgemeinen in nichts* von anderen Proteinen im Intra- bzw. Extrazellulärraum. Diese Tatsache macht es äußerst schwierig, *direkt* die Menge eines Enzymproteins zu messen. Dagegen erlaubt die Tatsache, daß Enzyme als Biokatalysatoren eine sehr genau bestimmbare ***biologische Aktivität*** haben, den quantitativen Nachweis ihres Vorhandenseins. Das heißt mit anderen Worten, daß in einer Gewebeprobe oder Körperflüssigkeit nicht die Enzymmenge, sondern die ***Enzymaktivität*** bestimmt wird.

Unter Enzymaktivität wird ganz allgemein die Reaktionsgeschwindigkeit verstanden, mit der eine enzymkatalysierte Reaktion abläuft. Bei optimalen Bedingungen, d.h. einem Überschuß aller Reaktionspartner, Messung im Temperatur- und pH-Optimum, Vorhandensein der notwendigen Cofaktoren in ausreichender Menge, ist die ***Geschwindigkeit*** des Substratumsatzes ***proportional*** der ***Menge*** des in einem Testansatz vorhandenen Enzyms.

Damit derartige Enzymaktivitäts-Bestimmungen erfolgreich durchgeführt werden können, ist es notwendig, mit Hilfe physikalischchemischer Methoden entweder den Verbrauch des (Co-)Substrates bzw. die Bildung des entsprechenden Produktes messen zu können.

Sehr elegant gestaltet sich das Verfahren dann, wenn es sich um Reaktionen handelt, bei denen NAD^+ bzw. $NADP^+$ als Reaktionspartner eingeschaltet sind. Wie die Abb. 2.1 zeigt, verfügen beide wasserstoffübertragenden Coenzyme in der reduzierten Form, d.h.

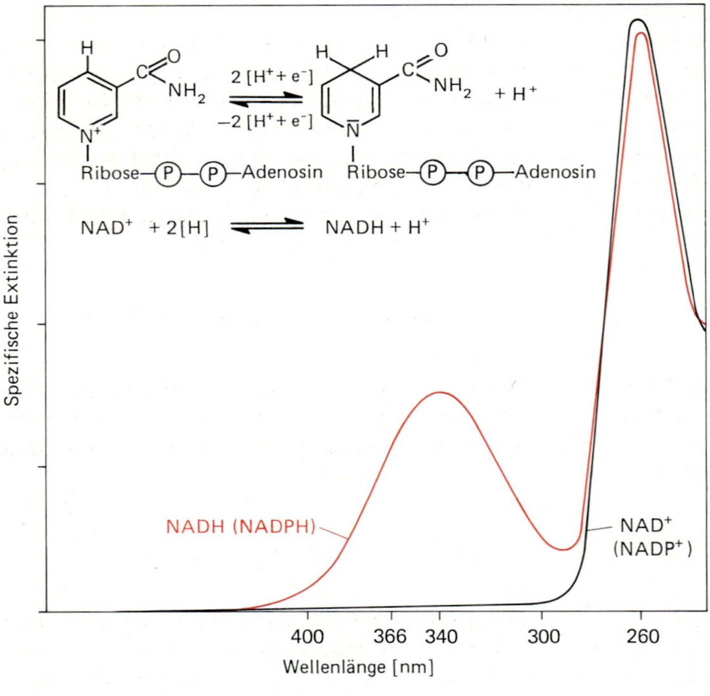

Bild 2.1. Absorptionsspektren von NAD^+(—) und NADH(—)

also als NADH bzw. NADPH, über ein deutliches Absorptionsmaximum bei 340 nm. Der molare Extinktionskoeffient von NADH bzw. NADPH ist identisch und sehr leicht zu vermessen. Er gibt die Extinktion einer einmolaren Lösung dieser Verbindungen bei einer

Schichtdicke von 1 cm an. Zur Enzymaktivitäts-Bestimmung muß also lediglich *während* des Ablaufs der enzymkatalysierten Reaktion die Änderung der Absorption bei 340 nm gemessen werden.

Unter optimalen Bedingungen ist der Abfall der Extinktion bei Oxidation von reduziertem Coenzym bzw. der Anstieg der Extinktion bei Reduktion des oxidierten Coenzyms *proportional* der eingesetzten Enzymmenge. Da die Extinktionskoeffizienten genau bekannt sind, läßt sich darüber hinaus leicht die Menge des umgesetzten Substrates errechnen.

Auch dann, wenn an der untersuchten Enzymreaktion kein NAD^+ (bzw. $NADP^+$) beteiligt ist, versucht man im allgemeinen, durch Nachschaltung einer zweiten Reaktion als Hilfsreaktion das oben geschilderte Meßprinzip mittels wasserstoffübertragender Coenzyme zu verwenden. Ein Beispiel ist die Bestimmung der Transaminaseaktivitäten in Zellen und Körperflüssigkeiten. Die Aspartat-Aminotransferase (ASAT; synonym Glutamat-Oxalacetat-Transaminase, GOT) katalysiert folgende Reaktion:

$$\text{Aspartat} + \alpha\text{-Ketoglutarat} \leftrightharpoons \text{Oxalacetat} + \text{Glutamat.}$$

Diese Reaktion allein liefert keinen Meßparameter, der leicht durch direkte Photometrie die Bestimmung der Enzymaktivität erlaubt. Durch Nachschalten der von der Malatdehydrogenase katalysierten Reaktion:

$$\text{Oxalacetat} + \text{NADH} + \text{H}^+ \leftrightharpoons \text{Malat} + \text{NAD}^+$$

gelingt im sogenannten ***zusammengesetzten optisch-enzymatischen*** **Test** auch hier die direkte photometrische Bestimmung der Enzymaktivität. Die einzige Voraussetzung hierfür ist, daß das Gleichgewicht der Hilfsreaktion ganz auf der rechten Seite liegt.

Nach internationaler Übereinkunft bezeichnet man als *Internationale Einheit* (IU, International Unit) diejenige Enzymmenge, die unter optimalen Bedingungen bezüglich Temperatur, pH-Wert und Substratsättigung den Umsatz von ***1 μmol Substrat pro Minute*** katalysiert. In neuerer Zeit wird alternativ als Meßgröße für den Umsatz das *Katal* (kat) verwendet. Ein Katal entspricht dabei derjenigen Enzymmenge, die den Umsatz von ***1 mol Substrat pro Sekunde*** katalysiert.

▶ Die Geschwindigkeit enzymkatalysierter Reaktionen hängt von der Substratkonzentration ab

Grundlagen der Reaktionskinetik. Betrachtet man die Reaktion

$$A + B \leftrightarrows C,$$

so kann man nach der kinetischen oder Kollisionstheorie davon ausgehen, daß A und B zusammenstoßen müssen, um zu C zu reagieren. Dabei muß die Häufigkeit der Zusammenstöße der Reaktionsgeschwindigkeit proportional sein. Durch den Zusammenstoß von A und B werden beide Moleküle in einen reaktionsfähigeren Zustand, d.h. in dem Zustand eines *höheren Energieniveaus* überführt, von dem aus dann die Reaktion zu C spontan erfolgt. Diejenige Energiemenge, die benötigt wird, um den angeregten Zustand von A und B zu erzielen, wird auch als ***Aktivierungsenergie*** bezeichnet. Eine Erhöhung der Temperatur, d.h. eine Zufuhr von Energie, erhöht die kinetische Energie der Moleküle A und B, so daß Zusammenstöße häufiger erfolgen und dementsprechend die Reaktionsgeschwindigkeit zunimmt. Für enzymkatalysierte Reaktionen gilt wie für katalysierte Reaktionen allgemein, daß durch den Katalysator die Aktivierungsenergie *herabgesetzt* wird.

In chemischen Systemen beruht die Wirkung eines Katalysators meist darauf, daß er mit einem der Reaktionspartner vorübergehend eine Verbindung eingeht, so daß die Aktivierungsenergie herabgesetzt wird. Für enzymkatalysierte Reaktionen trifft im Prinzip das gleiche zu. An sehr spezifischen Stellen im ***aktiven Zentrum*** eines Enzyms (s.u.) werden die Substrate so gebunden, daß sie in eine entsprechende räumliche Zuordnung zueinander geraten, die ihre spezifische Reaktionsmöglichkeit verbessert.

Die Effektivität von Enzymen als Katalysatoren ist beachtlich. Im allgemeinen kann man davon ausgehen, daß im Vergleich zu nichtkatalysierten Reaktionen Enzyme die Reaktionsgeschwindigkeit um den Faktor 10^8-10^{20} erhöhen. Man beachte dabei jedoch immer, daß grundsätzlich wie bei allen katalysierten Reaktionen auch Enzyme nicht das *Gleichgewicht* einer Reaktion, sondern lediglich die *Geschwindigkeit der Gleichgewichtseinstellung* verändern können (weiteres s. Lehrbücher der Chemie).

Abhängigkeit enzymkatalysierter Reaktionen von der Enzym- und Substratkonzentration. Bei ***Substratüberschuß*** liegt unter

Berücksichtigung des meist hohen Molekulargewichts von Enzymen die Konzentration des Substrates meist um viele Größenordnungen über derjenigen des Enzyms. Dies bedeutet nach der Kollisionstheorie, daß zwar alle Enzymmoleküle eine reelle Chance haben, mit ihrem Substrat in Wechselwirkung zu treten, auf der anderen Seite jedoch nur ein kleiner Teil der Substratmoleküle je Zeiteinheit auf ein Enzym als Reaktionspartner trifft. Daraus wird verständlich, daß dann die Geschwindigkeit der enzymkatalysierten Reaktion *direkt proportional* der Enzymkonzentration ist (streng genommen trifft das nur zu, wenn optimale Bedingungen bezüglich der Konzentration des Cosubstrates, des pH-Wertes sowie der Temperatur eingehalten werden). Anders stellen sich die Verhältnisse dar, wenn bei konstanter Enzymkonzentration die Substratkonzentration variiert wird. Abbildung 2.2 zeigt die Beziehung zwischen Substratkonzentration und Geschwindigkeit der *enzymkatalysierten* Reaktion. Auffallend dabei ist, daß bei niedrigen Substratkonzentationen zunächst die Reaktionsgeschwindigkeit proportional zur ***Substratkonzentration*** zunimmt.

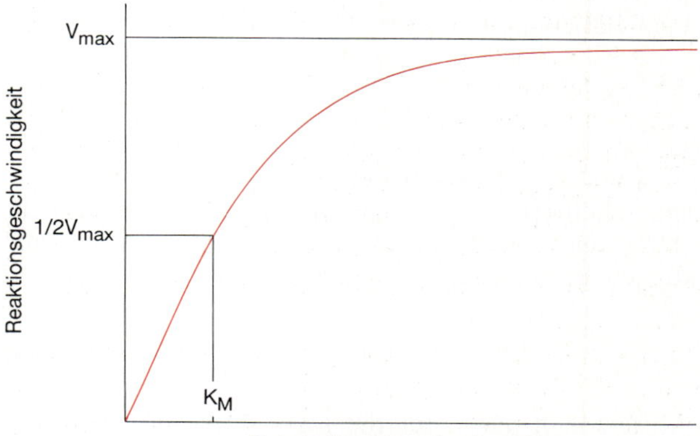

Bild 2.2. Abhängigkeit der Geschwindigkeit einer enzymkatalysierten Reaktion von der Substratkonzentration. V_{max}, Maximalgeschwindigkeit; K_M, Michaeliskonstante

Bei weiterer Erhöhung der Substratkonzentration flacht diese Beziehung asymptotisch ab bis die weitere Erhöhung der Substratkonzentration nicht mehr zu einer Steigerung der Reaktionsgeschwindigkeit führt.

Aus dieser Beobachtung zogen Michaelis und Menten einige grundlegende Schlüsse über den prinzipiellen Mechanismus enzymkatalysierter Reaktionen, die im folgenden kurz dargestellt werden sollen. Eckige Klammern geben Konzentrationen wieder:

Im einfachsten Fall verläuft die Reaktion

$$\underset{\text{(Substrat)}}{S} \leftrightharpoons \underset{\text{(Produkt)}}{P}$$

in Anwesenheit eines Enzyms (E) als Katalysator nach folgendem Mechanismus:

$$S + E \leftrightharpoons ES \leftrightharpoons P + E. \tag{1}$$

Er beinhaltet, daß sich zunächst aus E und S der ***Enzym-Substratkomplex*** (ES) bildet, aus dessen Zerfall das Produkt (P) entsteht, wobei das Enzym wieder regeneriert wird. Unter der Annahme, daß die Geschwindigkeit der Rückreaktion von P + E zu ES verschwindend klein ist, läßt sich Gleichung (1) folgendermaßen schreiben:

$$S + E \underset{k_{-1}}{\overset{k_1}{\leftrightharpoons}} ES \overset{k_2}{\rightarrow} P + E. \tag{2}$$

Dabei sind k_1, k_{-1} und k_2 die Geschwindigkeitskonstanten der jeweiligen Reaktionen. Michaelis und Menten gingen davon aus, daß für die Gesamtreaktion der Zerfall des Enzym-Substratkomplexes zu P + E geschwindigkeitsbestimmend ist. Die Reaktionsgeschwindigkeit V wird dann[1]

$$V = k_2[ES]. \tag{3}$$

Das Problem besteht nun darin, für die nicht oder nur schwer zu ermittelnde Konzentration von ES einen Ausdruck aus bekannten oder leicht zu ermittelnden Größen zu finden.

Die Geschwindigkeit der Bildung von ES entspricht

$$\frac{d\,[ES]}{dt} = k_1 \cdot [E]\,[S]. \tag{4}$$

1 Im folgenden geben eckige Klammern Konzentrationen wieder.

Die Geschwindigkeit des Verbrauchs von ES ist dann

$$\frac{-d\,[ES]}{dt} = k_{-1}[ES] + k_2[ES], \tag{5}$$

oder

$$\frac{-d\,[ES]}{dt} = (k_{-1} + k_2)\,[ES]. \tag{6}$$

Im ***Gleichgewichtszustand*** sind Bildung und Verbrauch von ES gleich, so daß sich ergibt:

$$k_1[E]\,[S] = k_{-1} + k_2[ES], \tag{7}$$

oder

$$[ES] = \frac{[E]\,[S]}{(k_{-1} + k_2)\,/k_1}. \tag{8}$$

Der Nenner der Gleichung (8) kann zu einer einzigen Konstante, der Michaeliskonstante K_M zusammengefaßt werden:

$$K_M = (k_{-1} + k_2)\,/k_1. \tag{9}$$

Eingesetzt in Gleichung (8) ergibt sich

$$[ES] = \frac{[E]\,[S]}{K_M}. \tag{10}$$

Unter normalen Bedingungen wird [S] sehr viel größer als [E] sein. [E] gibt die Konzentration des freien Enzyms wieder, entspricht also

$$[E] = ([E_t] - [ES]) \tag{11}$$

wobei $[E_t]$ der Gesamtenzymkonzentration entspricht. Durch Einsetzen in Gleichung (10) ergibt sich

$$[ES] = \frac{([E_t] - [ES])\,[S]}{K_M}. \tag{12}$$

Durch Umformung ergibt sich

$$[ES] = [E_t]\,\frac{[S]}{K_M + [S]}. \tag{13}$$

Diese Ableitung von ES kann nun in Gleichung (3) eingesetzt werden:

$$V = k_2[E_t]\,\frac{[S]}{K_M + [S]}. \qquad (14)$$

Da die ***Maximalgeschwindigkeit*** einer enzymkatalysierten Reaktion dann erreicht wird, wenn das Enzym vollständig als Enzym-Substratkomplex vorliegt ($ES = E_t$), ergibt sich

$$V_{max} = k_2[E_t]. \qquad (15)$$

Setzt man diesen Ausdruck in Gleichung (14) ein, so wird

$$V = V_{max}\,\frac{[S]}{K_M + [S]}. \qquad (16)$$

Diese Gleichung von Michaelis und Menten beschreibt für viele Enzyme die *Abhängigkeit der Reaktionsgeschwindigkeit von der Substratkonzentration*, was sich an verschiedenen Grenzfällen leicht demonstrieren läßt:

1. [S] ist viel kleiner als K_M:
   Da in diesem Fall im Nenner der Michaelis-Menten-Gleichung der Ausdruck $K_M + [S]$ gleich K_M gesetzt werden kann, reduziert sich die Gleichung auf

   $$V = V_{max} \cdot \frac{[S]}{K_M}.$$

   V_{max} und K_M sind Konstanten, also kann es weiter heißen

   $$V = K \cdot [S]$$

   Dies bedeutet, daß unter *diesen Bedingungen* die Reaktionsgeschwindigkeit V ***proportional*** der Substratkonzentration ist.
2. [S] *ist viel größer als* K_M:
   In diesem Fall kann im Nenner der Michaelis-Menten-Gleichung der Wert der K_M vernachlässigt werden:

   $$V = V_{max} \cdot \frac{[S]}{[S]} \quad \text{oder} \quad V = V_{max}$$

   Die ***Reaktionsgeschwindigkeit*** entspricht also der ***Maximalgeschwindigkeit*** V_{max}.

3. $K_M = [S]$:
In diesem Fall kann die Michaelis-Menten-Beziehung aufgelöst werden zu:

$$V = V_{max} \cdot \frac{[S]}{2\,[S]} \quad \text{oder} \quad V = \frac{1}{2}\,V_{max}.$$

Dies bedeutet, daß eine enzymkatalysierte Reaktion mit halbmaximaler Geschwindigkeit abläuft, wenn die eingesetzte Substratkonzentration der Michaeliskonstanten entspricht. Mit anderen Worten gibt die ***Michaeliskonstante*** K_M für ein gegebenes Enzym diejenige *Substratkonzentration* an, die zu *halbmaximaler Geschwindigkeit* führt. Die Michaeliskonstante hat die Dimension mol/l, wie sich übrigens auch aus Gleichung (9) errechnen läßt. Im allgemeinen liegt sie in einer Größenordnung von 10^{-3} - 10^{-5} mol/l.

Methoden zur Bestimmung der Michaeliskonstanten. Im einfachsten Fall läßt sich der Wert für K_M direkt der Abhängigkeit der Reaktionsgeschwindigkeit von der Substratkonzentration entnehmen, wie in Abb. 2.2 dargestellt ist. Man ermittelt daraus den Wert für V_{max}, halbiert ihn und bestimmt die zugehörige Substratkonzentration, die dann K_M entspricht. Leider läßt sich V_{max} häufig nicht mit ausreichender Genauigkeit ermitteln, so daß dann die Michaelis-Menten-Gleichung zur Bestimmung von K_M umgeformt werden muß. Die gebräuchlichste Methode ist die Umformung nach Lineweaver und Burk. Hierzu wird die Michaelis-Menten-Gleichung in die *reziproke* Form gebracht:

$$\frac{1}{V} = \frac{K_M + [S]}{V_{max} \cdot [S]} \quad \text{oder}$$

$$\frac{1}{V} = \frac{K_M}{V_{max}} \cdot \frac{1}{[S]} + \frac{[S]}{V_{max}[S]} \quad \text{oder}$$

$$\frac{1}{V} = \frac{K_M}{V_{max}} \cdot \frac{1}{[S]} + \frac{1}{V_{max}}.$$

Diese Umformung entspricht der Geradengleichung:

$$y = ax + b$$

Trägt man graphisch statt y 1/V und statt x 1/S auf, so wird die in Abb. 2.2 dargestellte Abhängigkeit der Reaktionsgeschwindigkeit enzymkatalysierter Reaktionen zu einer Geraden (Abb. 2.3). Diese schneidet die y-Achse im Punkt b bzw. $1/V_{max}$. Setzt man y = 0, so ergibt sich für den Schnittpunkt mit der x-Achse:

$$ax = -b \quad x = -\frac{b}{a} \quad = -\frac{1}{K_M}$$

d.h., der Schnittpunkt mit der x-Achse gibt den negativen, reziproken Wert der Michaeliskonstanten K_M wieder.

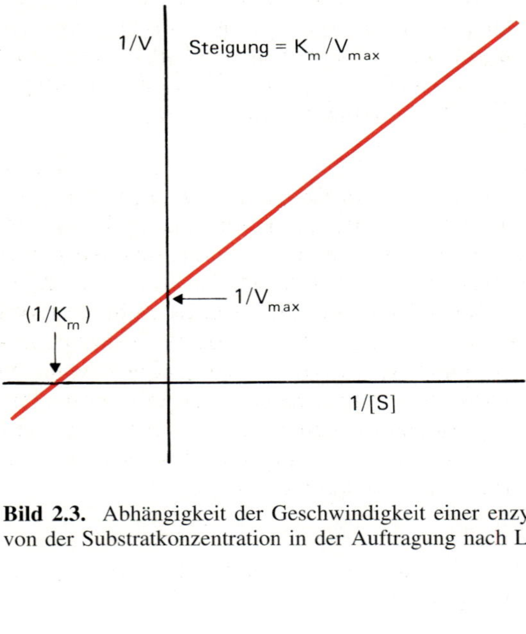

Bild 2.3. Abhängigkeit der Geschwindigkeit einer enzymkatalysierten Reaktion von der Substratkonzentration in der Auftragung nach Lineweaver-Burk

Die Aktivität von Enzymen hängt von physikalischen Faktoren ab und kann durch Inhibitoren beeinflußt werden

▶ Temperatur und Ionenkonzentration beeinflussen die Enzymaktivität

Temperatur. Innerhalb des Temperaturbereiches der belebten Natur zeigt sich mit steigender Temperatur eine deutliche Zunahme der Geschwindigkeit enzymkatalysierter Reaktionen. Der Beschleunigungsfaktor bei einer Erhöhung der Temperatur um 10°C wird auch als ***Temperaturkoeffizient*** oder Q_{10} bezeichnet. Er beträgt bei den meisten enzymkatalysierten Reaktionen 2, d.h. bei einer Erhöhung der Temperatur um 10°C verdoppelt sich die Reaktionsgeschwindigkeit. Allerdings gilt diese Beziehung bei den meisten Enzymen nur bis zu einer Temperatur von 40 - 50°C. Wird diese überschritten, so fällt die Reaktionsgeschwindigkeit meist sehr steil ab. Der Grund hierfür liegt darin, daß die meisten Enzyme als Proteine *nicht hitzestabil* sind und infolgedessen bei höheren Temperaturen meist *irreversibel* denaturiert werden. Ausnahme von dieser Regel machen z.B. die ***thermophilen Mikroorganismen***, die in heißen Quellen leben und deren Enzymproteine so ausgestattet sind, daß sie auch bei Temperaturen weit über 40°C hohe Aktivität zeigen.

Wasserstoffionenkonzentration. Die meisten Enzyme zeigen biologische Aktivität bei pH-Werten zwischen 4 und 9, wobei der pH-Wert, bei dem sie die höchste Aktivität entwickeln, auch das *pH-Optimum* genannt wird. Diese Abhängigkeit der Enzymkatalyse von der Wasserstoffionenkonzentration wird verständlich, wenn man bedenkt, daß sehr häufig an der Katalyse saure oder basische Gruppen der Aminosäureseitenketten beteiligt sind, von deren Dissoziationszustand jeweils die enzymatische Aktivität abhängt. Bei sehr hohen bzw. sehr niedrigen pH-Werten kommt es dagegen zur *irreversiblen Denaturierung* des Enzymproteins. Außer einer optimalen Wasserstoffionenkonzentration benötigen viele Enzyme Spurenelemente wie Mangan-, Zink-, Calcium-, oder Selenionen (s. Kap. 15).

▶ Die Enzymaktivität kann durch körperfremde oder körpereigene Verbindungen gehemmt werden

Die ***Hemmung*** enzymatischer Aktivitäten ist ein in der Natur vielfach vorkommendes Verfahren zur *Regulation* komplexer Prozesse wie der Blutgerinnung, der Fibrinolyse, des Komplementsystems und anderer. Im Blut sowie in anderen Körperflüssigkeiten wie Harn, Liquor, Samenflüssigkeit, Speichel usw. finden sich beispielsweise eine Reihe von ***Proteinaseinhibitoren*** (α_1-Antitrypsin, α_2-Makroglobulin usw., s.S. 408), deren Fehlen aufgrund genetischer Defekte zu charakteristischen Krankheitsbildern führt.

Neben diesen sehr spezifisch wirkenden *physiologischen* Hemmstoffen gibt es auch eine Reihe *unphysiologischer* Verbindungen, die in vivo und in vitro die Aktivität bestimmter Enzyme hemmen und die aus diesem Grunde gelegentlich auch als Arzneimittel verwendet werden. Nach dem Hemmtyp unterscheidet man prinzipiell zwei Klassen von Inhibitoren, *kompetitive* und *nichtkompetitive* Hemmstoffe.

Die kompetitive Hemmung. Damit eine Verbindung als kompetitiver Hemmstoff eines Enzyms wirken kann, muß sie im aktiven Zentrum des Enzyms *anstatt* des natürlichen Substrates von der ***Substratbindungsstelle*** fixiert werden. Hierfür ist in aller Regel eine beträchtliche ***Strukturanalogie*** notwendig. Ein klassisches Beispiel für kompetitive Hemmung ist die Hemmung der Succinatdehydrogenase durch das um 1 C-Atom verkürzte Succinatanaloge Malonat (Abb. 2.4).

Die Succinatdehydrogenase katalysiert die Oxidation von Succinat zu Fumarat (s.S. 159), wobei eine Doppelbindung zwischen den beiden C-Atomen 2 und 3 entsteht. Genau wie mit Succinat bildet die Succinatdehydrogenase auch mit dem Malonat einen Enzymsubstratkomplex. Da das Malonat jedoch nur über drei C-Atome verfügt, kann keine zu einer C=C-Doppelbindung führende Oxidation stattfinden. Dem ***Enzym-Inhibitor-Komplex*** bleibt damit als einzige Reaktionsmöglichkeit die Rückreaktion zu freiem Enzym und Inhibitor. Konkurrieren Enzyminhibitor und natürliches Substrat um die Bindungsplätze im aktiven Zentrum, so ergibt sich folgende Beziehung:

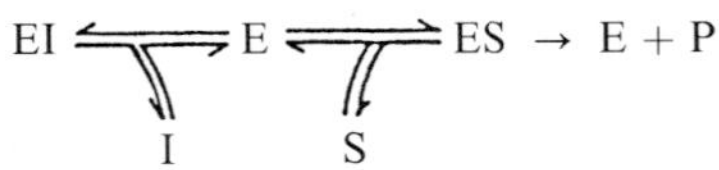

Die Geschwindigkeit der Bildung von P hängt einzig und allein von der Konzentration von ES ab. Bei Anwesenheit eines kompetitiven Inhibitors konkurrieren Inhibitor und Substrat um die gleiche Bindungsstelle am Enzym, nämlich um das aktive Zentrum. Die Konzentration von ES wird infolgedessen vom Verhältnis Substrat zu Inhibitor sowie von deren jeweiligen Affinitäten zum Enzym abhängen. Jede Erhöhung der Inhibitorkonzentration muß zu einer Abnahme von ES, jede Zunahme der Substratkonzentration zu einer Zunahme von ES führen. Ist die Substratkonzentration *wesentlich* größer als

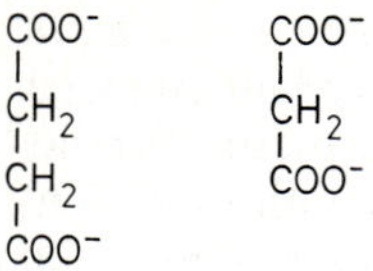

a b

Bild 2.4. Vergleich von Succinat (**a**) und Malonat (**b**)

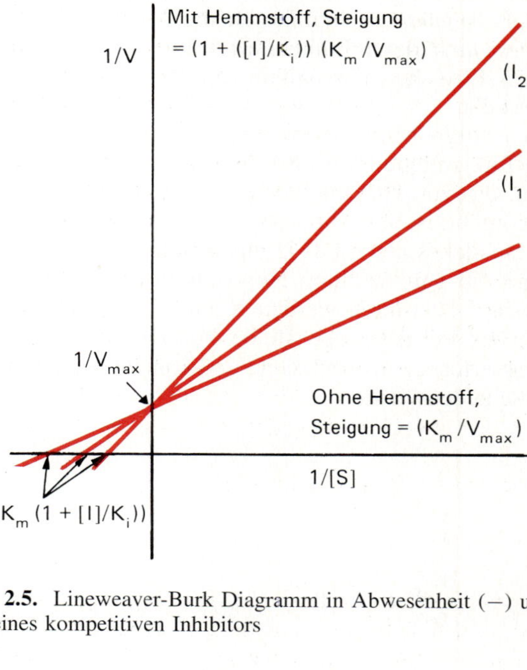

Bild 2.5. Lineweaver-Burk Diagramm in Abwesenheit (−) und in Anwesenheit (+) eines kompetitiven Inhibitors

die Inhibitorkonzentration, so spielt die Bildung von EI keine Rolle mehr.

Trägt man bei konstanter Hemmstoffkonzentration die Abhängigkeit der Reaktionsgeschwindigkeit von der Substratkonzentration in doppelt reziproker Weise auf, so ergibt sich das in Abb. 2.5 dargestellte Diagramm. Bei Vorliegen einer kompetitiven Hemmung ist der Schnittpunkt der in Ab- bzw. Anwesenheit des Inhibitors gemessenen Geraden mit der y-Achse identisch. Da dieser Schnittpunkt dem reziproken Wert der Maximalgeschwindigkeit entspricht, bedeutet dies mit anderen Worten, daß bei Substratüberschuß, d.h. unter den Bedingungen der Maximalgeschwindigkeit, die Anwesenheit eines kompetitiven Inhibitors nicht zu einer Verminderung der Reaktionsgeschwindigkeit führt.

Der Schnittpunkt mit der x-Achse, der dem negativen reziproken Wert der Michaeliskonstanten entspricht, ist jedoch in *Anwesenheit* eines kompetitiven Inhibitors kleiner als in dessen *Abwesenheit.* Dies bedeutet, daß *kompetitive* Inhibitoren die Michaeliskonstante *erhöhen:* In *Anwesenheit* des Inhibitors wird eine *höhere Substratkonzentration* zum Erreichen der halbmaximalen Geschwindigkeit des Enzyms gebraucht.

Eine Reihe von erfolgreichen Arzneimitteln gehören in die Gruppe der kompetitiven Enzyminhibitoren. Als Beispiel hierfür sei das Allopurinol genannt, das zur Therapie der Gicht eingesetzt wird. Wie aus Abb. 2.6 hervorgeht, ist das Allopurinol ein Strukturanaloges des Hypoxanthins. Als solches hemmt es kompetitiv die Xanthinoxidase (s.S. 261), welche die Umwandlung Hypoxanthin und Xanthin zu Harnsäure katalysiert. Hierdurch werden Xanthin und Hypoxanthin zu Endprodukten des Purinabbaues. Beide Verbindungen sind wesentlich besser wasserlöslich als Harnsäure und können leichter durch die Nieren ausgeschieden werden.

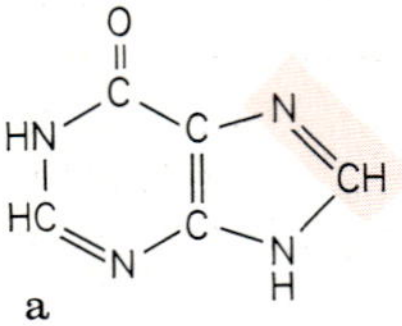
a

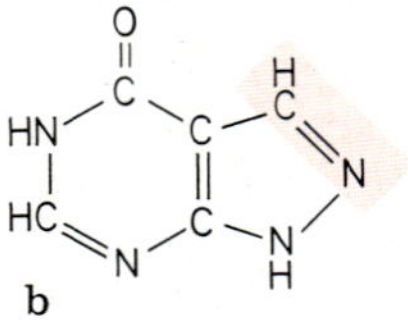
b

Bild 2.6. Strukturformel von Hypoxanthin (**a**) und Allopurinol (**b**)

Die nichtkompetitive Hemmung. Das Phänomen der nichtkompetitiven Hemmung von Enzymen ist von relativ geringer Bedeutung. Ein nichtkompetitiver Hemmstoff hat im allgemeinen wenig oder gar keine strukturelle Ähnlichkeit mit dem Substrat und wird häufig auch an einer anderen Bindungsstelle des Enzymproteins gebunden. Durch diese Bindung wird allerdings eine Hemmung der Umsatzgeschwindigkeit des Enzyms bewirkt. Im Gegensatz zum *kompetitiven* Hemmstoff ändert sich in Anwesenheit eines *nichtkompetitiven* Hemmstoffes die ***Michaeliskonstante*** für das Substrat *nicht*, jedoch nimmt die Maximalgeschwindigkeit ab.

Die *reversible, nichtkompetitive Hemmung* ist ein außerordentlich seltenes Phänomen. Dagegen führen eine Vielzahl von Enzymgiften zur *irreversiblen nichtkompetitiven* Hemmung. Häufig sind derartige Gifte Schwermetallionen (z.B. Hg^{2+}) oder Oxidationsmittel, die für die katalytische Aktivität des Enzyms wichtige Gruppen verändern. *Irreversible, nichtkompetitive* Hemmstoffe haben jedoch auch eine *physiologische* Bedeutung. So finden sich im Blut eine Reihe von Proteinaseinhibitoren (z.B. α_2-Makroglobulin), deren Fehlen zu typischen Krankheitserscheinungen führt. Auch im Pankreas finden sich derartige Proteinaseinhibitoren.

Für die Wechselwirkungen mit dem Substrat ist das aktive Zentrum von Enzymen verantwortlich

Die Tatsache, daß Enzyme zu den effektivsten bekannten Katalysatoren gehören (Beschleunigung im Vergleich zur nichtkatalysierten Reaktion um den Faktor 10^8 - 10^{20}), wirft natürlich die Frage auf, welche molekularen Mechanismen ihnen diese Effektivität verleihen. Die dabei beteiligten Vorgänge müssen sich im *aktiven Zentrum*, also einem relativ kleinen Areal des Enzyms, in Form einer entsprechenden Wechselwirkung zwischen Substratmolekülen und Enzym abspielen. Wie aufgrund der Verschiedenheit der katalysierten enzymatischen Reaktion nicht anders zu erwarten ist, läßt sich auch die Enzymkatalyse nicht nur auf einen Mechanismus zurückführen. Man kennt heute im wesentlichen vier Mechanismen, über die Enzyme ihre katalytische Effektivität erhalten:

Stereospezifische Bindung und Fixierung des Substrates. Sie erfolgt am aktiven Zentrum in der Weise, daß die anzugreifende Gruppe in unmittelbarer Nachbarschaft zu einer katalytischen Gruppierung des aktiven Zentrums gelangt.

Säure-Basen-Katalyse. Säuren bzw. Basen dienen als Katalysatoren bei einer Vielzahl organischer Reaktionen. Da auch Enzyme in Form ihrer Aminosäureseitenketten über *protonierbare* bzw. *deprotonierbare* Gruppierungen verfügen, können sie für viele Reaktionen als Protonendonatoren bzw. Protonenakzeptoren dienen. Derartige Gruppierungen sind Amino-, Carboxyl-, Sulfhydryl-, phenolische Hydroxyl- und Imidazol-Gruppen. Ein Beispiel für die ***Säure-Basen-Katalyse*** durch Enzyme sind die meisten Proteasen des Gastrointestinaltraktes. Während unkatalysiert für die Hydrolyse von Peptidbindungen sehr hohe Protonenkonzentrationen neben hohen Temperaturen benötigt würden, können Peptidbindungen aufgrund der enzymatischen Säure-Basen-Katalyse bei neutralem pH-Wert in kurzer Zeit gespalten werden.

Bildung von kovalenten Bindungen zwischen Enzym und Substrat. Im Verlauf des Katalysecyclus einer ganzen Reihe von Enzymen entsteht ein *kovalent* verbundener Enzymsubstratkomplex. Abbildung 6.9 stellt als Beispiel hierfür den Mechanismus des Glykolyseenzyms Glycerinaldehyd-3-Phosphatdehydrogenase dar. Hier entsteht der kovalente Enzymsubstratkomplex durch Ausbildung eines Thiohalbacetals zwischen der SH-Gruppe eines Cysteinrestes und der Carbonylgruppe des Glycerinaldehyd-3-Phosphates. Andere Aminosäuren, die zur Bildung von kovalenten Enzymsubstratkomplexen beitragen können, sind Serin (Proteasen des Gastrointestinaltraktes, Gerinnungsenzyme), Lysin (Fructose-1,6-Bisphosphataldolase) und Histidin (z.B. Glucose-6-Phosphatase). Der biologische Vorteil der kovalenten Katalyse besteht darin, daß das Substrat am aktiven Zentrum durch die kovalente Bindung besonders genau positioniert wird, um z.B. von entsprechenden Aminosäureseitenketten des Enzyms nucleophil angegriffen werden zu können.

Die induzierte Paßform (induced fit). Mit dieser Bezeichnung wird die durch experimentelle Daten wahrscheinlich gemachte Annahme beschrieben, daß bei einigen Enzymen durch die Bindung des Substrates eine ***Konformationsänderung*** ausgelöst wird, die dazu dient, die anzugreifende Bindung des Substrates bloßzulegen und damit dem Angriff reaktiver Gruppen des Enzyms auszusetzen.

3 Speicherung und Expression genetischer Information: DNS und RNS

ZUSAMMENFASSUNG

Nucleoside und Mononucleotide: Nucleoside bestehen aus einer heterocyclischen Base und einer Pentose, Mononucleotide enthalten zusätzlich Phosphat. Nucleoside und Mononucleotide sind an vielen wichtigen Reaktionen beteiligt.

Nucleinsäuren (Polynucleotide): Nucleinsäuren sind Polymere von Mononucleotiden. DNS-Moleküle bilden antiparallele Doppelstränge aus. Der DNS-Proteinkomplex im Zellkern wird als Chromatin bezeichnet. RNS-Moleküle kommen als einzelsträngige Messenger-RNS, Transfer-RNS und ribosomale RNS vor.

Der Fluß der genetischen Information: Auf der DNS ist die genetische Information für alle Proteine enthalten. Die Replikation der DNS erfolgt semikonservativ. Im Zellcyclus erfolgt der koordinierte Ablauf von Replikation und Mitose. Die Information für einzelne Proteine wird als Messenger-RNS transkribiert. Eukaryote Gene enthalten nicht transkribierte Sequenzen. Zur Bildung der reifen Messenger-RNS sind umfangreiche Modifikationen notwendig.

3.1 Nucleoside und Mononucleotide

Nucleoside bestehen aus einer heterocyclischen Base und einer Pentose, Mononucleotide enthalten zusätzlich Phosphat

Allen Mononucleotiden liegt ein gemeinsames Bauprinzip zugrunde. Sie bestehen aus einer heterocyclischen Base, die N-glykosidisch mit

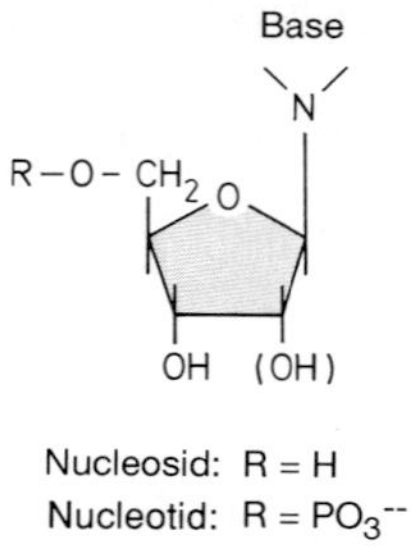

Bild 3.1. Aufbau eines Nucleosids bzw. Mononucleotids

Tabelle 3.1. Nomenklatur von Nucleosiden und Nucleotiden am Beispiel der Ribonucleoside (-nucleotide)

Base	Nucleosid	Abkürzung	Nucleotid	Abkürzung
Adenin	Adenosin	A	Adenosinmonophosphat	AMP
Guanin	Guanosin	G	Guanosinmonophosphat	GMP
Hypoxanthin	Inosin	I	Inosinmonophosphat	IMP
Cytosin	Cytidin	C	Cytidinmonophosphat	CMP
Thymin	Thymidin	T	Thymidinmonophosphat[a]	TMP
Uracil	Uridin	U	Uridinmonophosphat	UMP

[a] Handelt es sich um Nucleoside (Nucleotide), die statt Ribose desoxy-Ribose enthalten, so wird vor die jeweiligen Abkürzungen ein d- geschrieben (z. B. dAMP für desoxy-Adenosinmonophosphat). Eine Ausnahme macht das Thymidin, das nur als Desoxyribonucleotid vorkommt, weswegen das d weggelassen werden kann.

einer Pentose verbunden ist. Diese Pentose kann entweder die D-Ribose oder die D-2-Desoxyribose sein. Eine Verbindung dieser Art wird als ***Nucleosid*** bezeichnet. Trägt sie eine oder mehrere Phosphatgruppen in Esterbindung am C-Atom 5, so spricht man von einem***Nucleotid*** (Abb. 3.1). Abbildung 3.2 zeigt die verschiedenen am Aufbau von Nucleotiden beteiligten heterocyclischen Basen. Es handelt sich um die Purinbasen Adenin und Guanin sowie um deren Desaminierungsprodukte Hypoxanthin bzw. Xanthin. Die häufigsten Pyrimidinbasen sind das Cytosin, das Thymin und das Uracil.

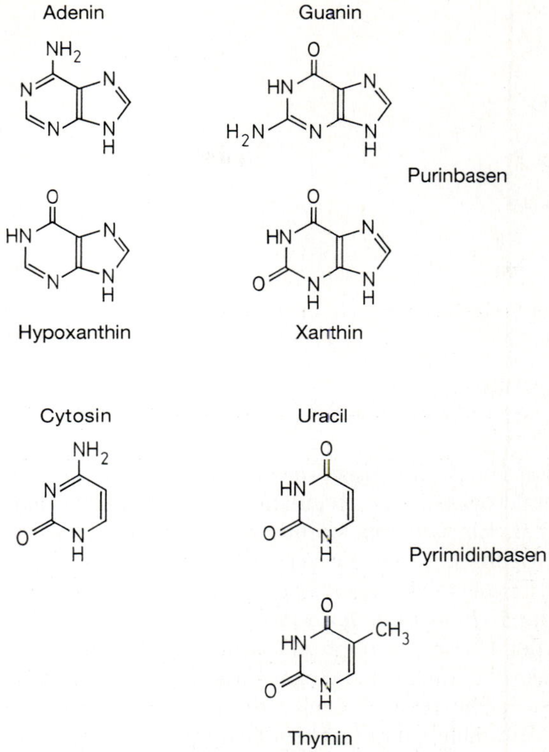

Bild 3.2. Wichtige Purin- und Pyrimidinbasen

Tabelle 3.1 faßt die Trivialnamen der wichtigsten Nucleoside und Nucleotide sowie deren Abkürzungen zusammen.

Nucleoside und Mononucleotide sind an vielen wichtigen Reaktionen beteiligt

Nucleoside und Mononucleotide sind nicht nur die Bausteine für die Biosynthese von ***Nucleinsäuren*** (s.u.), sondern haben selber eine Reihe wichtiger Funktionen.

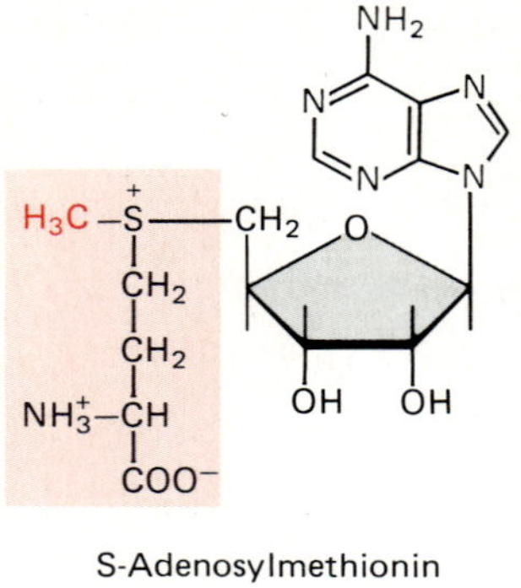

Bild 3.3. S-Adenosylmethionin

Unter den Nucleosiden ist das *Adenosin* bemerkenswert, das eine hormonähnliche Funktion bei der Regulation des Kreislaufs und des Stoffwechsels hat. Ein weiteres wichtiges Nucleosid ist das *S-Adenosylmethionin* (Abb. 3.3), das aus ATP und Methionin entsteht und für viele Methylierungsreaktionen benötigt wird (s.S. 206). Mononucleotide sind die ***5′-Phosphorsäureester*** der Nucleoside.

Durch Reaktion der Phosphatgruppe mit weiteren Phosphorsäuremolekülen entstehen die Nucleosiddi- bzw. -triphosphate (s.S. 92). Da dann ein oder zwei Phosphorsäureanhydridbindungen vorliegen, handelt es sich um Verbindungen mit ***hohem Gruppenübertragungspotential*** (s.S. 92). Diese nehmen in vielfältiger Weise an den Reaktionen des Energiestoffwechsels teil.

Wichtige Derivate von ATP bzw. GTP sind die Nucleosidcyclophosphate *3′,5′-cyclo-AMP* (cAMP) und *3′,5′-cyclo-GMP* (cGMP). Sie entstehen unter Einwirkung spezifischer ***Cyclasen*** und sind für die hormonelle Regulation des Stoffwechsels von besonderer Bedeutung (s.S. 340).

Im *FAD* (s.S. 309), den *Nicotinamidnucleotiden* NAD^+ (s.S. 310), dem *Coenzym A* (s.S. 313) sowie dem *Cobalamin* (s.S. 315) kommen Nucleotide als Bausteine vor. Nucleotide werden bei einigen wichtigen Biosynthesen zur Aktivierung von Bauteilen benötigt. Sie reagieren dabei mit deren Phosphorsäureestern unter Bildung der entsprechenden ***Nucleosiddiphosphatderivate*** (Abb. 3.4). Tabelle 3.2 stellt einige der so aktivierten Zwischenprodukte zusammen. Zur

Tabelle 3.2. Wichtige Nucleosiddiphosphat-aktivierte Zwischenprodukte bei Biosynthesen

Bezeichnung	Biosynthese von
UDP-Glucose	Glykogen, Glucuronat, Ascorbat, Galaktose und Derivate
UDP-Aminozucker	Glykosaminoglykane, Glykoproteine
GDP-Mannose	Glykoproteine, GDP-Fucose
CDP-Cholin	Phosphatidylcholin
CDP-Diacylglycerin	Phosphoglyceride

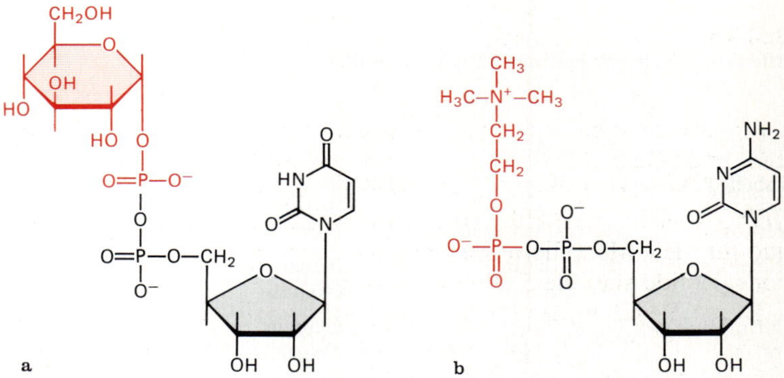

Bild 3.4. Uridindiphosphatglucose (**a**) und Cytidindiphosphatcholin (**b**)

Einführung von Sulfatresten z.B. in Glykosaminoglykane, wird aktives Sulfat benötigt. Dieses *3'-Phosphoadenosyl-5'-phosphosulfat* (Abb. 3.5) entsteht aus ATP und Sulfat.

3.2 Nucleinsäuren (Polynucleotide)

Nucleinsäuren sind Polymere von Mononucleotiden

Als Nucleinsäuren bezeichnet man meist sehr lange, immer unverzweigte kettenförmige Moleküle. Diese bestehen aus ***Mononucleo-***

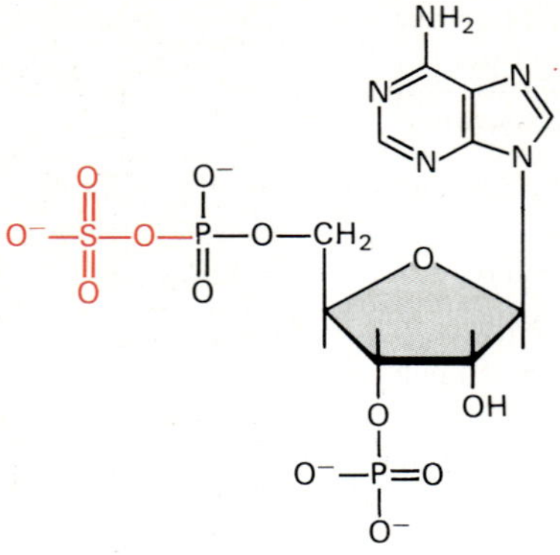

Bild 3.5. 3′-Phosphoadenosyl-5′-phosphosulfat

Tabelle 3.3. Bestandteile von DNS und RNS

Pentose	*2-Desoxy-D-ribose*	*D-ribose*
Purinbasen	Adenin Guanin	Adenin Guanin
Pyrimidinbasen	Cytosin *Thymin*	Cytosin *Uracil*

tiden, die untereinander mit ***Phosphodiesterbindungen*** verknüpft sind. Abbildung 3.6 stellt Ausschnitte aus Nucleinsäuremolekülen dar.

Im Fall der RNS sind Nucleotide mit den 4 Basen Guanin, Cytosin, Adenin und Uracil miteinander verknüpft.

Das Rückgrat des Polynucleotides besteht aus den Ribosemolekülen, die in Form eines Diesters Phosphoräure zwischen dem C-Atom 3 der einen und dem C-Atom 5 der nächsten Ribose tragen. Jede Ribose trägt außerdem am C-Atom 1 in N-glykosidischer Bindung die ihr zugehörige Base. Ähnlich wie Proteine haben auch Nucleinsäuren zwei verschiedene Enden. Nach Konvention wird das *5′-Phosphatende* der Kette *links*, dagegen das *3′-OH-Ende rechts* geschrieben.

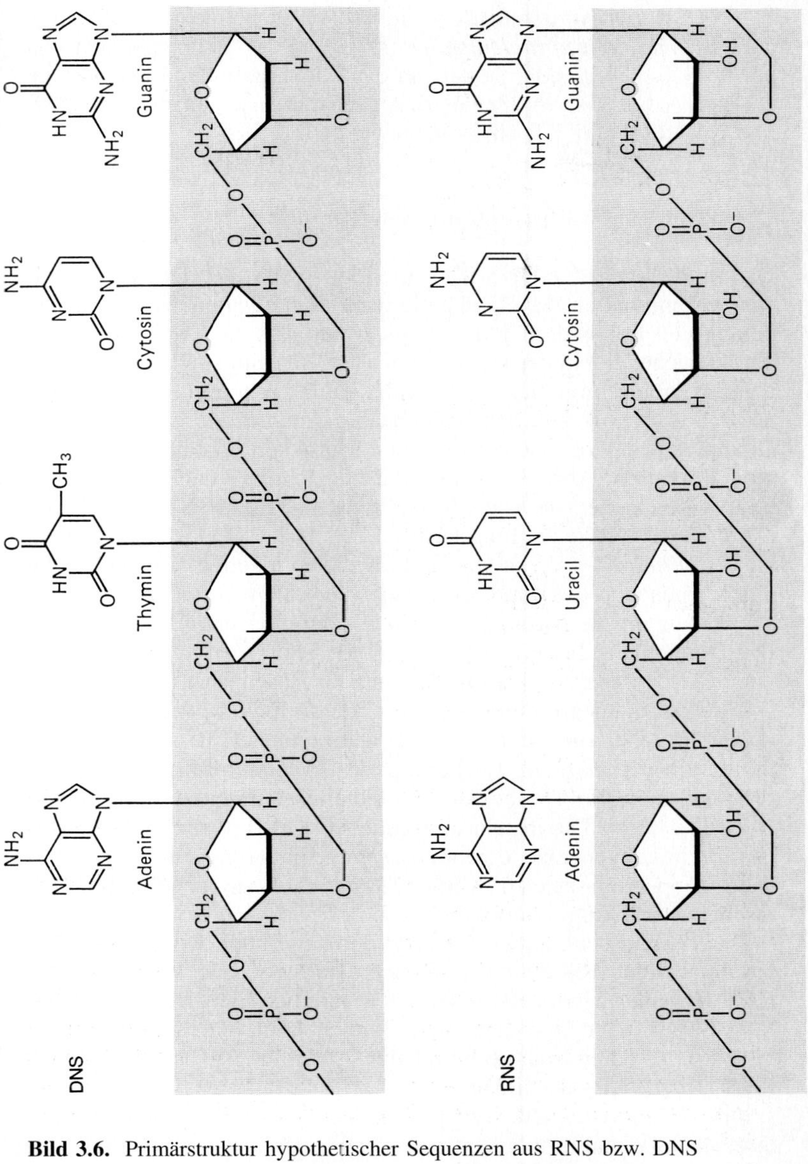

Bild 3.6. Primärstruktur hypothetischer Sequenzen aus RNS bzw. DNS

Neben der ***Ribonucleinsäure*** findet sich in beträchtlicher Menge auch die ***Desoxyribonucleinsäure*** (DNS). Sie unterscheidet sich von der RNS zunächst dadurch, daß der das Rückgrat bildende Zucker die 2-Desoxyribose ist. Auch die Basenzusammensetzungen von DNS und RNS (Tabelle 3.3) sind unterschiedlich.

DNS-Moleküle bilden antiparallele Doppelstränge aus

Die Entdeckung der DNS-Konformation gehört zu den bedeutendsten Erkenntnissen der Biochemie nach dem zweiten Weltkrieg. Sie gelang den Engländern James Watson und Francis Crick. Aufgrund der Tatsache, daß in der DNS Adenin und Thymin sowie Guanin und Cytosin immer im molaren Verhältnis von 1 vorkommen, nahmen sie an, daß sich zwischen den Basenpaaren Adenin und Thymin sowie Guanin und Cytosin leicht Wasserstoffbrücken ausbilden (komplementäre Basen, Abb. 3.7a). Unter Einbeziehung von Röntgenstrukturanalysen kamen sie zu der Vorstellung, daß die DNS in Form einer ***Doppelhelix*** vorliegen muß (Abb. 3.7b). Diese Doppelhelix besteht aus 2 *antiparallel* verlaufenden Polynucleotidketten, die außen die durch Phosphodiesterbindungen verknüpften *hydrophilen Zuckerreste* und innen die *hydrophoben Purin-* und *Pyrimidinbasen* tragen. Die Doppelhelix hat einen Durchmesser 2 nm. Pro Wendelgang mit einer Strecke von ca. 3 nm finden sich 10 Basenpaare.

DNS bildet außerordentlich lange fadenförmige Moleküle mit sehr hohen Molekulargewichten. Bei Erwärmung auf 70 - 80°C kommt es zu einer derartigen Lockerung der Wasserstoffbrückenbindungen, daß die DNS-Doppelhelix in die Einzelstränge zerfällt (DNS-*Denaturierung*). Durch sehr langsame Abkühlung kann unter günstigen Bedingungen eine erneute Zusammenlagerung zur ursprünglichen Doppelhelix erreicht werden (*Renaturierung* der DNS), die bei rascher Abkühlung unterbleibt.

Das oben geschilderte Verfahren der langsamen Erwärmung und anschließender Abkühlung kann auch dazu verwendet werden, ***DNS-RNS-Hybride*** herzustellen. Besitzen nämlich der DNS- und der RNS-Strang über einen längeren Bereich komplementäre Basensequenzen, so kann sich während der Abkühlungsphase eine DNS-RNS-Doppelhelix ausbilden.

Die Zellen verschiedener Spezies unterscheiden sich hinsichtlich ihres DNS-Gehaltes beträchtlich. Setzt man den DNS-Gehalt des

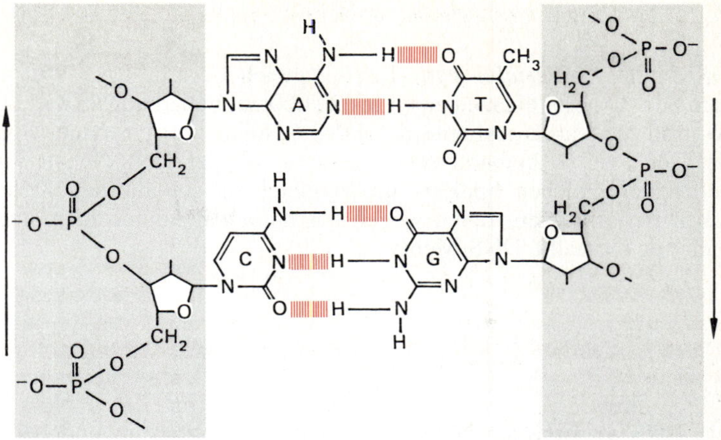

a

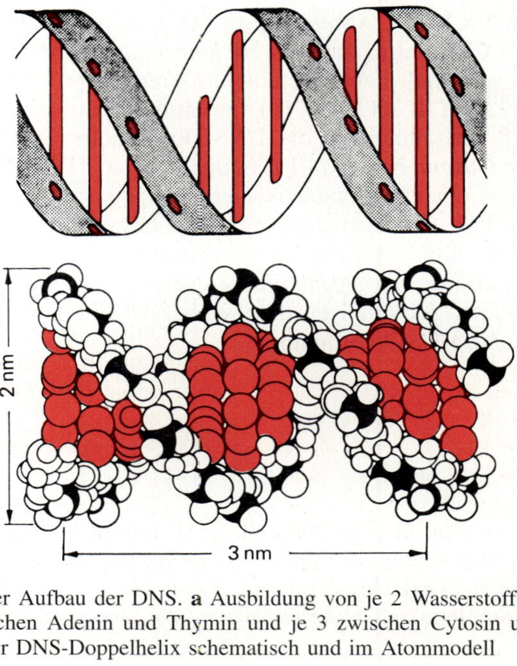

b

Bild 3.7. Der Aufbau der DNS. **a** Ausbildung von je 2 Wasserstoffbrückenbindungen zwischen Adenin und Thymin und je 3 zwischen Cytosin und Guanin. **b** Struktur der DNS-Doppelhelix schematisch und im Atommodell

Bakteriums ***Escherichia coli*** (E. coli) gleich 1, so besitzen Wirbeltiere oder höhere Pflanzen einen bis 20.000mal höheren DNS-Gehalt. So groß die Variationsbreite des DNS-Gehaltes verschiedener Spezies auch ist, so bemerkenswert konstant ist der DNS-Gehalt von Zellen der gleichen Spezies. Im Vergleich zu somatischen Zellen haben tierische Keimzellen wegen des *halben* Chromosomensatzes auch nur die halbe DNS-Menge.

Der DNS-Proteinkomplex im Zellkern wird als Chromatin bezeichnet

Die DNS ***prokaryoter*** Mikroorganismen ist ringförmig und befindet sich als stark gefaltetes Gebilde im Cytoplasma. Im Gegensatz dazu ist die DNS ***eukaryoter*** Zellen im Zellkern lokalisiert. Ihre außerordentlich hohe Packungsdichte wird dadurch erreicht, daß sie mit einer Reihe spezifischer Proteine einen als ***Chromatin*** bezeichneten Komplex bildet. Abbildung 3.8 stellt die schematische Grundstruktur des Chromatins dar. Als ***Histone*** bezeichnete stark basische Proteine lagern sich dabei zu einem Oktamer (je 2 Moleküle der Histone H2A, H2B, H3 und H4) zusammen. Um diese Oktamere windet sich perlschnurartig die DNS-Doppelhelix. Auf einem derartigen ***Nucleosom*** haben 140 Basenpaare Platz. Die Verbindungen zwischen den einzelnen Nucleosomen sind je nach Spezies 40 - 100 Basenpaare lang und assoziieren mit dem Histon H1.

Eine „Perlschnur" aus Nucleosomen ist zu einem rechtsgängigen helikalen Gebilde, der *30 nm Faser*, verdrillt. Durch Faltung der 30 nm Faser zu Schleifen entsteht schließlich die stark verdichtete chromosomale DNS-Anordnung.

RNS-Moleküle kommen als einzelsträngige Messenger-RNS, Transfer-RNS und ribosomale RNS vor

In Zellen kommt im allgemeinen 5 - 10 mal mehr RNS als DNS vor. Man unterscheidet drei verschiedene RNS-Klassen (Tabelle 3.4). RNS Moleküle sind einzelsträngig, wenn auch Teile des Moleküls durch intramolekulare Hybridisierung als Doppelstrang vorliegen können.

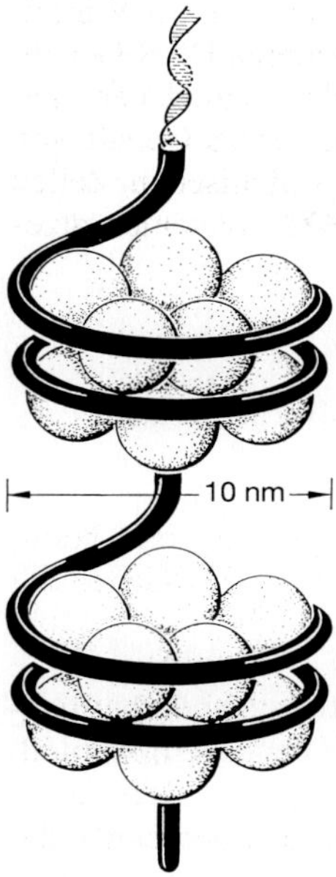

Bild 3.8. Modell des DNS-Histonkomplexes oder Nucleosoms im Chromatin. Die DNS-Doppelhelix windet sich um oktamere Proteinkomplexe aus den Histonen H2A, H2B, H3 und H4. Das Histon H1 ist an das Zwischenstück assoziiert

Das größte Molekulargewicht hat die ***Messenger-RNS*** (mRNS, Boten-RNS). Sie stellt die für die Proteinbiosynthese (s.S. 279) benötigte Matrize dar. Deswegen ist die Größe der mRNS-Moleküle je nach dem codierten Protein sehr unterschiedlich und schwankt von weniger als 100 bis zu mehr als 10 000 Nucleotidresten.

Die ***ribosomale RNS*** (rRNS) ist ein integrierender Bestandteil der Ribosomen (s.S. 284) und macht etwa zwei Drittel ihrer Masse aus. Bei Prokaryonten finden sich 3, bei Eukaryonten vier unterschiedliche rRNS-Spezies aus etwa 100 bis einigen Tausend Nucleotidresten. Durch Hybridisierungen kommt es zur Bildung intramolekularer Schleifen und zu genau festgelegten räumlichen Strukturen (Abb. 3.9).

Tabelle 3.4. Klassifizierung der Ribonucleinsäure

Bezeichnung	Sedimentationskoeffizient	Nucleotidreste	Struktur	Funktion
Messenger-RNS (mRNS)	6S–25S	75–>10^4	Einzelstrang	Matrize bei der Proteinbiosynthese
Transfer-RNS (tRNS)	4S	75–90	Kleeblatt	Bindung von Aminosäuren
Ribosomale RNS (rRNS)	5 S 5.8S 18 S 28 S	100–>4000	Einzelstrang	Ribosomenstruktur

Die ***Transfer-RNS*** (tRNS) hat im Vergleich zu den anderen RNS-Arten das geringste Molekulargewicht. Sie zeichnet sich ebenfalls durch viele intramolekulare Basenpaarungen aus, so daß die in Abb. 3.10 dargestellten kleeblattförmigen Gebilde entstehen (über die Funktion der tRNS s.S. 283).

3.3 Fluß der genetischen Information

Auf der DNS ist die genetische Information für alle Proteine enthalten

Eine der für die Entwicklung der Biochemie und Zellbiologie bedeutsamsten Entdeckungen war der Befund, daß in den langen Kettenmolekülen der DNS die für die Synthese der Proteinmoleküle einer Zelle notwendige Information gespeichert ist.

Dies beinhaltet nicht nur die Information über die Sequenz der Aminosäuren in einem gegebenen Protein, sondern auch eine Vielzahl von Verfahrensvorschriften über die Regulation von Genexpression und Proteinbiosynthese. Dabei wurde schon sehr früh eine Gesetzmäßigkeit aufgedeckt, die zunächst als das sogenannte *„zentrale Dogma"* der Molekularbiologie bezeichnet wurde. Es geht davon

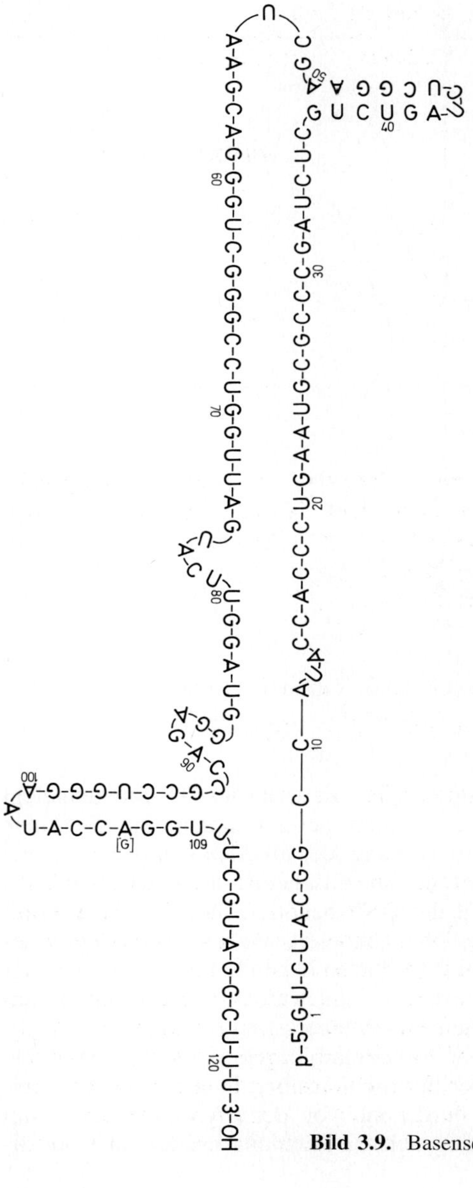

Bild 3.9. Basensequenz der humanen 5S-rRNS

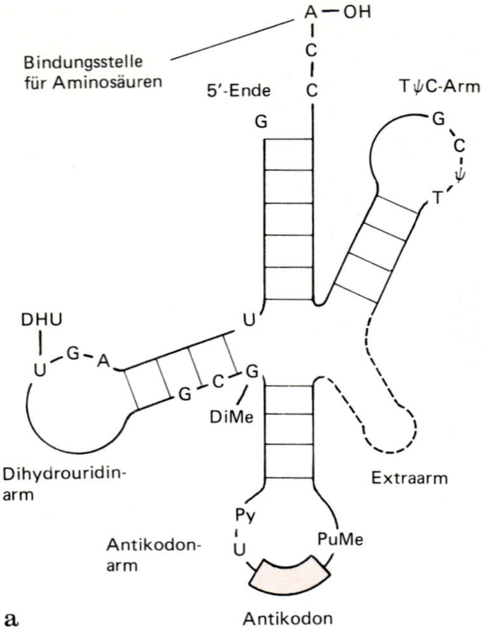

a

Bild 3.10a. Schematische Darstellung der Struktur einer tRNS.

aus, daß der *gesamte* Bauplan einer Zelle in der DNS niedergelegt ist. Bei jeder Teilung der Zelle muß dieser Bauplan eine *identische Reduplikation* erfahren, ein Vorgang, der als *Replikation* bezeichnet wird. Für die Biosynthese eines spezifischen Proteins wird natürlich nur der entsprechende Teil der DNS benötigt. Dieser wird in Form eines RNS-Strangs von der DNS abkopiert, was als *Transkription* bezeichnet wird. Die auf dem RNS-Faden liegende Information gelangt an den Ort der *Proteinbiosynthese* und wird dort in die Aminosäuresequenz eines spezifischen Protins übersetzt (*Translation*).

Das zentrale Dogma der Molekularbiologie postulierte zunächst sehr strikt, daß der Weg der Informationsübertragung quasi eine Einbahnstraße darstellt, d.h. immer nur von der ***DNS*** über ***RNS*** zum ***Protein*** und nie in der umgekehrten Richtung erfolgt. Die vor al-

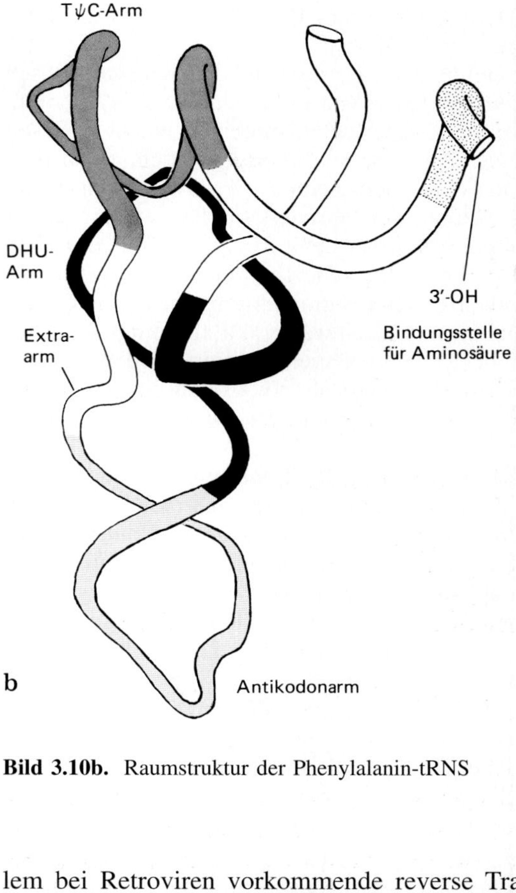

Bild 3.10b. Raumstruktur der Phenylalanin-tRNS

lem bei Retroviren vorkommende reverse Transkription (s.S. 295) ist zwar eine Ausnahme von dieser Regel, im Prinzip ist ihre Richtigkeit jedoch erwiesen.

Auf welche Weise wird nun auf der DNS die Information für die Biosynthese von Proteinen gespeichert? Zur Beantwortung dieser Frage muß man von der Tatsache ausgehen, daß alle Proteine aus 20 Grundbausteinen, den ***proteinogenen Aminosäuren***, bestehen. Auf den DNS-Fadenmolekülen muß infolgedessen die Information für die Art und die Sequenz der Aminosäuren spezifischer Proteine festgelegt werden. Das Rückgrat des DNS-Fadens, die monotone Sequenz von Desoxyribose und Phosphat, kommt für diese Aufgabe nicht in Frage.

Die Information ist vielmehr in der Sequenz der einzelnen Basen eines DNS-Fadens zu suchen. Diese vier Basen sind Adenin, Thymin, Guanin und Cytosin. Es läßt sich leicht errechnen, wieviele Basen für die Bestimmung einer Aminosäure benötigt werden, wenn man von einem Alphabet aus den Buchstaben A, T, G und C ausgeht. Bestünde die für eine Aminosäure verantwortliche Sequenz aus 2 Basen, so könnten lediglich 4^2, das heißt 16 „Worte" geschrieben werden. Da dies offensichtlich nicht ausreicht, muß man von einer für eine Aminosäure verantwortlichen Informationseinheit, einem ***Codon*** von 3 Basen, ausgehen. Diese Schreibweise läßt allerdings Platz für 4^3, d.h. 64 Worte. Da nur 20 Aminosäuren definiert werden müssen, steht für manche Aminosäuren mehr als ein Codon zur Verfügung (s.S. 280). Dieses Phänomen wird auch als ***Degeneration*** des Codes bezeichnet.

Die Sequenz der ***Basentripletts*** oder ***Codons*** auf einem DNS-Molekül codiert also für die Aminosäuresequenz eines bestimmten Proteins. Den für ein Protein verantwortlichen Abschnitt auf der DNS bezeichnet man als ***Gen***. Bei vielen Mikroorganismen haben sich in der Tat bereits die Gene für die verschiedensten Proteine auf dem DNS-Faden lokalisieren lassen, was zur Aufstellung der sog. ***Genkarten*** geführt hat (Abb. 3.11; siehe außerdem Lehrbücher der Genetik).

Auch bei eukaryoten Organismen sind in den letzten Jahren große Fortschritte gemacht worden. Als Beispiel sei das menschliche Chromosom 1 dargestellt (Abb. 3.12), bei dem eine beachtliche Zahl von Proteinen bereits lokalisiert ist. Die genaue Analyse der Basensequenz des menschlichen Genoms ist derzeit Gegenstand internationaler Bemühungen.

Die Replikation der DNS erfolgt semikonservativ

Zu jeder Zellteilung gehört die identische Reduplikation der in der DNS niedergelegten Information. Der Mechanismus dieses Vorganges ist in Abb. 3.13 dargestellt. Es handelt sich um eine sogenannte ***semikonservative Replikation***. Der als Doppelhelix vorliegende DNS-Faden wird an der sogenannten ***Replikationsgabel*** entwunden. Komplementär zu der Basensequenz jedes Einzelstrangs la-

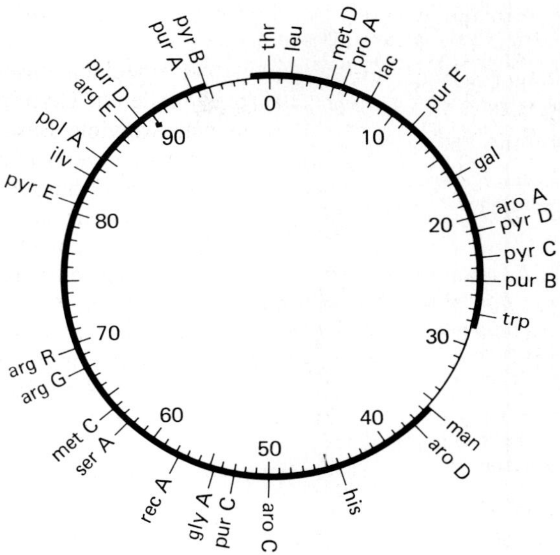

Bild 3.11. Genkarte von E. coli. Das ringförmige Genom von E. coli ist als Kreis dargestellt, der in 100 Abschnitte eingeteilt ist. Die relative Lage der einzelnen, meist für Enzyme codierenden Gene sind außen vermerkt. Der Übersichtlichkeit halber ist nur ein kleiner Teil der heute bekannten über 1000 Gene dargestellt

gern sich die als Ausgangsmaterial benötigten *Basen* in Form ihrer Triphosphate an und werden durch entsprechende enzymatische Aktivitäten miteinander verknüpft, so daß je ein neuer Strang entsteht. Die neu replizierte DNS enthält also je einen *alten* (parentalen) und einen *neuen* Strang.

Damit die Replikation tierischer Zellen mit der erforderlichen Geschwindigkeit stattfinden kann, beginnt der Vorgang an vielen ***Initiationsstellen*** gleichzeitig (Abb. 3.14). Von jeder Initiationsstelle bewegen sich zwei Replikationsgabeln in die entgegengesetzte Richtung, wobei sog. ***Replikationsblasen*** entstehen. Stoßen zwei Replikationsblasen zusammen, hört die Replikation an dieser Stelle mit dem Verschmelzen der beiden Tochterstränge auf. Für die Biosynthese dieser neuen DNS-Stränge sind die ***DNS-Polymerasen*** verantwortlich, deren Mechanismus in Abb. 3.15 dargestellt ist. Alle DNS-

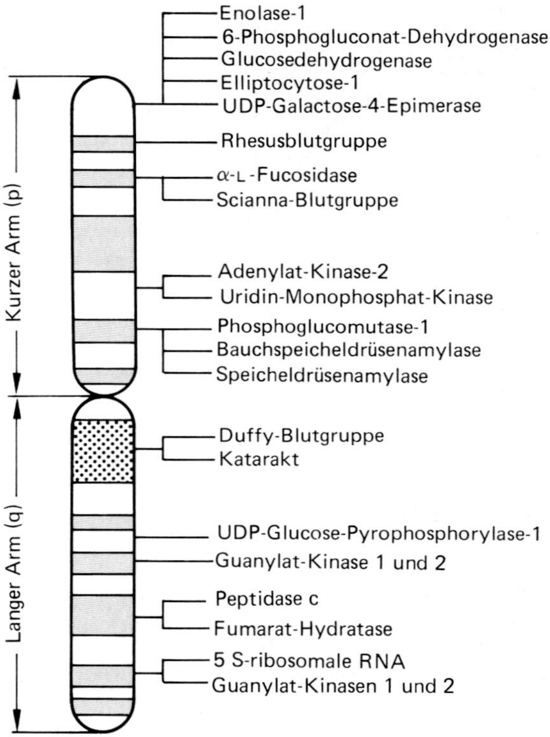

Bild 3.12. Genkarte des humanen Chromosom 1 mit einer Auswahl von Genen, die bisher auf diesem Chromosom lokalisiert worden sind. Das Bandenmuster entspricht der Anfärbung mit Quinacrin

Polymerasen benötigen ein 3′-OH-Ende eines DNS-Strangs, einen Primer. Die terminale 3′-OH-Gruppe der DNS-Kette greift *nucleophil* am α-Phosphat des einzubauenden Desoxyribonucleosidtriphosphates an. Die bei der Spaltung der Phosphorsäureanhydridbindung zwischen dem α- und β-Phosphat des Desoxyribonucleotids freiwerdende Energie dient dazu, die Reaktion in Richtung der Biosynthese zu treiben. Außerdem wird das bei der Reaktion freigesetzte Pyrophosphat durch entsprechende Pyrophosphatasen gespalten.

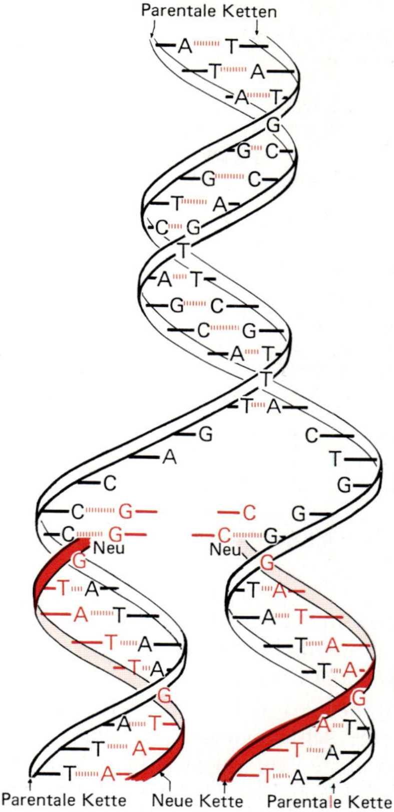

Bild 3.13. Schematische Darstellung der semikonservativen Replikation der DNS

Die Sequenz der neu gebildeten DNS-Kette wird durch die Sequenz der parentalen Kette vorgegeben. Dies ergibt sich aus den Regeln der ***Basenkomplementierung*** (s.S. 46): Die zu Adenin komplementäre Base ist Thymin, die zu Guanin komplementäre das Cytosin und umgekehrt. In tierischen Zellen sind drei Klassen von DNS-Polymerasen nachgewiesen worden. Die DNS-Polymerase α ist ein außerordentlich großer Multienzymkomplex, kommt im Zellkern vor

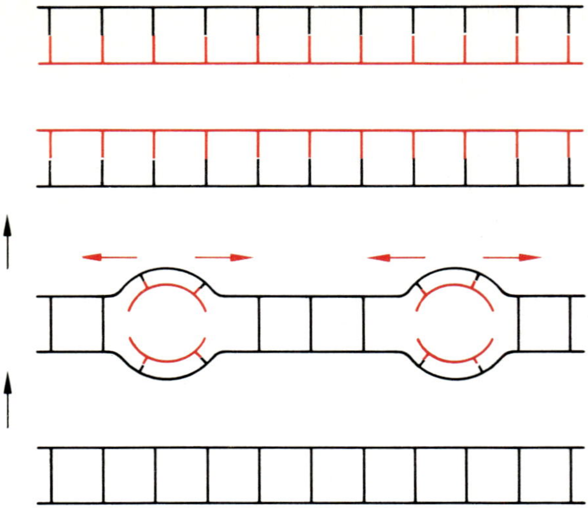

Bild 3.14. Replikation eukaryoter Genome mit Hilfe von Replikationsblasen

und ist für die Replikation verantwortlich. Die DNS-Polymerase β ist für die *DNS-Reparatur* (s.u.) verantwortlich, die DNS-Polymerase γ für die *Replikation des mitochondrialen Genoms*.

Der Vorgang der DNS-Replikation wird dadurch kompliziert, daß die DNS-Polymerase α immer eine schon vorhandene DNS-Kette benötigt, um neue Nucleosidphosphate ankondensiern zu können. Deswegen beginnt die Replikation mit einer RNS-Polymerase (Abb. 3.16). Dieses auch als ***Primase*** bezeichnete Enzym kann komplementär zu einer DNS-Matrize ein aus etwa 10 Basen bestehendes RNS-Stück synthetisieren, an dessen freiem 3′-OH-Ende nun die DNS-Polymerase α die zum parentalen Stück komplementäre DNS-Sequenz ankondensiert. Da die Synthese nur in $5' \rightarrow 3'$-Richtung erfolgen kann, ist eine kontinuierliche Synthese nur bei einem, dem sog. Leitstrang (leading strand) möglich. Beim anderen Strang, dem sog. Verzögerungsstrang (lagging strand) bewegt sich die DNS-Polymerase α von der Replikationsgabel fort. Sie fällt daher nach einigen hundert Basenpaaren ab und sucht sich an der Replikationsgabel ein neues RNS-Stück mit freiem 3′-OH-Ende. Auf diese Weise entstehen kurze, nach ihrem Entdecker als ***Okazaki-***

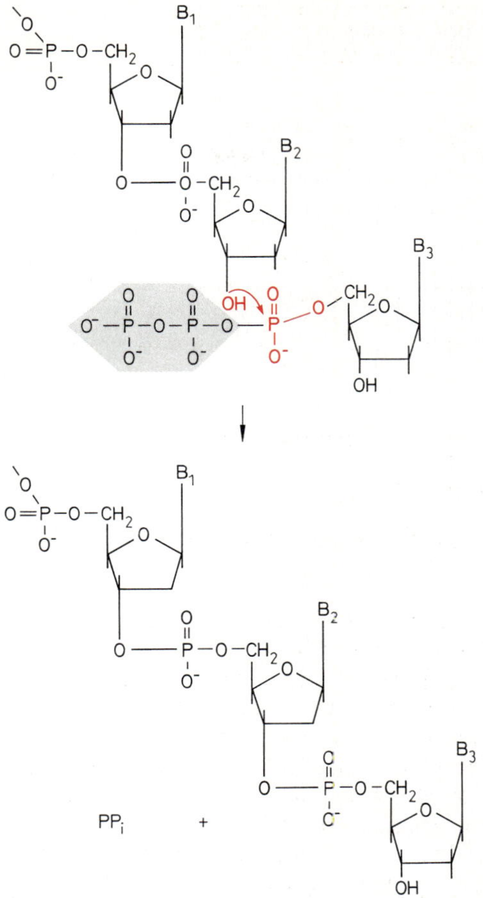

Bild 3.15. Mechanismus der DNS-Kettenverlängerung durch DNS-Polymerasen

Fragmente bezeichnete Bruchstücke. Durch eine Exonuclease werden die RNS-Stücke aus der neugebildeten DNS herausgeschnitten, die dadurch entstehenden Lücken durch die DNS-Polymerase β ausgefüllt und schließlich durch eine DNS-Ligase die einzelnen DNS-Stücke verknüpft.

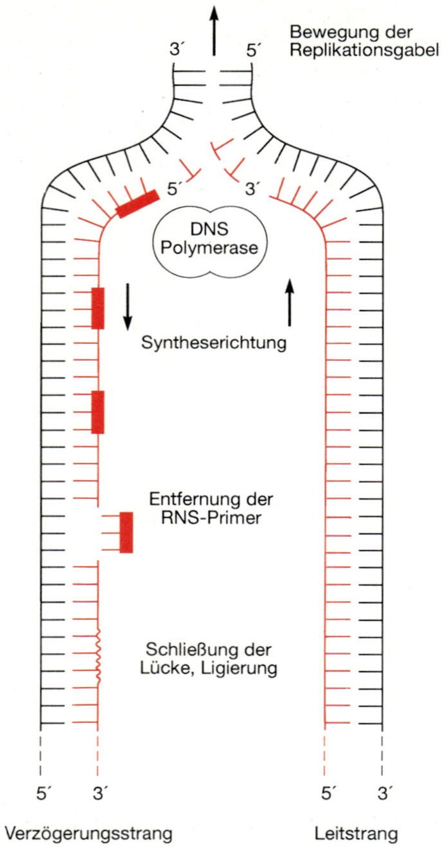

Bild 3.16. Schematische Darstellung der DNS-Replikation. Einzelheiten siehe Text

Im Zellcyclus erfolgt der koordinierte Ablauf von Replikation und Mitose

Eukaryote Zellen durchlaufen, beginnend mit dem Moment ihrer Entstehung durch eine Mitose, eine Reihe charakteristischer Phasen, bis ihre Existenz mit der nächsten Mitose erlischt (Abb. 3.17). Zunächst befindet sich die neugebildete Zelle in der ***G_1-Phase*** (G von engl. gap = Lücke), in der sie diploid ist. Vor der nächsten Mitose muß zunächst die DNS repliziert werden. Dies erfolgt in der 8 bis 10 Stunden dauernden ***S-Phase*** und beginnt mit der Synthese der für den Replikationsvorgang notwendigen Enzyme. Die häufig nur kurze Phase zwischen dem Abschluß der DNS-Replikation und der Mitose wird als ***G_2-Phase*** bezeichnet.

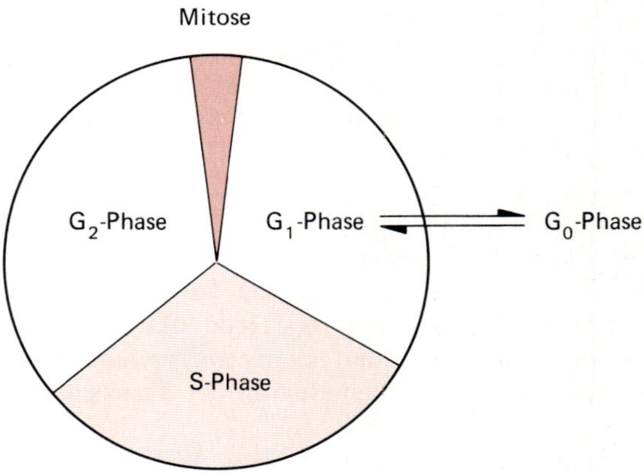

Bild 3.17. Der Zellcyclus eukaryoter Zellen

Zellen in nicht proliferierenden Geweben befinden sich in der ***G_0-Phase***. Im allgemeinen hängt die Lebensdauer einer Zelle von der Länge ihrer G_0-Phase ab, die jahrelang andauern kann und auf noch unbekannte Weise reguliert wird.

Die Information für einzelne Proteine wird als RNS transkribiert

Während bei der für die Zellteilung notwendigen Replikation die gesamte Information auf der DNS einer Zelle genau kopiert werden muß, ist es für den Start der Biosynthese eines bestimmten Proteins nur notwendig, den hierfür codierenden Teil des DNS-Fadens aufzufinden und von ihm eine entsprechende Kopie in Form eines *RNS-Stückes* zu fertigen. Derartige die Information für ein Proteinmolekül enthaltende RNS-Stücke werden auch als ***Boten-RNS*** (*messenger-RNS*, ***mRNS***) bezeichnet. Auch dieser Vorgang erfolgt unter Katalyse einer entsprechenden Polymerase, der DNS-abhängigen RNS-Polymerase. Der prinzipielle Mechanismus der Kettenverlängerung entspricht demjenigen der DNS-abhängigen DNS-Polymerasen, d.h. es liegt der nucleophile Angriff einer Hydroxylgruppe der Ribose am α-Phosphat eines Nucleosidtriphosphates zugrunde. Abbildung 3.18 zeigt den bei Prokaryonten aufgefundenen Mechanismus der Transkription bestimmter DNS-Areale durch DNS-abhängige RNS-Polymerase. Das Enzym besteht aus *vier Untereinheiten*, die als α, β, β' und γ bezeichnet werden.

Die Transkription beginnt damit, daß es zu einer *lokalen Denaturierung* des DNS-Doppelstrangs kommt. An diese Stelle wird als Tetrameres die RNS-Polymerase gebunden. Danach erfolgt die Anlagerung einer weiteren Untereinheit des Enzyms, des sogenannten sigma-Faktors (σ), der den erst jetzt aktiven RNS-Polymerasekomplex in Stand setzt, auf dem ***codogenen DNS-Einzelstrang*** die *Initiationsstelle* für den Beginn der Transkription zu finden.

Initiationsstellen bestehen aus pyrimidinreichen Arealen des codogenen Stranges. Diese Areale liegen unmittelbar vor den Strukturgenen und bestehen aus etwa 10 Basen. Das erste von der DNS abhängigen RNS-Polymerase angelagerte Nucleotid ist in aller Regel ein GTP, an das komplementär zu der Basensequenz des codogenen Strangs die weiteren Nucleotide kondensiert werden. Der sigma-Faktor ist hierfür nicht mehr notwendig und dissoziiert vom Enzymkomplex ab. Für das Auffinden der Terminationsstelle auf dem codogenen Strang sind weitere Proteinfaktoren notwendig, die als rho oder tau bezeichnet werden.

Die ***RNS-Polymerasen*** eukaryoter Zellen sind wesentlich komplizierter aufgebaut als diejenigen von Prokaryonten. Sie bestehen im allgemeinen aus 5 bis 7 Untereinheiten und kommen als drei verschiedene Typen I, II oder III vor. Interessanterweise wird der Typ II durch Amanitin, eine der Giftkomponenten des Knollenblätterpilzes, gehemmt. Dies erklärt die fatalen Folgen einer Knollenblätterpilzvergiftung.

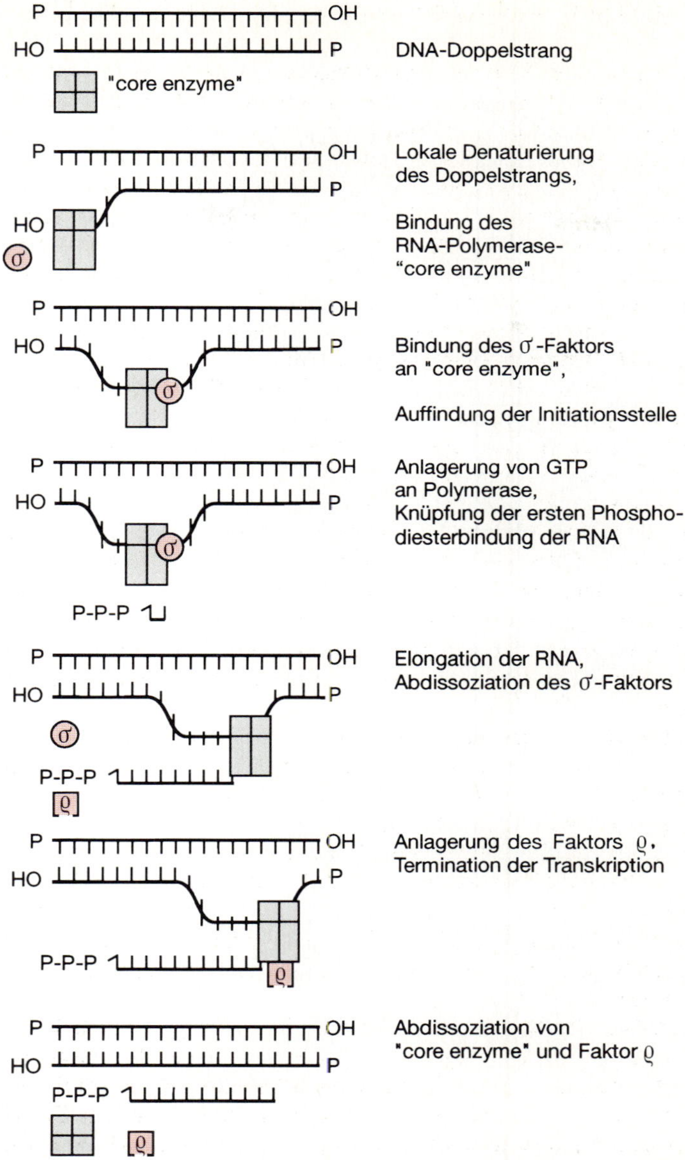

Bild 3.18. Prinzip der RNS-Biosynthese durch RNS-Polymerase bei Prokaryonten. Einzelheiten im Text

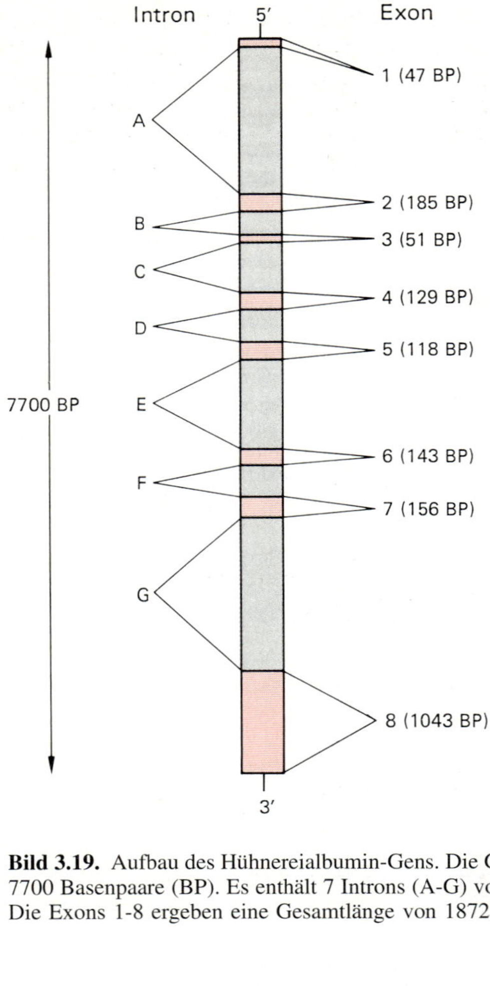

Bild 3.19. Aufbau des Hühnereialbumin-Gens. Die Gesamtlänge des Gens beträgt 7700 Basenpaare (BP). Es enthält 7 Introns (A-G) von insgesamt 5882 BP Länge. Die Exons 1-8 ergeben eine Gesamtlänge von 1872 BP

Eukaryote Gene enthalten nicht transkribierte Sequenzen

Anders als bei den ***Prokryonten*** sind die meisten Gene von ***eukaryoten*** Organismen auf der DNS diskontinuierlich angeordnet. Wie am Beispiel des in Abb. 3.19 dargestellten Gens für Eialbumin zu sehen ist, kommen in ihnen sog. ***Introns*** oder intervenierende, d.h. „nicht codierende" Sequenzen vor. Die Zahl der Introns schwankt von Gen zu Gen, gelegentlich ist die Gesamtlänge der Introns wesentlich größer als die der codierenden Sequenzen oder ***Exons***. Das bei der Transkription zunächst entstehende primäre Transkript enthält noch alle Introns. Diese werden posttranskriptional herausgetrennt und die einzelnen Exons danach verspleißt (Abb. 3.20).

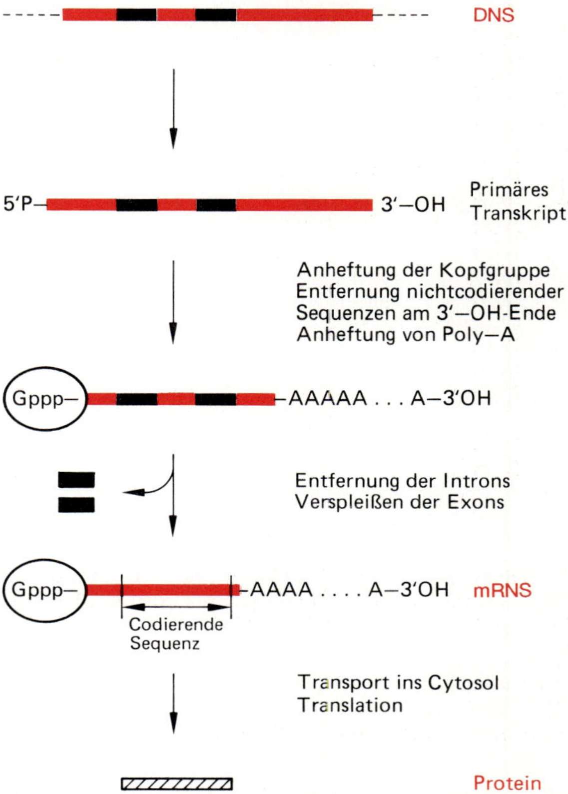

Bild 3.20. Die einzelnen Schritte der posttranskriptionalen Modifikation der mRNS

Zur Bildung der reifen Messenger-RNS sind umfangreiche Modifikationen notwendig

Die primären Transkripte der Strukturgene eukaryoter Zellen werden nicht nur durch die Entfernung der Introns modifiziert (Abb. 3.20). So wird immer das 5′-Ende durch Anheftung einer ***methylierten Kopfgruppe*** (Abb. 3.21) verändert. Diese Kopfgruppe ist für die korrekte Anheftung der mRNS an das Ribosom zur Proteinbiosynthese notwendig (s.S. 285).

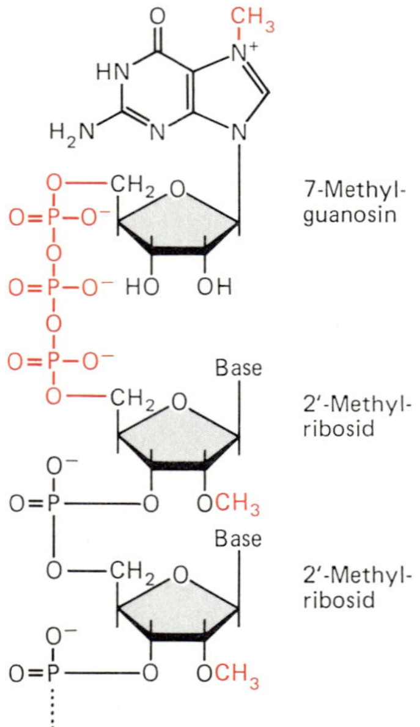

Bild 3.21. 7-Methylguanosin-2′-Methylribosid-2′-Methylribosid als posttranslational an mRNS angeheftete Kopfgruppe

Auch am 3′-OH-Ende sind Modifikationen erforderlich. Das Terminationssignal für das primäre Transkript liegt häufig mehr als 1000 Basenpaare unterhalb des Stopcodons für die Proteinbiosynthese.

Durch entsprechende Nukleasen wird dieses Stück herausgetrennt. Anschließend wird ein ***Poly-A-Ende*** angeheftet, das für die meisten tierischen mRNS-Moleküle typisch ist. Erst danach erfolgt die Ausschleusung der mRNS aus dem Zellkern und ihr Einsatz für die im Cytosol ablaufende ribosomale Proteinbiosynthese (s.S. 279).

4 Biomembranen und zelluläre Strukturen

ZUSAMMENFASSUNG

Der Aufbau eukaryoter Zellen: Eukaryote Zellen sind kompartimentiert und enthalten eine große Zahl von Organellen. Amphiphile Lipide bilden die Bausteine für den Aufbau von Membranen tierischer Zellen. Zelluläre Membranen enthalten einen hohen Anteil an Membranproteinen.
Die wichtigsten Organellen der Zelle: Die Plasmamembran reguliert die Beziehungen zwischen intra- und extrazellulärem Raum. Der Zellkern enthält das genetische Material. In Mitochondrien wird der größte Teil des benötigten ATP erzeugt. Lysosomen sind für den intrazellulären Abbau verantwortlich. Im endoplasmatischen Reticulum und im Golgi-Apparat erfolgt die Biosynthese von Membranen und die Adressierung von nichtcytosolischen Proteinen.
Das Cytoskelett: Mikrotubuli bilden die Kernspindel und sind für den intrazellulären Vesikeltransport verantwortlich. Actinfilamente gewährleisten die Motilität von Zellen. Intermediärfilamente stabilisieren die Zellstruktur

4.1 Der Aufbau eukaryoter Zellen

Eukaryote Zellen sind kompartimentiert und enthalten eine große Zahl von Organellen

Tabelle 4.1 stellt am Beispiel der Wirbeltiere den Aufbau tierischer Organismen dar. Wegen ihrer stammesgeschichtlichen Verwandtschaft verfügen alle Wirbeltiere in etwa über dieselbe Zahl von Einzelorganen, z.B. Leber, Nieren, Zentralnervensystem. Jedes dieser Organe ist seinerseits aus einer großen Zahl gleichartiger Einzelzellen aufgebaut. Ungeachtet der einzelnen Spezies ist ihre Größe im wesentlichen nur noch von der Art des Organs abhängig. So hat eine Leberzelle einen Durchmesser von 20 μm, ein Erythrocyt einen solchen von 7,5 μm.

Tabelle 4.1. Prinzip des Aufbaus vielzelliger Organismen

Organismus	z. B. Wirbeltiere, Säugetiere
Einzelne Organe und Gewebe	Zentralnervensystem, Leber, Milz, Verdauungsorgane usw. Bindegewebe, Blut usw.
Zellen	Nervenzellen, Leberzellen, Fibroblasten, Erythrocyten, Leukocyten usw.
Subzelluläre Organellen	Zellkern, Mitochondrien, Lysosomen, endoplasmatisches Reticulum, Golgi-Apparat, Plasmamembran
Makromoleküle	Proteine, Nucleinsäuren, Polysaccharide, Lipide
Monomere Bauteile	Aminosäuren, Nucleotide, Monosaccharide, Fettsäuren, Steroide usw.

Abbildung 4.1 zeigt schematisch den elektronenmikroskopisch nachweisbaren Aufbau einer eukaryoten Zelle. Hier wird deutlich, in welchem Ausmaß die Zelle von verschiedensten Strukturen und Membranen erfüllt ist. Neben dem besonders auffallenden und seit langer Zeit bekannten ***Zellkern*** finden sich in großer Zahl ***Mitochondrien***, daneben die ***Lysosomen***, die schlauchartigen Gebilde des ***endoplasmatischen Retikulums*** und schließlich längliche, gestapelte Vesikel, die nach ihrem Entdecker als bezeichnet werden.

Damit ergeben sich prinzipielle Unterschiede zwischen dem Aufbau *eukaryoter* und *prokaryoter* Zellen. Während sich in den letzteren keine oder nur ansatzweise intrazelluläre Strukturen nachweisen lassen, bilden die verschiedenen subzellulären Organellen in eukaryoten Zellen ein System voneinander getrennter Reaktionsräume oder Kompartimente.

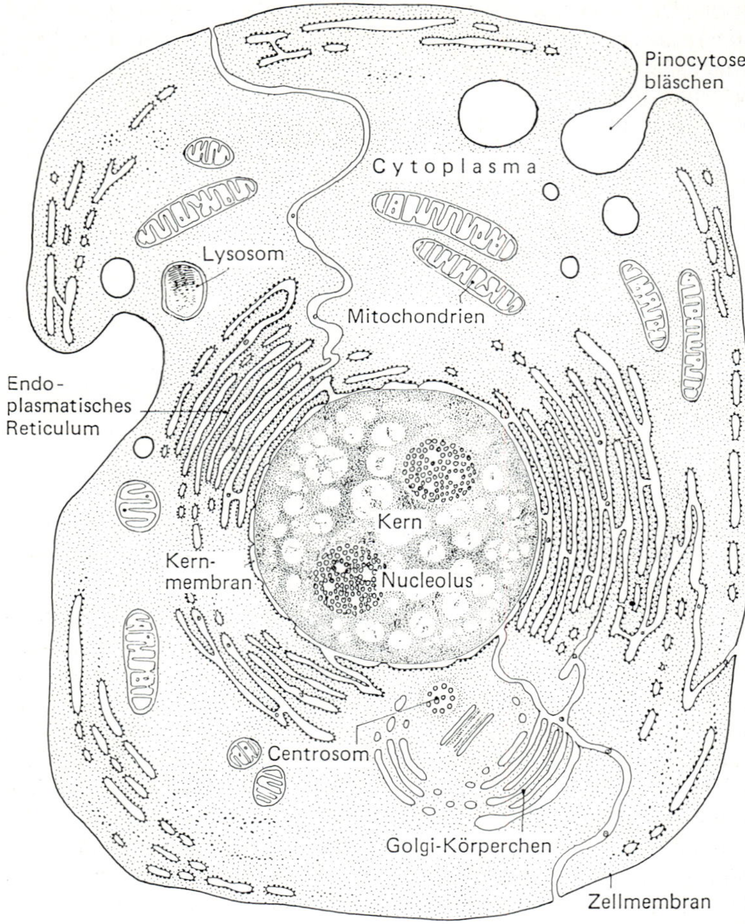

Bild 4.1. Schematische Darstellung des Aufbaus eukaryoter Zellen

Amphiphile Lipide bilden die Bausteine für den Aufbau von Membranen tierischer Zellen

Die physikalische Trennung der verschiedenen intrazellulären Kompartimente eukaryoter Zellen sowie die Abgrenzung nach außen erfolgt durch *Membranen*. Wie der Tabelle 4.2 zu entnehmen ist, bestehen diese ganz überwiegend aus ***Lipiden*** und ***Proteinen***, daneben finden sich noch in geringer Konzentration ***Oligosaccharide*** und ***Polysaccharide***.

Tabelle 4.2. Zusammensetzung zellulärer Membranen (nach Chapman, D., in Jamieson G.A., and Robinson, P.M., Hrsg.: Mammalian Cell Membranes, Vol. 1, Butterworths, London, 1976)

Membran	Protein %	Lipid %	Kohlenhydrat %	Protein/ Lipid
Myelin	18	79	3	0,23
Plasmamembran				
Leber	46	54	2–4	0,85
Erythrocyt	49	43	8	1,1
Sarcoplamatisches Reticulum	67	33	–	2,0
Innere Mitochondrienmembran	76	24	–	3,2

Das Verhältnis von Protein zu Lipid wechselt von Membrantyp zu Membrantyp und läßt gewisse Rückschlüsse auf die biologische Funktion der jeweiligen Membran zu. In der Plasmamembran sind etwa 50% der Gesamtmasse Proteine, in mitochondrialen Membranen sowie den Membranen des Golgi-Apparates kann der Proteinanteil bis auf 80 - 90% ansteigen. Die in Membranen eukaryoter Zellen vorkommenden Lipide sind im wesentlichen Phosphoglyceride, Sphingolipide und Cholesterin.

In Abb. 4.2 ist die Struktur dieser Membranlipide dargestellt. Das Rückgrat aller ***Phosphoglyceride*** ist der Alkohol ***Glycerin***, dessen drei Hydroxylgruppen verestert sind. Zwei von ihnen tragen eine langkettige, häufig ungesättigte Fettsäure, die dritte dagegen Phosphorsäure. Dieser Phosphorsäurerest ist seinerseits wieder mit einem Alkohol verestert, liegt also als Diester vor. In dieser Position vorkommende Alkohole sind die Aminosäure Serin, ihr Decarboxylierungsprodukt Ethanolamin bzw. das Cholin, bei dem der Stickstoff des Ethanolamins mit drei Methylgruppen substituiert ist. Es handelt sich in diesem Fall um die Phosphoglyceride Phosphatidylserin, Phosphatidylethanolamin und Phosphatidylcholin. Ein weiteres

Phosphoglycerid enthält die cyclische Polyhydroxyverbindung Inositol und wird demnach als Phosphatidylinositol bezeichnet.
In den ***Sphingolipiden*** ist der dem Glycerin entsprechende Alkohol das ***Sphingosin***, das durch Kondensation von Serin und Palmityl-CoA entsteht. Durch Verknüpfung der Aminogruppe des Sphingosins mit einer Fettsäure in einer Säureamidbindung entsteht das Ceramid. Wird zusätzlich die endständige Hydroxylgruppe des Sphingosins mit Phosphorylcholin bzw. Galactose substituiert, so entsteht Sphingomyelin bzw. Cerebrosid. An der Galactose sulfatiertes Cerebrosid wird als Sulfatid bezeichnet. Statt Galactose können Oligosaccaride als Substituenten dieser Hydroxylgruppe vorkommen, so daß Ganglioside entstehen.
Mit Ausnahme der inneren Mitochondrienmembran enthalten alle Membranen eukaryoter Zellen Cholesterin (Abb. 12.9).
Phosphoglyceride und Spingolipide sind sog. ***amphiphile Moleküle***. Die langen Alkanketten der Fettsäurereste sind stark hydrophob (lipophil), während die aus Phosphorsäure und dem weiteren Alkohol gebildeten Kopfgruppen dieser Lipide polare und damit hydrophile Verbindungen darstellen. Aufgrund dieser Eigenschaften ordnen sich die genannten Verbindungen im wäßrigen Medium zu definierten Strukturen (Abb. 4.3). In Abhänigigkeit von ihrer jeweiligen Konzentration bilden sie ***Micellen*** bzw. ***Lipiddoppelschichten***, aus denen unter besonderen Bedingungen Vesikel, die ***Liposomen***, entstehen können.
Alle Membranen eukaryoter Zellen enthalten als *Grundstruktur* die Lipiddoppelschicht (Abb. 4.4). Diese entsteht dadurch, daß sich die polaren hydrophoben Alkanketten der Phosphoglyceride und der Sphingolipide gegeneinander orientieren, während die polaren hydrophilen Kopfgruppen sich in Richtung der wäßrigen Umgebung ausrichten.

→

Bild 4.2. Struktur von Phosphoglyceriden (**a**) und Sphingolipiden (**b**). **a** Der hydrophobe Teil des Moleküls besteht aus den Alkanketten der Fettsäurereste. Die dritte Hydroxylgruppe des Glycerins ist mit Phosphorsäure verestert und als Diester mit den als R bezeichneten Substituenten verknüpft, die für die hydrophilen Eigenschaften des Moleküls verantwortlich sind. **b** Das Sphingosinmolekül ist in der Darstellung hervorgehoben, durch Anknüpfung einer Fettsäure entsteht daraus Ceramid. Bei Veresterung der Hydroxylgruppe mit Phosphorylcholin bzw. Galactose entstehen Sphingomyelin bzw. Cerebrosid

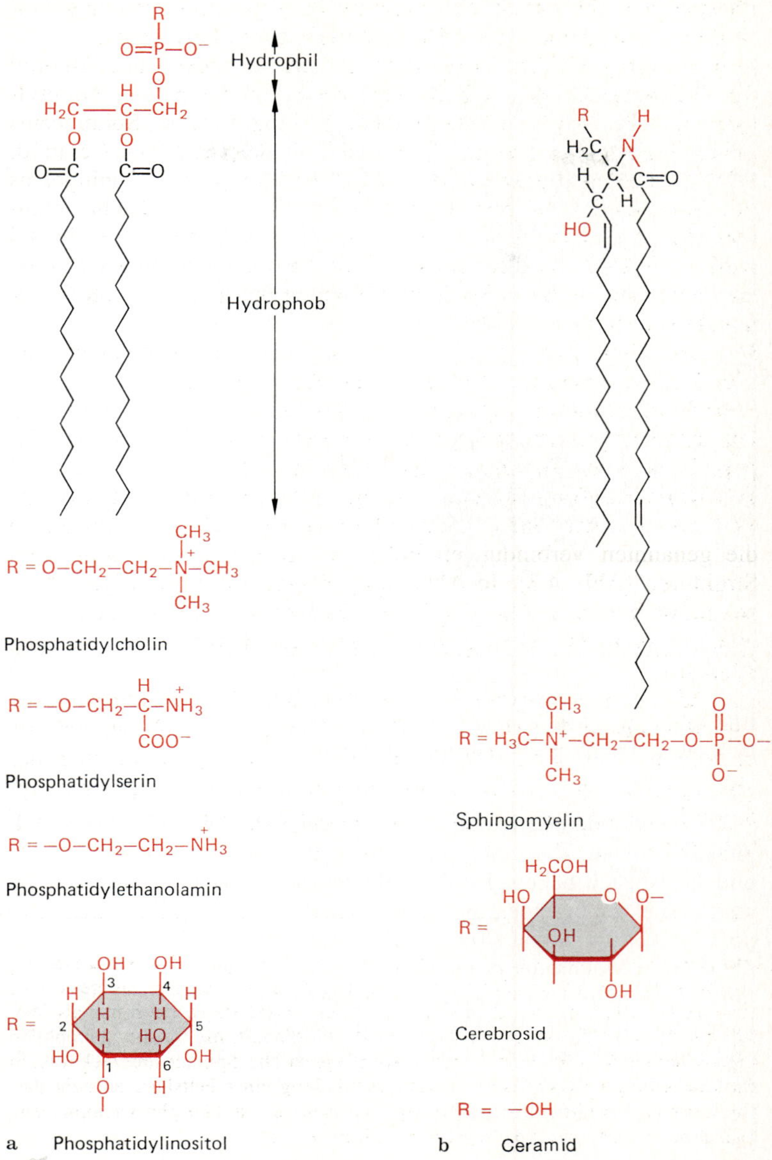
Hydrophil
Hydrophob
Phosphatidylcholin
Phosphatidylserin
Phosphatidylethanolamin
a Phosphatidylinositol
Sphingomyelin
Cerebrosid
R = —OH
b Ceramid

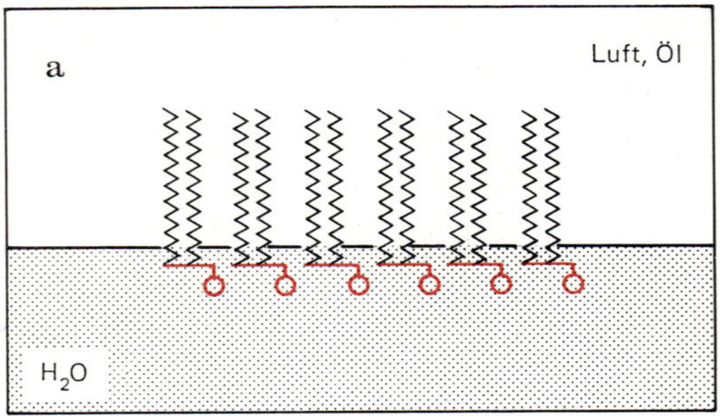

Monomolekulare Schicht

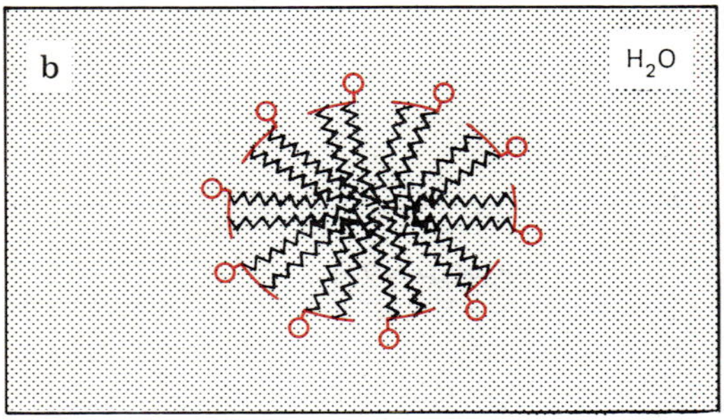

Micelle

Bild 4.3ab. Möglichkeiten der Anordnung von amphiphilen Lipiden als monomolekulare Schicht (**a**), Micelle (**b**), Lipiddoppelschicht (**c**) oder Liposom (**d**)

Da Lipiddoppelschichten in ihrem inneren Teil über eine Lipidphase verfügen, die unter physiologischen Bedingungen flüssig ist und in der sich neben den Alkanketten der Fettsäuren auch Cholesterinmoleküle befinden, ist leicht vorstellbar, daß sie den *Durchtritt polarer* Verbindungen (Saccharide, hydrophile Aminosäuren, phosphorylierte Metabolite des Intermediärstoffwechsels) und Ionen *verhindern*. Anders ist es dagegen mit lipophilen Verbindungen. Diese haben die Tendenz, sich in der Lipidphase der Membran zu *lösen* und sind daher imstande, die Eigenschaften biologischer Membranen zu *ändern*. In diesem Zusammenhang ist interessant, daß es sich bei vielen Arzneimitteln um ausgesprochen lipophile Verbindungen handelt.

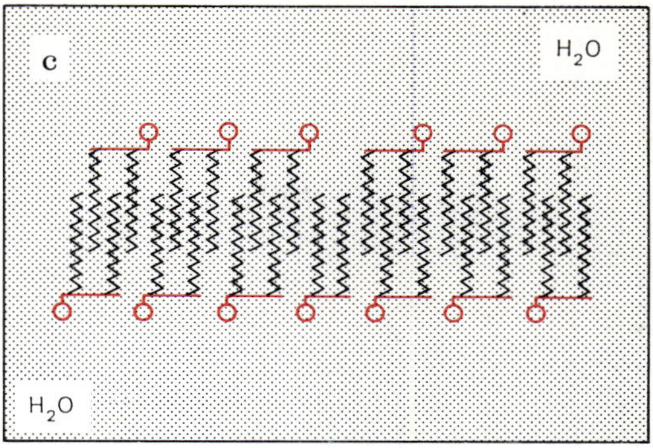

Doppelschicht

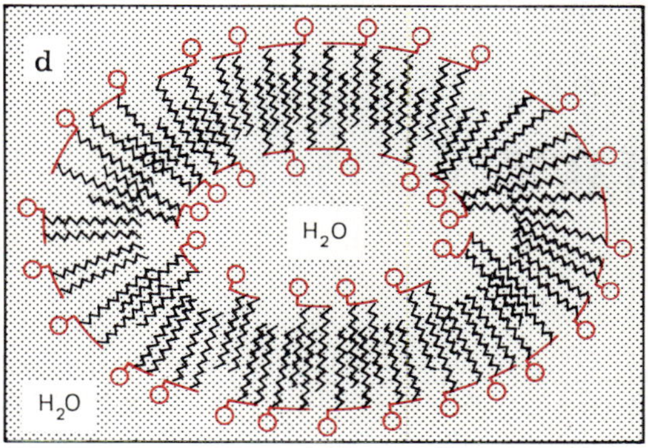

Liposom

Bild 4.3cd.

Zelluläre Membranen enthalten einen hohen Anteil an Membranproteinen

Reine Lipiddoppelschichten bilden also ideale Barrieren zwischen den verschiedenen intrazellulären Räumen sowie zum Extrazellulärraum. Für die Erhaltung der Funktionsfähigkeit einer Zelle ist ein gezielter Austausch sowohl von Verbindungen als auch von Informationen eine unabdingbare Voraussetzung. Hierfür sind die ***Mem-***

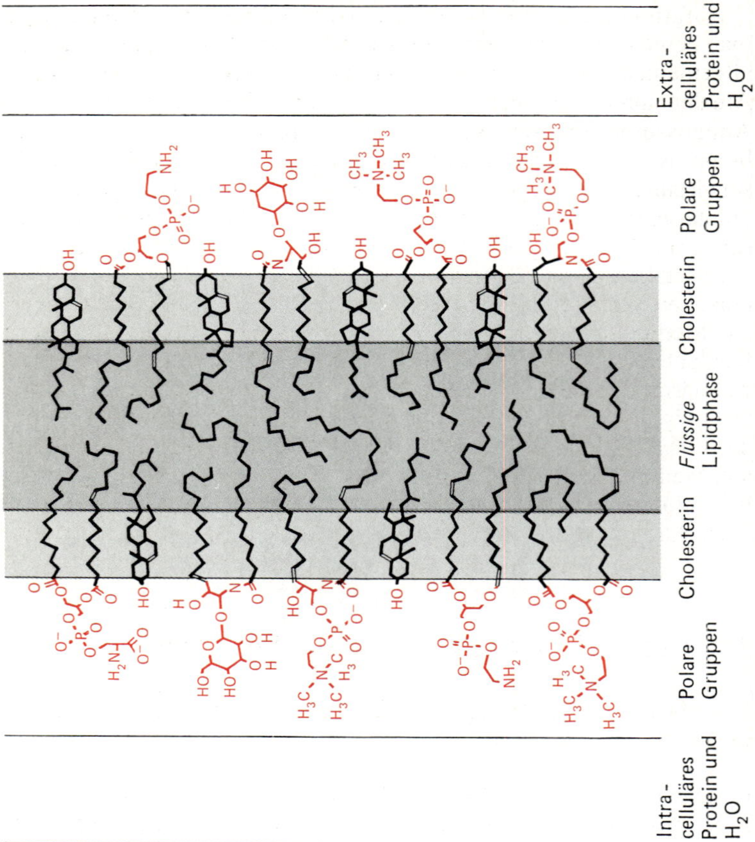

Bild 4.4. Schematische Darstellung der Lipidstruktur einer Myelinmembran. Die polaren Gruppen der amphiphilen Lipide liegen zu beiden Seiten der Membran. Im Inneren befinden sich dagegen die „flüssigen" Alkanketten der Fettsäurereste und das Cholesterin

branproteine verantwortlich. Sie katalysieren neben Transportprozessen die Zell-Zell-Wechselwirkung, die Erkennung von Hormonen als Signalüberträger, die Regulation des Zellwachstums und der Zelldifferenzierung (s.S. 340).

Aufgrund der immer weiter verbesserten Strukturaufklärung kennt man heute den Aufbau einer großen Zahl von Membranproteinen. Im allgemeinen zeichnen sie sich dadurch aus, daß sich an bestimmten Arealen ihrer Oberfläche mehr hydrophobe bzw. mehr hydrophile Aminosäuren ansammeln. Da die hydrophoben Areale von Membranproteinen mit der Alkanphase der Lipiddoppelschicht in Wechselwirkung treten können, schwimmen Membranproteine in der Lipidphase, wobei manche durch die ganze Membran hindurchreichen (integrale Membranproteine), andere wieder nur in ihr stecken.

Zusätzlich zu den hydrophoben bzw. hydrophilen Aminosäureseitenketten verfügen besonders die in der Plasmamembran lokalisierten Membranproteine häufig über kovalent verknüpfte, verzweigte Kohlenhydratseitenketten. Diese befinden sich auf der zum extrazellulären Raum gerichteten Seite. Eine derartige Membranasymmetrie zeigt sich übrigens nicht nur bei den Membranproteinen, sondern auch in einer unterschiedlichen Verteilung der verschiedenen am Membranaufbau beteiligten Lipide. Eine schematische Darstellung eines Membranmodells nach den heutigen Vorstellungen zeigt Abb. 4.5.

4.2 Die wichtigsten Organellen der Zelle

Die Plasmamembran reguliert die Beziehung zwischen intra- und extrazellulärem Raum

Ungeachtet der Dichtigkeit der Plasmamembran gegenüber polaren bzw. geladenen Verbindungen müssen natürlich von der Zelle viele Substanzen *gezielt* aufgenommen bzw. abgegeben werden können. Zu diesem Zweck enthält die Plasmamembran eine große Zahl spezifischer ***Transportsysteme***. Diese erlauben zum Teil lediglich den Transport *entlang* eines Konzentrationsgefälles, zeigen jedoch Sättigungscharakteristik, so daß es sich um durch ***Transportproteine*** (sogenannte ***Carrier***) vermittelte Systeme handelt. Derartige Transportprozesse werden auch als ***erleichterte Diffusion*** bezeichnet. Ein Beispiel hierfür ist das Glucosetransportsystem vieler Zellen (s.S. 357).

Andere Transportsysteme in Plasmamembranen arbeiten *gegen* ein Konzentrationsgefälle. Dieser sog. ***aktive Transport*** benötigt Energie, meist in Form von ATP. Beispiele hierfür sind die Aufnahmesy-

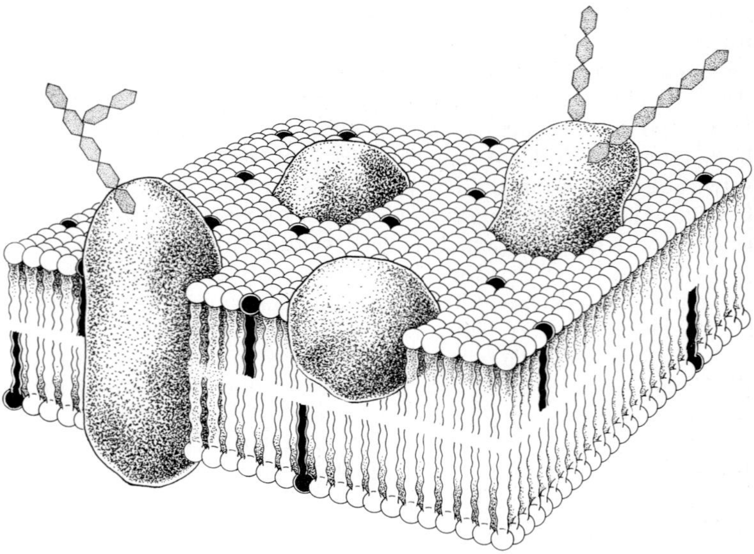

Bild 4.5. Schematische Darstellung einer Membran. In der Lipiddoppelschicht schwimmen Membranproteine, die z.T. durch die ganze Membran reichen und häufig Kohlenhydratseitenketten tragen

steme für Kationen (s.S. 400) oder für Aminosäuren und Glucose in der intestinalen Mucosa und den Tubulusepithelien der Nieren (s.S. 334).

Abbildung 4.6 gibt einen Überblick über die *hypothetische* Funktionsweise von Carrierproteinen in Lipiddoppelschichten. Der Carrier liegt dabei wahrscheinlich als dimeres oder oligomeres Protein in zwei unterschiedlichen Konformationszuständen vor. In Konformation 1 liegt die zur Aufnahme der transportierenden Verbindung geeignete Stelle an der Außenseite der Membran, in der Konformation 2 jedoch an der Innenseite. Durch den Übergang von Konformationszustand 1 in 2 würde sich ein *gerichteter* Transport ergeben.

Die Plasmamembran verfügt über eine Vielzahl weiterer Proteine. So sind die ***Rezeptoren*** für eine große Zahl von ***Hormonen*** integrale Membranproteine, darüber hinaus enthalten die Plasmamembranen Proteine zur Zell-Zell-Erkennung, zur Verankerung von Zel-

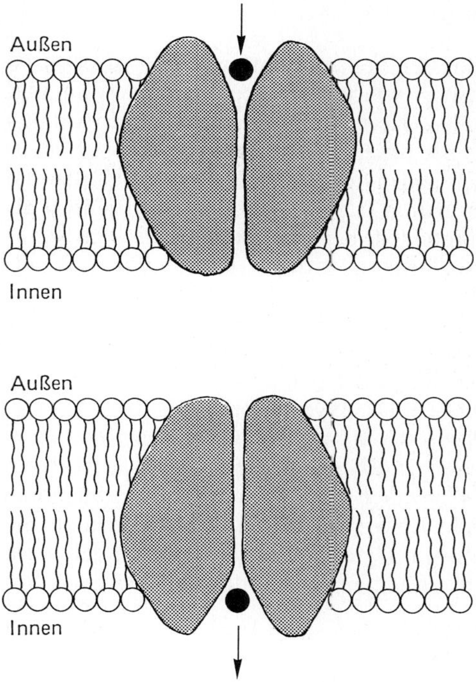

Bild 4.6. Carriervermittelter Stofftransport durch Membranen

len auf der Basalmembran sowie für die Verbindung einzelner Zellen. Insgesamt ergibt sich damit das Bild einer hochspezifisch strukturierten Zelloberfläche, die jedoch keineswegs ein statisches, sondern vielmehr ein sehr dynamisches System darstellt. So findet eine ständige ***Internalisierung*** von Teilen der Plasmamembran mit den entsprechenden Membranproteinen in Form intrazellulärer Vesikel statt (Endocytose), die, gegebenenfalls nach intrazellulärer Prozessierung, wieder in die Plasmamembran zurückverlagert werden können (Exocytose). Dieses „Recycling" von Membranbestandteilen macht die aus elektronenmikroskopischen Befunden schon lange bekannte Variabilität der Membranstruktur einzelner Zellen aus und stellt u.a. die zellbiologische Grundlage von ***Sekretionsprozessen*** dar.

Der Zellkern enthält das genetische Material

Die auffälligste und am längsten bekannte intrazelluläre Struktur ist der Zellkern (Abb. 4.1). Er ist von einer Doppelmembran umhüllt, so daß eine innere und äußere Kernmembran unterschieden werden kann. Häufig sind in diese Membranen sog. ***Kernporen*** eingelagert.

Im Zellkern befindet sich nahezu die gesamte DNS der Zelle und damit ihre genetische Information (s.S. 50). Sie liegt dort jedoch als Assoziat mit vielen Kernproteinen, den ***Histonen*** sowie den Nicht-Histonproteinen vor. Diese Struktur wird als ***Chromatin*** (s.S. 48) bezeichnet.

Zwischen Kern und cytosolischem Raum gibt es vielfältige Beziehungen. Die zur *Mitose* führenden Impulse werden im *Cytosol* erzeugt und gelangen von dort an den Kern. Die für Replikation oder Transkription notwendigen Desoxyribonucleosid- bzw. Nucleosidtriphosphate müssen durch die Kernmembran in das Kerninnere transportiert werden. Messenger-RNS dagegen, die im Kern durch Transkription erzeugt wird, gelangt jedoch durch die Kernmembran in das Cytosol. Ribosomale RNS wird im ***Nucleolus*** erzeugt. Sie assoziiert noch im Kern mit im Cytosol erzeugten und in den Kern transportierten ribosomalen Proteinen zu den ribosomalen Untereinheiten (s.S. 284).

In Mitochondrien wird der größte Teil des benötigten ATP erzeugt

Mitochondrien sind annähernd ellipsoide 2 bis 4 μm lange, 1 μm dicke Körperchen, die in wechselnder Zahl in allen sauerstoffverbrauchenden Zellen vorkommen. Sie besitzen zwei sich deutlich voneinander abhebende Membranstrukturen: die das Mitochondrium vom Cytosol abgrenzende ***Außenmembran*** sowie die ***Innenmembran*** (Abb. 4.7). Im Gegensatz zur Außenmembran zeigt die Innenmembran zahlreiche als ***Cristae*** bezeichnete Falten. Diese führen zu einer erheblichen Vergrößerung der Mitochondrienoberfläche. Sie beträgt beispielsweise für die Leber 3,3 m^2/g.

In den Mitochondrien lokalisierte zelluläre Funktionen sind die β-Oxidation der Fettsäuren (s.S. 144), der Citratcyclus (s.S. 154) sowie Teile der Harnstoff- und Porphyrinbiosynthese (s.S. 189, 395). Von ganz besonderer Bedeutung ist jedoch die mitochondriale Innenmembran als Träger der Enzymsysteme der biologischen Oxida-

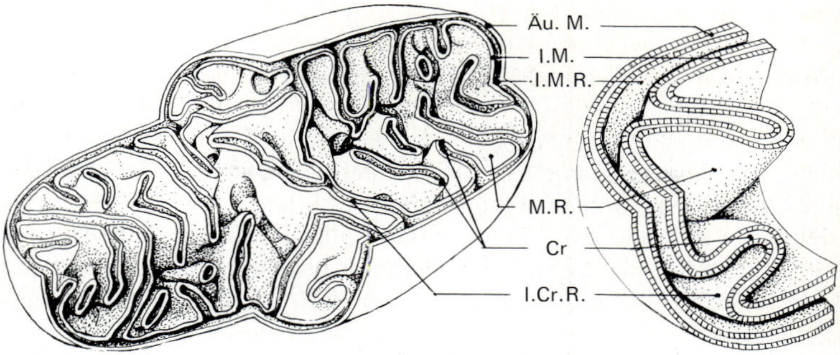

Bild 4.7. Schematische Darstellung und Ausschnittvergrößerung des Aufbaus eines Mitochondriums. **Äu.M.** äußere Membran; **I.M.** innere Membran; **I.M.R.** Intermembranraum; **Cr.** Cristae; **I.Cr.R.** Intercristaeraum; **M.R.** Matrixraum.

tion sowie der oxidativen Phosphorylierung. Tatsächlich erfolgt der weitaus größte Teil der Energiegewinnung des Organismus durch ATP-Bildung an der mitochondrialen Innenmembran (s.S. 168).

Lysosomen sind für den intrazellulären Abbau verantwortlich

Lysosomen sind etwas kleiner als Mitochondrien, nur von *einer* Membran umgeben und besitzen keine inneren Strukturen. Dagegen enthalten sie eine Vielzahl *hydrolytischer Enzyme* wie Nucleasen, Phosphatasen, Proteinasen, Lipasen sowie Glykosidasen. Die genannten Hydrolasen haben pH-Optima deutlich unterhalb des intrazellulären pH-Wertes.

Die Verpackung der lysosomalen Hydrolasen in die entsprechenden Membranvesikel erfolgt im Golgi-Apparat (s.u.). Die dabei entstehenden ***primären Lysosomen*** können nicht funktionsfähige intrazelluläre Materialien oder aber durch Pinozytose aufgenommene Vesikel oder Komplexe unter Bildung sog. ***sekundärer Lysosomen*** aufnehmen. In diesen erfolgt dann unter Katalyse der lysosomalen Hydrolasen der Abbau der genannten Strukturen, wobei gelegentlich ein sog. ***Residualkörper*** übrig bleibt. Nur bei sehr schweren, zur Nekrobiose führenden Zellschädigungen erfolgt ein intrazelluläres Aufbrechen der Lysosomenmembran mit Freisetzung der lysosomalen Hydrolasen, an das sich die rasche Auflösung der Zelle anschließt.

Im endoplasmatischen Retikulum und im Golgi-Apparat erfolgt die Biosynthese von Membranen und die Adressierung von nichtcytosolischen Proteinen

In allen Zellen findet sich ein weit verzweigtes Netzwerk intrazellulärer Schläuche, Lamellen und Vesikel, die das ***endoplasmatische Retikulum*** (ER) und den ***Golgi-Apparat*** bilden. Etwa 20% der intrazellulären Proteine, 50% der zellulären Phospholipide und 60% der zellulären RNS sind mit diesem Membransystem assoziiert. Beim ER kann morphologisch zwischen *rauhem* und *glattem ER* unterschieden werden. Am rauhen ER sind viele ***Ribosomen*** gebunden. Hier werden alle Proteine synthetisiert, die nicht im Cytosol vorkommen, sondern auf die verschiedenen intrazellulären Kompartimente (Membranen, Mitochondrien, Zellkern, Lysosomen usw.) verteilt werden oder sezerniert werden müssen.

Im glatten ER folgt die Synthese von Lipiden sowie der Lipiddoppelschicht der zellulären Membranen. Darüber hinaus werden hier körpereigene und körperfremde Stoffe (z.B. Pharmaka) metabolisiert sowie Teilreaktionen des Glykogenabbaus durchgeführt.

Von besonderer Bedeutung für viele zelluläre Funktionen ist der Golgi-Apparat. Er stellt eine Ansammlung übereinandergestapelter Vesikel oder Zisternen mit hochorganisierter Membranstruktur dar (Abb. 4.8). Die topographische Anordnung des Golgi-Apparates ist genau festgelegt. Die Cis-Seite ist immer zu den Membranen des rauhen ER orientiert, die gegenüberliegende Trans-Seite dagegen zu abgeschnürten Vesikeln und Zentriolen.

Die Funktion des Golgi-Apparates besteht neben der ***posttranslationalen Modifikation*** von Glykoproteinen in der Adressierung ***kompartimentierter Proteine***. Hier erfolgt die Entscheidung, ob ein durch die Ribosomen des rauhen ER synthetisiertes Protein in ein sekretorisches Vesikel verpackt, in synthetisierte Membranen eingebaut oder in andere Organellen wie Lysosomen verpackt wird. Spezifische, meist N-terminale Aminosäuresequenzen auf den im rauhen ER synthetisierten Proteinen liefern die jeweiligen Adressen, die im Golgi-Apparat erkannt werden (s.S. 290).

Daneben ist der Golgi-Apparat an der ***Recyclisierung*** von Membranen beteiligt. Speziell zwischen der Plasmamembran und intrazellulären Membranen findet ein ständiger lebhafter Austausch von Membranbestandteilen statt (s.o.). Dieses Phänomen ist keineswegs nur auf die Vorgänge von Exo- bzw. Endocytose beschränkt. In vielen

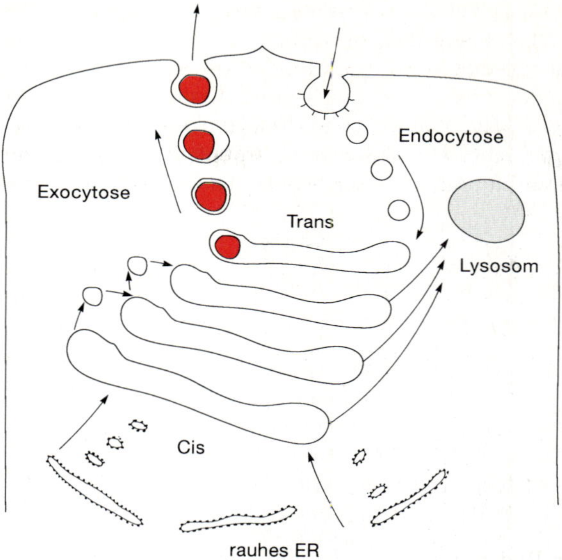

Bild 4.8. Der Golgi-Apparat als zentrale Station für die Adressierung zellulärer Proteine und die Recyclisierung von Membranen. Einzelheiten im Text

Zellen findet sich ein ständiges Recyclisieren von Rezeptoren (z.B. LDL-Rezeptor, s.S. 411) oder von Transportmolekülen (z.B. insulinabhängiger Glucosecarrier, s.S. 357) in Form entsprechender Vesikel. Häufig werden diese mit einem spezifischen Protein, dem Klathrin assoziiert, für das entsprechende Rezeptoren auf der Plasmamembran bzw. den Membranen des Golgi-Apparates vorkommen.

4.3 Cytoskelett

Alle eukaryoten Zellen verfügen über ein sehr genau strukturiertes, aber dynamisch organisiertes ***Cytoskelettsystem***, das an wichtigen zellbiologischen Phänomenen wie der Zellteilung, der Zellmobilität, der Formerhaltung von Zellen und der Polarität von Zellen beteiligt ist. Inzwischen ist eine große Zahl von Proteinen des Cytoskeletts identifiziert worden, von denen die wichtigsten in Tabelle 4.3 zusammengestellt sind. Nach ihrem Erscheinungsbild und ihrer Funktion können drei Typen von Cytoskelettfilamenten unterschieden werden: die ***Mikrotubuli***, die ***Aktinfilamente*** und die ***intermediären Filamente***. Abb. 4.9 gibt einen Überblick über die veschiedenen durch Immunfluoreszenz-Mikroskopie darstellbaren Komponenten des Cytoskeletts.

Mikrotubuli bilden die Kernspindel und sind für den intrazellulären Vesikeltransport verantwortlich

Mikrotubuli sind in allen eukaryoten Zellen vorkommende röhrenförmige Gebilde von 25 nm Durchmesser und sehr variabler Länge. Sie werden aus zwei globulären Tubulinen, dem α- sowie dem β-Tubulin (MW 55.000) gebildet. Den Mikrotubuli assoziierte Proteine stabilisieren ihre Struktur und vermitteln darüber hinaus Wechselwirkungen mit anderen Bestandteilen des Cytoskeletts, nämlich den Aktinfilamenten und den intermediären Filamenten (s.u.). Während der ***Interphase*** bilden Mikrotubuli eine dichte Struktur, die sich radial, bei vielen tierischen Zellen meist von den Zentriolen aus, nach allen Seiten erstreckt. Während der ***Mitose*** kommt es zur Depolymerisierung der für die Interphase typischen Mikrotubuli. Aus dem dabei gebildeten Material entsteht die ***Mitosespindel*** und die von den ***Kinetochoren*** ausgehenden Mikrotubuli. Neben dieser Funktion bei der Zellteilung vermitteln Mikrotubuli die intrazellulären Bewegungen von endocytotischen bzw. exocytotischen Vesikeln und sind damit für ***Phagocytose*** und ***Sekretion*** notwendig. Besonders wird dies an ihrer Beteiligung am ***axoplasmatischen Transport*** in Axonen und Dendriten deutlich. Mikrotubuli bilden auch die in ***Cilien*** und ***Flagellen*** vorliegenden komplizierten Strukturen, die besonders eindrucksvoll auf den Epithelien des Atmungstrakts lokalisiert sind (s. Lehrbücher der Morphologie).

Aktinfilamente gewährleisten die Motilität von Zellen, Intermediärfilamente stabilisieren die Zellstruktur

Aktinfilamente finden sich nicht nur als Polymere des α-Aktins in Muskelzellen (s.S. 452), sondern kommen in hohen Konzentratio-

Tabelle 4.3. Die Bestandteile des Cytoskeletts

Typ	Monomere Bestandteile	Assoziierte Proteine	Vorkommen und Funktion
Actinfilamente Durchmesser ~7 nm	β-Actin MW 43 000 γ-Actin MW 43 000	Myosin Tropomyosin Filamin Fimbrin Profilin Villin, Gelsolin Vinculin	Bestandteil von Sterocilien und Mikrovilli, Bildung von Desmosomen, Vernetzung von Actinfilamenten, Phagocytose, Zellmotilität (Bildung von Lamellipodien und Filopodien), Bildung des kontraktilen Ringes bei der Zellteilung
Mikrotubuli Durchmesser 25 nm	α-Tubulin MW 53 000 β-Tubulin MW 55 000	Nexin Dynein MA-Proteine τ-Proteine	Bewegung von Cilien und Flagellen, Bildung der Mitosespindel, Bildung von Centriolen, Beteiligung bei der Exocytose und Endocytose
Intermediäre Filamente Durchmesser 8–10 nm			
Keratinfilamente (epitheliale Zellen)	Keratinproteine (MW 40 000–60 000)	– –	Stabilisierung epithelialer Zellschichten, Bildung von Desmosomen
Neurofilamente (Neuronen)	Neurofilamentproteine (MW 70 000, 140 000, 210 000)	–	Stabilisierung von Axonen
Vimentinfilamente (Muskelzellen)	Vimentin und Desmin	–	Bildung der Z-Banden in Muskelzellen

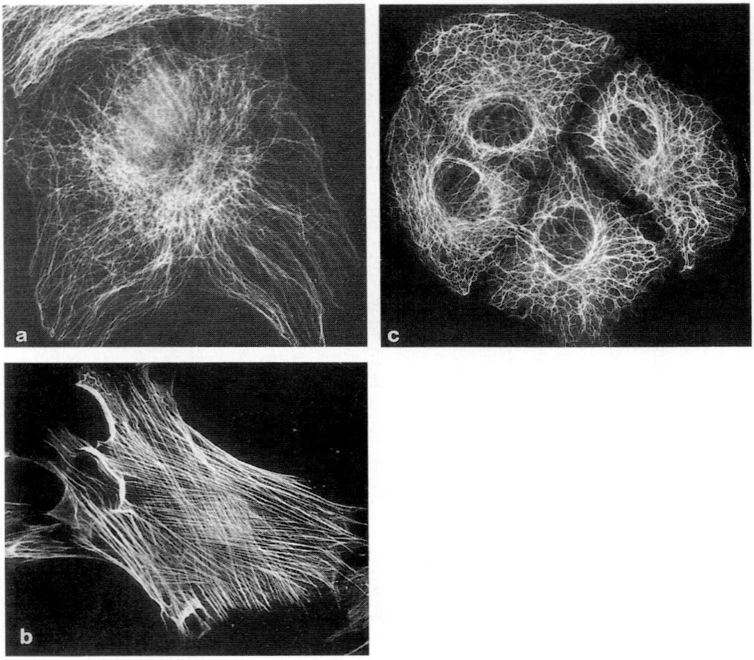

Bild 4.9. Darstellung wichtiger Elemente des Cytoskeletts durch Immunfluoreszenz-Mikroskopie. **a** Mikrotubuli in einer Rinderlinsen-Epithelzelle. **b** Mikrofilamente in einer glatten Muskelzelle. **c** Intermediärfilamente in Lebercarcinomzellen. (Aufnahmen freundlicherweise überlassen von W.W.Franke, Heidelberg)

nen in vielen Nichtmuskelzellen vor. Sie bilden dabei Faserbündel, die Zellen eine gewisse mechanische Stabilität verleihen. Darüber hinaus vermitteln Aktinfilamente ähnlich wie in Muskelzellen durch ihre Wechselwirkung mit Nicht-Muskelmyosin und Tropomyosin das Phänomen der ***Motilität***. Hierher gehören beispielsweise die Formveränderung von Blutplättchen bei deren Aggregation, die Phagocytose oder die amöboide Fortbewegung vieler Zellen, die mit der Ausbildung spezifischer Strukturen wie Filopodien bzw. Lamellipodien einhergeht.

Intermediäre Filamente bestehen aus einer Reihe unterschiedlicher, jedoch zellspezifischer Proteine. Ihre Assemblierung zu Filamenten ist ein praktisch irreversibler Vorgang. Daher stellen Intermediärfilamente die stabilste Struktur des Cytoskeletts dar. Sie spielen eine wichtige Rolle bei der „Vernietung“ epithelialer Schichten durch ***Desmosomen***, verleihen neuronalen Strukturen die benötigte Festigkeit (Neurofilamente) und stabilisieren eine Reihe weiterer Zelltypen wie Fibroblasten, Muskelzellen u.a.

5 Grundzüge des Intermediärstoffwechsels

ZUSAMMENFASSUNG

Prinzipien der Energiegewinnung im Stoffwechsel: Autotrophe Organismen nützen Sonnenenergie, heterotrophe die bei der Substratoxidation frei werdende Energie. Kohlenhydrate, Fette und Proteine sind die wichtigsten Energiequellen für tierische Organismen. Kohlenhydrate, Fette und Proteine werden durch unterschiedliche Reaktionen des Intermediärenstoffwechsels auf die Stufe der aktivierten Essigsäure abgebaut, die dann zu CO_2 und H_2O oxidiert wird.
Prinzipien der Stoffwechselregulation: Eine Langzeitanpassung des Stoffwechsels erfolgt durch Änderung der Biosynthesegeschwindigkeit von Enzymen. Änderungen der katalytischen Effektivität von Enzymen ermöglichen eine rasche Anpassung des Stoffwechsels. Die allosterische Regulation von Enzymen beruht auf der nicht kovalenten Bindung von niedermolekularen Liganden. Die Regulation von Enzymen durch Interkonvertierung kommt durch die reversible kovalente Modifikation von Enzymproteinen zustande.

5.1 Prinzipien der Energiegewinnung im Stoffwechsel der Organismen

Autotrophe Organismen nützen Sonnenenergie, heterotrophe die bei der Substratoxidation frei werdende Energie

Physikalisch versteht man unter Energie die Fähigkeit, Arbeit zu leisten. Das Leben ist in erheblichem Umfang mit Arbeitsleistungen wie beispielsweise Biosynthesearbeit, mechanischer Arbeit oder Transportarbeit verbunden. Daher müssen lebenden Zellen ständig beträchtliche Mengen an Energie zugeführt werden. Energie tritt in verschiedenen Formen auf, z.B. als mechanische, elektrische, chemische Energie oder als Wärmeenergie. Energieformen können dabei in gewissem Umfang ineinander überführt werden. Abbildung 5.1 stellt schematisch die für das Leben gültigen Gesetzmäßigkeiten des Energieflusses dar. Strahlungsenergie der Sonne, die zum großen Teil als Licht ausgestrahlt wird, liefert auf der Erde die Energie für die Biosynthese der Bausteine lebender Organismen. Zu diesem Vorgang der Photosynthese sind nur grüne, chlorophyllhaltige Pflanzen und einige Mikroorganismen imstande. Sie werden infolgedessen auch als ***autotrophe Organismen*** bezeichnet und sind imstande, aus einfachen Molekülen wie CO_2 und H_2O hochmolekulare Bauteile zu synthetisieren. Hierbei wird Sauerstoff frei. ***Heterotrophe Organismen*** beziehen im Gegensatz dazu die zur Aufrechterhaltung ihrer Lebensfunktionen nötige Energie durch die O_2-abhängige Oxidation komplizierter organischer Moleküle und werden somit auch als ***chemotrophe Organismen*** bezeichnet (Abb. 5.1). Da diese komplizierten organischen Moleküle nur durch autotrophe Organismen aus den anorganischen Vorstufen synthetisiert werden können, leben autotrophe und heterotrophe Organismen in einer Art Symbiose. Jeder Organismus braucht die Stoffwechselendprodukte des anderen, um die eigene Lebensfähigkeit zu erhalten.

Aufgrund der unmittelbar ins Auge fallenden Unterschiede in Komplexität und Organisationsgrad belebter und unbelebter Systeme erstaunt es nicht, daß über viele Jahrhunderte die Ansicht vertreten wurde, daß allem Lebendigen eine spezifische Kraft, die „vis vitalis" zugeordnet sei, die in der unbelebten Materie nicht vorkomme. Mit der zu Beginn des letzten Jahrhunderts einsetzenden stürmischen Entwicklung der Chemie fand man indessen, daß für alle in lebenden Organismen ablaufenden Reaktionen dieselben physikalisch-chemischen Gesetze gelten, die auch den Reaktionen der anorganischen Welt zugrunde liegen. Daraus folgt zwangsläufig, daß auch die Vorgänge der Energietransformation und -gewinnung im Bereich lebender Zellen den aus der physikalischen Chemie abgeleiteten Gesetzen gehorchen müssen. Wie oben festgestellt, erfolgt in heterotrophen Zellen die Energiegewinnung durch Oxidation organischer Verbindungen, deren freie Energie (siehe Lehrbücher der Chemie) sich dabei verringert. Nach der heutigen Definition bezeichnet man mit

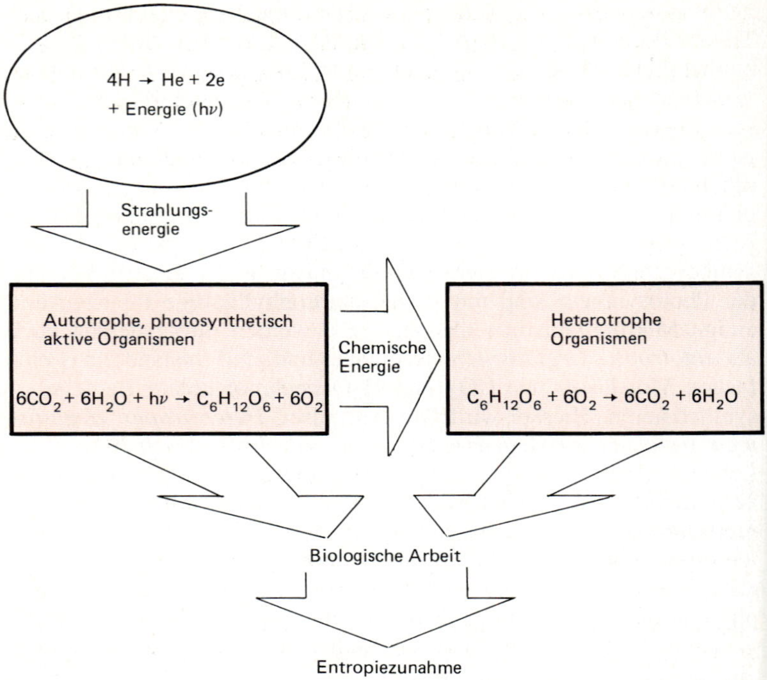

Bild 5.1. Energetische Beziehungen zwischen autotrophen und heterotrophen Organismen

Oxidation diejenigen Reaktionen, die mit einer ***Abgabe von Elektronen*** einhergehen. Dementsprechend sind ***Reduktionen*** die Vorgänge, bei denen es zur ***Elektronenaufnahme*** kommt. Da die bei der Oxidation freigesetzten Elektronen immer mit einem geeigneten Elektronenakzeptor reagieren, der dabei seinerseits reduziert wird, kann man streng genommen nicht von Oxidationen bzw. Reduktionen, sondern nur von ***Redoxreaktionen*** sprechen.

Aus Redoxreaktionen gewonnene Wärmeenergie kann nicht zur Aufrechterhaltung der energieverbrauchenden Vitalprozesse genutzt werden, da Lebensvorgänge grundsätzlich unter isothermen Bedingungen ablaufen. Energieverbrauchende Vorgänge beziehen vielmehr ihre Energie aus einer ***chemischen Kopplung*** an Redoxreaktionen:

die Lebensprozesse können damit als Energietransformationen aufgefaßt werden. Dies bedeutet, daß die Oxidation eines Metaboliten A zum Metaboliten B den Energiebetrag liefert, der für die endergone Bildung eines Metaboliten D aus einem Metaboliten C benötigt wird. Einer der möglichen Kopplungsmechanismen könnte darin bestehen, daß ein gemeinsames obligatorisches Zwischenprodukt an beiden Reaktionen teilnimmt (Abb. 5.2).

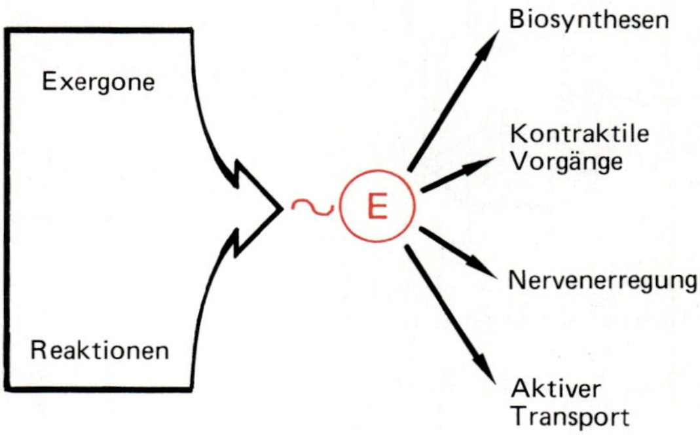

Bild 5.2. Die energiereiche Verbindung als Zwischenprodukt, die aus exergonen Reaktionen gewonnene Energie für endergone Reaktionen verfügbar macht

In idealer Weise muß ein derartiges Zwischenprodukt imstande sein, aus einer exergonen Reaktion einen entsprechenden Energiebetrag „aufzunehmen". Es muß damit zu einer „energiereichen Verbindung" werden, die diesen Energiebetrag weitergeben und damit eine endergone Reaktion antreiben kann. Für diesen Zweck steht eine Reihe von Verbindungen zur Verfügung. Die größte Bedeutung kommt dem Adenosintriphosphat (ATP, Abb. 5.3) zu. Der Grund hierfür liegt in der ***hohen Hydrolyseenergie*** des γ- und β-Phosphates im ATP. Bestimmt man nämlich experimentell die bei der Hydrolyse von phosphathaltigen organischen Verbindungen auftretende Änderung der freien Energie, so lassen sich zwei Gruppen unterscheiden. Die *„energiearmen Phosphate"*, zu denen die üblichen Phosphorsäureester des Stoffwechsels gehören, zeigen bei der Hydrolyse eine Änderung der freien Energie in einer Größenordnung von -16 kJ/mol. Im Gegensatz dazu liegt die Hydrolyseenergie des γ-

und β-Phosphats im ATP und einiger anderer *„energiereicher Phosphate“* über -30 kJ/mol. Solche energiereichen Phosphate zeichnen sich gewöhnlich durch eine ***Anhydridkonfiguration*** (ATP, ADP), eine ***Enolphosphatkonfiguration*** bzw. eine ***Phosphoguanidinkonfiguration*** aus (s. Abb. 5.3 und 5.4).

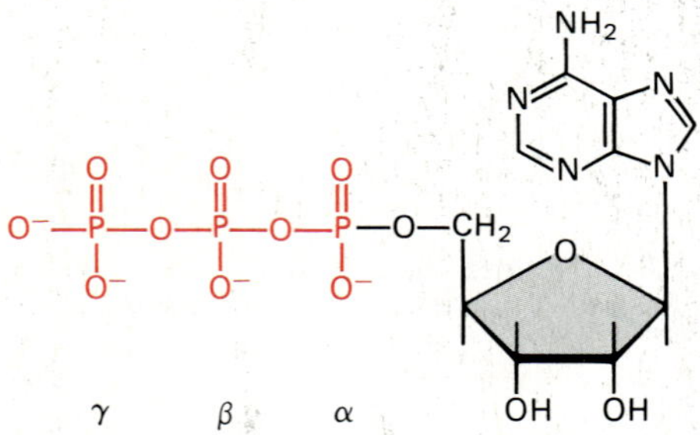

Bild 5.3. Struktur von Adenosintriphosphat

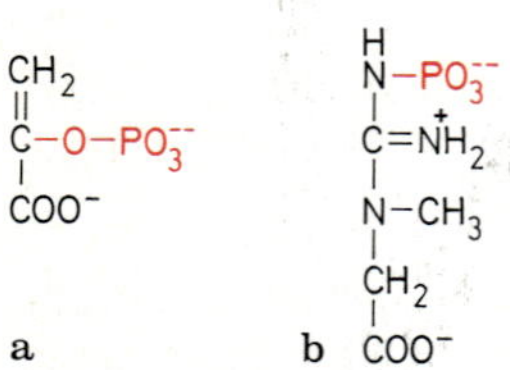

Bild 5.4. Phosphoenolpyruvat (**a**) und Kreatinphosphat (**b**) als wichtige energiereiche Verbindungen

Neben den energiereichen Phosphaten kommen noch andere biologisch wichtige energiereiche Verbindungen vor. Zu ihnen gehören die Thioester (s.S. 141), die Ester von Aminosäuren mit tRNS (s.S. 263) sowie das S-Adenosyl-Methionin (s.S. 207).

Nach der oben dargestellten Definition bedeutet der Begriff „energiereiche Verbindung“ lediglich, daß bei der Hydrolyse ein entsprechender Energiebetrag in Form von Wärme abgegeben wird. Im Stoffwechsel ist dies nicht der eigentliche Verwendungszweck energiereicher Verbindungen. Es ist vielmehr so, daß beim Transfer der mit der energiereichen Bindung verknüpften Gruppe auf einen Akzeptor eine entspechend große Menge an freier Energie übertragen wird. Infolgedessen beschreibt der Ausdruck *„Bindung mit hohem Gruppenübertragungspotential"* die tatsächlich vorliegenden Verhältnisse besser als der im biochemischen Sprachgebrauch verwurzelte Begriff der „energiereichen Bindung".

Innerhalb der Klasse der energiereichen Verbindungen können energiereiche Phosphatgruppen ohne Schwierigkeiten übertragen werden. Die zugrundeliegenden Reaktionen sind:

Nucleosidmonophosphatkinase: $NMP + ATP \rightleftharpoons NDP + ADP$
Nucleosiddiphosphatkinase: $NDP + ATP \rightleftharpoons NTP + ADP$
N = Nucleosid

Das wichtigste Enzym aus dieser Reihe ist die ***Adenylatkinase***. Sie dient der Regenerierung von ATP aus ADP:

$$2\,ADP \rightleftharpoons ATP + AMP$$

In manchen Geweben ist das ***Kreatinphosphat*** (s.S. 456) ein wichtiger Speicher energiereicher Phosphate. Mit Hilfe der Kreatinkinasereaktion dient es der ATP-Bildung aus ADP:

$$\text{Kreatinphosphat} + ADP \rightleftharpoons \text{Kreatin} + ATP.$$

Kohlenhydrate, Fette bzw. Proteine sind die wichtigsten Energiequellen für tierische Organismen

In der Ernährung tierischer Organismen und damit auch des Menschen sind Kohlenhydrate, Fette und Proteine die wichtigsten Energieträger. Wie aus langfristigen Beobachtungen an der westdeutschen Bevölkerung hervorgeht, liefern derzeit Kohlenhydrate etwa 47%, Fette 40% und Proteine etwa 13% des Energiebedarfs. Im Stoffwechsel werden diese Verbindungen zu CO_2, H_2O und NH_3 abgebaut. Zur Berechnung des Energiegewinns bei einem derartigen Abbauweg ist es nach den Gesetzen der Thermodynamik (s. Lehrbücher der Chemie) ohne Belang, auf welchem Weg der Abbau stattgefunden hat, wenn nur Ausgangs- und Endprodukte identisch sind. Aus diesem Grund kann man den Energiegehalt der genannten Nährstoffe auch außerhalb des Organismus mit einer ***Kalorimeterbombe*** bestimmen. Es handelt sich hierbei um ein starkwandiges Stahlgefäß, in dem

Substanzen unter hohem Sauerstoffdruck oxidiert werden und die dabei freigesetzte Wärmemenge bestimmt wird. Tabelle 5.1 zeigt die so ermittelten Brennwerte der genannten Nahrungsstoffe sowie des Ethanols als einem wichtigen Genußmittel. Diese Untersuchungen geben allerdings noch keinen Aufschluß darüber, auf welchem Wege und in welchem Umfang die bei der Nährstoffoxidation freiwerdende Energie zur Produktion von ATP genutzt werden kann.

Tabelle 5.1. Brennwerte der Nahrungsstoffe in kJ/g. Die Werte in Klammern entsprechen dem Brennwert in kcal/g

Protein	17	(4,1)
Fett	38	(9,3)
Kohlenhydrate	17	(4,1)

Kohlenhydrate, Fette und Proteine werden durch jeweils unterschiedliche Reaktionen des Intermediärstoffwechsels auf die Stufe der aktivierten Essigsäure abgebaut, die dann zu CO_2 und H_2O oxidiert wird

Kohlenhydrate, Fette und Proteine sind chemisch sehr unterschiedliche Verbindungen. Ihr energieliefernder Abbau im Intermediärstoffwechsel erfolgt dabei nach dem Prinzip, daß in einer Serie jeweils spezifischer Reaktionen Umbau und Zerlegung erfolgen, bis ein gemeinsames Endprodukt dieser ersten Phase des Intermediärstoffwechsels entsteht. Es handelt sich dabei um Essigsäure. Diese tritt allerdings nicht in freier Form sondern als Acetyl-CoA oder aktivierte Essigsäure auf (Abb. 5.5). Polymere Nahrungsstoffe werden dabei zunächst durch hydrolytische Reaktionen zum zugrundeliegenden monomeren Bauteil gespalten. Danach erfolgt der Abbau von Monosacchariden durch die Reaktionen der ***Glykolyse*** (s. S. 116), der Fettabbau durch die ***β-Oxidation*** der Fettsäuren (s.S. 144) sowie der Aminosäureabbau durch die vielfältigen Reaktionen des ***Aminosäurestoffwechsels*** (s.S. 181).

Bei den glykolytischen Reaktionen kann bereits durch ***Substratkettenphosphorylierung*** (s.S. 120) ein gewisser Energiegewinn erreicht

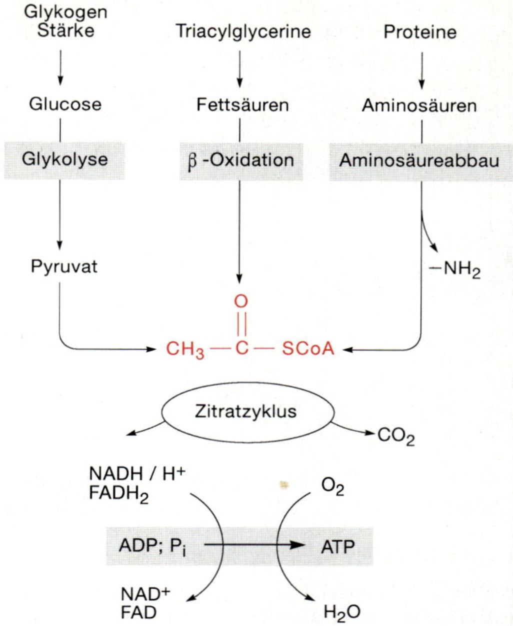

Bild 5.5. Acetyl-Coenzym A als zentrales Zwischenprodukt bei den energieliefernden Reaktionen des Substratabbaus; Einzelheiten im Text

werden; die Abbaureaktionen für Fette und Proteine liefern dagegen außer Acetyl-CoA lediglich reduzierte wasserstoffübertragende Coenzyme (s.u.).

In dem von Hans Adolf Krebs entdeckten ***Citratcyclus*** erfolgt nun ein schrittweiser Abbau des Acetyl-CoA, bei dem als Endprodukte CO_2 und wiederum reduzierte wasserstoffübertragende Coenzyme in Form von $FADH_2$ sowie NADH entstehen. Somit beruht der energieliefernde Stoffwechsel bis hierher auf einem Abbau komplexer Verbindungen zu ***CO_2*** und ***Wasserstoff***. Dieser ist an die sog. wasserstoffübertragenden Coenzyme NAD^+ sowie seltener FAD gebunden. Wie Abb. 5.6 zu entnehmen ist, erfolgt die Reduktion dieser Coenzyme durch Aufnahme eines mit zwei Elektronen versehenen Wasserstoffs, also eines ***Hydridanions*** H^-.

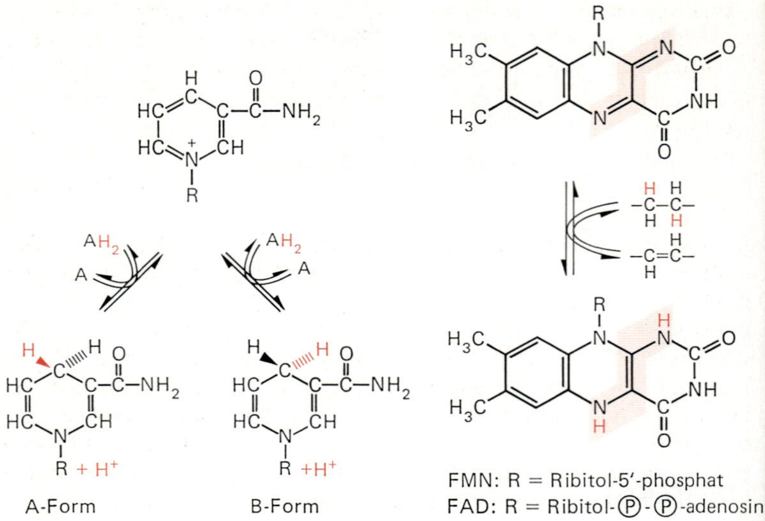

a b

Bild 5.6. Mechanismus der durch Nikotinamid (**a**) bzw. Flavin (**b**) enthaltende Coenzyme katalysierten Redoxreaktionen. **AH2:** reduziertes Substrat; **A:** oxidiertes Substrat

Es ist ohne weiteres einsichtig, daß zur Aufrechterhaltung der Stoffwechselprozesse eine ***Reoxidation*** der ja nur in begrenzten Mengen zur Verfügung stehenden wasserstoffübertragenden Coenzyme notwendig ist. Diese läuft nach folgender Gleichung ab:

$$NADH + H^+ + 1/2\,O_2 \rightarrow NAD^+ + H_2O;\ \Delta G^{\circ\prime} = -219\,kJ/mol$$

$$FADH_2 + 1/2\,O_2 \rightarrow FAD + H_2O;\ \Delta G^{\circ\prime} = -197\ kJ/mol$$

Formal handelt es sich bei diesen Reaktionen um eine Analogie der aus der anorganischen Chemie bekannten, stark exergonen ***Knallgasreaktion*** (s. Lehrbücher der Chemie):

$$H_2 + 1/2\,O_2 \longrightarrow H_2O;\ \Delta G^{\circ\prime} = -237\,kJ/mol$$

In biologischen Systemen wird der hohe Energiegewinn dieser Redoxreaktion zur ***Produktion von ATP*** benutzt. Hierfür sind besondere Organellen, die Mitochondrien (s.S. 80), notwendig. In ihrer Innenmembran besitzen sie die für ***Elektronentransport*** und ***oxidative Phosphorylierung*** benötigte enzymatische Ausstattung. Die Reoxidation von NADH ist dabei folgendermaßen mit der ATP-Erzeugung verknüpft:

$$\mathrm{NADH{+}H^{+}{+}1/2\,O_2{+}3\,ADP{+}3\,P_i \rightarrow NAD^{+}{+}3\,ATP{+}4\,H_2O}$$

Legt man zugrunde, daß zur Phosphorylierung von ADP unter Bildung von ATP jeweils ein Betrag von 30 kJ/mol aufgebracht werden muß, so läßt sich ein Gesamtbetrag von 90 kJ/mol errechnen, der bei der NADH-Reoxidation in Form von ATP gebildet und vom Organismus für spezifische Arbeitsleistungen verwendet werden kann. Dies entspricht einem Wirkungsgrad von 40%. Man muß dabei jedoch beachten, daß bei den intrazellulär herrschenden Konzentrationen für die Hydrolyseenergie der energiereichen Phosphatbindung ein höherer Wert eingesetzt werden muß, so daß in Wirklichkeit ein wesentlich *besserer* Wirkungsgrad angenommen werden kann.

5.2 Prinzipien der Stoffwechselregulation

Die in ihren Grundzügen oben besprochenen Stoffwechselvorgänge stellen ein hochkomplexes Netzwerk von Einzelreaktionen dar. Berücksichtigt man die Tatsache, daß die Umweltbedingungen (Klima, Nahrungszufuhr usw.) sehr variabel sind, wird klar, daß die Überlebenschancen eines Organismus davon abhängen, daß er seinen Stoffwechsel ständig an neue Bedingungen anpassen kann. Die vielen im Stoffwechsel lebender Organismen vorkommenden Einzelreaktionen werden mit wenigen Ausnahmen durch hochspezifische Enzyme katalysiert. Es verwundert daher nicht, daß im Verlauf der Evolution sehr komplexe Mechanismen entstanden sind, die es erlauben, die katalytischen Aktivitäten von Stoffwechselenzymen an die jeweiligen Bedürfnisse anzupassen. Diese Regulationsprozesse können dabei grundsätzlich entweder durch Vermehrung bzw. Verminderung der ***Enzymkonzentration*** oder aber durch Änderung der ***katalytischen Effektivität*** von Enzymen erfolgen.

Eine Langzeitanpassung des Stoffwechsels erfolgt durch Änderung der Biosynthesegeschwindigkeit von Enzymen

Wie sich Mikroorganismen durch ***Enzyminduktion*** (Steigerung der Neusynthese von Enzymproteinen) bzw. ***Enzymrepression*** (Verminderung der Enzymsynthese) an geänderte Stoffwechselbedingungen anpassen können, wurde erstmalig von Jacob und Monod anfang der 60er Jahre beschrieben. Sie beobachteten, daß Bakterienzellen, die ursprünglich nur eine geringe Kapazität zum Abbau des Disaccharids Lactose besitzen, diese Fähigkeit sehr rasch verbessern, wenn sie auf Lactose als *einzigem Substrat* wachsen. Sie erkannten, daß eine Reihe für den Lactoseabbau benötigter Enzyme in Anwesenheit von Lactose vermehrt synthetisiert wird.

Tabelle 5.2. Beispiele für wichtige Hormone, die die Transkription spezifischer Gene steigern

Hormon	Transkription gesteigert	Seite
Cortisol	Aminotransferasen	375
Trijodthyronin	NaK-ATPase	400
1,25-Dihydroxy-cholecalciferol	intestinales Calcium-Bindungsprotein	321
Glucagon	Phosphoenolpyruvat-Carboxykinase	222
Insulin	Glycerinaldehydphosphat-Dehydrogenase	117

Bei vielzelligen tierischen Organismen findet sich das Phänomen der Enzyminduktion durch Substrate weniger häufig. Eine Reihe von ***Hormonen*** sorgt jedoch dafür, daß der Enzymbestand tierischer Organe den jeweiligen Stoffwechselbedingungen angepaßt werden kann. Diese Hormone, die in Tabelle 5.2 zusammengestellt sind, verfügen über den gleichen prinzipiellen Mechanismus: Sie aktivieren intrazelluläre ***DNS-bindende Proteine***, die sich an bestimmte, genau definierte Strukturen in der ***Promotorregion spezifischer Gene*** anlagern und so deren vermehrte Transkription hervorrufen. Die dabei vermehrt gebildete spezifische mRNS dient dann als Matrize für die gesteigerte Biosynthese der entsprechenden Proteine (über die molekularen Grundlagen dieses Vorgangs s.S. 272).

Über den Mechanismus der Enzyminduktion bzw. -repression können ganze Stoffwechselwege „an- bzw. abgeschaltet" werden. Eine derartige Regulation hat jedoch auch Nachteile. Da sie mit der Biosynthese bzw. dem Abbau komplexer Moleküle, nämlich der enzymatisch aktiven Proteine, verbunden ist, benötigt sie eine relativ große Menge an Energie. Wichtiger ist noch, daß mindestens Stunden, meist Tage notwendig sind, bis ein für einen Stoffwechselweg benötigter Enzymbestand synthetisiert oder beim „Abschalten" abgebaut ist. Stoffwechselregulation durch Enzyminduktion bzw. -repression benötigt also relativ viel Zeit und erlaubt deswegen im allgemeinen nur eine langfristige Anpassung an geänderte Umweltbedingungen.

Änderungen der katalytischen Effektivität von Enzymen ermöglichen eine rasche Anpassung des Stoffwechsels

► Die allosterische Regulation von Enzymen beruht auf der Bindung von niedermolekularen Liganden

Eine Reihe von besonders häufig an Verzweigungsstellen des Stoffwechsels lokalisierten oder für bestimmte Stoffwechselwege geschwindigkeitsbestimmenden Enzymen zeichnet sich dadurch aus, daß ihre katalytischen Eigenschaften durch niedermolekulare Verbindungen, meist Stoffwechselzwischenprodukte, beeinflußt werden. Diese „Effektoren" haben selten Ähnlichkeit mit dem Substrat und werden vom Enzymmolekül nicht kovalent und meist an einer anderen Stelle als dem aktiven Zentrum gebunden. Aus diesem Grund werden derartige Enzyme auch als ***allosterische Enzyme*** bezeichnet.

Allosterische Enzyme spielen eine besondere Rolle bei der Regulation von Biosyntheseprozessen. Wie aus Abb. 5.7 hervorgeht, hemmt das Endprodukt einer häufig aus vielen Einzelschritten bestehenden Synthesekette die erste, die Biosynthese einleitende Reaktion. (Beispiele für allosterisch regulierte Biosynthesen sind die Häm-Biosynthese, S. 396 sowie die Purin- und Pyrimidinbiosynthese, S. 259). Ein Stoffwechselweg, bei dem allosterische Regulationen eine besonders große Rolle spielen, ist die *Glykolyse*, deren Regulation auf S. 127 besprochen ist.

Im Vergleich zu nichtregulierten Enzymen zeichnen sich allosterisch regulierte Enzyme durch einige Besonderheiten aus. So verfü-

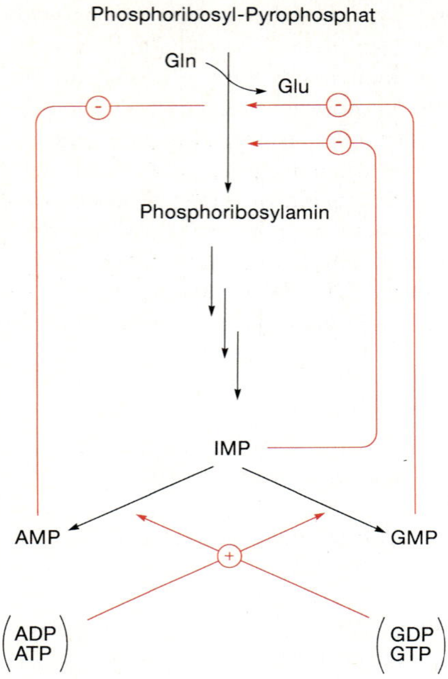

Bild 5.7. Allosterische Regulation der Purinbiosynthese Die geschwindigkeitsbestimmende Reaktion der Purinbiosynthese ist die Bildung von 5-Phosphoribosylamin aus 5-Phosphoribosylpyrophosphat. Das hierfür verantwortliche Enzym, die PRPP-Amidotransferase, wird durch die Endprodukte der Biosynthese, die Adenin- und Guaninnucleotide sowie das IMP gehemmt. Um die Purinnucleotide in entsprechenden Proportionen zu erhalten, stimuliert ATP die Biosynthese von GMP sowie GTP die Biosynthese von AMP.

gen sie immer über ***Quartärstruktur***. Sie bestehen aus mindestens 2, häufiger jedoch aus mehr als 2 Untereinheiten; dabei verfügt jede Untereinheit über ein ***aktives Zentrum*** und eine ***Bindungsstelle*** für den allosterischen Liganden. Wie aus Abb. 5.8a hervorgeht, verläuft die Kinetik allosterischer Enzyme häufig anders als es dem Modell von Michaelis-Menten (s.S. 28) entspricht. Trägt man die Reaktionsgeschwindigkeit gegen die Substratkonzentration auf, so ergibt sich meist eine ***sigmoide Beziehung***, die durch negative (hemmende) ***allosterische Effektoren*** nach rechts, durch positive (aktivierende)

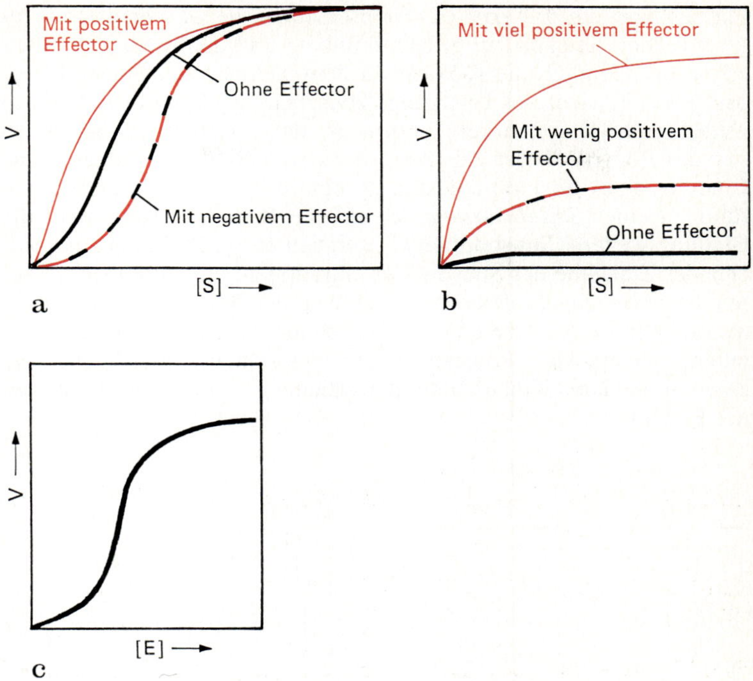

Bild 5.8. Der Einfluß positiver oder negativer Effektoren auf die Kinetik allosterischer Enzyme. **a** K-System: Ein negativer Effektor erniedrigt die scheinbare Michaelis-Konstante, ein positiver erhöht sie. **b** V-System: Die Maximalgeschwindigkeit ist von der Konzentration des positiven Effektors abhängig. **c** Abhängigkeit der Umsatzgeschwindigkeit von der Effektivkonzentration. **v** = Umsatzgeschwindigkeit, **[S]** = Substratkonzentration, **[E]** = Effektorkonzentration

nach links verschoben wird. Seltener als diese Enzyme des ***K-Typs*** sind allosterische Enzyme des ***V-Typs***. Hier ist die hyperbolische Abhängigkeit der Reaktionsgeschwindigkeit von der Substratkonzentration wie bei nichtregulierten Enzymen erhalten, jedoch erhöhen allosterische Effektoren den Wert der Maximalgeschwindigkeit V_{max}.

Abbildung 5.9 stellt ein Modell für die Wirkungsweise allosterischer Enzyme dar, das die sigmoide Enzymkinetik erklärt. Demnach kommen oligomere allosterisch regulierte Enzyme prinzipiell in zwei

Formen vor, der ***T-Form*** (T = tensed) bzw. der ***R-Form*** (R = relaxed). Die Fähigkeit zur Substratbindung und damit zur Enzymkatalyse hat lediglich die R-Form. In Abwesenheit von Substrat liegt das Gleichgewicht des Übergangs zwischen der T- und der R-Form weitgehend auf seiten der T-Form, so daß nur sehr geringe Mengen des Enzyms in der enzymatisch aktiven R-Form vorliegen. Die Bindung eines Substratmoleküls an eine der beiden Untereinheiten führt zu einer ***Stabilisierung*** der aktiven R-Form. Damit wird die Bindung weiterer Substratmoleküle erleichtert, so daß es bei entsprechender Zunahme der Substratkonzentration zu einem immer stärkeren Überwiegen der R-Form gegenüber der T-Form kommt. Eine mathematische Analyse unter Einbeziehung der experimentell ermittelten Gleichgewichtskonstanten führt tatsächlich zu der Vorhersage einer sigmoidalen Kinetik unter der Annahme von R- bzw. T-Formen der Enzyme.

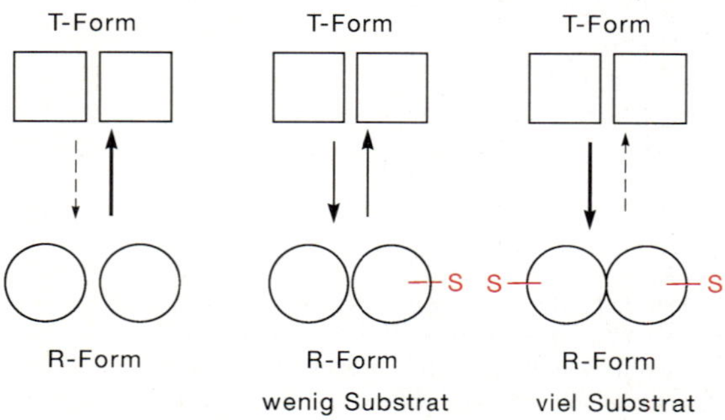

Bild 5.9. Modell für die Wirkungsweise allosterischer Enzyme. (Einzelheiten im Text)

Das geschilderte Modell erlaubt darüber hinaus eine Erklärung für den Wirkungsmechanismus allosterischer, aktivierender oder inhibierender Effektoren. Ein ***allosterischer Aktivator*** würde demnach ein Molekül sein, das nur an die katalytisch aktive R-Form bindet und damit das Gleichgewicht zwischen T- und R-Form auf die Seite der R-Form verschiebt. ***Allosterische Inhibitoren*** binden dagegen ausschließlich an die T-Form und führen auf diese Weise zu einem Überwiegen der enzymatisch inaktiven Spezies des Enzyms.

▶ Die Regulation von Enzymen durch Interkonvertierung beruht auf der kovalenten Modifikation des Enzymproteins

Bei diesem Typ der Enzymregulation erfolgt eine reversible kovalente Modifikation des Enzymproteins. Sie beruht auf der Anheftung bestimmter chemischer Gruppierungen, meist handelt es sich um Phosphat-, seltener um Adenylatreste. Dies geht mit einer Änderung der katalytischen Eigenschaften des entsprechenden Enzyms einher. Typisch für diese ***Regulation durch reversible Modifikation*** oder ***Interkonvertierung*** ist, daß sowohl für die Anheftung als auch die Abspaltung der Gruppen eigene Enzyme notwendig sind. Abbildung 5.10 stellt das zugrundeliegende Prinzip dar.

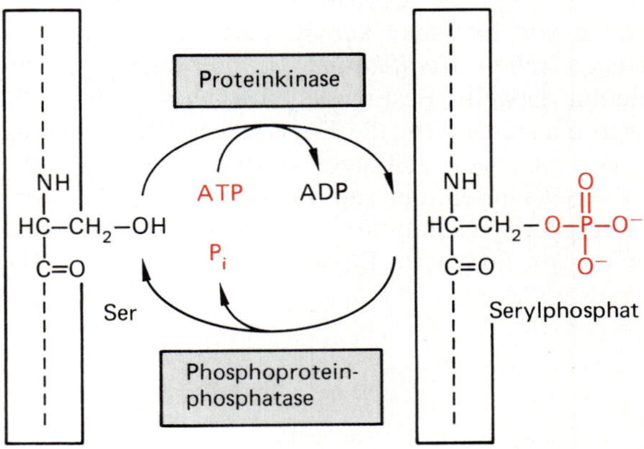

Bild 5.10. Prinzip der Regulation von Enzymaktivitäten durch reversible, kovalente Modifikation (Interkonvertierung). Durch Phosphorylierung des dargestellten Serylrestes ändert das Enzymprotein seine katalytischen Eigenschaften. Für Phosphorylierung und Dephosphorylierung ist jeweils ein eigenes Enzym notwendig

Enzyme, deren Aktivität durch Interkonvertierung reguliert werden, sind immer an entscheidenden Schaltstellen des Stoffwechsels lokalisiert. Wie aus Tabelle 5.3 zu entnehmen ist, gehören hierzu u.a. die Reaktionsgeschwindigkeits-bestimmenden Enzyme des Glykogenstoffwechsels, der Glykolyse, des Pyruvat- und des Triacylglycerinabbaus.

Tabelle 5.3. Beispiele für Enzyme, die durch Interkonvertierung reguliert werden

Enzym	aktiv/inaktiv	Seite
Glykogensynthase	dephosphoryliert/phosphoryliert	348
Glykogenphosphorylase	phosphoryliert/dephosphoryliert	348
Fructose-6-phosphat-2-kinase	dephosphoryliert/phosphoryliert	350
Pyruvat-Dehydrogenase	dephosphoryliert/phosphoryliert	248
Triacylglycerin Lipase	phosphoryliert/dephosphoryliert	348

Außer der oben beschriebenen reversiblen Änderung der katalytischen Eigenschaften von Enzymen kommt auch der Vorgang einer ***irreversiblen chemischen Modifikation*** vor, der streng genommen keine Regulation darstellt. Bestimmte Enzyme, vor allem die Proteasen des Gastrointestinaltrakts, die Enzyme der Blutgerinnung und Fibrinolyse, aber auch viele zelluläre Enzyme werden in Form enzymatisch inaktiver Vorstufen, der sog. ***Proenzyme***, synthetisiert. Ihre Aktivierung erfolgt enzymkatalysiert durch Spaltung bestimmter Peptide, deren Größe von Enzym zu Enzym variiert (s.S. 333, 403, 434).

6 Abbau von Kohlenhydraten

ZUSAMMENFASSUNG

Struktur und reaktive Gruppen von Kohlenhydraten: Monosaccharide sind Aldehyde oder Ketone mehrwertiger Alkohole. Disaccharide entstehen aus 2 Monosacchariden durch Ausbildung einer glykosidischen Bindung. Oligo- bzw. Polysaccharide bestehen aus mehreren durch glykosidische Bindungen verknüpften Monosacchariden.
Die Glykolyse: In der Glykolyse wird Glucose anaerob unter ATP-Gewinn zu Lactat abgebaut. Aus Glucose entstehen zunächst die Triosephosphate. Triosephosphate werden unter Energiekonservierung zu Lactat abgebaut.
Die Einschleusung von Poly- und Disacchariden in die Glykolyse: Der Glykogenabbau macht Zellen unabhängig von externer Energiezufuhr. Glykogen wird phosphorolytisch gespalten. Beim Abbau der Verzweigungsstellen des Glykogens entsteht Glucose. Der Abbau von Lactose und Saccharose führt in die Glykolyse. Galaktosekohlenstoff wird zunächst in Glykogen eingebaut. Der Abbau von Fructose erfolgt auf einem Nebenweg der Glykolyse.
Regulation von Glykogenolyse und Glykolyse: Der zelluläre ATP-Verbrauch bestimmt die Glykolysegeschwindigkeit. AMP ist ein wichtiger allosterischer Aktivator des Glykogenabbaus.
Der Abbau von Glucose im Pentosephosphatweg: Im Pentosephosphatweg kann Glucose zu CO_2 abgebaut werden. Die biologische Bedeutung des Pentosephosphat-Weges beruht auf der Bildung von Pentosen und NADPH.

6.1 Struktur und reaktive Gruppen von Kohlenhydraten

Monosaccharide sind Aldehyde oder Ketone mehrwertiger Alkohole

Wie der Name sagt, wurden ursprünglich diejenigen Verbindungen als Kohlenhydrate bezeichnet, die als Hydrate des Kohlenstoffs aufzufassen sind (Summenformel $C_n(H_2O)_n$). Heute weiß man allerdings, daß es eine Reihe von Verbindungen gibt, die eindeutig der Klasse der Kohlenhydrate zuzuordnen sind, jedoch Abweichungen von dieser Regel aufweisen.

Monomere Kohlenhydrate werden als ***Monosaccharide*** bezeichnet. Sie sind Aldehyde bzw. Ketone mehrwertiger Alkohle und werden daher als ***Aldosen*** bzw. ***Ketosen*** bezeichnet. Die wichtigsten im Stoffwechsel vorkommenden Monosaccharide sind in Abb. 6.1 zusammengestellt. Die beiden Pentosen ***D-Ribose*** und ***D-Desoxyribose*** kommen in Nucleinsäuren vor, die Pentose ***D-Xylose*** in vielen Polysacchariden. Unter den ***Hexosen*** ist die ***D-Glucose*** als das wichtigste Kohlenhydrat der Nahrung von größter Bedeutung. Ein weiteres wichtiges Nahrungskohlenhydrat ist die ***D-Fructose***. ***D-Galactose*** und ***D-Mannose*** kommen, auch in modifizierter Form, in Glykoproteinen (S. 234) vor.

Aufgrund ihrer vielen Hydroxylgruppen sind Monosaccharide gut wasserlösliche, also hydrophile Verbindungen. Ihre chemischen Reaktionsmöglichkeiten ergeben sich aus ihren funktionellen Gruppen (Abb. 6.2).

Die Aldehydgruppe am C-Atom 1 ist für die ***reduzierenden Eigenschaften*** von Monosacchariden verantwortlich (s. Lehrbücher der Chemie). Sie kann unter Bildung eines ***Halbacetals*** mit einer Hydroxylgruppe des gleichen Moleküls (im allgemeinen der Hydroxylgruppe des C-Atomes 5) reagieren. Dabei entsteht die ***Ringform*** der Monosaccharide, in der diese in wäßriger Lösung überwiegend vorkommen. In der Ringform enthalten Monosaccharide am C-Atom 1 ein weiteres Asymmetriezentrum, das für ihre ***anomeren Formen*** verantwortlich ist.

Wird die Aldehydgruppe des C-Atomes 1 oxidiert, so entsteht eine Carbonsäure, aus Glucose beispielsweise die ***Gluconsäure***. Reduktion der Aldehydgruppe am C-Atom 1 führt an dieser Position zu

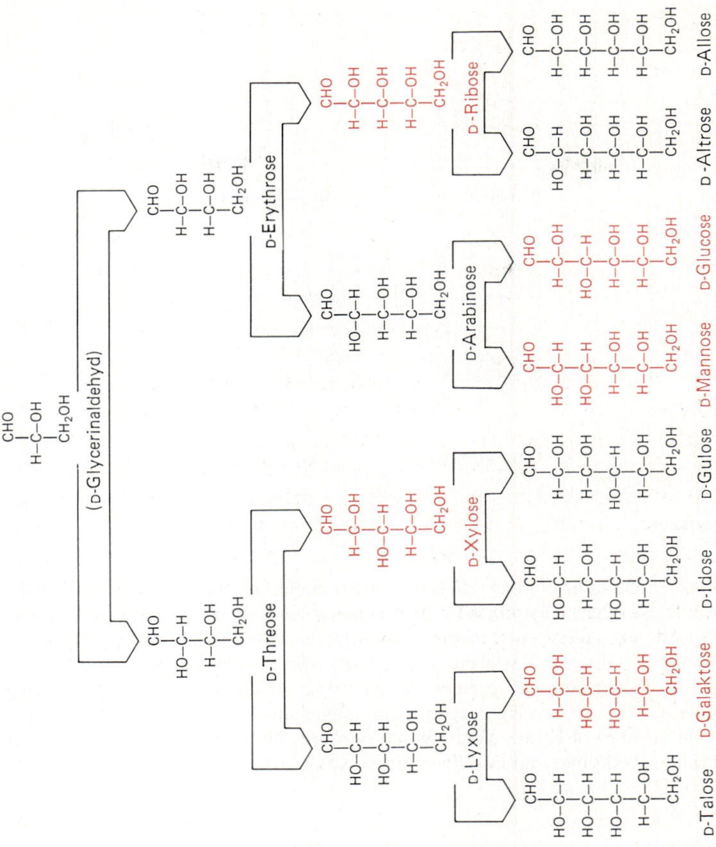

Bild 6.1. Strukturelle Beziehungen der D-Aldosen

einer alkoholischen Gruppierung, es entstehen die sog. ***Zuckeralkohole*** (aus Glucose z.B. Sorbit). Eine Oxidation an der CH_2OH-Gruppe des C-Atomes 6 führt zur Bildung von Glucuronsäure, allgemein bei Kohlenhydraten zu ***Uronsäuren***. ***Aminozucker*** entstehen durch Ersatz einer Hydroxylgruppe durch eine NH_2-Gruppe. Diese befindet sich immer am C-Atom 2 von *Hexosen* (s. Biosynthese von Aminozuckern, S. 230). Die Aminogruppen von Aminozuckern

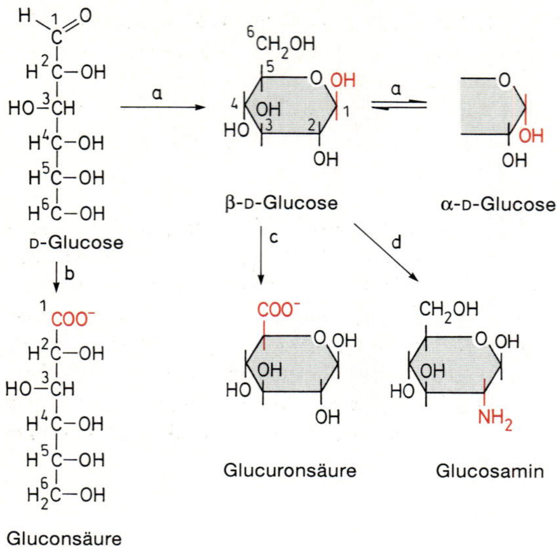

Bild 6.2. Reaktionsmöglichkeiten der funktionelle Gruppen von Monosacchariden am Beispiel der Glucose. **a** Intramolekularer Ringschluß zur pyranoiden Form mit Ausbildung eines neuen Isomeriezentrums, so daß die anomeren Formen der α- bzw. β-D-Glucose entstehen. **b** Oxidation der Aldehydgruppe unter Entstehung von Gluconsäure (allgemein -onsäuren). **c** Oxidation der CH_2OH-Gruppe am C-Atom 6 zur Carboxylgruppe unter Entstehung von Glucuronsäure (allgemein -uronsäure). **d** Ersatz einer Hydroxylgruppe durch eine Aminogruppe unter Ausbildung von Glucosamin (allgemein Hexosamin)

können acetyliert werden, so daß die ***N-Acetylaminozucker*** entstehen (S. 230).

Die Funktionen von ***Monosacchariden*** sind vielfältig. Glucose, Fructose und Galactose dienen als Energielieferanten, da sie mit wenigen Reaktionen in die oxidativen Reaktionsketten eingeschleust werden können, die das für die Aufrechterhaltung der Lebensprozesse notwendige ATP liefern. Darüber hinaus sind Monosaccharide die Bausteine für die Biosynthese von ***Disacchariden*** (z.B. Lactose). Die Reservekohlenhydrate des Organismus sind ebenso wie die Glykosaminoglykane des Stützgewebes oder die Kohlenhydratanteile vieler Glykoproteine die ***Polysaccharide***. Mono-, Oligo- oder Polysaccharide finden sich außerdem in den Glykolipiden (s.u.).

Disaccharide entstehen aus 2 Monosacchariden durch Ausbildung einer glykosidischen Bindung

Die ***glykosidische Bindung*** ist die wichtigste Bindung, die Monosaccharide eingehen können. Sie beruht auf der besonderen Reaktionsfreudigkeit der nach dem Ringschluß verbleibenden halbacetalischen Hydroxylgruppe am C-Atom 1. Diese kann mit der Hydroxylgruppe eines weiteren Alkohols oder mit einer NH_2-Gruppe unter Bildung eines ***Vollacetals*** reagieren (Abb. 6.3). Je nachdem, ob eine alkoholische OH-Gruppe bzw. eine NH2-Gruppe die Bindung eingegangen ist, spricht man von O- bzw. N-Glykosiden. Auch bei den ***Glykosiden*** gibt es eine α- und β-Isomerie.

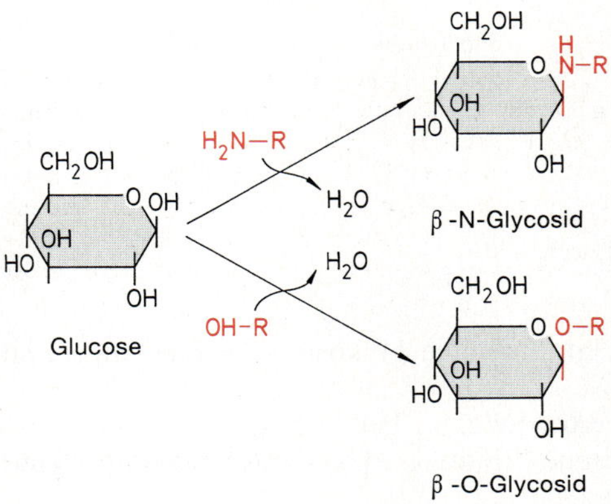

Bild 6.3. Entstehung eines N- bzw. O-Glykosides durch Ausbildung eines Vollacetals am C-Atom 1 von Glucose

O- bzw. N-glykosidische Bindungen finden sich in vielen wichtigen körpereigenen Verbindungen (Nucleoside, Nucleotide, Polynucleotide, Di-, Oligo-, Polysaccharide). Viele körperfremde Verbindungen, die als Pharmaka in der Therapie verschiedener Erkran-

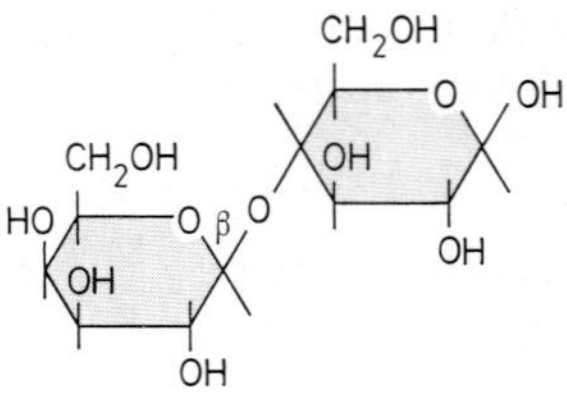

Lactose

Gal Glc

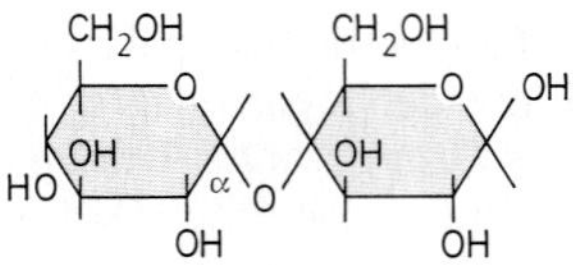

Maltose

Glc Glc

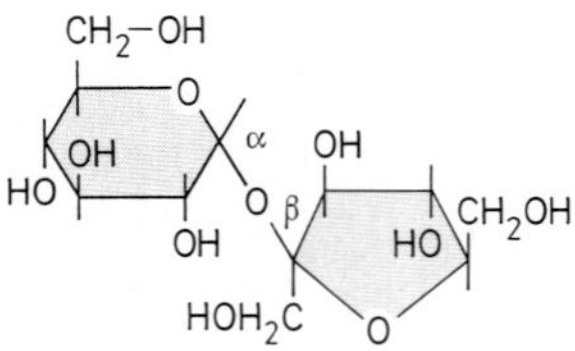

Saccharose

Glc Frc

Bild 6.4. Die wichtigsten Disaccharide

kungen Verwendung finden, enthalten glykosidische Bindungen, so z.B. die Herzglykoside.

Disaccharide sind Verbindungen, bei denen 2 Monosaccharide über eine glykosidische Bindung miteinander verknüpft sind (Abb. 6.4).

Das Hauptkohlenhydrat der Milch, die ***Lactose***, entsteht durch Ausbildung einer β-glykosidischen Bindung zwischen dem C-Atom 1 von Galactose und dem C-Atom 4 von Glucose.

Im Fall der ***Maltose*** sind 2 Glucosemoleküle α-glykosidisch über die C-Atome 1 und 4 verknüpft. Bei der ***Isomaltose*** handelt es sich um ein Disaccharid mit einer α-1,6-glykosidischen Bindung.

Die ***Saccharose*** (engl. *Sucrose*) schließlich ist ein Disaccharid aus Glucose und Fructose, bei dem die halbacetalische Hydroxylgruppe

Tabelle 6.1. Einteilung der Heteroglykane

Bezeichnung	Kohlenhydrat	Nichtkohlenhydrat	Funktion
Glykoproteine	Oligosaccharide aus 2–20 verschiedenen Monosacchariden	Verschiedenste Proteine	Vielseitig, vom Protein abhängend
Proteoglykane	Glykosaminoglykane mit sich wiederholenden Disacchariden; Molekulargewicht $2 \cdot 10^3 - 3 \cdot 10^6$	Einfach aufgebaute Proteinskelette („core protein“)	Bildung der extracellulären Matrix
Peptidoglykane	Disaccharid aus N-Acetylglucosamin und N-Acetylmuraminsäure	Peptide aus 4–5 Aminosäuren	Bildung der bakteriellen Zellwand
Glykolipide	Oligosaccharide Oligosaccharide	Ceramid, Diacylglycerin Polyprenole	Bauteile cellulärer Membranen, Zwischenprodukt bei der Glykoproteinbiosynthese

des C-Atoms 1 der Glucose mit der ebenfalls halbacetalischen Hydroxylgruppe des C-Atoms 2 des Ketozuckers Fructose reagiert hat. Im Gegensatz zu Lactose und Maltose enthält daher die Saccharose *keine* weitere halbacetalische Hydroxylgruppe, zeigt *keine* reduzierenden Eigenschaften und kann *keine* Glykoside mehr bilden.

Oligo- bzw. Polysaccharide bestehen aus mehreren durch glykosidische Bindungen verknüpften Monosacchariden

Nach Konvention unterscheidet man je nach Kettenlänge ***Oligosaccharide*** (3 bis 9) und ***Polysaccharide*** (mehr als 9 Monosaccharideinheiten). Diese Einteilung ist jedoch eher willkürlich. Besser ist die in Tabelle 6.1 zusammengestellte Klassifizierung nach strukturellen Gesichtspunkten. Polysaccharide, die nur aus *einem einzigen Monosaccharid* bestehen, werden als ***Homoglykane*** bezeichnet. Enthalten sie jedoch verschiedene Monosaccharide, so handelt es sich um ***Heteroglykane***.

Wichtige Homoglykane sind ***Stärke*** und ***Glykogen***, die aus α-glykosidisch verknüpfter Glucose zusammengesetzt sind und bei denen neben 1-4-glykosidischen auch 1-6-glykosidische Bindungen vorkommen. Aus diesem Grund bilden Stärke und Glykogen stark verzweigte baumähnliche Makromoleküle mit Molekulargewichten von vielen Millionen.

Heteroglykane (Tabelle 6.1) kommen im allgemeinen in Verbindung mit Proteinen, Peptiden oder Lipiden vor. ***Glykoproteine*** besitzen Heteroglykane aus 2 bis 20 Monosacchariden und kommen sehr häufig vor. So tragen von den über 60 im Blutplasma nachweisbaren Proteinen nur Albumin und Präalbumin keine Kohlenhydratketten. Abbildung 6.5 stellt den Aufbau einiger typischer in Glykoproteinen vorkommender Oligosaccharide dar. Die Verknüpfung des Saccharidrests mit dem Protein erfolgt mit glykosidischen Bindungen über Seryl- (O-glykosidisch) bzw. Asparaginyl-Seitenketten (N-glykosidisch). Zur Biosynthese von Glykoproteinen s.S. 233. Bei ***Proteoglykanen*** handelt es sich dagegen um Heteroglykane aus sich wiederholenden Disaccharideinheiten, die an relativ einfach aufgebaute Proteinskelette geknüpft sind. Ein Zucker der sich wiederholenden Disaccharideinheit ist meist ein Aminozucker, der andere eine Uronsäure. Aus diesem Grund werden derartige Heteroglykane auch als ***Glykosaminoglykane*** bezeichnet. Abbildung 6.6 stellt den Auf-

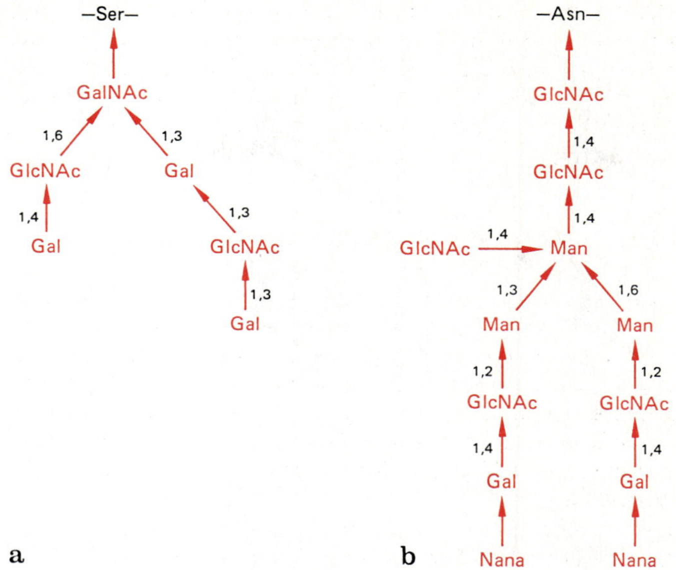

Bild 6.5. Strukturen typischer O- bzw. N-glykosidisch verknüpfter Oligosaccharide von Glykoproteinen. **a** Struktur in der Kernregion der Blutgruppensubstanzen. **b** Komplexe Oligosaccharidkette, die in vielen Glykoproteinen nachweisbar ist. **Gal:** Galactose; **GalNAc:** N-Acetylgalactosamin; **GlcNAc:** N-Acetylglucosamin; **Man:** Mannose; **Nana:** N-Acetylneuraminsäure

bau typischer Disaccharideinheiten in Glykosaminoglykanen dar. Zur Biosynthese von Glykosaminoglykanen s.S. 238.

Peptidoglykane sind am Aufbau der bakteriellen Zellwand beteiligt. Das Nicht-Kohlenhydrat ist ein Peptid aus 4 bis 5 Aminosäuren, das Kohlenhydrat ein repetitives Disaccharid aus N-Acetylglucosamin und N-Acetylmuraminsäure. Peptide und repetitive Disaccharide sind zu dem in Abb. 6.7 dargestellten gitterförmigen Makromolekül vernetzt, das die bakterielle Zellwand bildet und dessen Biosynthese durch ***Penicillin*** gehemmt wird.

Bei den ***Glykolipiden*** handelt es sich um Verbindungen, bei denen Oligosaccharide an Sphingosin, Diacylglycerin oder bestimmte Polyprenole gebunden sind und deren Struktur und Funktion auf S. 72, 235 erläutert ist.

Chondroitin-4-sulfat
[β-Glucuronat(1→3)-β-GalNAc-4-sulfat(1→4)-]n

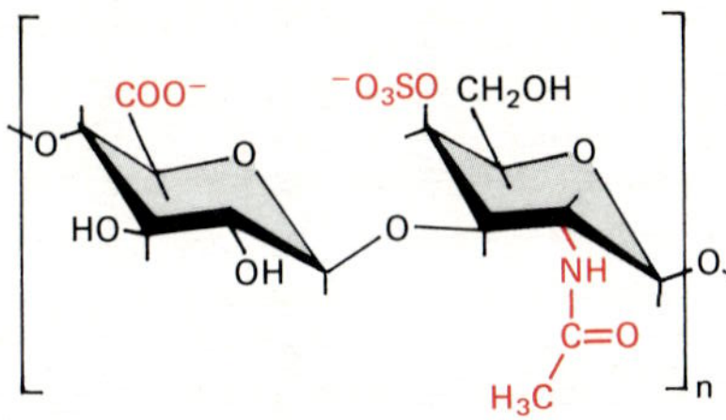

Hyaluronsäure
[β-Glucuronat(1→3)-β-GlcNAc(1→4)-]n

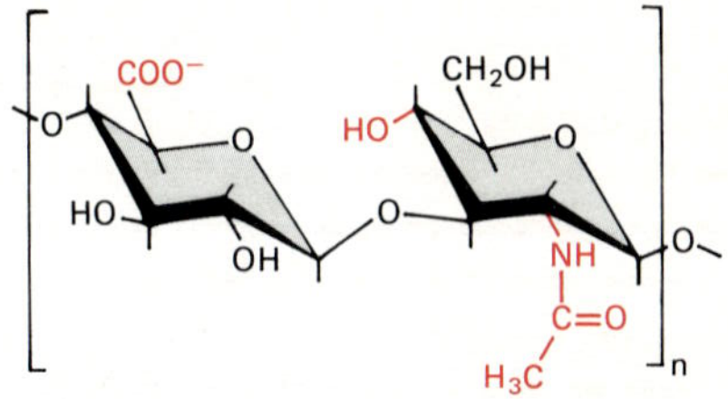

Dermatansulfat
[α-Iduronat(1→3)-β-GalNAc-4-sulfat (1→4)-]n

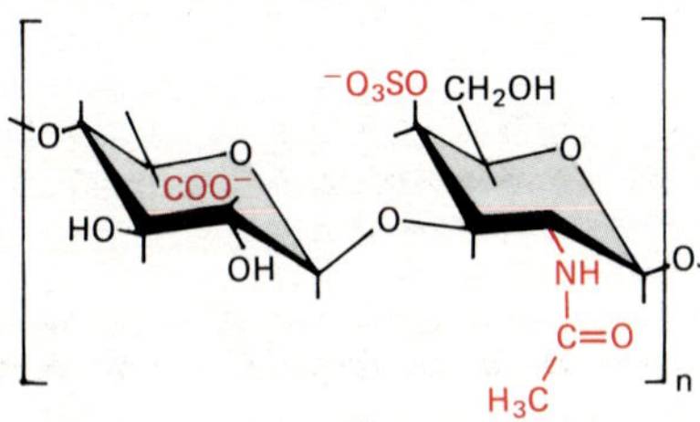

Chondroitin-6-sulfat
[β-Glucuronat(1→3)-β-GalNAc-6-sulfat (1→4)-]n

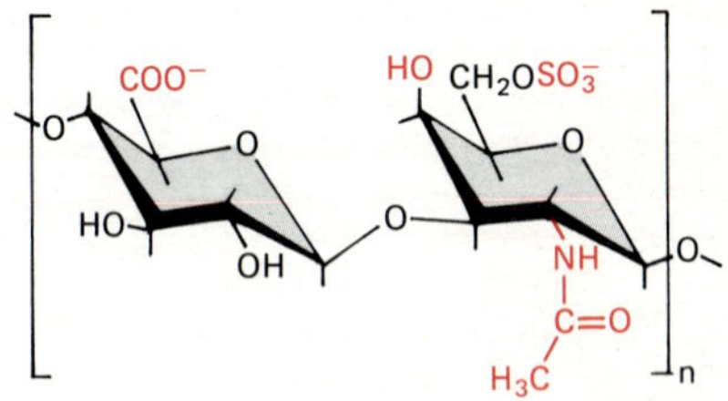

Bild 6.6. Struktur der wichtigsten Glykosaminoglykane. Um eine bessere Übersicht über die räumliche Struktur zu gewährleisten, sind die pyranoiden Ringe in der den natürlichen Verhältnissen näherkommenden Sesselform dargestellt

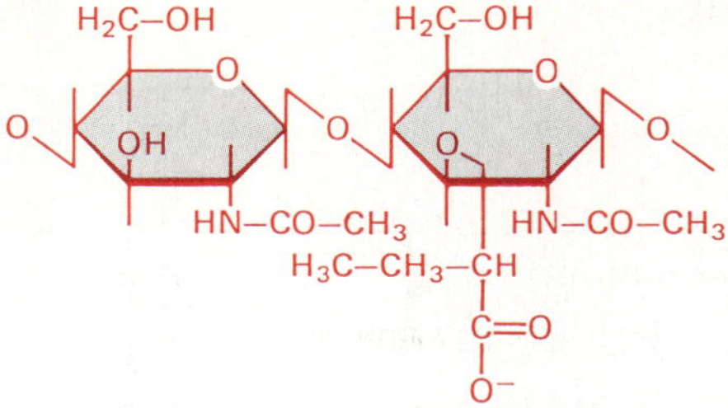

NAc-Glucosamin–NAc-Muraminsäure

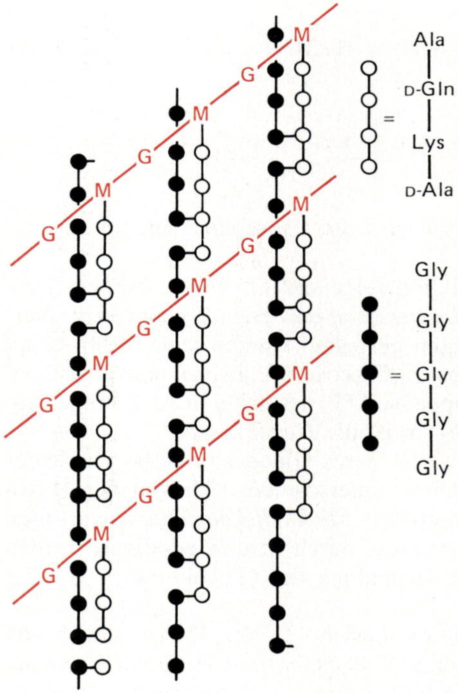

G = NAc-Glucosamin
M = NAc-Muraminsäure

Bild 6.7. Struktur des Mureins

6.2 Glykolyse

Als ***Glykolyse*** bezeichnet man eine Reaktionsfolge, die Glucose zum Lactat zerlegt nach der Summenformel

$$\text{Glucose} \rightarrow 2\,\text{Lactat};\ \Delta G^{\circ\prime} = -197\,\text{kJ/mol}$$

Diese von *11 Enzymen* katalysierte Reaktionsfolge läuft sowohl in allen tierischen Zellen und einfachen eukaryoten Organismen als auch in vielen Mikroorganismen ab. Deshalb handelt es sich wohl bei der Glykolyse um einen entwicklungsgeschichtlich sehr alten Stoffwechselweg. In der Hefezelle findet sich als analoge Reaktion die alkoholische Gärung:

$$\text{Glucose} \rightarrow 2\,CH_3{-}CH_2{-}OH + 2\,CO_2;\ \Delta G^{\circ\prime} = -226\,\text{kJ/mol}$$

In der Glykolyse wird Glucose anaerob unter ATP-Gewinn zu Lactat bzw. Ethanol abgebaut

► Aus Glucose entstehen zunächst die Triosephosphate

Die ersten Stufen der Reaktionsfolge der Glykolyse dienen dazu, das Glucosemolekül so umzuwandeln, daß es in 2 gleichartige Verbindungen mit je 3 C-Atomen gespalten werden kann (Abb. 6.8a). Hierzu wird Glucose zunächst zu Glucose-6-Phosphat phosphoryliert. Der Donor der Phosphatgruppe ist ATP, das dabei in ADP umgewandelt wird. Das beteiligte Enzym ist die ***Hexokinase***.

In der Leber findet sich als weiteres Glucose-phosphorylierendes Enzym die ***Glucokinase***. Diese unterscheidet sich von der Hexokinase durch ihre wesentlich *größere Michaeliskonstante* sowie durch die Tatsache, daß ihre Biosynthese durch Insulin gesteigert werden kann (über die funktionelle Bedeutung der Glucokinase s. S. 357, 128).

Die anschließende Reaktion besteht in der Umwandlung von Glucose-6-Phosphat in Fructose-6-Phosphat mit Hilfe der Phosphohexose-Isomerase. Fructose-6-Phosphat wird danach ein zweitesmal, diesmal am C-Atom-1 phosphoryliert, so daß Fructose-1,6-Bisphosphat entsteht. Die hierfür notwendige ***Phosphofructokinase*** ist ein allosterisch reguliertes Enzym, dessen Aktivität für die Glykolyse geschwindigkeitsbestimmend ist (s.S. 350).

Die Verschiebung der Carbonylgruppe von Position 1 auf Position 2 des Glucosemoleküls durch die ***Phosphohexose-Isomerase*** ist Voraussetzung dafür, daß in der nun folgenden Reaktion durch ***Aldolspaltung*** das Glucosemolekül in die beiden Triosephosphate Dihydroxyacetonphosphat (C-Atome 1-3 der Glucose) sowie 3-Phosphoglycerinaldehyd (C-Atome 4-6 der Glucose) gespalten werden kann. Diese durch ***Fructose-1,6-Bisphosphat*** Aldolase katalysierte Reaktion ist frei reversibel.

Die in Leber und Nieren vorkommende ***Aldolase B*** kann außer Fructose-1,6-Bisphosphat auch Fructose-1-Phosphat spalten (S. 125).

Die durch die Aldolase entstehenden Bruchstücke des Glucosemoleküls sind äquivalent, da sie durch die ***Triosephosphatisomerase*** ineinander überführt werden können. Formal entspricht diese Reaktion der *reversiblen* Umwandlung einer Ketose in eine Aldose, wie sie auch bei der Phosphohexoseisomerase vorkommt.

▶ Triosephosphate werden unter Energiekonservierung zu Lactat abgebaut

In der ersten Phase der Glykolyse muß von der Zelle ATP aufgewendet werden. Eine positive Energiebilanz erhält die Glykolyse durch die Reaktionen der 2. Glykolysephase (Abb. 6.8b).

Die ***Oxidation*** der Aldehydgruppe des 3-Phosphoglycerinaldehyds ist eine stark exergone Reaktion, bei der eine ***Energiekonservierung*** in Form einer energiereichen Bindung erfolgt. Die Einzelheiten dieser oxidierenden Reaktion der Glykolyse, die durch das Enzym ***Glycerinaldehydphosphat-Dehydrogenase*** katalysiert wird, sind in Abb. 6.9 dargestellt.

Das Enzym besteht aus 4 identischen Untereinheiten, von denen jede über eine für die Katalyse essentielle SH-Gruppe verfügt. Zunächst reagiert die Carbonylgruppe des Phosphoglycerinaldehyds unter Bildung eines ***Thiohalbacetales*** mit dieser SH-Gruppe. Im nächsten Schritt erfolgt die exergone Oxidation des Thiohalbacetals. Dabei wird ein Wasserstoff mit 2 Elektronen (Hydrid-Anion, H^-) auf NAD^+ unter Bildung von NADH übertragen (s.S. 311).

Der dabei entstehende Thioester gehört zur Gruppe der ***energiereichen Verbindungen*** (s.S. 92). Er wird nicht hydrolytisch, sondern phosphorolytisch gespalten. Dabei wird die aktive SH-Gruppe des Enzyms zurückgebildet und als Reaktionsprodukt entsteht 1,3-Bisphosphoglycerat. Die Phosphatgruppe in Position 1 stellt ein ge-

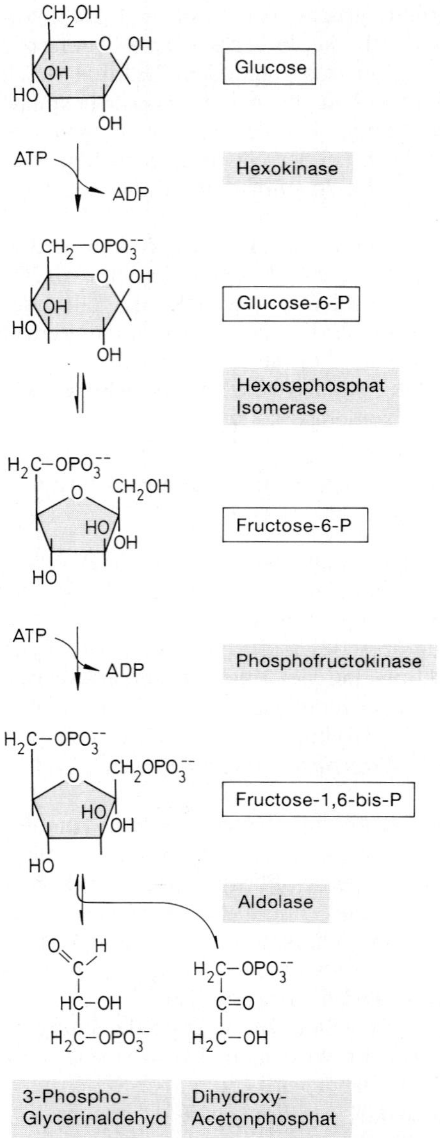

Bild 6.8a. Die Einzelreaktionen der Glykolyse. Umwandlung der Glucose in die beiden Triosephosphate Dihydroxyacetonphosphat und 3-Phosphoglycerinaldehyd.

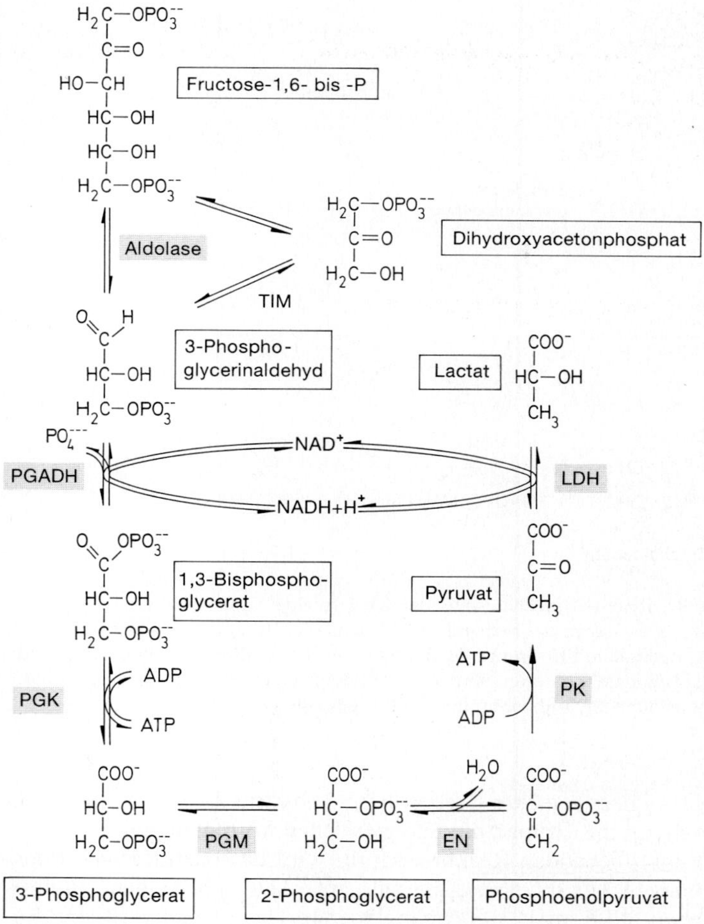

Bild 6.8b. Vom 3-Phosphoglycerinaldehyd zum Lactat. **PGADH:** Phosphoglycerinaldehyd-Dehydrogenase; **PGK:** Phosphoglyceratkinase; **PGM:** Phosphoglyceratmutase; **EN:** Enolase; **PK:** Pyruvatkinase; **LDH:** Lactatdehydrogenase.

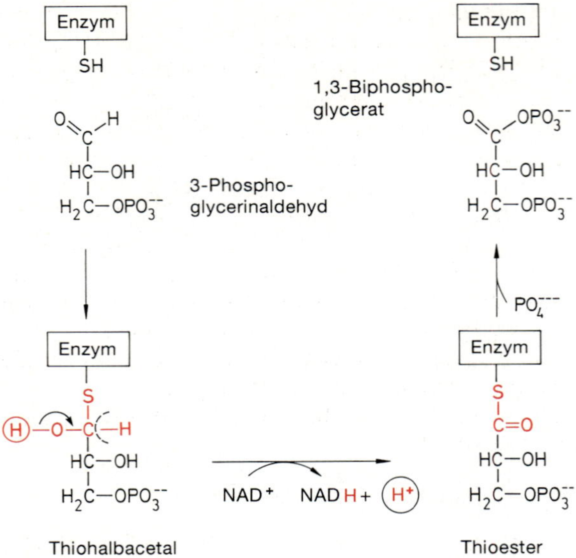

Bild 6.9. Reaktionsmechanismus der Glycerinaldehydphosphat-Dehydrogenase. Die Aldehyd-Gruppe des Substrats lagert sich unter Bildung eines Thiohalbacetals an eine essentielle SH-Gruppe des Enzyms an. Der nach Oxidation des Thiohalbacetals gebildete Thioester wird unter Bildung eines gemischten Carbonsäure-Phosphorsäureanhydrids phosphorolytisch gespalten

mischtes Phosphorsäure-Carbonsäure-Anhydrid dar und gehört somit ebenfalls in die Gruppe der energiereichen Verbindungen.

Im anschließenden Reaktionsschritt wird das energiereiche Phosphat des 1,3-Bisphosphoglycerats auf ADP übertragen, und es entstehen ATP und 3-Phosphoglycerat. Das verantwortliche Enzym ist die ***Phosphoglyceratkinase***. Da in der Glykolyse 2 Triosephosphate pro Glucose entstehen und Dihydroxyacetonphosphat durch die Triosephosphat-Isomerase in 3-Phosphoglycerinaldehyd überführt werden kann, werden im Reaktionsschritt der Phosphoglyceratkinase pro Glucose 2 ATP erzeugt. Diese Art der ATP-Bildung wird als ***Substratkettenphosphorylierung*** bezeichnet.

Durch Umlagerung der Phosphatgruppe entsteht aus 3-Phosphoglycerat das 2-Phosphoglycerat. Das hierfür verantwortliche Enzym ist die ***Phosphoglyceratmutase***. Aus 2-Phosphoglycerat wird durch die ***Enolase*** intramolekular Wasser abgespalten, so daß Phosphoenolpyruvat entsteht. Als Enolphosphat zählt seine Phosphatgruppe ebenfalls zu den energiereichen Verbindungen. Durch das Enzym ***Pyruvatkinase*** wird das Enolphosphat unter Bildung von *ATP* auf ADP übertragen. Das entstehende Enolpyruvat lagert sich spontan in die Ketoform, das ***Pyruvat***, um. Pro mol Glucose werden in diesem Reaktionsschritt wiederum 2 ATP gebildet.

Durch Reduktion des Pyruvats mit NADH entsteht ***Lactat*** als Endprodukt der Glykolyse und NAD^+. Die Bedeutung dieser durch die ***Lactatdehydrogenase*** katalysierten Reaktion liegt darin, daß sie den glykolytischen Glucoseabbau auch in *Abwesenheit* von Sauerstoff ermöglicht. Sie führt zu einer Regenerierung von NAD^+, das für die ***Glycerinaldehydphosphat-Dehydrogenase*** benötigt wird.

Unter Berücksichtigung der ATP-Bildung lautet die Bilanzgleichung der Glykolyse demnach:

$$\text{Glucose} + 2\,P_i + 2\,\text{ADP} \rightarrow 2\,\text{Lactat} + 2\,\text{ATP}$$

Die Energiekonservierung erfolgt also durch eine Redoxreaktion, nämlich die Oxidation des 3-Phosphoglycerinaldehyds zur 1,3-Bisphosphoglycerinsäure. In dieser Reaktion wird NAD^+ zu NADH reduziert. Unter *anaeroben* Bedingungen erfolgt die Reoxidation des NADH in der durch die Lactatdehydrogenase katalysierten Reaktion; unter *aeroben* Bedingungen wird NADH in der Atmungskette mit Sauerstoff reoxidiert (S. 163).

6.3 Einschleusung von Poly- und Disacchariden in die Glykolyse

Der Glykogenabbau macht Zellen unabhängig von externer Energiezufuhr

Der menschliche Organismus speichert insgesamt etwa 400 g Glykogen, die sich überwiegend in Leber (100 g) und Skelettmuskulatur (300 g) befinden. Gegenüber diesen beiden ***Hauptglykogenspeichern*** ist die in anderen Zellen vorhandene Glykogenmenge von geringer Bedeutung. Eine rasche Mobilisierbarkeit von Glykogen gewährleistet jedoch fast allen Zellen eine gewisse Unabhängigkeit von ständiger Energiezufuhr von außen. Darüber hinaus ist die Glykogenolyse der Leber eine wesentliche Voraussetzung, um eine konstante Blutglucosekonzentration in der extrazellulären Flüssigkeit aufrecht zu erhalten (Glucosehomöostase, S. 216, 357).

▶ Glykogen wird phosphorolytisch gespalten

Geschwindigkeitsbestimmend für den Glykogenabbau ist die ***phosphorolytische Spaltung*** der 1,4-glykosidischen Bindungen des Glykogens. Das hierfür verantwortliche Enzym ist die ***Glykogen-Phosphorylase***. Sie katalysiert die Abspaltung von Glucose-1-Phosphat mit anorganischem Phosphat am nichtreduzierenden Ende einer Glykogenkette (Abb. 6.10). Durch die ***Phosphoglucomutase*** wird Glucose-1-Phosphat in Glucose-6-Phosphat umgewandelt, das danach in den Glykolyseweg eintreten kann, oder durch Abspaltung des Phosphatrestes in Glucose umgewandelt wird.

▶ Beim Abbau der Verzweigungsstellen des Glykogens entsteht Glucose

Die Glykogenphosphorylase ist *nicht* imstande, die an den Verzweigungsstellen des „Glykogenbaums" auftretenden 1,6-glykosidischen Bindungen zu spalten. Durch eine 1,4 → 1,4-Glucantransferase (debranching enzyme) wird ein aus 3 bis 6 Glykosylresten bestehendes Oligosaccharid unter Freilegung der 1,6-glykosidischen Verzweigungsstelle auf einen anderen Ast des „Glykogenbaumes" übertragen. Der über die 1,6-glykosidische Bindung verknüpfte Glucoserest wird nun durch eine Amylo-1,6-Glucosidase hydrolytisch abgespalten. *Hier* entsteht im Gegensatz zur Phosphorylase also freie Glucose.

Abbau von Lactose und Saccharose führt in die Glykolyse

Weitere Monosaccharide, die außer Glucose zur Deckung des Energiebedarfs bereitstehen, sind Galactose und Fructose. Beide Zucker kommen nicht in freier Form vor, sind aber Bestandteile wichtiger

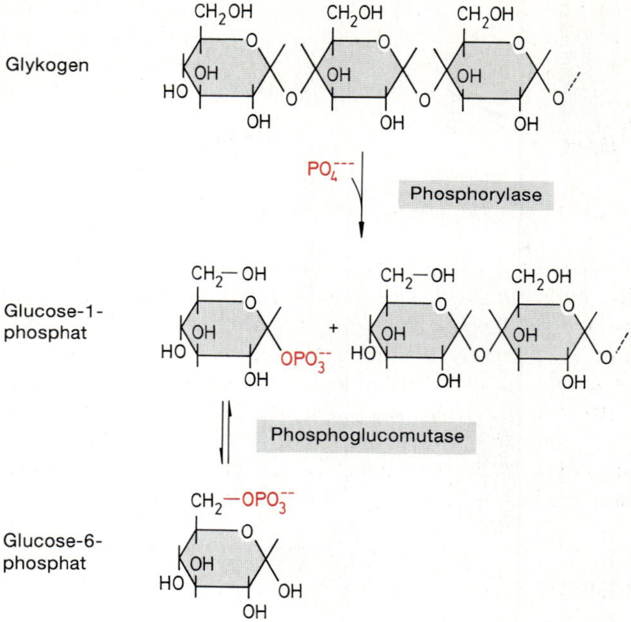

Bild 6.10. Bildung von Glucose-6-Phosphat aus Glycogen durch Phosphorylase und Phosphoglucomutase

Nahrungsdisaccharide. Galactose ist im Milchzucker ***Lactose*** enthalten, und wird infolgedessen besonders von Neugeborenen und Säuglingen, bei reichlicher Milchzufuhr aber auch vom Erwachsenen in beträchtlichem Umfang „verstoffwechselt".

Fructose ist Bestandteil des Disaccharids ***Saccharose***. Dieses kommt in hoher Konzentration in Früchten vor, ist aber auch als Haushaltszucker der wichtigste heute verfügbare Süßstoff.

Beide Disaccharide werden vor ihrer Resorption durch die im Bürstensaum des intestinalen Epithels lokalisierten ***Disaccharidasen*** gespalten und als *Monomere* resorbiert. Der entscheidende Ort für den weiteren Abbau von Galactose bzw. Fructose ist die Leber. Sie nimmt über die Pfortader die resorbierten Monosaccharide auf und verfügt über spezifische Stoffwechselwege zu deren Abbau.

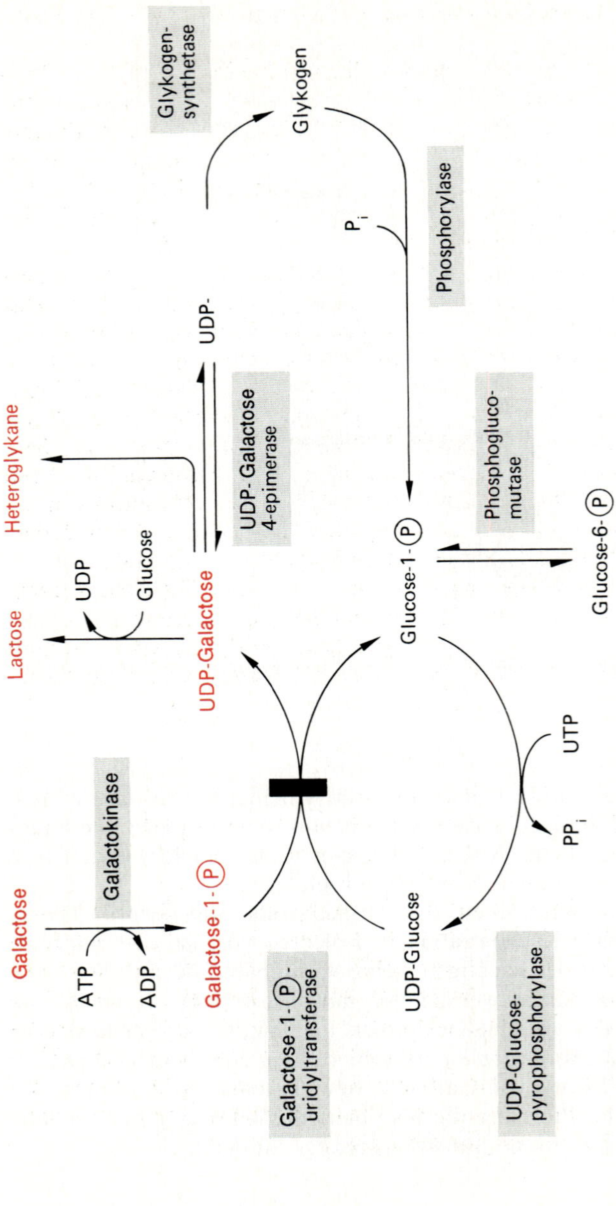

Bild 6.11. Der Stoffwechsel der Galactose, ▌ Defekt bei der hereditären Galactose-Intoleranz

▶ Der Galactosekohlenstoff wird zunächst in Glykogen eingebaut

Galactose unterscheidet sich von Glucose lediglich durch die Position der Substituenten am C-Atom 4. Um sie in Glucose umzuwandeln, muß also eine ***Epimerisierung*** an diesem C-Atom stattfinden. Derartige Epimerisierungen von Monosacchariden finden im allgemeinen erst nach entsprechender Aktivierung statt. Diese erfolgt bei Galactose wie auch bei anderen Zuckern durch Umwandlung in das entsprechende Nucleosiddiphosphat-Derivat (s. S. 225).

Wie in Abb. 6.11 dargestellt, wird zunächst in einer ATP-abhängigen Reaktion aus Galactose das Galactose-1-Phosphat gebildet. Das hierfür notwendige Enzym ist die ***Galactokinase***, die in hoher Aktivität nur in der Leber vorkommt. Im nächsten Schritt entsteht aus Galactose-1-phosphat die Uridindiphosphat-Galactose (UDP-Gal.). Donor der UDP-Gruppe ist Uridindiphosphat-Glucose (s.S. 226), das beteiligte Enzym die ***Galactose-1-phosphat Uridyltransferase***. Nun sorgt eine entsprechende ***Epimerase*** unter Bildung von UDP-Glucose für die sterische Umkehr am C-Atom 4. Dieses wird zunächst unter UDP-Freisetzung in Glykogen eingebaut und erst danach bei Bedarf abgespalten und in Glykolyse und Citratcyclus zu CO_2 und H_2O umgesetzt. Die Epimerisierungsreaktion ist frei reversibel. Aus diesem Grund dient sie nicht nur der Umwandlung von Nahrungsgalactose in Glucose, sondern auch der Biosynthese der für die Glykoproteinbildung benötigten Galactosylreste aus UDP-Glucose (s.S. 234).

▶ Der Abbau von Fructose erfolgt auf einem Nebenweg der Glykolyse

Ähnlich wie im Fall der Galactose erfolgt beim Fructosestoffwechsel zunächst eine ATP-abhängige Phosphorylierung zum Fructose-1-Phosphat (Abb. 6.12). Die hierfür verantwortliche ***Fructokinase*** kommt sowohl in der Leber als auch in den Nieren und der Dünndarmmucosa vor. Fructose-1-Phosphat ist ein gutes Substrat der *leberspezifischen* ***Aldolase B***, es entstehen Glycerinaldehyd und Dihydroxyacetonphosphat. Das letztere ist ein normales Glykolysezwischenprodukt. Dem ersteren stehen zur Einschleusung in den Leberstoffwechsel 3 Umwege zur Verfügung:

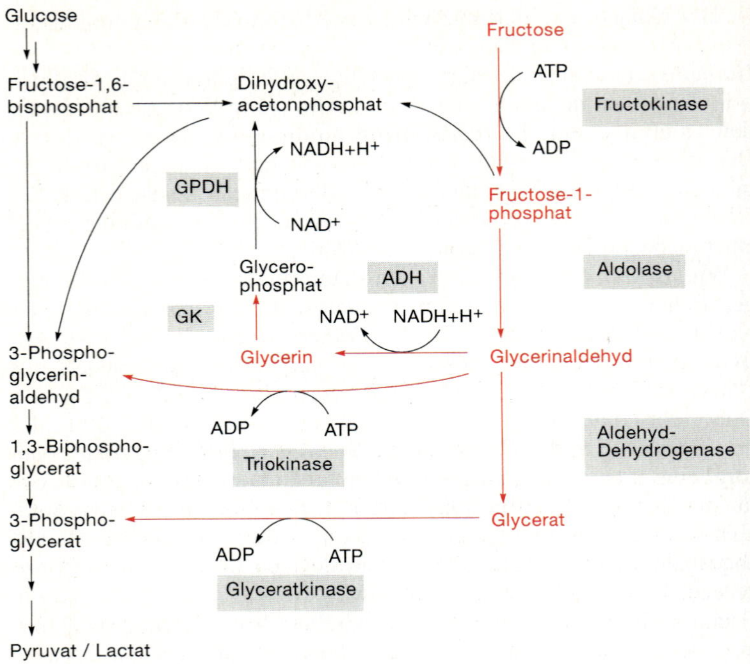

Bild 6.12. Beziehungen des Fructosestoffwechsels zur Glykolyse. **ADH:** Alkoholdehydrogenase; **GK:** Glycerokinase; **GPDH:** Glycerophosphatdehydrogenase.

Glycerinaldehyd wird durch die ***Alkoholdehydrogenase*** zu Glycerin reduziert, anschließend zu α-Glycerophosphat phosphoryliert und danach zu Dihydroxyacetonphosphat oxidiert.

Die zweite Möglichkeit besteht in der Oxidation von Glycerinaldehyd zu Glycerinsäure durch die ***Aldehyddehydrogenase***. Glycerinsäure kann zu Glycerat-3-Phosphat phosphoryliert werden.

Die wichtigste Reaktion des Glycerinstoffwechsels ist die ***ATP-abhängige Phosphorylierung*** von Glycerinaldehyd zu Glycerinaldehyd-3-Phosphat mit anschließendem Eintritt in die Glykolyse.

In den extrahepatischen Geweben spielt der Stoffwechsel der Nahrungsfructose eine untergeordnete Rolle. Allerdings kann in verschiedenen Geweben Glucose in Fructose überführt werden und umgekehrt. Die hierfür verantwortlichen Enzyme sind ***Aldose***- und ***Ketosereduktase***, die folgende Reaktionen katalysieren:

$$\text{Glucose} + \text{NADPH} + \text{H}^+ \rightarrow \text{Sorbitol} + \text{NADP}^+$$

$$\text{Sorbitol} + \text{NAD}^+ \rightarrow \text{Fructose} + \text{NADH} + \text{H}^+$$

Durch die Aldosereduktase wird die Aldehydgruppe am C-Atom 1 der Glucose zu einer alkoholischen CH_2OH-Gruppe reduziert, durch die Ketosereduktase wird die CHOH-Gruppe am C-Atom 2 des Sorbitols oxidiert.

6.4 Regulation von Glykogenolyse und Glykolyse

Die Fähigkeiten zur Speicherung von Reservekohlenhydraten als Glykogen und zum glykolytischen Abbau der Glucose finden sich nahezu bei allen Lebewesen, vom Einzeller bis zum hochdifferenzierten Säugetier. Es versteht sich infolgedessen von selbst, daß die koordinierten Abläufe beider Prozesse durch Serien von Regulationsmechanismen kontrolliert werden.

Im Vordergrund steht dabei die Tatsache, daß Glykogen und Glucose immer dann abgebaut werden müssen, wenn in einer Zelle der ATP-Bedarf *ansteigt*. Dies gilt sowohl für Ein- als auch für Vielzeller. Hierbei beteiligte Reaktionsmechanismen müssen deshalb unabhängig von übergeordneten, hormonellen Regelkreisen ablaufen können und eine rasche Regulation des Zellstoffwechsels gewährleisten. Durch eine Reihe allosterisch regulierter Enzyme (Abb. 6.13) werden diese Voraussetzungen erfüllt.

Der zelluläre ATP-Verbrauch bestimmt die Glykolysegeschwindigkeit

Die Glykolysegeschwindigkeit muß dann verlangsamt werden, wenn der energetische Zustand einer Zelle ausgeglichen ist und sie über ausreichende ATP-Vorräte verfügt. Tatsächlich wird das wichtigste regulierte Enzym der Glykolyse, die ***Phosphofructokinase***, durch hohe ATP-Konzentrationen allosterisch gehemmt. Dies führt zu einem Stau der oberhalb der Phosphofructokinase lokalisierten

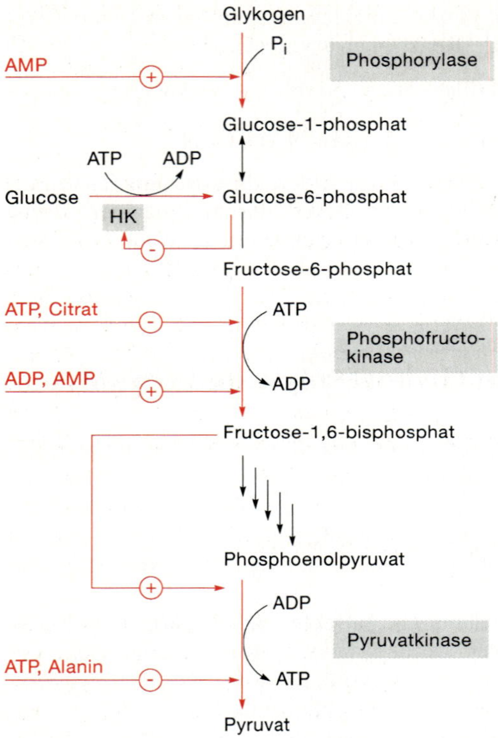

Bild 6.13. Die allosterische Regulation von Glykogenolyse und Glykolyse. +: allosterische Aktivierung; –: allosterische Hemmung; **HK:** Hexokinase; weitere Einzelheiten im Text

Glykolysezwischenprodukte bis zum Glucose-6-Phosphat, das im Sinne einer Produkthemmung das erste Enzym der Glykolysekette, die ***Hexokinase***, blockiert. Dieser Effekt findet sich jedoch nicht bei der nur in der Leber vorkommenden Glucokinase (S. 116). Einen ähnlichen Effekt wie hohe ATP-Konzentrationen, zeigt auch das Citratcyclus-Zwischenprodukt *Citrat*. Die biologische Bedeutung dieses Phänomens liegt darin, daß Citrat eine ausreichende Substratversorgung der energieliefernden Stoffwechselwege, vor allem die des Citratcyclus, anzeigt.

Ist die Energiebilanz der Zelle jedoch nicht ausgeglichen, kommt es zu einem Konzentrationsanstieg von ADP und AMP sowie zu einem Abfall der ATP-Konzentration. ADP und AMP als Indikatoren eines energetischen Defizits der Zelle aktivieren allosterisch die Phosphofructokinase und sorgen auf diesem Weg für einen beschleunigten Glucosedurchsatz.

Auch die am Ende der Glykolysekette lokalisierte ***Pyruvatkinase*** steht unter allosterischer Kontrolle. Hohe ATP-Spiegel zeigen gute Substratversorgung an und wirken infolgedessen als allosterische Hemmstoffe dieses Enzyms. Einen ähnlichen Effekt hat ein hohes Angebot der Aminosäure Alanin. Diese kann durch entsprechende ***Transaminasen*** (s.S. 182) leicht in Pyruvat überführt werden, so daß sich in diesem Fall eine Pyruvatbildung aus Phosphoenolpyruvat erübrigen würde. Ein allosterischer Aktivator der Pyruvatkinase ist dagegen Fructose-1,6-Bisphosphat, das ja immer dann in höherer Konzentration vorkommt, wenn die Phosphofructokinase in aktivierter Form vorliegt.

AMP ist ein wichtiger allosterischer Regulator des Glykogenabbaus

Auch der Glykogenabbau wird allosterisch kontrolliert. Hohe Konzentrationen von ***AMP*** sind positive Effektoren der Glykogenphosphorylase. Dies bedeutet, daß bei einem zellulären Energiedefizit auch Glykogen vermehrt zur Deckung des Energiebedarfs und zur ATP-Erzeugung herangezogen werden kann.

Es versteht sich, daß in vielzelligen Organismen einzelne Gewebe spezifische Aufgaben im Bereich des Kohlenhydratstoffwechsels haben, die dann koordiniert durch Hormone reguliert werden müssen. Diese Mechanismen werden aufgrund ihrer besonderen Bedeutung gesondert besprochen (s.S. 348).

6.5 Abbau von Glucose im Pentosephosphatweg

In vielen Geweben des Organismus gibt es einen weiteren Abbauweg für Glucose, der formal zu CO_2 und Reduktionsäquivalenten in Form von NADPH führt. Außerdem entstehen Pentosen, aus denen die für die Nucleotidbiosynthese benötigte Ribose gewonnen werden kann.

Im Pentosephosphatweg wird Glucose zu CO_2 abgebaut

Abbildung 6.14 stellt die einzelnen Reaktionen des Pentosephosphatwegs dar. In den ersten Schritten erfolgt zunächst die Oxidation von Glucose-6-Phosphat mit $NADP^+$, und es entstehen NADPH und 6-Phosphogluconat. Dieses wird noch einmal mit $NADP^+$ oxidiert, nun aber am C-Atom 3. Das dabei als Intermediat entstehende 3-Keto-6-Phosphogluconat ist jedoch instabil, es kommt zur Decarboxylierung am C-Atom 1, und die Pentose Ribulose-5-Phosphat entsteht. Die beiden beteiligten Enzyme sind die ***Glucose-6-phosphat Dehydrogenase*** sowie die ***6-Phosphogluconat Dehydrogenase***.

In der Bilanz muß man in der nun folgenden zweiten Phase des Pentosephosphatwegs von insgesamt 3 Pentosen (15 C-Atome) ausgehen. Aus ihren Umlagerungen entstehen letztendlich zwei Moleküle Glucose-6-Phosphat und ein Molekül 3-Phosphoglycerinaldehyd (ebenfalls 15 C-Atome). Zunächst muß Ribulose-5-Phosphat durch ***Epimerisierung*** in Xylulose-5-Phosphat bzw. durch ***Isomerisierung*** in Ribose-5-Phosphat umgewandelt werden. Ribose-5-Phosphat liefert u.a. die für Nucleosid- bzw. Nucleotidbiosynthesen benötigten Pentosen. Während der Reaktionen des ***Pentosephosphatcyclus*** werden die C-Atome 1 und 2 des Xylulose-5-Phosphats als „aktiver Glykolaldehyd" auf Ribose-5-Phosphat übertragen, wobei 3-Phosphoglycerinaldehyd und die Ketose Sedoheptulose-7-Phosphat entstehen. Die hierfür benötigte ***Transketolase*** enthält als Coenzym Thiaminpyrophosphat, das Xylulose-5-Phosphat in analoger Weise bindet wie die Pyruvat- bzw. α-Ketoglutarat-Dehydrogenase ihre jeweiligen Substrate (s.S. 155, 308).

Im nächsten Reaktionschritt wird durch die ***Transaldolase*** ein aus den drei ersten C-Atomen des Sedoheptulose-7-Phosphat bestehendes Bruchstück in Form eines Dihydroxyacetonrests auf 3-Phosphoglycerinaldehyd übertragen. Dabei entsteht Fructose-6-Phosphat und die Aldose Erythrose-4-Phosphat. Durch erneute Einschaltung der Transketolase wird nun ein aus einem weiteren Xylulose-5-Phosphat entnommener Glykolaldehyd auf Erythrose-4-Phosphat übertragen. Dabei entstehen Fructose-6-Phosphat und 3-Phosphoglycerinaldehyd. Fructose-6-Phosphat kann leicht zu Glucose-6-Phosphat isomerisiert werden.

In der Bilanz wird demnach also im Pentosephosphatweg, ausgehend von 3 Molekülen Glucose-6-Phosphat, ein halbes Molekül Glucose-6-Phosphat unter Bildung von 6 Molekülen $NADPH^+/H^+$

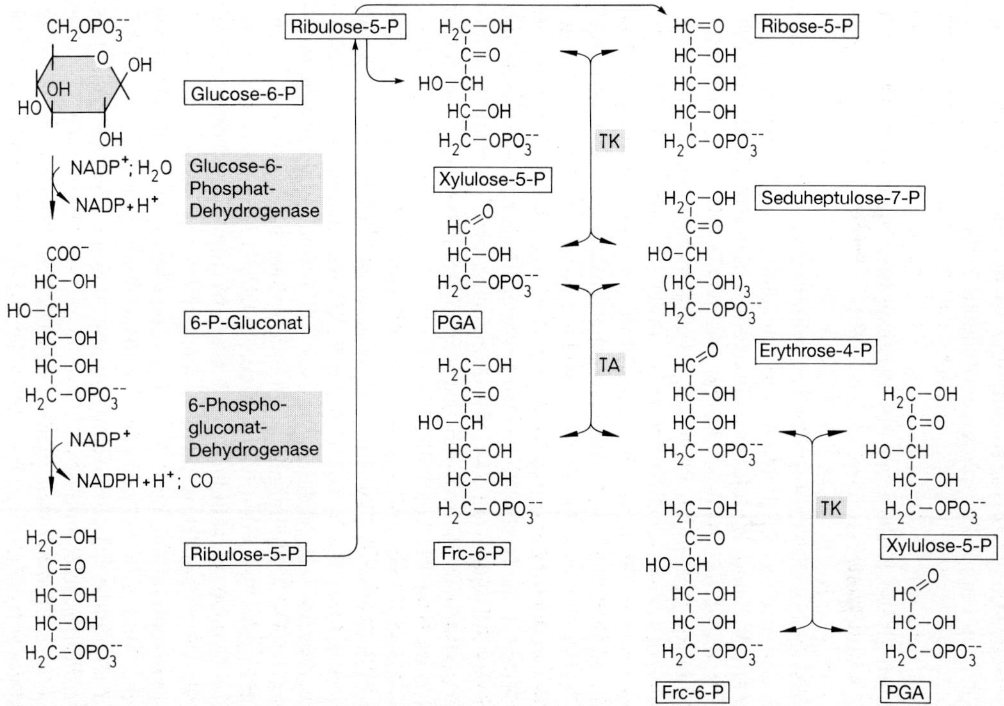

Bild 6.14. Die Reaktionen des Glucoseabbaus im Pentosephosphatweg. **TK:** Transketolase; **TA:** Transaldolase; **PGA:** Phosphoglycerinaldehyd; **Frc-6-P:** Fructose-6-Phosphat

und 3 Molekülen CO_2 abgebaut, und es bleiben zwei Glucose-6-Phosphat und ein 3-Phosphoglycerinaldehyd übrig.

Die biologische Bedeutung des Pentosephosphatwegs beruht auf der Bildung von Pentosen und $NADPH^+$

Die biologische Bedeutung des Pentosephosphatwegs liegt weniger darin, daß er eine Möglichkeit zum vollständigen ***Glucoseabbau*** zu Kohlendioxid und Reduktionsäquivalenten darstellt. Viel wesentlicher ist dabei der Aufbau der für die Nucleosid- und Nucleotidbiosynthesen benötigten Pentosen. Im allgemeinen geschieht dies in Phase 1 des ***Pentosephosphatcyclus*** durch die beiden Dehydrogenasen. Es gibt allerdings Gewebe, in denen diese Dehydrogenasen fehlen. Hier laufen zur Pentosephosphatsynthese die Transaldolase- und Transketolase-Reaktionen ab, jedoch in umgekehrter Richtung.

Eine weitere Bedeutung des Pentosephosphatwegs liegt in der Erzeugung von NADPH. Viele Untersuchungen haben ergeben, daß jedes Absinken der NADPH-Konzentration zu einem verstärkten Durchsatz im Pentosephosphatweg führt, dieser also durch das verfügbare NADPH kontrolliert wird.

Für wichtige „reduktive Biosynthesen“ werden ***Reduktionsäquivalente*** in Form von NADPH und *nicht* von NADH benötigt. Zu ihnen gehören die Synthesen von Fettsäuren, Cholesterin oder Steroidhormonen. Außer dem Malatenzym (s.S. 163) sowie einer cytoplasmatischen $NADP^+$-abhängigen Isocitratdehydrogenase gehört der Pentosephosphatweg zu den wichtigsten NADPH-Lieferanten. Es ist aus diesem Grunde verständlich, daß Gewebe mit einer hohen Kapazität zu derartigen Biosynthesen auch über eine aktive enzymatische Ausstattung für den Pentosephosphatweg verfügen. Derartige Gewebe sind das ***Fettgewebe*** (Fettsäurebiosynthese), die ***lactierende Milchdrüse*** (Fettsäurebiosynthese) und die ***Nebennierenrinde*** (Steroidhormonbiosynthese).

Auch im ***Erythrocyten*** werden beträchtliche Mengen an Glucose im Pentosephosphatweg abgebaut. Das hierbei entstehende NADPH wird für die Reduktion von Glutathiondisulfid (s.S. 400) benötigt. Reduziertes Glutathion schützt SH-Gruppen in Membranen sowie SH-Enzyme des Erythrocyten vor der Oxidation infolge des dort herrschenden großen ***O_2-Partialdruckes*** und vermindert so die Neigung zur Hämolyse.

7 Abbau von Fett

ZUSAMMENFASSUNG

Einteilung der Lipide: Fettsäuren und Isoprenderivate gehören zu den nicht verseifbaren Lipiden. Verseifbare Lipide enthalten immer Fettsäuren, die mit einem Alkohol verestert sind.
Triacylglycerinabbau und β-Oxidation der Fettsäuren: Der Abbau von Triacylglycerinen wird durch die Hydrolyse aller drei Esterbindungen eingeleitet. Die Aktivierung der Carboxylgruppe ist eine Voraussetzung der Fettsäureoxidation. Fettsäuren werden als Carnitinester in den mitochondrialen Innenraum transportiert. In der β-Oxidation werden Fettsäuren zu Acetyl-CoA und reduzierten wasserstoffübertragenden Coenzymen abgebaut. Zum Abbau ungeradzahliger bzw. ungesättigter Fettsäuren werden zusätzliche Hilfsmechanismen benötigt. Die ATP-Ausbeute beim Fettsäureabbau ist besonders hoch.
Stoffwechsel der Ketonkörper: Aus überschüssigem Acetyl-CoA werden in der Leber Ketonkörper synthetisiert. Ketonkörper werden in den extrahepatischen Geweben mit hoher Geschwindigkeit oxidiert.

7.1 Einteilung der Lipide

Mit der Sammelbezeichnung „Lipide“ faßt man chemisch sehr heterogene Verbindungen zusammen. Ihre Gemeinsamkeit besteht darin, daß sie im Wasser nicht oder nur sehr schwer löslich sind, gut löslich dagegen in organischen Lösungsmitteln wie Ether, Chloroform oder

Chloroform-Methanol-Gemischen. Tabelle 7.1 gibt eine Übersicht über die wichtigsten Lipide.

Fettsäuren und Isoprenderivate gehören zu den nicht verseifbaren Lipiden

Nicht verseifbare Lipide sind entweder ***Fettsäuren*** und deren Derivate oder ***Isoprenderivate***. Unter gesättigten Fettsäuren versteht man ganz allgemein Verbindungen der Struktur

$$C_nH_{2n+1}-COOH.$$

Kurzkettige Fettsäuren sind Essigsäure, Propionsäure oder Buttersäure, bei denen n den Wert 1, 2 oder 3 hat. Sie treten vor allem als Zwischenprodukte im Intermediärstoffwechsel auf. Fettsäuren mit 16, 18 oder mehr C-Atomen sind in tierischen Organismen Bestandteile vieler verseifbarer Lipide und bilden außerdem die als Energielieferanten wichtigen sog. nicht veresterten Plasmafettsäuren. Von besonderer Bedeutung sind die in Tabelle 7.2 zusammengestellten ein- bzw. mehrfach ungesättigten Fettsäuren. Aus den ***essentiellen Fettsäuren*** werden die ***Prostaglandine*** und ***Leukotriene*** (s.S. 384) synthetisiert, die als hormonähnliche Substanzen wichtige regulatorische Funktionen erfüllen.

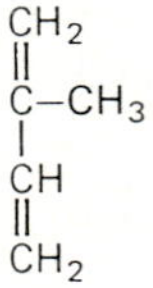

Bild 7.1. Isopren

Eine weitere Gruppe nicht verseifbarer Lipide sind Abkömmlinge des ***Isoprens*** (2-Methyl-1,3-Butadien) (Abb. 7.1). Durch Kopf-Kopf- bzw. Kopf-Schwanz-Kondensation entstehen aus Isoprenresten lange kettenartige Verbindungen, die ***Polyprene***. Der bekannteste Vertreter dieser Verbindungsgruppe ist Kautschuk.

Tabelle 7.1. Klassifizierung der Lipide

Nicht verseifbare Lipide			Verseifbare (zusammengesetzte) Lipide			
Fettsäuren und Derivate	Isoprenderivate		Acyl-reste	Verestert mit	Weitere Komponenten	Bezeichnung
	Terpene	Steroide				
Gesättigte Fettsäuren	Retinol	Cholesterin	1	langkettigen Alkoholen	–	Wachse
Ungesättigte Fettsäuren	Phyllochinone	Steroidhormone	1–3	Glycerin	–	Acylglycerine
Essentielle Fettsäuren	Tocopherol	D-Vitamine	1–2	Glycerin-3-phosphat	Serin, Ethanolamin, Cholin, Inositol	Phosphoglyceride
Prostaglandine	Dolichol	Gallensäure	1	Sphingosin	Phosphorylcholin, Galaktose, Oligosaccharide	Sphingolipide
			1	Cholesterin	–	Cholesterinester

Tabelle 7.2. Wichtige ungesättigte Fettsäuren

Name	Struktur
Palmitoleinsäure[a] (16:1)	$CH_3(CH_2)_5CH=CH(CH_2)_7COO^-$
Ölsäure[a] (18:1)	$CH_3(CH_2)_7CH=CH(CH_2)_7COO^-$
Linolsäure[b] (18:2)	$CH_3(CH_2)_4CH=CHCH_2CH=CH(CH_2)_7COO^-$
Linolensäure[b] (18:3)	$CH_3CH_2CH=CHCH_2CH=CHCH_2CH=CH(CH_2)_7COO^-$
Arachidonsäure[c] (20:4)	$CH_3(CH_2)_4(CH=CHCH_2)_4(CH_2)_2COO^-$

[a] nicht essentiell
[b] essentiell
[c] wird aus Linolsäure synthetisiert.

Für den tierischen Organismus wichtige Polyprene sind die ***Carotinoide*** (s.S. 318), die Vitamine der ***K-Gruppe*** (s.S. 323), die ***Ubichinone*** (s.S. 165), die ***Tokochinone*** (s.S. 323) und die ***Dolichole*** (s.S. 235).

Kondensationsprodukte aus 6 Isoprenresten sind die ***Steroide***, deren Grundstruktur das Cyclopentano-Perhydrophenantren-Gerüst ist (s. Lehrbücher der Chemie; s.S. 254). Der für den tierischen Organismus wichtigste Vertreter dieser Gruppe ist das ***Cholesterin***. Dieses ist nicht nur ein essentieller Bestandteil tierischer Membranen, sondern auch der Vorläufer für die Biosynthese der ***Steroidhormone*** (s.S. 369), der ***D-Vitamine*** (s.S. 321) und der ***Gallensäuren*** (s.S. 256).

Verseifbare Lipide enthalten immer Fettsäuren, die mit unterschiedlichen Alkoholen verestert sind

Die am einfachsten aufgebauten verseifbaren Lipide sind die ***Wachse***. Es handelt sich hier um die Ester langkettiger Fettsäuren mit einwertigen, ebenfalls langkettigen Alkoholen. Von wesentlich größerer

Bedeutung für den tierischen Organismus sind Lipide, bei denen *Glycerin* als alkoholischer Bestandteil verwendet wird. Sind alle drei Hydroxylgruppen des Glycerins mit einer Fettsäure verestert, so handelt es sich um ***Triacylglycerine*** oder Neutralfette. Diese Verbindungsklasse stellt als ***Depotfett*** den größten Energievorrat tierischer Organismen dar. Nur in geringen Mengen und als Zwischenprodukte des Triacylglycerinstoffwechsels kommen die Monoacyl- und Diacylglycerine vor, bei denen nur eine oder zwei der Hydroxylgruppen des Glycerins verestert sind.

Die ***Phosphoglyceride*** (Abb. 7.2) enthalten als Alkohol das Glycerin-3-Phosphat. Die beiden noch freien Hydroxylgruppen des Glycerins sind mit langkettigen Fettsäuren verestert. In aller Regel sind die Phosphoglyceride Diester der Phosphorsäure. Dementsprechend enthalten sie als weitere Komponenten Alkohole, nämlich Cholin, Serin, Ethanolamin oder Inositol. Auf diese Weise entstehen Phosphatidylcholin, -serin, -ethanolamin bzw. -inositol, die beim Aufbau zellulärer Membranen (s.S. 70) von ganz besonderer Bedeutung sind.

Einen gänzlich anderen Alkohol, nämlich das *Sphingosin* (Abb. 7.3), enthalten die ***Sphingolipide***. An eine der beiden Hydroxylgruppen des Sphingosins ist ein Fettsäurerest geknüpft, die zweite Hydroxylgruppe ist entweder mit Phosphorylcholin oder mit Galaktose bzw. Oligosacchariden verknüpft, so daß Sphingomyelin (s.S. 72), Cerebroside bzw. Ganglioside (s.S. 72) entstehen. Auch die Sphingolipide spielen beim Membranaufbau eine besondere Rolle (s.S. 72).

Zur Gruppe der verseifbaren Lipide gehören formal noch die ***Cholesterinester***. Hier ist die Hydroxylgruppe des Cholesterins mit einer langkettigen Fettsäure verestert, was seine intrazelluläre Speicherung ermöglicht.

7.2 Triacylglycerinabbau und β-Oxidation der Fettsäuren

Triacylglycerine (Abb. 7.4) sind die energiereichsten zellulären Speicherstoffe (s.S. 298). Sie sind auch wichtige Nahrungsbestandteile und können in einem hoch spezialisierten Gewebe, dem tierischen Fettgewebe, in großen Mengen gespeichert werden. Der erwach-

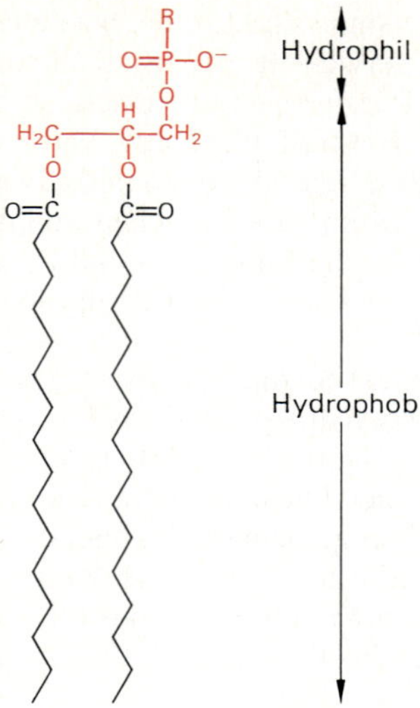

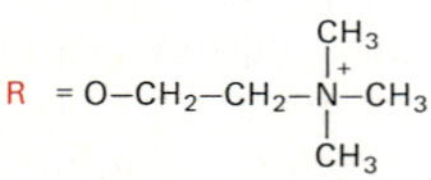

Phosphatidylcholin

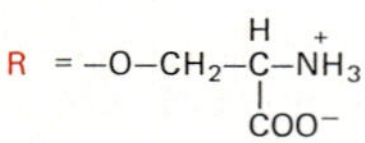

Phosphatidylserin

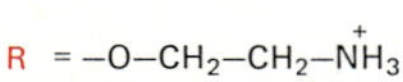

Phosphatidylethanolamin

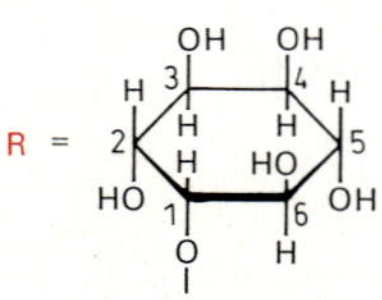

Phosphatidylinositol

Bild 7.2. Allgemeine Struktur der Phosphoglyceride

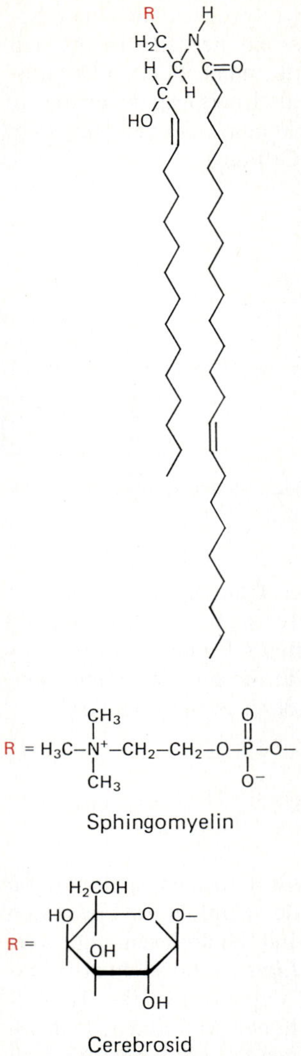

Bild 7.3. Allgemeine Struktur der Sphingolipide

sene Mensch speichert etwa 10 kg Triacylglycerine, die einer Energiemenge von 470 MJ entsprechen. Diese können z.B. bei chronischem Hungerzustand den Energiebedarf des menschlichen Organismus für mehrere Wochen decken. Außer als Energiespeicher dienen ***Acylglycerine*** der Wärmeisolierung (subkutanes Fettgewebe) oder als Druckpolster (Nierenlager, Fußsohle, Orbita).

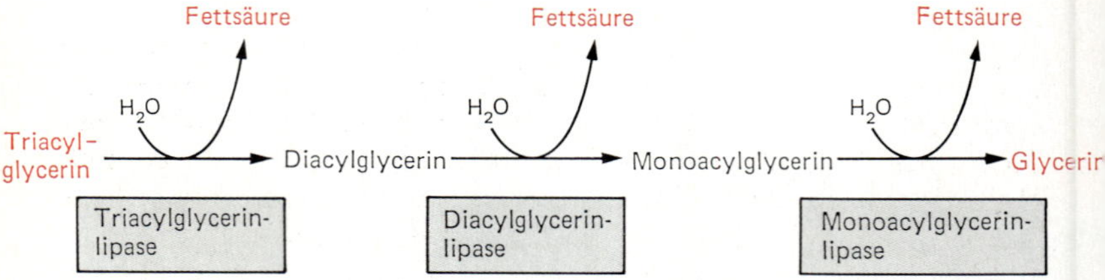

Bild 7.4. Die hydrolytische Spaltung von Triacylglycerinen (Lipolyse). Einzelheiten im Text

Aufgrund der besonderen Bedeutung der Triacylglycerine für den ***Energiestoffwechsel*** soll der Abbau dieser Lipidklasse eingehend besprochen werden. Die Verwertung weiterer Lipide (Phosphoglyceride, Sphingolipide, Cholesterin) spielt in diesem Zusammenhang eine untergeordnete Rolle und wird an anderer Stelle erläutert.

Der Abbau von Triacylglycerin wird durch die Hydrolyse aller drei Esterbindungen eingeleitet

Abbildung 7.4 zeigt die Reaktionen zur hydrolytischen Spaltung von Triacylglycerinen in die einzelnen Bauteile, nämlich zu Fettsäuren und Glycerin. Die beteiligten Enzyme sind Hydrolasen und werden aufgrund ihrer Substratspezifität als ***Lipasen*** bezeichnet. Lipasen befinden sich in allen Geweben des Organismus, die Triacylglycerin speichern können, in besonders hoher Aktivität jedoch im Fettgewebe. Der geschwindigkeitsbestimmende Schritt für die auch als ***Lipolyse*** bezeichnete Hydrolyse der Triacylglycerine wird durch die *Triacylglycerinlipase* katalysiert. Es handelt sich um die Abspaltung der ersten Fettsäure, wobei ein Diacylglycerin entsteht. Die wesentlich aktiveren Di- bzw. Monoacylglycerinlipasen katalysieren die weitere Aufspaltung des Diacylglycerins, so daß schließlich Glycerin und nichtveresterte Fettsäuren die Endprodukte der Lipolyse sind.

Die Aktivierung der Carboxylgruppe ist Voraussetzung der Fettsäureoxidation

Fettsäuren sind relativ reaktionsträge Verbindungen, da sie aus einer langen Alkankette bestehen und als einzige funktionelle Gruppe eine Carboxylgruppe haben. Es ist einsichtig, daß vor dem Eintritt in den Stoffwechsel eine Aktivierung dieser Carboxylgruppe erfolgen muß. Hierzu ist die Bildung eines Thioesters zwischen Coenzym A (s.S. 313) und der Carboxylgruppe der Fettsäure notwendig.

Abbildung 7.5 zeigt die einzelnen Stufen dieser Reaktion; das verantwortliche Enzym wird als ***Thiokinase*** bezeichnet. Zunächst reagiert die Fettsäure mit ATP. Hierbei wird Pyrophosphat abgespalten, und es bildet sich ein gemischtes Phosphorsäure-Carbonsäure-Anhydrid in Form eines ***Acyladenylats*** (Synonym Acyl-AMP) aus. Wie die anderen Anhydride gehört auch das Acyladenylat in die Gruppe der energiereichen Verbindungen. Pyrophosphatase kommt in allen Geweben des Organismus in hoher Aktivität vor. Sie spaltet das entstandene Pyrophosphat in zwei anorganische Phosphate und sorgt damit für eine Verschiebung des Reaktionsgleichgewichts auf die Seite der Synthese des Acyladenylats.

In der zweiten Stufe der Reaktion wird die Carbonsäure-Phosphorsäureanhydridbindung mit Coenzym A thiolytisch gespalten, so daß als Produkte der Thioester Acyl-Coenzym A (Acyl-CoA) sowie AMP entstehen. Da auch die Thioester zur Gruppe der energiereichen Verbindungen (s.S. 92) gehören, erfolgt dieser Teilschritt der Fettsäureaktivierung ohne wesentliche Änderung der freien Energie.

Fettsäuren werden als Carnitinester in den mitochondrialen Innenraum transportiert

Die Enzyme des Fettsäureabbaus befinden sich ausschließlich im mitochondrialen Innenraum (mitochondriale Matrix, s.S. 80). Das für den ***Fettsäureabbau*** vorgesehene Acyl-CoA entsteht aber aus-

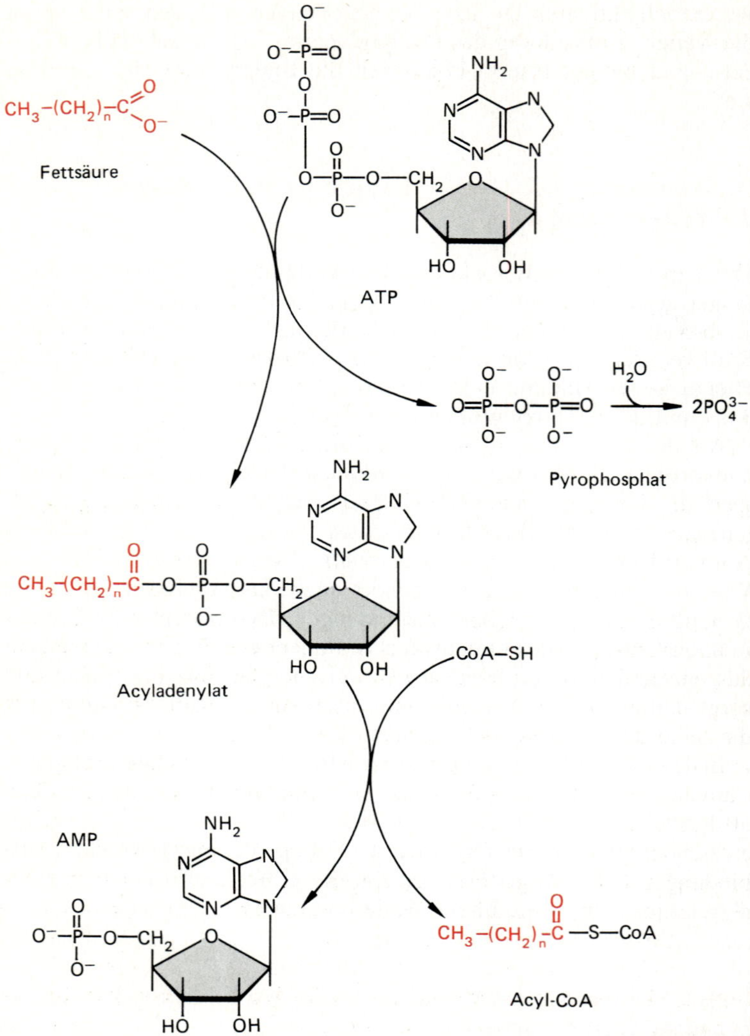

Bild 7.5. ATP-abhängige Bildung von Acyl-CoA aus Fettsäuren durch die Thiokinase

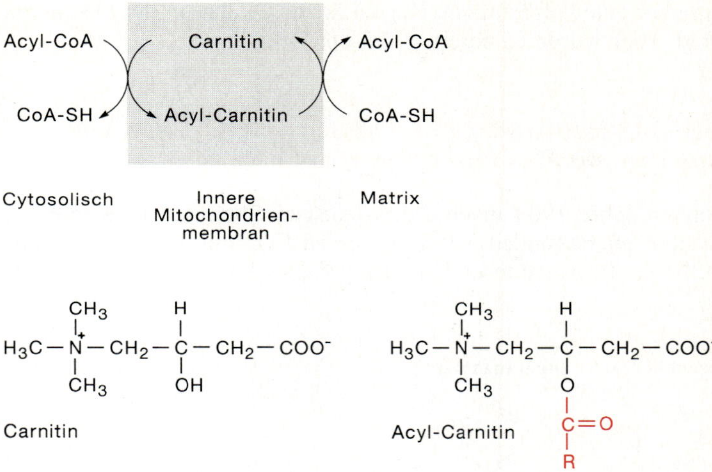

Bild 7.6. Die Rolle von Carnitin beim Transport von Acylresten in die mitochondriale Matrix

schließlich im cytosolischen Raum, da die Fettsäuren entweder der zelleigenen Lipolyse entstammen oder aus dem extrazellulären Raum aufgenommen werden. Ebenso wie andere Nucleotide sind Coenzym A und Acyl-CoA nicht imstande, die mitochondriale Innenmembran zu passieren. Für den Transport der Acylreste wird infolgedessen das in Abb. 7.6 dargestellte Transportsystem notwendig, bei dem ***Carnitin*** (3-Hydroxy-4-Trimethylammoniumbutyrat) als Träger des Acylrestes dient.

Der Transport wird eingeleitet durch eine Umesterung der Thioesterbindung des Acyl-CoA zum Acylcarnitin, einem Sauerstoffester der Carboxylgruppe der Fettsäure mit der 3-Hydroxygruppe des Carnitins. Das hierfür verantwortliche Enzym ist eine cytoplasmatische Carnitin-Acyl-Transferase. In Form des ***Acylcarnitins*** können Acylreste leicht die mitochondriale Innenmembran passieren, auf der Innenseite erfolgt durch eine *mitochondriale* Carnitin-Acyl-Transferase die Rückreaktion. Der Acylrest wird vom Acylcarnitin auf Coenzym A übertragen, so daß Acyl-CoA und freies Carnitin entstehen.

Carnitin kommt in allen Zellen des tierischen Organismus vor. In besonders hoher Konzentration findet es sich in der ***Muskelzelle***, die ja über eine beträchtliche Kapazität zur Oxidation der Fettsäuren verfügt. Hier wurde es bereits 1905 entdeckt.

In der β-Oxidation werden Fettsäuren zu Acetyl-CoA und reduzierten wasserstoffübertragenden Coenzymen abgebaut

Schon im Jahre 1904 machte der deutsche Chemiker F. Knoop einen aufsehenerregenden Versuch, dessen Ergebnis in Abb. 7.7 dargestellt ist. Er verfütterte Hunden geradzahlige bzw. ungeradzah-

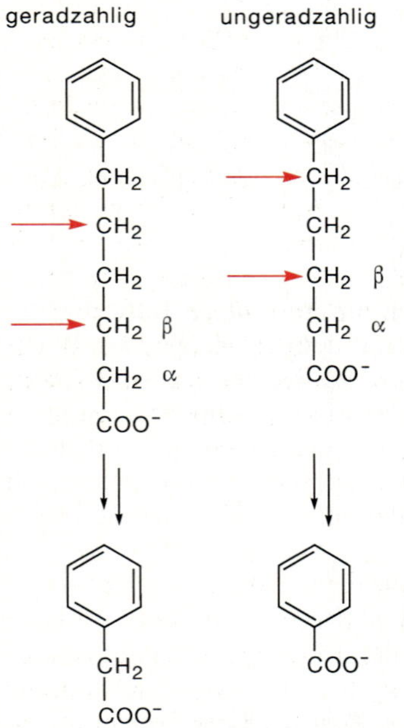

Bild 7.7. Stoffwechselendprodukte beim Abbau phenylmarkierter Fettsäuren. **a** Benzoesäure, **b** Phenylessigsäure

lige Fettsäuren, die er am ω-Ende (d.h. dem der Carboxylgruppe am weitesten entfernten C-Atom) mit Hilfe eines Phenylrestes markiert hatte. Im Urin der Hunde konnte er als Ausscheidungsprodukt der geradzahligen Fettsäuren die Phenylessigsäure, als Ausscheidungsprodukt der ungeradzahligen die Benzoesäure nachweisen. Aus diesem Befund zog er den Schluß, daß Fettsäuren schrittweise von der Carboxylgruppe her zu Bruchstücken mit zwei C-Atomen, nämlich der Essigsäure, abgebaut werden. Wegen der hierbei notwendigen Oxidation am C-Atom 3 (bzw. β) der Fettsäuren, bezeichnete er den Prozeß als ***β-Oxidation***.

Erst nach der Entdeckung des Coenzym A und aufgrund der Tatsache, daß der abzubauende Fettsäurerest als Acyl-Coenzym A vorliegen muß, konnten die in Abb. 7.8 dargestellten Einzelreaktionen der β-Oxidation der Fettsäuren in der Arbeitsgruppe von F. Lynen aufgeklärt werden. Acyl-CoA wird zunächst durch eine FAD-abhängige ***Acyl-CoA-Dehydrogenase*** oxidiert, so daß eine Doppelbindung zwischen den C-Atomen 2 und 3 (α und β) des Acylrestes, ein Δ^2-trans-Enoyl-CoA und $FADH_2$ entstehen. In der nächsten Reaktion wird durch die ***Enoyl-CoA-Hydratase*** Wasser an die Doppelbindung angelagert. Dabei entsteht das L-3-Hydroxy-Acyl-CoA. In einer zweiten, diesmal NAD^+-abhängigen Oxidation, wird dieses durch das Enzym ***3-Hydroxyacyl-CoA Dehydrogenase*** zum 3-Ketoacyl-CoA umgewandelt. Der letzte Schritt der β-Oxidation der Fettsäuren beruht schließlich auf einer durch die ***β-Ketothiolase*** katalysierten thiolytischen Spaltung des 3-Ketoacyl-CoA mit Coenzym A, so daß ***Acetyl-CoA*** und ein um 2 C-Atome verkürzter Fettsäurerest entsteht. Da dieser erneut in den Cyclus eintreten kann, können geradzahlige Fettsäuren tatsächlich *vollständig* zu Acetyl-CoA zerlegt werden.

Zum Abbau ungeradzahliger bzw. ungesättigter Fettsäuren werden zusätzliche Hilfsmechanismen benötigt

Fettsäuren mit einer ungeraden Zahl von C-Atomen werden grundsätzlich mit *denselben Enzymen* und nach *demselben Mechanismus* abgebaut. Dabei entsteht als letztes Bruchstück statt Acetyl-CoA ein ***Propionyl-CoA***

$$CH_3{-}CH_2{-}CO{-}S{-}CoA.$$

Abbildung 7.9 zeigt die einzelnen Schritte zur Verwertung des Propionyl-CoA. Zunächst wird es in einer biotinabhängigen Reaktion zu Methylmalonyl-CoA carboxyliert. In einer Vitamin B_{12}-

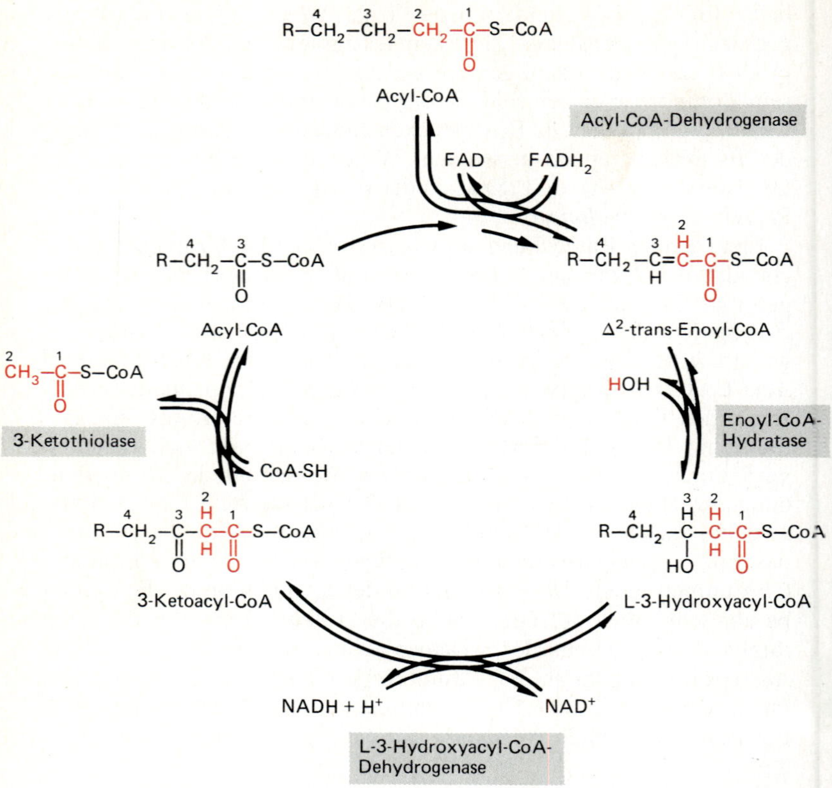

Bild 7.8. Die einzelnen Reaktionen der mitochondrialen β-Oxidation der Fettsäuren

abhängigen Reaktion erfolgt nun eine Umlagerung an dem C-Atom des Methylmalonyl-CoA, das den Thioester mit dem Coenzym A trägt. Das Produkt dieser Umlagerung ist ***Succinyl-CoA***, das als Zwischenprodukt des Citratcyclus ohne Schwierigkeiten oxidiert werden kann (s.S. 159). Da ungeradzahlige Fettsäuren insgesamt relativ selten sind, spielt jedoch dieser Aspekt der β-Oxidation nur eine geringfügige Rolle.

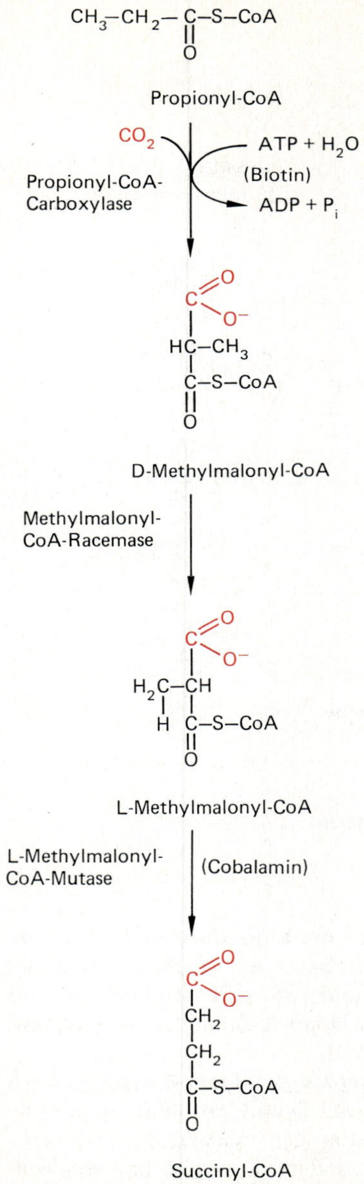

Bild 7.9. Die Verwertung von Propionyl-CoA

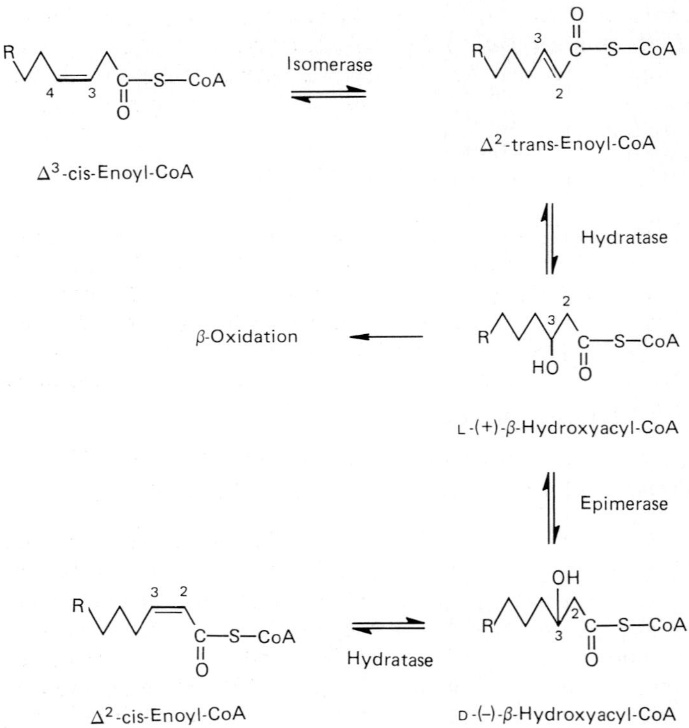

Bild 7.10. Der Abbau ungesättigter Fettsäuren

Wesentlich wichtiger ist der Abbau der ***ungesättigten Fettsäuren***. Die Coenzym A-Thioester einfach bzw. mehrfach ungesättigter Fettsäuren werden durch die Enzyme der *β*-Oxidation abgebaut, bis in Abhängigkeit von der Position der Doppelbindung ein Δ^3-cis bzw. Δ^2-cis Enoyl-CoA entsteht (Abb. 7.10).

Durch eine entsprechende ***Isomerase*** wird Δ^3-cis Enoyl-CoA in Δ^2-trans-Enoyl-CoA umgewandelt. Damit entsteht ein normales Zwischenprodukt der *β*-Oxidation der Fettsäuren, das zu L-*β*-Hydroxyacyl-CoA hydratisiert und danach weiter oxidiert werden kann. Δ^2-cis-Enoyl-CoA wird zunächst ebenso hydratisiert wie das normale Zwischenprodukt der β-Oxidation, das Δ^2-trans-Enoyl-CoA. Dabei entsteht jedoch das D-β-Hydroxyacyl-Coenzym A, das durch eine ***Epimerase*** in das normale Zwischenprodukt der β-Oxidation, das L-β-Hydroxyacyl-CoA, umgewandelt werden muß.

Die ATP-Ausbeute beim Fettsäureabbau ist besonders hoch

Untersucht man die Bilanz der β-Oxidation am Beispiel der Palmitinsäure, so muß zunächst berücksichtigt werden, daß für die Aktivierung dieser Fettsäure zum entsprechenden Acyl-CoA 2 energiereiche Verbindungen benötigt werden. Die vollständige Oxidation des Palmityl-CoA zu insgesamt 8 Acetyl-CoA erfordert das *siebenmalige* Durchlaufen des Oxidationscyclus der β-Oxidation nach folgender Summengleichung:

$$\begin{aligned} &\text{Palmityl-CoA} + 7\,\text{FAD} + 7\,\text{NAD}^+ 7\,\text{H}_2\text{O} + 7\,\text{CoASH} \\ &\rightarrow 8\,\text{Acetyl-CoA} + 7\,\text{FADH}_2 + 7\,\text{NADH} + 7\,\text{H}^+ \end{aligned}$$

Bei der Reoxidation von NAD^+ bzw. $FADH_2$ in der Atmungskette (s.S. 169) werden 3 bzw. 2 ATP gebildet (der P/O-Quotient beträgt 3 bzw. 2). Danach läßt sich bis auf die Stufe des Acetyl-CoA ein Energiegewinn von insgesamt 35 ATP errechnen. Bei der vollständigen Oxidation von Acetyl-CoA zu CO_2 und H_2O in Citratcyclus und Atmungskette entstehen pro Acetyl-CoA 12 ATP. Insgesamt entspricht dies einer Energieausbeute von ***131 ATP pro Palmityl-CoA***. Subtrahiert man davon die 2 für die Fettsäureaktivierung benötigten energiereichen Bindungen, so beträgt der Nettogewinn 129 ATP pro Palmitinsäure. Dies entspricht unter Standardbedingungen einem Wirkungsgrad von etwa 40%. (Über die Regulation des Lipidabbaus s.S. 350).

7.3 Stoffwechsel der Ketonkörper

Aus überschüssigem Acetyl-CoA werden in der Leber Ketonkörper synthetisiert

Schon im vergangenen Jahrhundert war beobachtet worden, daß sowohl bei Diabetes mellitus als auch bei langdauerndem Hunger die beiden aus 4 C-Atomen bestehenden Säuren ***Acetessigsäure*** und ***β-Hydroxybuttersäure*** sowie ***Aceton*** (s. Abb. 7.11) in großen Mengen ausgeschieden werden und in erhöhter Konzentration im Blut vorkommen. Heute weiß man, daß Acetacetat und β-Hydroxybutyrat auch unter normalen Bedingungen entstehen und ihre Biosynthese einen physiologisch sinnvollen Umweg des *Fettstoffwechsels* darstellt.

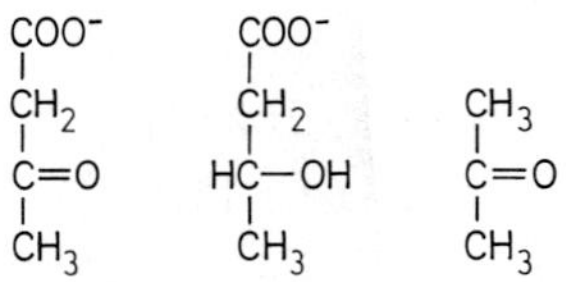

Bild 7.11. Die Ketonkörper Acetacetat (**a**), β-Hydroxybutyrat (**b**), Aceton (**c**)

Die einzelnen Schritte der nur in der Leber stattfindenden Biosynthese der Ketonkörper Acetacetat und β-Hydroxybutyrat sind in Abb. 7.12 dargestellt. Wie die β-Oxidation der Fettsäuren finden sie ausschließlich im mitochondrialen Innenraum statt. Die Acetacetatbiosynthese geht von Acetyl-CoA aus. Unter Einwirkung der 3-Ketothiolase (s. β-Oxidation) kondensieren 2 Acetyl-CoA zu Acetacetyl-CoA. Der nächste Schritt ist nicht, wie man eigentlich erwarten würde, eine hydrolytische Abspaltung des Coenzym A. Es erfolgt vielmehr die Anlagerung eines weiteren Acetyl-CoA, so daß β-Hydroxy-β-Methyl-Glutaryl-CoA (HMG-CoA) entsteht. Durch die HMG-CoA-Lyase wird aus dieser Verbindung ein Acetyl-CoA abgespalten, und es entsteht ***Acetacetat***.

Durch die β-Hydroxybutyratdehydrogenase kann Acetacetat zu ***β-Hydroxybutyrat*** reduziert werden, und durch spontane Decarboxylierung entsteht aus Acetacetat ***Aceton***. (Über die Bedeutung von HMG-CoA für die Cholesterinbiosynthese s.S. 255).

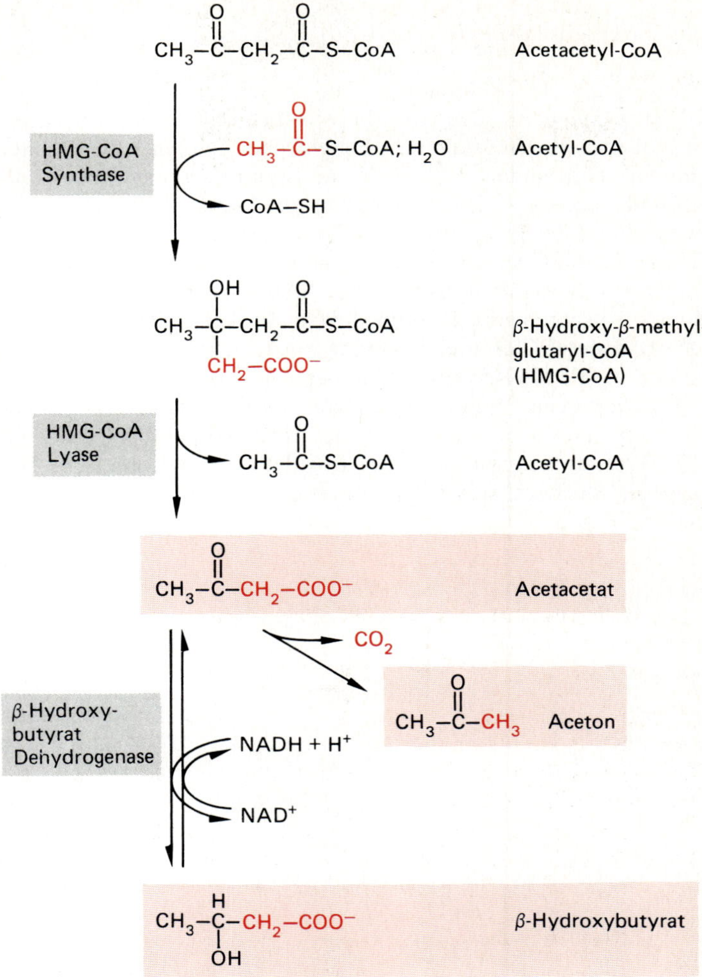

Bild 7.12. Die Biosynthese von Acetacetat, β-Hydroxybutyrat und Aceton

Ketonkörper werden in extrahepatischen Geweben mit hoher Geschwindigkeit oxidiert

Die Verwertung der Ketonkörper findet nicht in der Leber, sondern überwiegend in den extrahepatischen Geweben wie Skelettmuskulatur, Herzmuskulatur, Fettgewebe, Nieren sowie unter bestimmten Umständen (s.S. 470) im Zentralnervensystem statt. Nach Oxidation von β-Hydroxybutyrat zu Acetacetat durch die β-Hydroxybutyratdehydrogenase muß Acetacetat in den entsprechenden Thioester mit Coenzym A umgewandelt werden. Als Donor dieses Coenzym A dient ***Succinyl-CoA***. Sein Coenzym A-Rest wird durch eine entsprechende Thiotransferase auf Acetacetat übertragen, so daß ***Acetacetyl-CoA*** und ***Succinat*** entstehen. Beide Verbindungen sind normale Zwischenprodukte der β-Oxidation der Fettsäuren bzw. des Citratcyclus und können infolgedessen leicht weiter abgebaut werden. Die Einzelreaktionen des Ketonkörperabbaus sind in Abb. 7.13 zusammengestellt. (Über Regulation und biologische Bedeutung des Stoffwechsels der Ketonkörper s.S. 215)

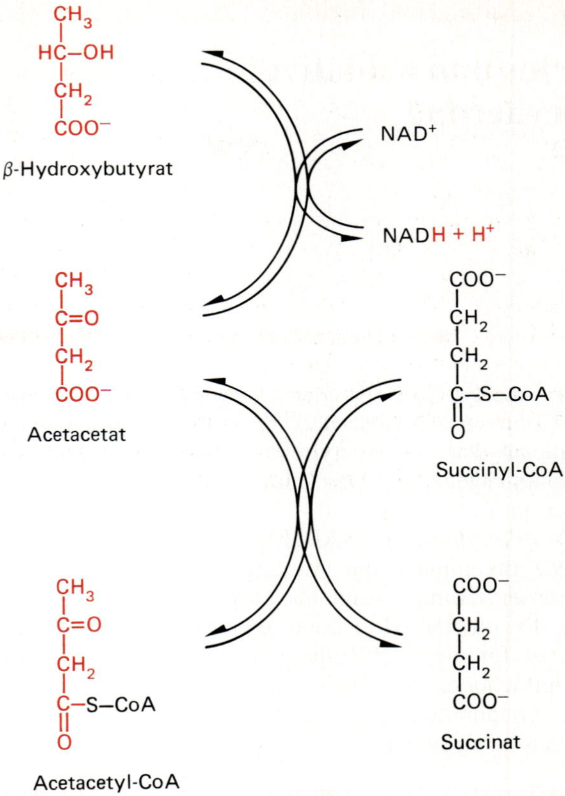

Bild 7.13. Die Verwertung von Acetacetat und β-Hydroxybutyrat

8 Citratcyclus und oxidative Phosphorylierung

ZUSAMMENFASSUNG

Der Citratcyclus: Acetyl-CoA ist der Ausgangspunkt für die vollständige Oxidation von Glucose und Fettsäuren. Oxalacetat ist das Trägermolekül, an dem der Acetylrest oxidiert wird. Oxalacetat wird aus Succinat regeneriert. Der Citratcyclus steht mit vielen Stoffwechselwegen in Verbindung.
Die oxidative Phosphorylierung: $NADH/H^+$ und $FADH_2$ werden durch die Multienzymkomplexe der Atmungskette reoxidiert. Die primäre Energiekonservierung erfolgt als elektrochemische Potentialdifferenz über der inneren Mitochondrienmembran. Der F_1/F_o-ATPase-Komplex ist für die ATP-Bildung verantwortlich. Elektronentransport und mitochondriale ATP-Bildung sind streng gekoppelt.
Oxidoreduktasen: Oxidoreduktasen sind die Klasse von Enzymen, die Redoxreaktionen katalysieren.

8.1 Citratcyclus

Acetyl-CoA ist der Ausgangspunkt für die vollständige Oxidation von Glucose und Fettsäuren

Wie bereits auf Seite 94 ausgeführt, erfolgt die Endoxidation der Nahrungsstoffe zu CO_2 und H_2O von einem gemeinsamen Zwischenprodukt aus, dem ***Acetyl-CoA***. Während bei der im mitochondrialen Matrixraum stattfindenden β-Oxidation der Fettsäuren (s.S. 144) Acetyl-CoA als Endprodukt dieses Prozesses anfällt, liegen bei der Glykolyse die Verhältnisse wesentlich anders. Sie findet im cytosolischen Raum statt und endet unter anaeroben Bedingungen auf der Stufe des Lactats, wobei pro Mol Glucose 2 Mol ATP durch ***Substratkettenphosphorylierung*** gewonnen werden. Damit liefert die Glykolyse nur einen Bruchteil des Energiebetrages, der bei vollständiger Oxidation der Glucose zu CO_2 und H_2O zu gewinnen wäre. Wie vor allem durch die Arbeiten des deutsch-englischen Biochemikers Hans Adolf Krebs gezeigt wurde, beginnt der ***oxidative*** Stoffwechsel der Glucose beim ***Pyruvat***, das nach folgender Gleichung abgebaut wird:

$$\text{Pyruvat} + 3\,H_2O \rightarrow 3\,CO_2 + 10\,[H].$$

In der ersten Reaktionsstufe erfolgt dabei die Bildung von Acetyl-CoA durch ***dehydrierende*** (oxidative) ***Decarboxylierung*** von Pyruvat. Das hierfür verantwortliche Enzym wird als Pyruvatdehydrogenase bezeichnet und liegt *innerhalb* der Mitochondrien als ***hochmolekularer Multienzymkomplex*** vor. Die durch ihn katalysierte Reaktion verläuft mehrstufig und ist in ihren Einzelheiten in Abb. 8.1 dargestellt.

Zunächst erfolgt an der Pyruvatdecarboxylase-Untereinheit des Multienzymkomplexes die Decarboxylierung des Pyruvats. Hierzu addiert sich Pyruvat an Thiaminpyrophosphat, welches das Coenzym der Pyruvatdecarboxylase-Untereinheit ist. Hierdurch werden die Bindungen am Carbonyl-Kohlenstoff des Pyruvats gelockert, so daß eine Decarboxylierung unter Bildung des aktiven Acetaldehyds, des ***Hydroxyethyl-Thiaminpyrophosphates***, erfolgt.

In dieser ersten Reaktionsstufe der ***Pyruvatdehydrogenase*** findet noch keine Oxidation, sondern lediglich eine Decarboxylierung statt. Der Carbonyl-Kohlenstoff des Pyruvats hat damit seine Oxidationsstufe beibehalten. Seine Oxidation erfolgt durch die Lipoattransacetylase-Untereinheit des Pyruvatdehydrogenase-Komplexes. Sie enthält als Coenzym oxidierte Liponsäure, die den aktiven Acetaldehyd auf die Stufe des Acetylrestes oxidiert. Dabei entsteht enzymgebundenes S-Acetylhydrolipoat; freies Thiaminpyrophosphat wird zurückgebildet. Durch eine einfache, von derselben Untereinheit des Enzyms katalysierte ***Transacetylierung*** erfolgt eine Übertragung des Acetylrestes auf Coenzym A, und es entstehen ***Acetyl-Coenzym A*** und reduzierte Liponsäure.

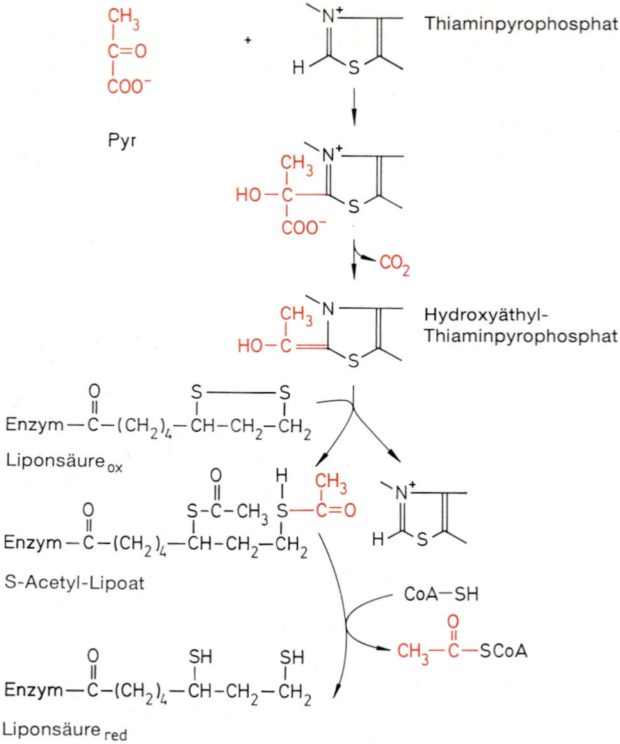

$$\text{Liponsäure}_{red} + \text{FAD} \rightleftharpoons \text{Liponsäure}_{ox} + \text{FADH}_2$$

$$\text{FADH}_2 + \text{NAD}^+ \rightleftharpoons \text{FAD} + \text{NADH} + \text{H}^+$$

Bild 8.1. Mechanismus der Pyruvatdehydrogenase (Einzelheiten im Text)

Die letzte Teilreaktion des Pyruvatdehydrogenasekomplexes besteht in der Reoxidation des reduzierten Lipoates. Die Dihydrolipoatdehydrogenase ist ein FAD-abhängiges Enzym, das Dihydrolipoat zu Lipoat oxidiert. Das dabei entstehende $FADH_2$ wird schließlich mit NAD^+ reoxidiert. Damit schreibt sich die Summenreaktion der durch den Pyruvatdehydrogenase-Komplex katalysierten Reaktion folgendermaßen:

$$\text{Pyruvat+CoA-SH+NAD}^+ \rightarrow \text{Acetyl-CoA+NADH+H}^+\text{+CO}_2.$$

Die bei der Oxidation des Acetaldehyds zum Acetylrest freiwerdende Energie ist so groß, daß trotz Bildung eines Thioesters im Acetyl-CoA die Pyruvatdehydrogenasereaktion mit einem $\Delta G^{\circ\prime} = -34\,\text{kJ/mol}$ exergon und unter intracelluär herrschenden Bedingungen irreversibel ist. (Über die Regulation des Pyruvatdehydrogenasekomplexes s.S. 248, 160.)

Oxalacetat ist das Trägermolekül, an dem der Acetylrest oxidiert wird

In Abb. 8.2 sind die einzelnen Reaktionen des ***Citratcyclus*** dargestellt. Ein Acetylrest wird dabei auf Oxalacetat als Trägermolekül übertragen, wobei Citrat entsteht, das dem Cyclus seinen Namen gegeben hat. Durch einen cyclischen Prozeß erfolgt anschließend die vollständige Oxidation des Acetylrestes zu CO_2 und die Rückgewinnung von Oxalacetat, das damit dem nächsten Durchgang zur Verfügung steht.

Formal kann der Cyclus in zwei Phasen eingeteilt werden. Es handelt sich zunächst um die Bildung von Citrat sowie die Oxidation des Acetylrestes zu Kohlendioxid, wobei ***Succinat*** als Zwischenprodukt entsteht. In der zweiten Phase erfolgt die Rückgewinnung von ***Oxalacetat*** aus Succinat.

Eingeleitet wird die erste Phase des Citratcyclus durch Addition von Acetyl-CoA an Oxalacetat, wobei Citrat und freies Coenzym A entstehen. Das hierfür verantwortliche Enzym ist die Citratsynthase, das Gleichgewicht der Reaktion liegt weit auf der Seite der Citratsynthese.

Durch die Aconitase erfolgt nun eine Umlagerung des Citrats, so daß über das Zwischenprodukt Aconitat Isocitrat entsteht. Dieses wird durch die Isocitratdehydrogenase mit NAD^+ oxidiert. Das dabei als Zwischenprodukt entstehende Oxalsuccinat wird vom gleichen Enzym unter Bildung von α-Ketoglutarat decarboxyliert. Dieses wird sofort weiter oxidiert. Ganz ähnlich wie im Fall des Pyruvats (α-Ketopropionat) erfolgt auch die Oxidation des α-Ketoglutarats durch ***dehydrierende Decarboxylierung***. Der α-Ketoglutarat-Dehydrogenase-Komplex katalysiert denselben Reaktionstyp und benutzt dieselben Coenzyme wie der Pyruvatdehydrogenase-Komplex: aus α-Ketoglutarat entsteht somit

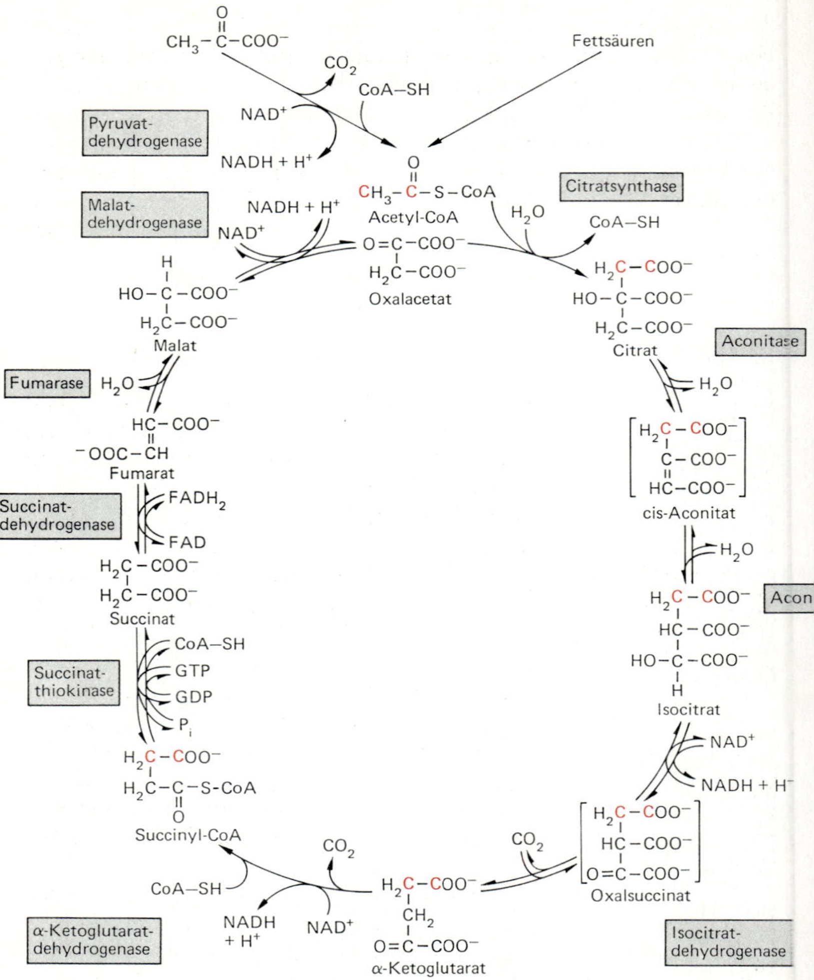

Bild 8.2. Die Reaktionsfolge des Citratcyclus

Succinyl-CoA. Dieses wird zu *Succinat* und Coenzym A zerlegt, wobei die durch die Lösung der Thioesterbindung freiwerdende Energie in Form eines *GTP* konserviert wird, das aus anorganischem Phosphat und GDP entsteht. Vom energetischen Standpunkt aus gesehen sind GTP und ATP *gleichwertig*.

Bis hierhin ist also eine zweimalige Decarboxylierung des Isocitrats erfolgt, so daß formal beide C-Atome des Acetyl-CoA oxidiert wurden. Allerdings endet diese Reaktionsfolge auf der Stufe des Succinates.

Oxalacetat wird aus Succinat regeneriert

In der zweiten Phase des Cyclus muß Succinat wieder zu Oxalacetat umgewandelt werden. Dies geschieht in einer Reihe von Reaktionen, die formal Ähnlichkeit mit analogen Reaktionen bei der β-Oxidation der Fettsäuren (s.S. 144) haben. Zunächst erfolgt eine Dehydrierung von Succinat zu ***Fumarat***. Das hierfür verantwortliche Enzym ist die Succinatdehydrogenase, der Wasserstoffakzeptor das FAD. Wie in der Fettsäureoxidation wird die entstandene Doppelbindung durch die Einwirkung des Enzyms Fumarase hydratisiert, so daß Malat entsteht, dessen CHOH-Gruppierung NAD-abhängig durch die Malatdehydrogenase zur Keto-Gruppierung des Oxalacetates oxidiert wird.

Damit ist das in der ersten Phase des Citratcyclus zur Reaktion mit Acetyl-CoA benötigte Trägermolekül ***Oxalacetat*** wieder regeneriert und der Acetylrest vollständig zu CO_2 oxidiert worden. Die entstandenen Reduktionsäquivalente finden sich in Form von 3 $NADH/H^+$ sowie einem $FADH_2$. Darüber hinaus ist durch ***Substratkettenphosphorylierung*** auf der Stufe der Succinat-Thiokinase ein GTP gewonnen worden.

Die Energiebilanz des Citratcyclus ist in Tabelle 8.1 zusammengestellt. Auf der Stufe der Isocitratdehydrogenase, der α-Ketoglutaratdehydrogenase sowie der Malatdehydrogenase werden je 1 $NADH/H^+$, auf der Stufe der Succinatdehydrogenase ein $FADH_2$ erzeugt. Geht man von der Tatsache aus, daß ein NADH in der Atmungskette zur Bildung von 3, 1 $FADH_2$ zur Bildung von 2 ATP benutzt werden kann (s.S. 169), so ergibt sich in Summe als Energiebilanz der Acetyl-CoA-Oxidation unter Einrechnung des durch Substratkettenphosphorylierung gebildeten GTP (das einem ATP energetisch äquivalent ist) eine Energieausbeute von ***12 ATP***.

Tabelle 8.1. Energiebilanz bei der Oxidation von Acetyl-CoA im Citratcyclus

Schritt	H-Akzeptor	ATP-Ausbeute
Isocitrat → α-Ketoglutarat	NAD^+ → $NADH + H^+$	3
α-Ketoglutarat → Succinyl-CoA	NAD^+ → $NADH + H^+$	3
Succinyl-CoA → Succinat	(Substratketten-phosphorylierung)	1
Succinat → Fumarat	FAD → $FADH_2$	2
Malat → Oxalacetat	NAD^+ → $NADH + H^+$	3
Summe		12

Geht man vom Pyruvat aus, so erhöht sich diese um den ATP-Betrag, der dem bei der Pyruvatdehydrogenase-Reaktion gebildeten $NADH/H^+$ entspricht, also auf 15 ATP. Vergleicht man diesen Energiebetrag mit der Energieausbeute bei der anaeroben Glykolyse von Glucose zu Lactat, so wird der Vorteil sauerstoffabhängiger oxidativer Prozesse gegenüber den anaerob verlaufenden Fermentationen deutlich, der für die überwältigende Überlegenheit aerober Lebensformen verantwortlich ist.

Tabelle 8.2 gibt einen Überblick über diejenigen Enzyme, an denen eine Regulation des Citratcyclus erfolgen kann. Grundsätzlich wird der Durchsatz im Citratcyclus durch den ***energetischen Zustand*** einer Zelle gesteuert. Hohe ATP-Gehalte bzw. ein hohes Angebot an reduzierten wasserstoffübertragenden Coenzymen führt zu einer Hemmung der entsprechenden regulatorischen Enzyme, hohes ADP bzw. AMP dagegen in einigen Fällen zu einer Aktivierung.

Das für die Bildung von Acetyl-CoA aus Glucose verantwortliche Enzym, die ***Pyruvatdehydrogenase***, wird durch *Acetyl-CoA und NADH* allosterisch gehemmt. Darüber hinaus fördert ein hoher mitochondrialer ATP-Gehalt die Phosphorylierung des aktiven Enzyms unter Bildung der inaktiven Form (s.S. 248).

Umgekehrt wird das Enzym durch hohe Pyruvatkonzentrationen aktiviert. ADP hemmt die Phosphorylierung und damit die Inak-

Tabelle 8.2. Aktivatoren und Inhibitoren einzelnen Enzyme des Citratcyclus in tierischen Zellen

Enzymatischer Schritt	Aktivierung	Hemmung
Citratsynthase		ATP (~P)
Isocitratdehydrogenase	ADP, Mg^{2+}, Mn^{2+}	ATP, NADH
Succinatdehydrogenase	P_i, Succinat, Fumarat	Oxalacetat
Pyruvatdehydrogenase	Pyruvat, ADP, Mg^{2+}	Acetyl-CoA, ATP, NADH

tivierung des Enzyms. Auch das nächste Enzym des Cyclus, die Citratsynthase, wird durch hohe ATP-Konzentrationen gehemmt. Die Isocitratdehydrogenase unterliegt ebenfalls einer Kontrolle durch Adeninnucleotide. Die Succinatdehydrogenase, die die Umwandlung von Succinat zu Oxalacetat einleitet, wird durch *Oxalacetat gehemmt* und durch *Succinat aktiviert*.

Der Citratcyclus steht mit vielen Stoffwechselwegen in Verbindung

Aus Abb. 8.3 geht hervor, daß der Citratcyclus keineswegs nur eine enzymatische Maschinerie zur Zerlegung von Acetylresten zu CO_2 und H_2O darstellt, sondern vielmehr eine Reihe von Zwischenprodukten anderer Stoffwechselwege aufnehmen kann und darüber hinaus mit seinen Zwischenprodukten wichtige Biosynthesen beliefert.

Acetyl-CoA wird außer durch dehydrierende Decarboxylierung von Pyruvat aus der Glykolyse (s.S. 116) auch durch die β-Oxidation der Fettsäuren (s.S. 144) geliefert. Der Abbau der Aminosäuren Leucin, Isoleucin und Lysin liefert ebenfalls Acetyl-CoA. Über Transaminasen (s.S. 182) sowie Glutamatdehydrogenase (s.S. 186) steht der Citratcyclus in enger Verbindung mit dem Stoffwechsel des Glutamates sowie anderer Aminosäuren. Beim Abbau von Isoleucin, Valin, ungeradzahligen Fettsäuren und Propionsäure entsteht Succinyl-CoA. Der Abbau der Aminosäuren Tyrosin und Aspartat liefert Fumarat bzw. Oxalacetat. Durch Carboxylierung von Pyruvat durch die Pyruvatcarboxylase (s.S. 220) kann Oxalacetat gebildet werden.

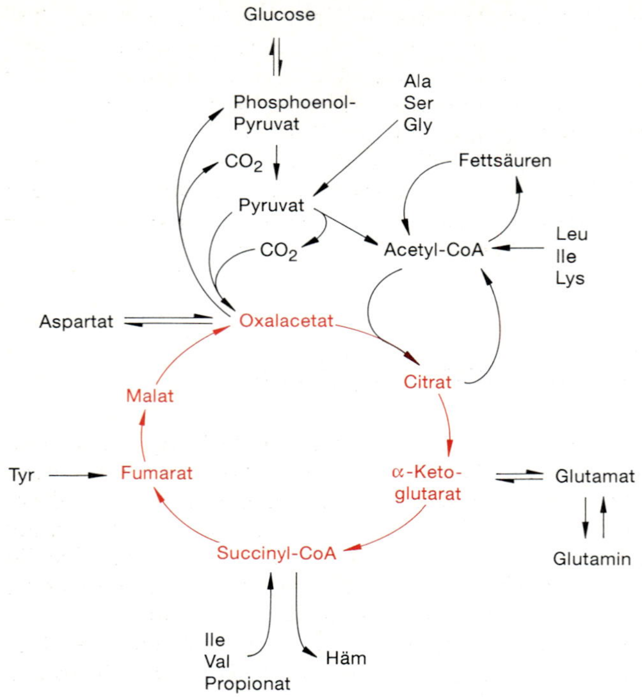

Bild 8.3. Beziehungen des Citratcyclus zum Stoffwechsel der Glucose, der Fettsäuren, der Aminosäuren sowie des Häms

Alle Reaktionen, bei denen Citratcyclus-Zwischenprodukte mit 4 oder 5 C-Atomen aus anderen Stoffwechselwegen gebildet werden, sind für die Funktion des Cyclus von besonderer Bedeutung. Sie dienen nämlich der *Auffüllung* des für das Funktionieren des Citratcyclus unerläßlichen, obwohl nur in katalytischen Mengen benötigten ***Oxalacetates***, und werden infolgedessen als ***anaplerotische Reaktionen*** bezeichnet. Dies trifft in besonderem Maße für die ***Pyruvatcarboxylase-Reaktion*** zu.

Dieses Auffüllen des Citratcyclus ist deshalb notwendig, weil er nicht nur in Form seiner verschiedenen Zwischenprodukte die Endstufen des Abbaus von Kohlenhydraten, Fetten und Aminosäuren sammelt, sondern auch ***Ausgangspunkt*** einer Reihe ***wichtiger Biosynthesen*** ist. Hierzu gehören die Bildung von ***Acetyl-CoA*** aus Citrat durch die ATP-Citratlyase (s.S. 248), die Biosynthese einer Reihe von ***Aminosäuren*** aus α-Ketoglutarat (s.S. 196), die vom Succinyl-CoA ausgehende ***Häm-Biosynthese*** (s.S. 395), die Synthese der Aminosäuren ***Aspartat*** und ***Asparagin***, die Bildung von ***Pyruvat*** aus Malat durch Oxidation und Decarboxylierung (Malatenzym) sowie schließlich die vom Oxalacetat ausgehende und als Gluconeogenese bezeichnete ***Glucose-Biosynthese*** (s.S. 217, 221).

8.2 Die oxidative Phosphorylierung

Während ***autotrophe*** Organismen die benötigte Energie dem Sonnenlicht entnehmen, beruht die Energiegewinnung der ***heterotrophen*** tierischen Organismen sowie der meisten Mikroorganismen auf der Oxidation organischer Verbindungen durch die Redoxreaktionen des Intermediärstoffwechsels (s.S. 116, 140, 192). Dabei erhebt sich die Frage nach dem molekularen Mechanismus, der die Konservierung der bei Redoxreaktionen freiwerdenden Energie in Form einer ***energiereichen Bindung***, z.B. im ATP, ermöglicht. Reaktionen der Substratkettenphosphorylierung (s.S. 120, 121), z.B. in der Glykolyse, stellen eine prinzipielle Möglichkeit der Kopplung von Redoxreaktion und ATP-Bildung dar (s.S. 90). Entscheidend ist dabei, daß ein *energiereiches* Zwischenprodukt entsteht. Im Fall der Energiekonservierung in der Glykolyse ist es das 1,3-Bisphosphoglycerat. Es enthält eine energiereiche Phosphorsäureanhydrid-Gruppierung, die in der Folgereaktion zur Phosphorylierung von ADP unter Bildung von ATP benutzt wird.

NADH/H^+ und $FADH_2$ werden durch die Multienzymkomplexe der Atmungskette reoxidiert

Die Fähigkeit zur Reoxidation des bei den intramitochondrialen Redoxreaktionen gebildeten NADH bzw. $FADH_2$ mit Sauerstoff ist bei eukaryoten Zellen ausschließlich in der ***inneren Mitochondrienmembran*** (s.S. 80) lokalisiert. Da sie an die gleichzeitige Bildung von ATP aus ADP und anorganischem Phosphat gekoppelt ist, nehmen Mitochondrien eine zentrale Rolle bei der Energieversorgung eukaryoter Zellen ein. Der mitochondrialen Energiegewinnung liegt letztlich die stark exergone Reaktion des „energiereichen Wasserstoffs" des NADH (bzw. $FADH_2$) mit Sauerstoff unter Wasserbildung gemäß den Gleichungen 1 und 2 zugrunde. Wie aus der zusammenfassenden Gleichung 3 hervorgeht, verläuft diese Reaktion mit einer Änderung der freien Energie von −218 kJ/mol.

$$NADH + H^+ \rightarrow NAD^+ + 2\,H^+ + 2\,e^- \tag{1}$$

$$1/2\,O_2 + 2\,H^+ + 2\,e^- \rightarrow H_2O \tag{2}$$

$$NADH + H^+ + 1/2\,O_2 \rightarrow NAD^+ + H_2O;\ \Delta G^{\circ\prime} = -218\,\text{kJ/mol} \tag{3}$$

Da insgesamt bei der NADH-Oxidation mit Sauerstoff 3 ATP aus 3 ADP und 3 PO_4^- gebildet werden können (s.S. 169), ist ersichtlich, daß es sich bei diesem Prozeß um eine mehrstufige Reaktion handeln muß. Tatsächlich konnten in der inneren Mitochondrienmembran insgesamt 4 ***Multienzymkomplexe*** lokalisiert werden, die den Elektronentransport vom NADH zum Sauerstoff katalysieren. Ihre einzelnen Bestandteile sind in Tabelle 8.3 zusammengestellt.

Tabelle 8.3. Die einzelnen Multienzymkomplexe der mitochondrialen Atmungskette

Komplex	Name	Molekulargewicht	Untereinheiten	Prosthetische Gruppen
I	NADH-Ubichinonreductase	850000	16	1 FMN, 16–24 Nichthämeisen
II	Succinat-Ubichinonreductase	97000	2	1 FAD, 8 Nichthämeisen
III	Ubichinol-Cytochrom-c-reductase	280000	6–8	2 Cytochrom b, 1 Cytochrom c_1 2 Nichthämeisen
IV	Cytochrom-c-oxidase	200000	6–7	1 Cytochrom a, 1 Cytochrom a_3 2 Kupfer

Der mit Abstand größte Enzymkomplex der Atmungskette ist die ***NADH-Ubichinon-Reduktase***, die Ubichinon mit Hilfe von NADH reduzieren kann. Dieser Komplex I besteht aus 16 Untereinheiten, als prosthetische Gruppen finden sich ein Flavinmononucleotid sowie 16 bis 18 Nicht-Hämeisengruppen, die in Form von Eisenschwefelkomplexen angeordnet und am Elektronentransport beteiligt sind.

Der wesentlich kleinere Enzymkomplex II ist die ***Succinat-Ubichinonreduktase***, die die Substratoxidation mit Ubichinon katalysiert. Sie enthält 4 Untereinheiten mit FAD und 8 Nicht-Hämeisen als prosthetischen Gruppen.

Der Komplex III wird als ***Ubichinol-Cytochrom-c-Reduktase*** bezeichnet. Er katalysiert die Reoxidation von Ubichinol mit Hilfe von Cytochrom c und enthält als prosthetische Gruppen 2 Cytochrom b, 1 Cytochrom c_1 sowie 2 Nicht-Hämeisen.

Der Komplex IV oder die ***Cytochrom-c-Oxidase*** oxidiert schließlich reduziertes Cytochrom c mit Sauerstoff, stellt also eine echte Oxidase (s.S. 178) dar. Er enthält Cytochrom a/a_3 und 2 Atome Kupfer, die am Elektronentransport teilnehmen.

Ordnet man die in den einzelnen Enzymkomplexen vorkommenden prosthetischen Gruppen entsprechend ihrem ***Redoxpotential***, d.h. ihrer Fähigkeit, Elektronen in exergonen Reaktionen zu transportieren (Tabelle 8.4), so ergibt sich die in Abb. 8.4 dargestellte

Tabelle 8.4. Normalpotentiale wichtiger biochemischer Redoxpaare

System	E_0' [V]
Sauerstoff/Wasser	+0,82
Cytochrom a (Fe^{3+}/Fe^{2+})	+0,29
Cytochrom c (Fe^{3+}/Fe^{2+})	+0,22
Ubichinon (ox/red)	+0,10
Cytochrom b (Fe^{3+}/Fe^{2+})	+0,08
FMN/$FMNH_2$	−0,12
NAD^+/NADH + H^+	−0,32
H^+/H_2	−0,42
Fumarat/Succinat	+0,03
Oxalacetat/Malat	−0,17
Pyruvat/Lactat	−0,19
Acetat/β-Hydroxybutyrat	−0,27

Folge der 4 Enzymkomplexe der Atmungskette. Durch den Komplex I wird NADH mit Ubichinon reoxidiert und *Ubichinol* entsteht. Wasserstoff- und Elektronentransport erfolgen dabei über Flavinmononucleotid und Schwefeleisenkomplexe.

Eine ähnliche Funktion hat der wesentlich kleinere Komplex II, der für den Transport von Reduktionsäquivalenten aus Succinat auf Ubichinon verantwortlich ist. Analog katalysieren das elektronentransportierende Flavoprotein (ETF) sowie die α-Glycerophosphatoxidase den Transfer von Redoxäquivalenten aus der Acyl-CoA-Dehydrogenase der β-Oxidation der Fettsäuren bzw. der Glycerophosphatoxidase auf Ubichinon.

Wie aus der in Abb. 8.5 dargestellten Struktur des ***Ubichinons*** hervorgeht, handelt es sich um ein sehr lipophiles Molekül, das in der Lipidmatrix der inneren Mitochondrienmembran gut beweglich ist. Reduziertes Ubichinon (Ubichinol) gibt seine Elektronen auf das Cytochrom c der Atmungskette ab, das sehr wahrscheinlich an der Außenseite der inneren Mitochondrienmembran lokalisiert ist. Dieser Elektronentransfer wird durch den Komplex III, die Ubichinon-Cytochrom c-Reduktase katalysiert. Die Elektronen fließen dabei über 2 Cytochrom b sowie 1 Cytochrom c_1, außerdem sind 2 Nicht-Hämeisen am Elektronentransport beteiligt. Reduziertes Cytochrom c wird schließlich direkt mit Sauerstoff reoxidiert. Diese Reaktion wird durch die Cytochrom c-Oxidase katalysiert, die außer dem Cytochrom a und Cytochrom a_3 auch 2 Atome Kupfer enthält, die ebenfalls in den Elektronentransport eingeschaltet sind.

Die Cytochrome b, c_1, c sowie a/a_3 sind elektronentransportierende Proteine, die als prosthetische Gruppe das ***Häm*** (s.S. 395) enthalten. Diese auch im Hämoglobin vorkommende Struktur besteht aus einem Tetrapyrrol-Ringsystem mit einem zentralen ***Eisenatom***, das beim Elektronentransport entsprechende Änderungen zwischen der 3- und 2-wertigen Stufe durchmacht. Abbildung 8.6 zeigt den Aufbau eines Cytochroms am Beispiel des Cytochrom c. Dieses aus 104 Aminosäuren bestehende Hämoprotein gehört aufgrund seiner guten Löslichkeit zu den am besten untersuchten Cytochromen. Die Vinyl-Gruppen an den Pyrrolringen A und B sind mit 2 Cysteinresten des Proteinanteils über Thioätherbrücken kovalent verknüpft. Im Cytochrom c_1 findet sich eine ähnliche Verbindung von prosthetischer Gruppe und Proteinanteil. Über die Struktur des Cytochrom b ist wesentlich weniger bekannt. Das Cytochrom a/a_3 stellt einen Komplex mit einem Molekulargewicht von 600 000 dar, der als prosthetische

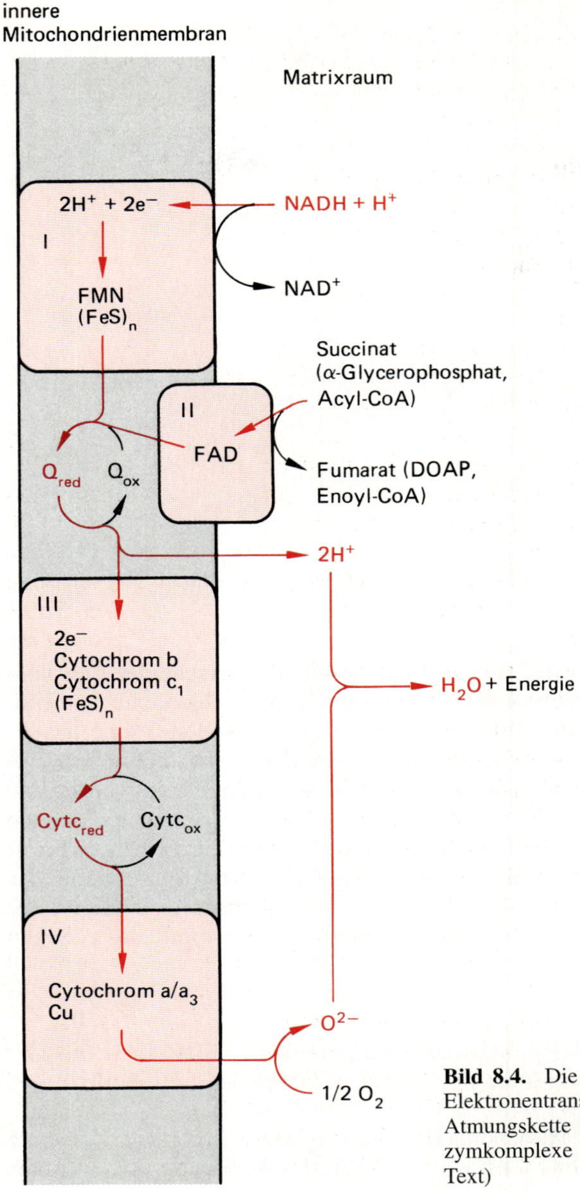

Bild 8.4. Die Folge der am Elektronentransport in der Atmungskette beteiligten Enzymkomplexe (Einzelheiten im Text)

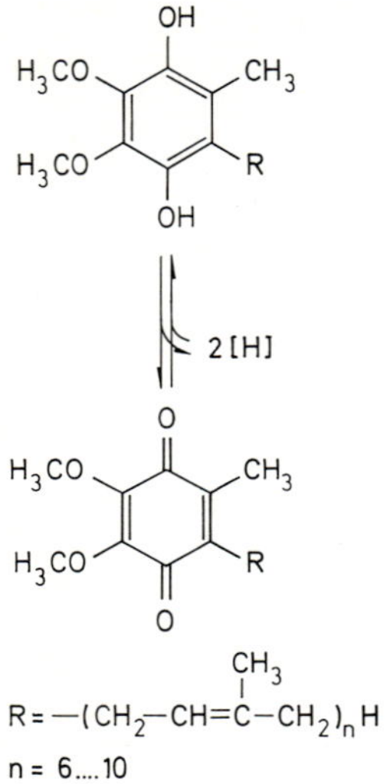

Bild 8.5. Ubichinol und Ubichinon (Syn.: Coenzym **Q** reduziert und oxidiert)

Gruppen 2 Häm A-Gruppen trägt. ***Häm A*** unterscheidet sich vom Häm in den Cytochromen b und c durch unterschiedliche Substituenten an den 4 Pyrrolringen. So trägt es in Position 2 eine aus 17 C-Atomen bestehende ***isoprenoide Seitenkette***, die möglicherweise für die Verankerung in einer lipophilen Umgebung verantwortlich ist. Cytochrom a/a_3 enthält darüber hinaus in stöchiometrischen Mengen zum Häm Kupfer, das an der Katalyse unter Valenzwechsel beteiligt ist. Cytochrom a/a_3 ist das einzige Glied der Atmungskette, das Elektronen direkt auf den Sauerstoff übertragen kann, so daß die der biologischen Oxidation zugrunde liegende Wasserbildung erfolgen kann.

Die primäre Energiekonservierung erfolgt als elektrochemische Potentialdifferenz über der inneren Mitochondrienmembran

Isolierte, intakte Mitochondrien sind bei Zusatz geeigneter Substrate und ausreichender Mengen an Sauerstoff zur Bildung von ATP aus

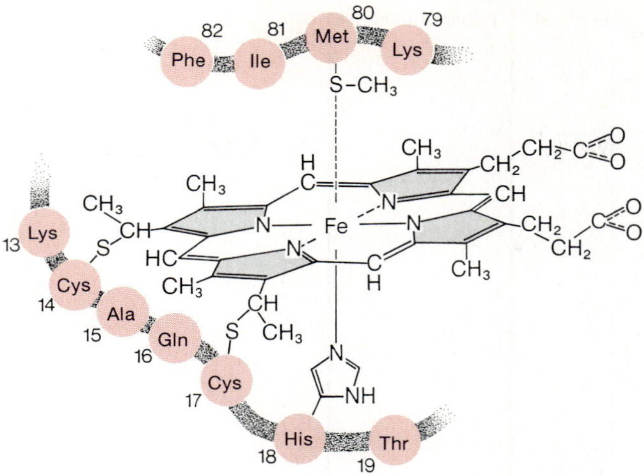

Bild 8.6. Bindung der Häm-Gruppe an das Apoprotein im Cytochrom c

ADP imstande. Dabei besteht ein genau festgelegtes stöchiometrisches Verhältnis von Sauerstoffverbrauch zu Phosphateinbau in ADP, das durch den ***P/O-Quotienten*** wiedergegeben wird. Bei der Oxidation von NADH werden pro Atom verbrauchten Sauerstoffs 3 Moleküle anorganisches Phosphat in 3 ADP eingebaut, der P/O-Quotient beträgt also 3. Beim Elektronentransport über $FADH_2$-abhängige Dehydrogenasen nimmt der P/O-Quotient den Wert von 2 an.

Dieses stöchiometrische Verhältnis zwischen ATP-Bildung und Sauerstoffverbrauch deutet auf die Tatsache hin, daß beim Elektronentransport durch die Atmungskette nur 3 bzw. 2 der eingeschalteten Redoxreaktionen den für die Knüpfung einer Phosphorsäureanhydridbindung benötigten Energiebetrag aufbringen können.

Die ***Hydrolyseenergie*** der Phosphorsäureanhydridbindungen im ATP liegt bei etwa −30 kJ/mol. Es ist klar, daß für die Knüpfung der Anhydridbindung ein gleichartiger oder größerer Betrag zur Verfügung stehen muß. Legt man die Gleichung

$$\Delta G^{0\prime} = -n \times F \times \Delta E_0^{\prime}$$

zugrunde, so läßt sich errechnen, daß die Differenz der Redoxpotentiale der beteiligten Redoxpartner wenigstens 0,156 V betragen

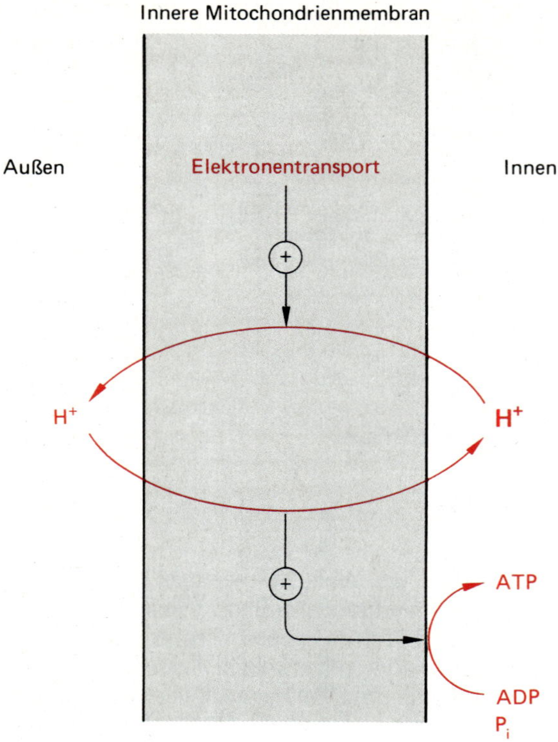

Bild 8.7. Prinzip der chemiosmotischen Koppelung zwischen Elektronentransport in der Atmungskette und ADP-Phosphorylierung. Der Elektronentransport der Atmungskette liefert freie Energie für den Transport von Protonen aus dem Matrixraum, wobei ein elektrochemischer Protonengradient entsteht. Die beim Ausgleich dieses Gradienten freiwerdende Energie wird dazu benutzt, aus ADP und anorganischem Phosphat ATP zu synthetisieren

muß. Aus Messungen der Redoxpotentiale der einzelnen Glieder des Elektronentransportes sowie aus Versuchen zur Bestimmung der P/O-Quotienten unter Einsatz verschiedener Hemmstoffe des Elektronentransportes lassen sich die Orte der Kopplung von Elektronentransport und oxidativer Phosphorylierung identifizieren. Nur der Transport von Reduktionsäquivalenten zwischen NADH und den

Nicht-Hämeisen der NADH-Dehydrogenase ($\Delta E_0' = 0,27\,V$), zwischen Cytochrom b und Cytochrom c ($\Delta E_0' = 0,22\,V$) sowie zwischen Cytochrom a/a_3 und Sauerstoff ($\Delta E_0' = 0,53\,V$) liefern den benötigten Energiebeitrag. Da dies genau den durch die Enzymkomplexe I, III und IV katalysierten Schritten entspricht, müssen *sie* die Orte der Energiekonservierung darstellen.

Zunächst wurde hierfür ein der ATP-Bildung in der Glykolyse analoger Mechanismus postuliert. Das notwendige energiereiche Zwischenprodukt konnte jedoch trotz intensivster Bemühungen nicht gefunden werden. Dagegen hat sich der von dem englischen Biochemiker Peter Mitchell entdeckte ***chemiosmotische Mechanismus*** als richtig herausgestellt (s. Abb. 8.7). Er postuliert, daß der Elektronentransport in der Atmungskette freie Energie liefert, mit deren Hilfe Protonen aus dem Matrixraum durch die Mitochondrienmembran nach außen transportiert werden können. Dadurch entsteht ein ***Protonengradient***, der zu einem ***Ladungs-*** und ***pH-Gradienten*** (elektrochemischer Gradient) führt. Die beim Ausgleich dieses Gradienten freiwerdende Energie kann dann dazu benutzt werden, aus ADP und anorganischem Phosphat ATP zu synthetisieren.

Eine wesentliche Stütze für die Richtigkeit dieser Vorstellung war die Entdeckung, daß die elektronentransportierenden Enzymkomplexe I, III und IV ***Protonenpumpen*** sind (Abb. 8.8). Jede Protonenpumpe würde damit funktionell einer der drei Kopplungsstellen entsprechen. Der hier vorliegende Mechanismus der Energiekonservierung unterscheidet sich somit grundlegend von dem bei der Substratkettenphosphorylierung: Ein energiereiches Zwischenprodukt *fehlt*, dafür erfolgt die Energiekonservierung in Form eines elektrochemischen Potentialgradienten über der inneren Mitochondrienmembran, also einer „energetisierten Membran“.

Der F_1/F_o-ATPase-Komplex ist für die ATP-Bildung verantwortlich

Die über der inneren Mitochondrienmembran erfolgende Energiekonservierung als elektrochemische Potentialdifferenz führt natürlich sofort zu der Frage, auf welchem Mechanismus diese Potentialdifferenz zur ATP-Synthese aus ADP und PO_4^- verwendet werden kann. Wie man heute weiß, erfolgt sie formal als Umkehr einer Ionentransport-ATPase. Diese Enzyme katalysieren den Transport von Ionen *gegen*

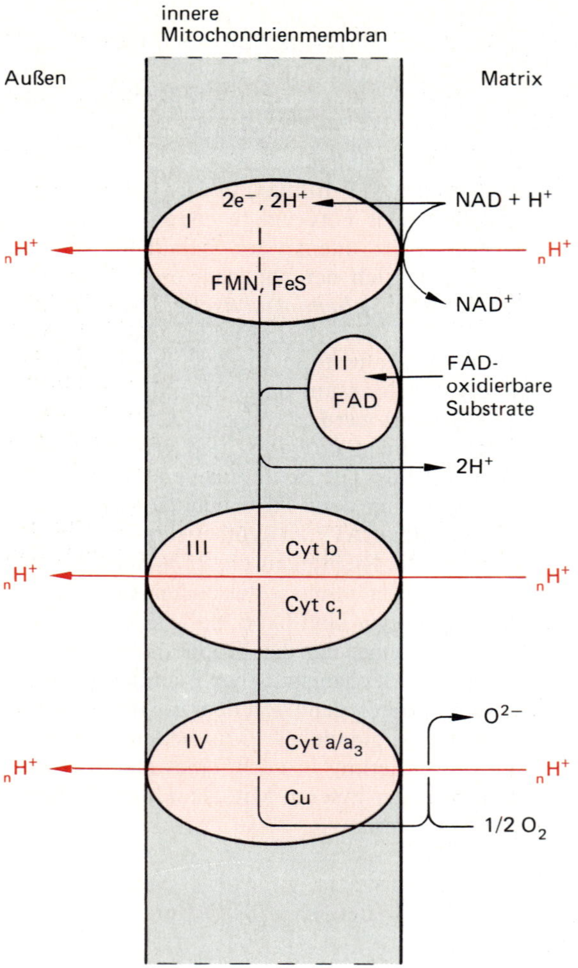

Bild 8.8. Die Funktion der Enzymkomplexe I, III und IV als Elektronentransport-getriebene Protonenpumpen

ein ***Ladungsgefälle***, wobei die benötigte Energie der ***Spaltung*** von ATP entnommen wird.

Eine Umkehr dieser Transportreaktionen könnte einen über einer Membran bestehenden Ionengradienten dazu benutzen, ATP zu bilden. Tatsächlich kommt in der inneren Mitochondrienmembran eine vektorielle, „protonengetriebene" ATP-Synthese vor, die die genannten Bedingungen erfüllt.

Es handelt sich um die schon länger bekannte mitochondriale ***F_1/F_o-ATPase*** (Abb. 8.9). Elektronenmikroskopisch stellt sie sich als pilzförmiges Gebilde dar, dessen Fuß fest in der inneren Mitochondrienmembran verankert und dessen Kopf nach der Matrixseite hin ausgerichtet ist. Durch enzymatische Verfahren kann der F_1-Teil des Komplexes isoliert werden. Er enthält 5 Untereinheiten mit der Stöchiometrie α_3, β_3, γ, δ, ε und ist in isolierter Form imstande, ATP zu ADP und anorganischem Phosphat zu hydrolysieren. Der F_o-Teil besteht aus 4 Untereinheiten und wirkt in der Membran als ***Protonenkanal***.

Obwohl über den genauen Mechanismus noch wenig bekannt ist, haben eine große Zahl von Rekonstitutionsversuchen gezeigt, daß

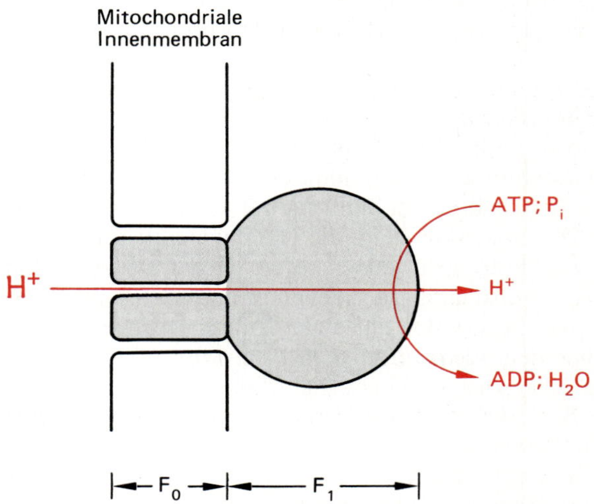

Bild 8.9. Schematische Darstellung der protonengetriebenen ATP-Synthase oder F_1/F_o-ATPase der inneren Mitochondrienmembran (Einzelheiten im Text)

die F_1/F_o-ATPase in der inneren Mitochondrienmembran *dann* zur ***ATP-Synthese*** aus ADP und anorganischem Phosphat imstande ist, wenn sie die hierfür benötigte Energie einem ***Protonengradienten*** entnehmen kann.

Elektronentransport und mitochondriale ATP-Bildung sind streng gekoppelt

Der oben gezeigte Mechanismus der Energiekonservierung in der ***Atmungskette*** macht es verständlich, daß Elektronentransport und ATP-Bildung *strikt* ***gekoppelt*** sind. Dies bedeutet, daß eine ATP-Bildung aus ADP und anorganischem Phosphat nur dann stattfinden kann, wenn ein Elektronentransport durch die einzelnen Redoxteilnehmer der Atmungskette diesen ***endergonen Prozeß*** treibt, und daß umgekehrt auch der Elektronentransport in der Atmungskette nur dann möglich ist, wenn ADP und anorganisches Phosphat als Substrate für die ATP-Bildung vorhanden sind. Da nämlich das elektrochemische Potential über der inneren Mitochondrienmembran durch die Potentialdifferenz der einzelnen Reaktanten limitiert ist, muß der Elektronentransport zum Erliegen kommen, wenn der Ausgleich des Protonengradienten durch die F_1/F_o-ATPase in Abwesenheit von ADP erlischt.

Abbildung 8.10 zeigt die Kopplung von ***Elektronentransport*** und ***oxidativer Phosphorylierung*** am Beispiel von isolierten Mitochondrien. Inkubiert man diese in einem phosphathaltigen Medium und mißt ihren Sauerstoffverbrauch, so nimmt er auch in Gegenwart eines Überschusses an oxidierbarem Stubstrat nur einen geringen Wert an. Erst nach Zugabe von ADP steigt die Geschwindigkeit des Sauerstoffverbrauchs rasch an, geht jedoch sofort wieder zurück, wenn das zugesetzte ADP vollständig zu ATP phosphoryliert worden ist. Je nach dem Energiebedarf der einzelnen Zellen wechseln Mitochondrien zwischen dem ***kontrollierten Ruhezustand*** (alles vorhandene ADP ist zu ATP phosphoryliert, die Atmungsgeschwindigkeit ist langsam) und dem ***aktiven Zustand*** (durch extramitochondrialen ATP-Verbrauch fällt viel ADP als phosphorylierbares Substrat an, der Sauerstoffverbrauch ist hoch).

Eine Reihe von ***Hemmstoffen*** der Atmungskette und der oxidativen Phosphorylierung haben sich als wertvolle ***Werkzeuge*** zur Untersuchung des Mechanismus beider Prozesse erwiesen. Sie sind

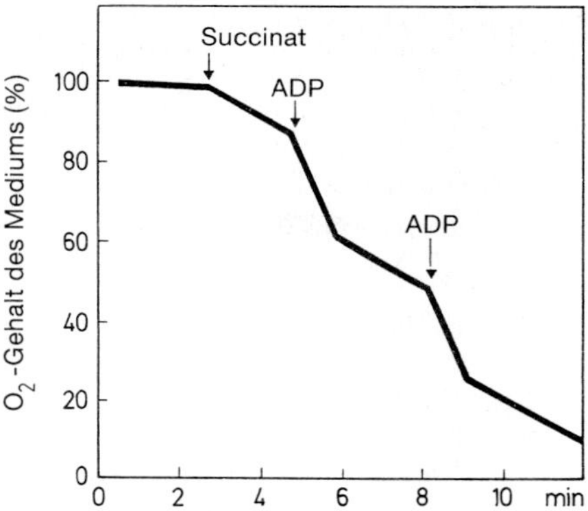

Bild 8.10. Atmungskontrolle an isolierten Lebermitochondrien. Isolierte Mitochondrien werden mit Succhinat als Substrat versetzt und ihr Sauerstoffverbrauch an der Abnahme der Sauerstoff-Konzentration des Mediums gemessen. An den mit Pfeilen bezeichneten Stellen wird eine kleine Menge ADP zugesetzt. Der dadurch erhöhte Sauerstoffverbrauch (aktive Atmung) geht wieder zurück, sowie das ADP zu ATP phosphoryliert ist

in Tabelle 8.5 zusammengestellt. Man kann grundsätzlich zwischen Hemmstoffen der Atmungskette, Hemmstoffen der oxidativen Phosphorylierung sowie Entkopplern der oxidativen Phosphorylierung unterscheiden. Zu den ersten beiden gehören die auch in der Medizin verwendeten ***Barbiturate*** sowie ***HCN***, ***CO***, ***H_2S***. Ein Hemmstoff der oxidativen Phosphorylierung ist das Antibiotikum ***Oligomycin***. Es bindet an die F_1/F_o-ATPase (o=Oligomycinbindung) und hemmt die ATP-Bildung. ***Entkoppler*** der oxidativen Phosphorylierung heben die Kopplung zwischen Elektronentransport und ATP-Bildung auf. Wie in Abb. 8.11 am Beispiel des am längsten bekannten Entkopplers *2,4-Dinitrophenol* dargestellt ist, sind Entkoppler *leicht protonierbare, lipophile* Verbindungen. An der Außenseite der inneren Mitochondrienmembran nehmen sie infolge des dort herrschenden Protonenüberschusses Protonen auf und diffundieren in den Matrixraum. Da hier niedrige Protonenkonzentrationen herrschen, werden sie deprotoniert, bleiben aber leicht membrangängig und gelangen wieder nach außen. Ihr Effekt beruht also darauf, daß sie die innere Mitochondrienmembran für Protonen „undicht" machen und so den elek-

Tabelle 8.5. Wichtige Gifte für Atmungskette und oxidative Phosphorylierung

Substanz	Wirkort
Barbiturate	Atmungskette zwischen FMN und Coenzym Q
CN^-, CO, H_2S	Atmungskette zwischen Cytochrom a und O_2
Oligomycin	Hemmung der oxidativen Phosphorylierung
2,4-Dinitrophenol Carbonylcyanid-Phenylhydrazone Thyroxin	Entkopplung der oxidativen Phosphorylierung

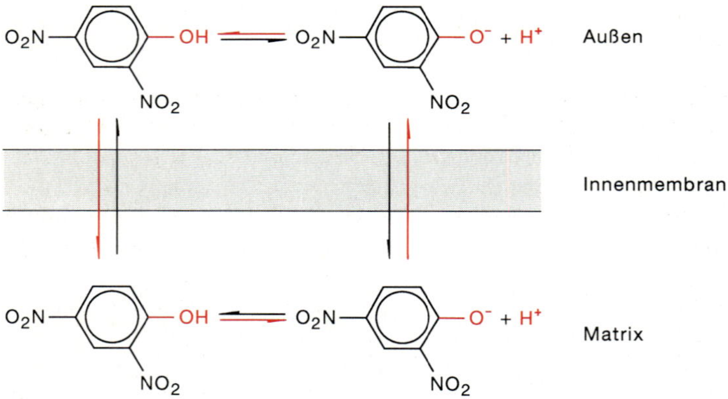

Bild 8.11. Die Wirkung von 2,4-Dinitrophenol als Entkoppler der oxidativen Phosphorylierung (Einzelheiten im Text)

trochemischen Gradienten über der inneren Mitochondrienmembran zerstören.

Unter diesen Umständen laufen zwar der Elektronentransport und der Sauerstoffverbrauch mit maximaler Geschwindigkeit ab, es wird dabei jedoch kein oder sehr wenig ATP gebildet und der größte Teil der bei der Redoxreaktion gebildeten Energie entsteht als Wärme. Bei vielen Kleinnagern und Winterschläfern, aber auch beim Menschen in der Säuglingsperiode, findet im sog. braunen Fettgewebe

Thermogenese statt, die ein zu starkes Absinken der Körpertemperatur verhindern soll. Sie beruht auf einer Entkopplung der oxidativen Phosphorylierung in diesem Gewebe. Mitochondrien aus braunem Fettgewebe enthalten einen als ***Entkopplungsprotein*** bezeichneten Protonenkanal, dessen Biosynthese beispielsweise bei *Abkühlung* des Organismus induziert wird.

8.3 Oxidoreduktasen

Die Oxidoreduktasen sind die Klasse von Enzymen, die Redoxreaktionen katalysieren

Wie das Vorangegangene zeigt, haben Oxidoreduktasen für die Energiegewinnung in lebenden Systemen eine ganz besondere Bedeutung. Darüber hinaus erfüllen sie im Stoffwechsel eine Vielzahl wichtiger Funktionen.

Tabelle 8.6 stellt eine Übersicht der häufigsten Oxidoreduktasen zusammen. Prinzipiell kann man unterscheiden zwischen *sauerstoffabhängigen* und *nichtsauerstoffabhängigen* Enzymen.

In die erste Gruppe gehören zunächst die ***Oxigenasen***, die den Einbau von Sauerstoff in ein Substratmolekül katalysieren.

Bei den *Dioxigenasen* werden beide Atome des Sauerstoffmoleküls für diesen Einbau verwendet. Dioxigenasen kommen vor allem beim Abbau aromatischer Aminosäuren (s.S. 198, 199) vor.

Von großer Bedeutung für Biosynthese und Abbau von Steroidhormonen (s.S. 369 f.) aber auch für den Abbau vieler körpereigener und körperfremder Verbindungen (z.B. Pharmaka) sind die *Monooxigenasen* (mischfunktionelle Oxigenasen, Hydroxylasen), die den Einbau nur eines Atoms des Sauerstoffmoleküls in ein Substrat katalysieren, wobei eine Hydroxylgruppe entsteht. Wahrscheinlich ist das sehr reaktionsfähige Superoxidradikal das für die Hydroxylierung verantwortliche Zwischenprodukt. Abbildung 8.12 stellt schematisch die in ihren Einzelheiten noch ungeklärte Monooxigenasereaktion dar. Donor der für die Reaktion notwendigen Reduktionsäquivalente kann außer NADPH noch Ascorbat oder Tetrahydrobiopterin sein. Viele Monooxigenasen enthalten als elektronenübertragendes Enzym

Tabelle 8.6. Wichtige Oxidoreductasen

Bezeichnung	Reaktion	Funktionelle Gruppen
Oxigenasen		
a) Dioxigenasen	$X + O_2 \rightarrow XO_2$	Fe^{2+}, Häm-Eisen
b) Monooxigenasen	$XH + O_2 + DH_2$ $\rightarrow XOH + D + H_2O$	Fe^{2+}, Cytochrom P_{450} $DH_2 = NADPH_2$, Ascorbat Tetrahydrobiopterin
Oxidasen	$XH_2 + {}^1/_2\,O_2 \rightarrow X + H_2O$	Häm-Eisen, Cu
Aerobe Dehydrogenasen		
	XH_2 ⤫ Akzeptor_{ox} ⤫ H_2O X ⤫ Akzeptor_{red} ⤫ ${}^1/_2\,O_2$	FMN, FAD Fe^{2+}, Mo^{2+}
Anaerobe Dehydrogenase		
a) $NAD(P)^+$-abhängige	XH_2 ⤫ $NAD(P)^+$ oder FAD	$NAD(P)^+$
b) FAD-abhängige	X ⤫ $NAD(P)H + H^+$ oder $FADH_2$	FAD
c) Cytochrom-abhängige	XH_2 ⤫ 2 Cyt (Fe^{3+}) $2\,H^+ + X$ ⤫ 2 Cyt (Fe^{2+})	Häm-Eisen der Cytochrome
Hydroperoxidasen		
a) Peroxidasen	XH_2 ⤫ H_2O_2 X ⤫ $2\,H_2O$	Häm-Eisen
b) Katalase	H_2O_2 ⤫ H_2O O_2 ⤫ $2\,H_2O$	Häm-Eisen

das Hämoprotein *Cytochrom P_{450}* (so benannt nach einer typischen Absorptionsbande bei 450 nm).

Weitere Sauerstoff-abhängige Oxidoreduktasen sind die ***Oxidasen***. Sie katalysieren die Dehydrierung verschiedenster Substrate, wobei als Wasserstoffakzeptor *Sauerstoff* dient und als Produkt neben dem oxidierten Substrat Wasser entsteht. Ein typischer Vertreter der Oxidasen ist das letzte Glied der Atmungskette, die Cytochrom-Oxidase, deren funktionelle Gruppe das Cytochrom a_3 ist und die darüber hin-

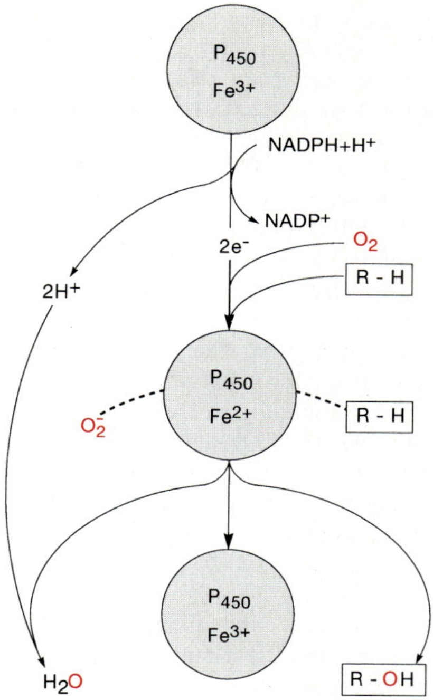

Bild 8.12. Mechanismus der Cytochrom P_{450}-abhängigen Monooxigenasen. NADPH/H^+ liefert 2 Elektronen, die den Komplex aus Cytochromeisen und Sauerstoff reduzieren. Dieser dient dann zur Hydroxylierung des Substrates R-H. Ein Atom des Sauerstoffmoleküls erscheint in der Hydroxylgruppe, das andere im Wasser

aus *Kupfer* enthält. Andere Oxidasen sind die Monoaminooxidase (s.S. 352) sowie die Uricase.

Ebenfalls zu den sauerstoffabhängigen Oxidoreduktasen gehören die ***aeroben Dehydrogenasen***. Auch durch sie wird Substratwasserstoff letztendlich unter Wasserbildung auf Sauerstoff übertragen. Im Gegensatz zu den Oxidasen benötigen sie jedoch einen spezifischen Akzeptor als Wasserstoffüberträger. Im allgemeinen ist das wasserstoffübertragende Coenzym ein Flavin, also entweder FAD oder FMN. Aerobe Dehydrogenasen, zu denen die Aminooxidasen, die die Xanthinoxidase sowie die Aldehydoxidase gehören, enthalten darüber hinaus meist Nichthämeisen und *Molybdän*.

Eine von den bis jetzt genannten Enzymen deutlich abgrenzbare Gruppe von Oxidoreduktasen sind die ***anaeroben Dehydrogenasen***, die Substratwasserstoff oder wenigstens die zugehörigen Elektronen auf bestimmte Akzeptoren übertragen. Derartige Wasserstoff- bzw. Elektronenakzeptoren sind das Nikotinamid-Adenin-Dinucleotid (NAD^+ bzw. $NADP^+$), Flavin-Adenin-Dinucleotid (FAD) bzw. Flavinmononucleotid (FMN) und die Hämgruppen der Cytochrome b, c und a, welchletztere allerdings nur zum Elektronentransport geeignet sind.

Anaerobe Dehydrogenasen sind im Stoffwechsel weit verbreitet und finden sich in den verschiedensten Kompartimenten der Zelle. Im Cytosol kommen die NAD-abhängigen Dehydrogenasen zur Substratdehydrierung sowie die meist NADP-abhängigen Dehydrogenasen für reduktive Biosynthesen vor. Mitochondrien enthalten NAD- und flavinabhängige Dehydrogenasen des Citratcyclus und der Fettsäureoxidation, daneben die Oxidoreduktasen der Atmungskette. (Über den Mechanismus der nikotinamid- bzw. flavinkatalysierten Wasserstoffübertragungen s.S. 310, 311).

Eine letzte Gruppe von Oxidoreduktasen sind die ***Hydroperoxidasen***. Man unterscheidet Peroxidasen und die Katalase. Die ersteren sind zur Dehydrierung von verschiedensten Substraten imstande, indem Wasserstoffperoxid als Akzeptor der Reduktionsäquivalente dient. Die Katalase zeigt insofern eine im Vergleich zu den Peroxidasen höhere Substratspezifität, als das oxidierte Substrat ein weiteres *Wasserstoffperoxid*-Molekül ist, das zu molekularem Sauerstoff oxidiert wird. Sowohl die Peroxidasen als auch die Katalase enthalten als funktionelle Gruppen das *Hämeisen*.

9 Abbau der Aminosäuren

ZUSAMMENFASSUNG

Der Stoffwechsel der Aminogruppe von Aminosäuren: Aminogruppen werden durch pyridoxalphosphatabhängige Transaminierung übertragen. Ein Netzwerk von Aminotransferasen verknüpft die einzelnen Aminosäuren.
Der Stoffwechsel des Ammoniaks: Ammoniak wird durch oxidative und nichtoxidative Desaminierung von Aminosäuren freigesetzt. Die Aminosäuren Alanin und Glutamin transportieren Ammoniak im Blut. Die Entsorgung von Ammoniak erfolgt durch Harnstoffbiosynthese in der Leber. Glutamin und Aspartat liefern den Stickstoff für viele Biosynthesen.
Der Stoffwechsel des C-Skeletts der Aminosäuren: Beim Abbau des C-Skeletts der Aminosäuren entstehen überwiegend Zwischenprodukte des Citratcyclus. Das C-Skelett der glucogenen Aminosäuren kann für die Glucosesynthese verwendet werden. Durch pyridoxalphosphatabhängige Decarboxylierung entstehen aus einigen Aminosäuren Hormone und hormonähnliche Verbindungen. Methionin, Serin und Histidin liefern 1-Kohlenstoffreste. Aus Cystein entstehen schwefelhaltige Verbindungen.

9.1 Stoffwechsel der Aminogruppe von Aminosäuren

Die Aminosäuren, deren Struktur bereits in Kap. 1 besprochen wurde, sind für den Organismus von besonderer Bedeutung. Die ***zwanzig proteinogenen Aminosäuren*** dienen dem Aufbau sämtlicher Proteine des Organismus. Während des Proteinabbaues, der Proteolyse, entstehen zunächst wiederum Aminosäuren, die im Stoffwechsel verwertet werden müssen. Zum großen Teil dienen sie bei Kohlenhydratmangel als Substrate für die ***Glucoseneubildung*** (Gluconeogenese (s.S. 221)). Darüber hinaus wirken Aminosäuren als Donatoren von Aminogruppen bzw. N-Atomen für die Biosynthese anderer, stickstoffhaltiger Verbindungen.

Der tägliche Umsatz an Aminosäuren ist beachtlich. Die durchschnittliche tägliche Proteinzufuhr beträgt bei ausgeglichener Ernährung in unseren Breiten etwa 90 g. Nahrungsproteine werden in den Darmabschnitten in die einzelnen Aminosäuren zerlegt (s.S. 335), resorbiert und mischen sich mit der Gesamtmenge an freien Aminosäuren des Organismus, die etwa 70 g beträgt. Die tägliche Rate der Proteinbiosynthese liegt bei etwa 300 g; befindet sich ein Organismus im ***Stoffwechselgleichgewicht***, wird eine entsprechende Menge an Protein auch abgebaut. Nur ein kleiner Teil der in Form von Protein zugeführten Aminosäuren wird als Aminosäuren in Stuhl oder Urin ausgeschieden. Die mengenmäßig wichtigste stickstoffhaltige Verbindung im Urin ist der ***Harnstoff***, der als Vehikel für die Aminogruppen der Aminosäuren dient, deren Kohlenstoff dann letztendlich im ***Citratcyclus*** zu CO_2 abgebaut wird.

Die Aminogruppe am α-C-Atom ist für die Gruppe der Aminosäuren typisch, bedingt jedoch einige Besonderheiten des Aminosäurestoffwechsels. Zu ihnen gehört die Möglichkeit, durch ***Transaminierung*** den Aminostickstoff von einer Aminosäure auf eine α-Ketosäure zu übertragen, wobei eine neue Aminosäure entsteht.

Das Kohlenstoffskelett der Aminosäuren kann im allgemeinen erst nach Entfernung der Aminogruppe im Stoffwechsel weiter verarbeitet werden. Infolgedessen wird der Aminostickstoff der verschiedenen Aminosäuren in der Aminosäure ***Glutamat*** gesammelt, von der aus er durch oxidative Desaminierung als ***Ammoniak*** freigesetzt werden kann. Da Ammoniak eine hochgiftige Verbindung ist, verfügt der Organismus über die Möglichkeit, ihn in Form von *Harnstoff* zu fixieren und damit zu entgiften. Ammoniak kann weiter in der Säureamidgruppierung des ***Asparagins*** sowie des ***Glutamins*** fixiert werden.

Aminogruppen werden durch pyridoxalphosphatabhängige Transaminierung übertragen

Die allgemeine Gleichung von Transaminierungs-Reaktionen lautet:

$$R_1-\underset{\underset{NH_3}{|_+}}{CH}-COO^- + R_2-\underset{\underset{O}{\|}}{C}-COO^- \rightleftharpoons R_1-\underset{\underset{O}{\|}}{C}-COO^- + R_2-\underset{\underset{NH_3}{|_+}}{CH}-COO^-$$

Aminosäure 1 + α-Ketosäure 2 $\rightleftharpoons$ α-Ketosäure 1 + Aminosäure 2

Im Prinzip wird also die Aminogruppe einer Aminosäure auf eine passende α-Ketosäure übertragen, wobei eine *neue* Aminosäure sowie *das α-Ketosäure-Analoge* der ersten Aminosäure entstehen.

Enzyme, die Transaminierungsreaktionen katalysieren, werden als Transaminasen oder – moderner – als ***Aminotransferasen*** bezeichnet. Das Coenzym für alle Aminotransferasen ist das Pyridoxalphosphat, das aus dem Vitamin Pyridoxin (Vitamin B_6, s.S. 312) entsteht. Abbildung 9.1 stellt den molekularen Mechanismus der Pyridoxalphosphat-katalysierten Transaminierungen dar.

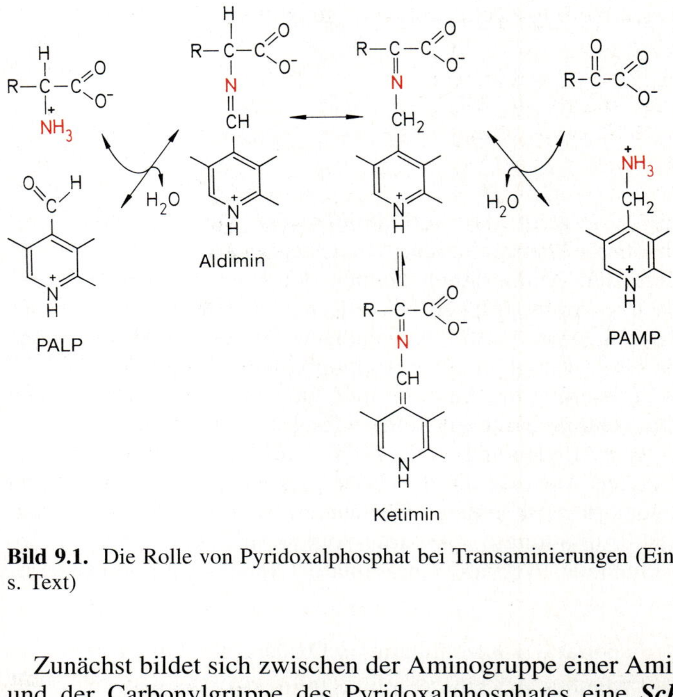

Bild 9.1. Die Rolle von Pyridoxalphosphat bei Transaminierungen (Einzelheiten s. Text)

Zunächst bildet sich zwischen der Aminogruppe einer Aminosäure und der Carbonylgruppe des Pyridoxalphosphates eine ***Schiffsche***

Base (Aldimin) aus. Hierdurch werden die verschiedenen Bindungen am α-C-Atom der Aminosäure labilisiert. Unterstützt wird diese Labilisierung durch den positiv geladenen Stickstoff im Pyridinring des Pyridoxalphosphates. Durch entsprechende Elektronenverschiebung entsteht ein Ketimin als *tautomere* Form der Schiffschen Base. Dieses wird zur α-Ketosäure und Pyridoxaminphosphat hydrolysiert. Damit ist der erste Teil des Transaminierungscyclus abgeschlossen. Eine Aminosäure ist in die entsprechende α-Ketosäure umgewandelt (oxidiert) worden, und die dabei frei gewordene Aminogruppe sitzt auf dem (jetzt reduzierten) Coenzym.

Der zweite Teil des Transaminierungscyclus beginnt mit der Anlagerung einer entsprechenden α-Ketosäure an das Pyridoxaminphosphat. Die dabei entstehende Schiffsche Base macht nun in *umgekehrter* Richtung die oben geschilderten Tautomerisierungen durch, so daß als Endprodukt eine *neue* Aminosäure entsteht und das Coenzym wieder als ***Pyridoxalphosphat*** vorliegt und somit einem weiteren Transaminierungscyclus zur Verfügung steht.

Ein Netzwerk von Aminotransferasen verknüpft die einzelnen Aminosäuren

Abbildung 9.2 zeigt die Verknüpfung der verschiedenen Aminosäuren durch Transaminasen. Mindestens 12 der im Stoffwechsel umgesetzten Aminosäuren können durch entsprechende Transaminasen ihre Aminogruppen auf α-Ketosäuren übertragen. Im allgemeinen zeigen die hierfür notwendigen Transaminasen eine hohe Spezifität für α-Ketoglutarat als Aminogruppenacceptor, aus dem bei der Transaminierung die Aminosäure Glutamat entsteht. Diese spielt damit eine zentrale Rolle im Stoffwechsel der Aminosäuren.

Von großer Bedeutung sind zwei Transaminasen, die in besonders hoher Aktivität in der Leber, daneben auch im Muskel und im Gehirn vorkommen. Es handelt sich um die Glutamat-Oxalacetat-Transaminase (Aspartat-Aminotransferase, ASAT) sowie die Glutamat-Pyruvat-Transaminase (Alanin-Aminotransferase, ALAT):

$$\text{Aspartat} + \alpha\text{-Ketoglutarat} \leftrightharpoons \text{Oxalacetat} + \text{Glutamat}$$

$$\text{Alanin} + \alpha\text{-Ketoglutarat} \leftrightharpoons \text{Pyruvat} + \text{Glutamat}$$

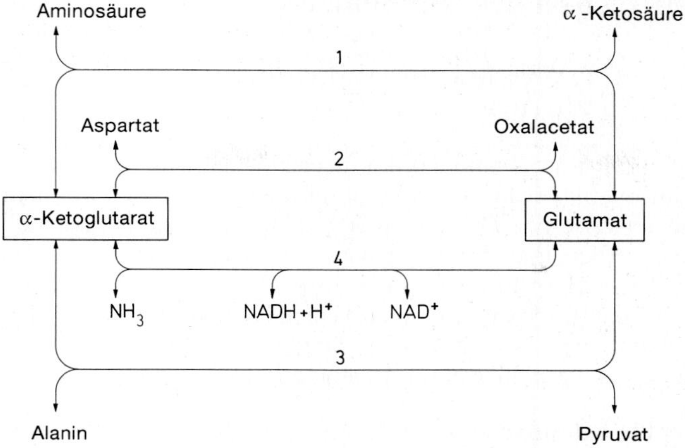

Bild 9.2. Die zentrale Rolle von α-Ketoglutarat und Glutamat im Stoffwechsel der Aminosäuren. *1* Aminotransferase verschiedener Spezifität; *2* Aspartat-Aminotransferase; *3* Alanin- Aminotransferase; *4* Glutamatdehydrogenase

Die Aminosäure Alanin ist der wichtigste ***Transporteur für Aminogruppen***. Die Glutamat-Pyruvat-Transaminase verbindet den Stoffwechsel des Alanins mit dem Citratcyclus. Durch die Glutamat-Oxalacetat-Transaminase kann unter anderem Aspartat gebildet werden, das als ***Aminogruppendonator*** für eine Reihe von Biosynthesen verwendet wird (s.S. 191). Beide Transaminasen haben beträchtliche Bedeutung in der praktischen Medizin, da sie bei Schädigungen von Leber bzw. Myokard aus dem geschädigten Gewebe ins Blut austreten und dort zu diagnostischen Zwecken nachgewiesen werden können (s.S. 439).

Die Gleichgewichtskonstante der verschiedenen Transaminasen liegt nahe bei 1. Dies bedeutet, daß Transaminierungsreaktionen nicht nur der Übertragung von Aminogruppen auf α-Ketoglutarat beim Abbau der verschiedenen Aminosäuren dienen, sondern auch in umgekehrter Richtung die verschiedensten Aminosäuren aus ihren α-Ketoanalogen durch Übertragung einer Aminogruppe des Glutamates entstehen können. Transaminasen dienen damit nicht nur dem *Abbau*, sondern auch der *Biosynthese* von Aminosäuren.

9.2 Stoffwechsel des Ammoniaks

Ammoniak wird durch oxidative und nichtoxidative Desaminierung von Aminosäuren freigesetzt

Die Konzentration an Ammoniak im menschlichen Blut ist mit etwa 0,06 mmol/l relativ gering. Berücksichtigt man jedoch, daß mit dem Urin normalerweise pro 24 Stunden 30 bis 50 mmol Ammoniak ausgeschieden werden und darüber hinaus ein beträchtlicher Teil des ausgeschiedenen Harnstoff-Stickstoffs (300-600 mmol Harnstoff pro 24 h) durch Fixierung von Ammoniak entstanden ist, wird klar, daß die Freisetzung von Ammoniak im Organismus beträchtlich sein muß. Ammoniak kann hier durch folgende Reaktionen entstehen:

Die reversible oxidative Desaminierung von Glutamat. Diese Reaktion ist in Abb. 9.3 dargestellt. Zunächst kommt es zur Oxidation der Aminogruppe des Glutamates, wobei als Zwischenprodukt das α-Iminoglutarat entsteht, das hydrolytisch zu α-Ketoglutarat und Ammoniak gespalten wird. Unter Standardbedingungen läge das Gleichgewicht der Reaktion auf der Seite der Glutamatbildung, womit die Ammoniakfixierung begünstigt würde. Unter den in der Zelle vorliegenden Konzentrationsverhältnissen ist es jedoch eher wahrscheinlich, daß die Richtung der Reaktion von der Ammoniakkonzentration abhängt.

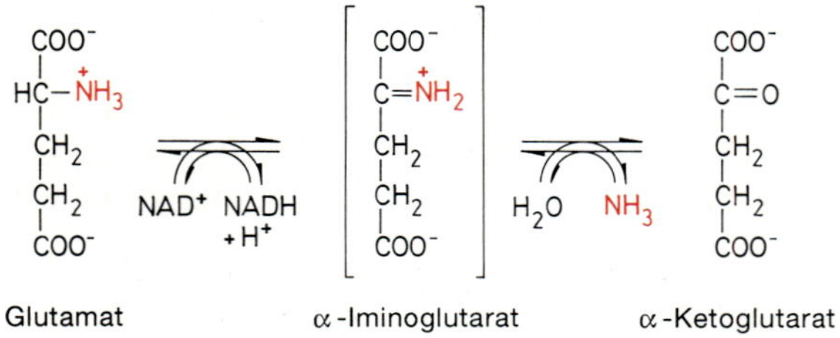

Bild 9.3. Oxidative Desaminierung von Glutamat durch die Glutamatdehydrogenase

Für den Aminosäurestoffwechsel ist die durch die Glutamatdehydrogenase gegebene *zweite* Verknüpfung von Glutamat und α-

Ketoglutarat von besonderer Bedeutung (s. Abb. 9.2). Die Aminogruppen der verschiedensten Aminosäuren sammeln sich über Transaminasen im Glutamat und können von ihm aus unter entsprechenden Bedingungen in Form von ***Ammoniak*** freigesetzt werden. Umgekehrt kann bei ausreichend hohen Ammoniakkonzentrationen und entsprechenden Stoffwechselbedingungen durch Umkehr der Glutamatdehydrogenase-Reaktion α-Ketoglutarat reduktiv mit Ammoniak aminiert werden, so daß ***Glutamat*** entsteht, das über die entsprechenden Transaminasen seine Aminogruppe zur Biosynthese von Aminosäuren zur Verfügung stellen kann. Dies betrifft allerdings nur die nichtessentiellen Aminosäuren. Essentielle Aminosäuren (s.S. 300), deren Kohlenstoffskelett vom Organismus nicht synthetisiert werden kann, müssen mit der Nahrung zugeführt werden.

Nicht-oxidative Desaminierung. Bei den Aminosäuren Serin, Cystein, Threonin, Methionin und Histidin wird während des Abbaus die Aminogruppe nicht oxidativ als Ammoniak freigesetzt (Abb. 9.4).

Aminosäureoxidasen. Die D- und L-Aminosäureoxidasen gehören zur Gruppe der ***aeroben Dehydrogenasen*** (s.S. 179). Als Träger der bei der oxidativen Desaminierung freiwerdenden Reduktionsäquivalente dient im Falle der D-Aminosäureoxidasen das FAD, im Fall der L-Aminosäureoxidasen das FMN. Der Wasserstoffakzeptor ist ***molekularer Sauerstoff***, wobei Wasserstoffperoxid gebildet wird. Die quantitative Bedeutung der Aminosäureoxidasen für die Ammoniakbildung und den Aminosäurestoffwechsel ist nicht bekannt.

Die Aminosäuren Alanin und Glutamin transportieren Ammoniak im Blut

Die Leber ist das einzige Organ, das in nennenswertem Umfang zur Biosynthese des Harnstoffs und damit zur Eliminierung von Ammoniak sowie von überschüssigen Aminogruppen abgebauter Aminosäuren imstande ist. Unter bestimmten Stoffwechselbedingungen, z.B. bei Hunger (s.S. 220), findet jedoch in den extrahepatischen Geweben, besonders in der Skelettmuskulatur, eine beachtliche ***Proteolyse*** und gleichzeitig eine Steigerung des Aminosäureabbaues statt. Die freiwerdenden Aminogruppen müssen über den Blutweg zur Le-

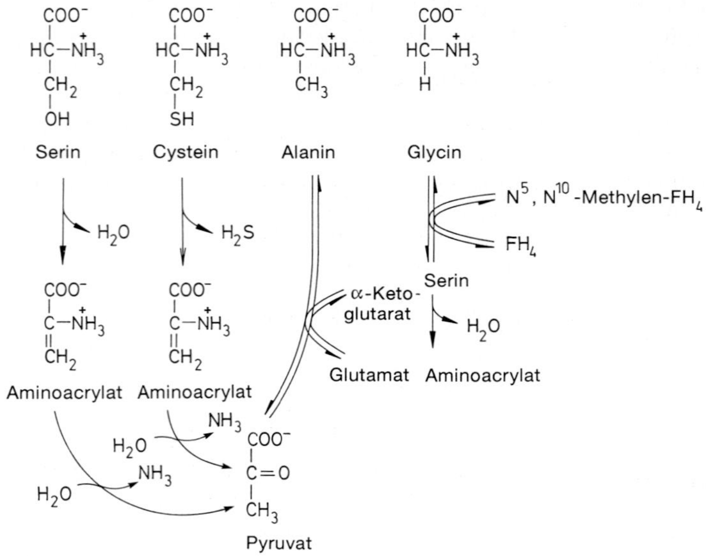

Bild 9.4. Abbau von Serin, Cystein, Alanin und Glycin

ber geschafft und dort für die ***Harnstoffbiosynthese*** verwendet werden. Ein Transport in Form von Ammoniak verbietet sich wegen der Giftigkeit dieser Verbindung. Der Transport geschieht vielmehr mit Hilfe der beiden Aminosäuren Alanin und Glutamin, die sich im Blut in wesentlich höheren Konzentrationen finden als ihrer mittleren Häufigkeit in den extrahepatischen Proteinen entspricht. In Abb. 9.5 sind die zugehörigen Stoffwechselcyclen dargestellt. Durch Transaminierung mit Glutamat als Aminogruppendonor entsteht in den extrahepatischen Geweben aus Pyruvat die Aminosäure Alanin. Auf dem Blutweg wird diese zur Leber transportiert, dort erneut zu Pyruvat transaminiert, wobei sich die Aminogruppe nun auf dem Glutamat findet, das sie über die in Abb. 9.6 geschilderten Wege in den Harnstoffcyclus einbringen kann.

Glutamin kann über die Glutaminsynthetase-Reaktion durch ATP-abhängige Fixierung von ***Ammoniak im Glutamat*** entstehen. Von den extrahepatischen Geweben gelangt es über den Blutweg ebenfalls zur Leber und wird dort durch die Glutaminase gespalten. Der

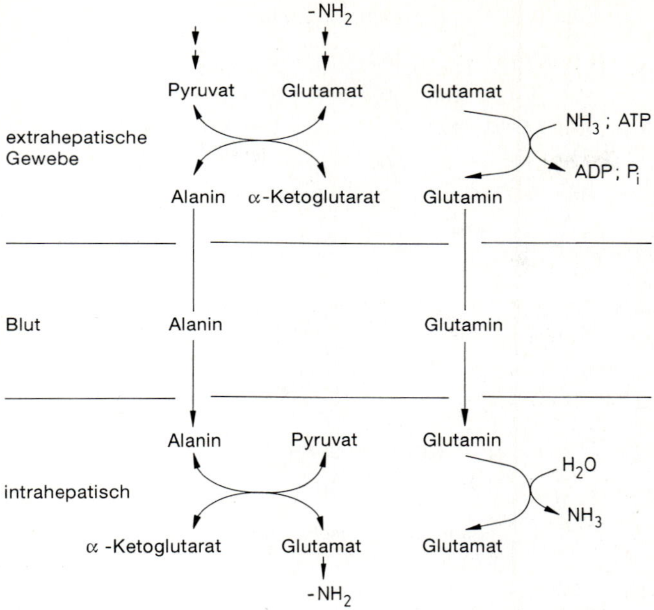

Bild 9.5. Der N-Transport durch Alanin und Glutamin zwischen den extrahepatischen Geweben und der Leber

dabei freiwerdende Ammoniak kann z.B. für die zum Harnstoffcyclus gehörige ***Carbamylphosphatsynthese*** verwendet werden (s.u.).

Die Entsorgung von Ammoniak erfolgt durch Harnstoffbiosynthese in der Leber

Angesichts der Giftigkeit des Ammoniaks ist es für den Organismus von großer Bedeutung, daß er eine spezifische enzymatische Ausstattung zur Entsorgung dieser Verbindung besitzt. Die Zellen der Leber sind nämlich imstande, zwei Moleküle Ammoniak in Form des Harnstoffs zu fixieren, damit zu „entgiften" und über die Nieren ausscheidungsfähig zu machen. Abbildung 9.6 stellt die Einzelreaktionen des Harnstoffcyclus dar.

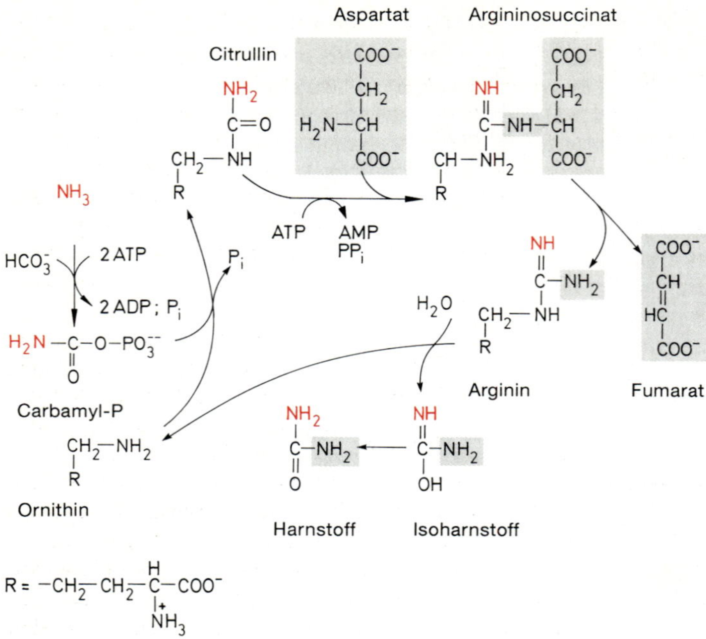

Bild 9.6. Die Reaktionen des Harnstoffcyclus (Einzelheiten s. Text)

Zunächst wird durch die Carbamylphosphat-Synthetase aus CO_2 und NH_3 sowie unter Verbrauch von zwei ATP das Carbamylphosphat, also das Phosphorsäureanhydrid der Carbaminsäure gebildet. Es enthält bereits einen Stickstoff sowie den Kohlenstoff des Harnstoffs. Die Vervollständigung des Harnstoffmoleküls geschieht nun in einem Kreisprozeß, wobei als Trägermolekül (analog der Funktion des Oxalacetates im Citratcyclus) die aus 5 C-Atomen bestehende Aminosäure ***Ornithin*** dient. Mit Hilfe des Enzyms Ornithin-Transcarbamylase wird Carbamylphosphat auf die α-Aminogruppe des Ornithins übertragen, so daß ***Citrullin*** entsteht.

Die beiden ersten Reaktionen des Harnstoffcyclus sind im mitochondrialen Matrixraum lokalisiert. Die weiteren Reaktionen des Harnstoffcyclus finden im cytosolischen Raum statt, so daß zunächst Citrullin unter Vermittlung eines Trägerproteins ins Cytosol geschafft wird. Die Anheftung des zweiten Stickstoffs erfolgt nun in einer ATP-abhängigen Reaktion unter Katalyse des Enzyms Argininosuccinat-Synthetase. Die Reaktion besteht in der ***Addition*** der Aminosäure Aspartat an Citrullin, so daß als Produkt Argininosuccinat mit einer Guanidino-Gruppierung entsteht. Das Gleichgewicht dieser Reaktion wird durch Spaltung von ATP zu AMP und Pyrophosphat auf die Seite des Produktes verschoben (s.Abb. 9.6). Durch Abspaltung von ***Fumarat*** entsteht nun aus dem ***Argininosuccinat*** unter Katalyse des Enzyms Argininosuccinase die Aminosäure ***Arginin***. Damit stellt der Harnstoffcyclus übrigens auch den Biosyntheseweg für diese Aminosäure dar.

In der Leber findet sich in hoher Aktivität das Enzym Arginase. Es spaltet hydrolytisch die Guanidinogruppe des Arginins ab. Dabei entsteht zunächst Isoharnstoff, der sich spontan zu Harnstoff tautomerisiert. Außerdem wird das Trägermolekül Ornithin wieder rückgebildet, so daß es dem Cyclus erneut zur Verfügung steht.

Der Energieverbrauch für die Harnstoff-Biosynthese ist beachtlich. Insgesamt werden pro mol Harnstoff 3 mol ATP, jedoch 4 mol energiereiche Verbindungen benötigt (die Argininosuccinat-Synthetase-Reaktion führt zur Spaltung von ATP zu AMP und Pyrophosphat, wobei das letztere durch Pyrophosphatasen nochmals in zwei anorganische Phosphate zerlegt wird). Vom normalen Erwachsenen werden pro Tag 0,5-1 mol Harnstoff entsprechend einer Menge von 30 - 60 g synthetisiert. Damit gehört die Harnstoffbiosynthese mengenmäßig zu den wichtigsten Syntheseleistungen des Organismus.

Glutamin und Aspartat liefern den Stickstoff für viele Biosynthesen

Vom Organismus werden eine ganze Reihe stickstoffhaltiger Verbindungen synthetisiert, deren Kohlenstoffskelett sich *nicht* von Aminosäuren ableitet. Zu ihnen gehören beispielsweise Purine und Pyrimidine sowie die Aminozucker. Zur Einführung der in den jeweiligen Verbindungen vorkommenden N-Atome dienen im wesentlichen die Aminosäuren Aspartat und Glutamin. Abbildung 9.7 skizziert die Entstehung beider Aminosäuren sowie ihre Rolle bei der Biosynthese stickstoffhaltiger Verbindungen. Dabei treten eine Reihe von Analogien auf. Ausgangspunkt für die Synthese beider Aminosäuren ist das ***Glutamat***, das durch Ammoniakfixierung aus α-Ketoglutarat entstehen kann. In einer ATP-abhängigen Reaktion wird der Amid-N des ***Glutamins*** unter erneuter Verwendung von Ammoniak eingeführt.

Eine spezielle Glutaminase katalysiert die Rückreaktion, d.h. die hydrolytische Abspaltung des Amid-N des Glutamins. Glutamat entsteht auch, wenn der Amidstickstoff des Glutamins zur Biosynthese stickstoffhaltiger Verbindungen benutzt wird, wobei meist die hierfür benötigte Energie durch die Spaltung von ATP zu ADP und anorganischem Phosphat bereitgestellt werden muß.

Das Kohlenstoffskelett des Glutamats dient also in Form des Glutamins lediglich als Träger eines Stickstoffs, der für die Biosynthese von Purinen und Pyrimidinen sowie der Aminozucker und des Asparagins benutzt wird.

Auch das Aspartat entsteht aus Glutamat. Allerdings ist hierfür die *reversibel* arbeitende Glutamat-Oxalacetat-Transaminase notwendig. Die Aminogruppe des Aspartates dient als Lieferant des N-Atoms 1 des Pyrimidin- bzw. Purinskelettes, der Aminogruppe des Adenins sowie eines der beiden N-Atome des Harnstoffs. Bei den drei letztgenannten Reaktionen ist der zugrundeliegende Mechanismus identisch. Es entsteht durch kovalente Verknüpfung der Aminogruppe des Aspartates mit einer C=O-Gruppierung des Akzeptormoleküls ein Zwischenprodukt, aus dem Fumarat abgespalten wird. Die Einzelheiten dieses Mechanismus sind bereits bei der Biosynthese des Harnstoffes beschrieben worden (s. auch S. 191, S. 260). Fumarat kann durch die entsprechenden Reaktionen des Citatcyclus zu Malat hydratisiert und danach zu Oxalacetat oxidiert werden, so daß ähnlich wie im Falle des Glutamins die C-Bilanz ausgeglichen bleibt.

9.3 Der Stoffwechsel des C-Skeletts der Aminosäuren

Im vorangegangenen Kapitel wurde die Dynamik des Aminosäurestoffwechsels anhand des Umsatzes der Aminogruppe von Aminosäuren diskutiert. Es ist klar, daß der beachtliche Umsatz von Aminosäuren im Organismus sich nicht nur im Stoffwechsel der Aminogruppe, sondern auch in demjenigen des C-Skelettes der Aminosäuren widerspiegelt. Aus ihrem Verhalten im Stoffwechsel kann man grundsätzlich zwischen ***essentiellen*** und ***nichtessentiellen*** Ami-

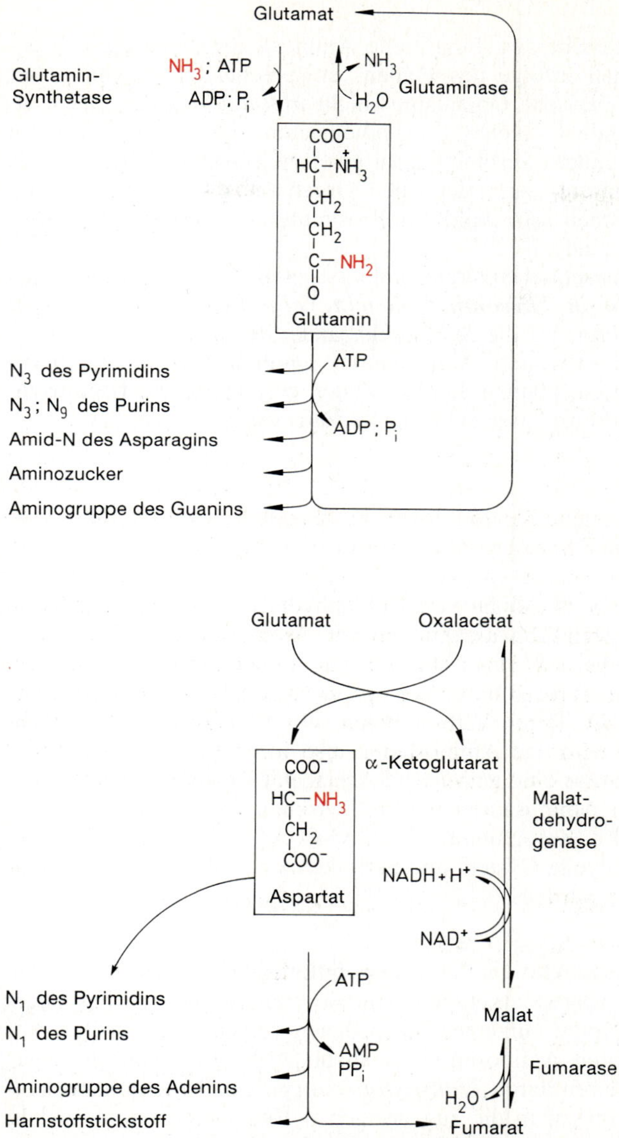

Bild 9.7. Die Funktion von Glutamin und Aspartat als N-Donoren

nosäuren unterscheiden. Essentielle Aminosäuren zeichnen sich dadurch aus, daß infolge des Fehlens entsprechender enzymatischer Systeme der tierische Organismus nicht imstande ist, das ihnen zugrunde liegende C-Skelett zu synthetisieren, d.h. sie stellen somit durch keine andere Verbindung zu ersetzende Nahrungsbestandteile dar. Im Gegensatz zum tierischen Organismus sind Pflanzen und Mikroorganismen sehr wohl zur Biosynthese der essentiellen Aminosäuren imstande.

Für den menschlichen Organismus essentiell sind die Aminosäuren ***Lysin***, ***Methionin***, ***Threonin***, ***Isoleucin***, ***Valin***, ***Leucin***, ***Phenylalanin*** und ***Tryptophan***. Da die Synthesekapazität des menschlichen Organismus für zwei weitere Aminsoäuren, nämlich ***Arginin*** und ***Histidin***, begrenzt ist, können diese in Zeiten gesteigerter Proteinbiosynthese (Wachstumsphase, Schwangerschaft) essentiell werden.

Beim Abbau des C-Skeletts der Aminosäuren entstehen überwiegend Zwischenprodukte des Citratcyclus

Ähnlich wie beim Abbau von Kohlenhydraten und Fetten münden auch die meisten Abbaureaktionen von Aminosäuren in den Citratcyclus. Im Verlauf des Abbaus von Leucin, Isoleucin, Lysin, Phenylalanin, Tyrosin und Tryptophan entstehen ***Acetyl-CoA*** bzw. ***Acetacetyl-CoA***. Beide Verbindungen sind Vorläufer der ***Ketonkörper***. Werden derartige Aminosäuren also in großem Umfang abgebaut, kann daraus eine gesteigerte Acetacetat-Biosynthese entstehen. Alle anderen Aminosäuren liefern Zwischenprodukte des Citratcyclus, speziell α-Ketoglutarat, Succinyl-CoA, Fumarat und Oxalacetat. Alanin, Glycin, Cystein und Serin können schließlich zu ***Pyruvat*** umgewandelt werden.

Grundzüge des Abbaus der verzweigtkettigen Aminosäuren. Am Beispiel der verzweigtkettigen Aminosäuren lassen sich besonders gut die Prinzipien aufzeigen, nach denen der Organismus den Abbau der meisten Aminosäuren versucht (Abb. 9.8). Zunächst werden Aminosäuren durch ***Transaminierungen*** mit Hilfe entsprechender Transaminasen in die zugehörigen α-Ketosäuren umgewandelt. Diese durchlaufen eine ***oxidative Decarboxylierung***, wobei die um ein C-Atom verkürzten CoA-Derivate entstehen.

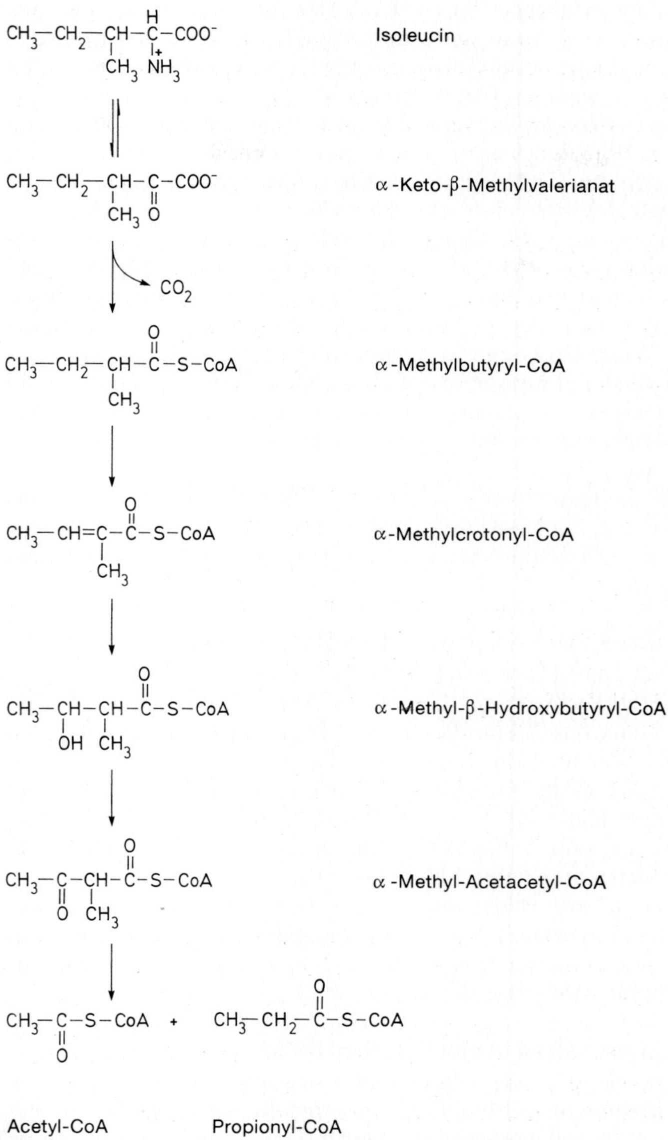

Bild 9.8. Der Abbau von Isoleucin (Einzelheiten s. Text)

Die Carboxylgruppe dieser CoA-Derivate entspricht dem ursprünglichen α-C-Atom der Aminosäuren, der Rest des Moleküls der ursprünglichen Aminosäureseitenkette. Soweit diese Ähnlichkeit mit (auch verzweigten) Fettsäuren hat, wird nun der Abbau nach dem Muster der ***β-Oxidation*** versucht. Im Fall des Isoleucinabbaus läßt sich dieses Prinzip besonders gut demonstrieren. Durch Transaminierung entsteht aus Isoleucin das α-Keto-β-Methyl-Valerianat. Dieses wird durch ***dehydrierende Decarboxylierung*** zu α-Methylbutyryl-CoA umgewandelt. Durch eine FAD-abhängige Dehydrierung entsteht α-Methylcrotonyl-CoA. An dieses wird Wasser angelagert und erneut dehydriert, so daß α-Methyl-Acetacetyl-CoA entsteht. Durch eine Thiolase kann dies in Acetyl-CoA und Propionyl-CoA gespalten werden. Acetyl-CoA wird im Citratcyclus oxidiert oder zu Acetacetat umgewandelt. Propionyl-CoA wird carboxyliert und nach Vitamin B_{12}-abhängiger Umlagerung als Succinyl-CoA in den Citratcyclus eingeschleust, von wo aus es unter anderem für die Glucosebiosynthese dienen kann (s.S. 221).

In sehr ähnlicher Weise verläuft die Oxidation der anderen verzweigtkettigen Aminosäuren nämlich des Valins und des Leucins. So entsteht aus Valin Succinyl-CoA und aus Leucin Acetyl-CoA und Acetacetat.

Aminosäuren, deren Abbau α-Ketoglutarat liefert. α-Ketoglutarat steht an einer besonders wichtigen Verknüpfungsstelle des Aminosäure-Stoffwechsels mit dem Citratcyclus. Es kann aus Glutamat einerseits durch eine Reihe von Transaminierungs-Reaktionen (s.S. 184) oder aber durch oxidative Desaminierung (s.S. 186) gebildet werden. Glutamin wird unter der Einwirkung der Glutaminase zu Glutamat und NH_4^+ gespalten. Darüber hinaus sammelt sich im Glutamat der beim Abbau der Aminosäuren Prolin, Arginin und Histidin entstehende Kohlenstoff (Abb. 9.9).

Von besonderer Bedeutung ist das beim Histidinabbau auftretende Zwischenprodukt N-Formiminoglutamat, das seine Formiminogruppe auf Tetrahydrofolat übertragen kann und damit einen wichtigen 1-Kohlenstoff-Rest liefert (s.S. 207).

Aminosäuren, deren Abbau Succinyl-CoA liefert. Im Succinyl-CoA sammelt sich der beim Abbau der Aminosäuren Isoleucin, Valin, Threonin und Methionin entstehende Kohlenstoff. Ein gemeinsames Zwischenprodukt im Abbau dieser vier Aminosäuren ist

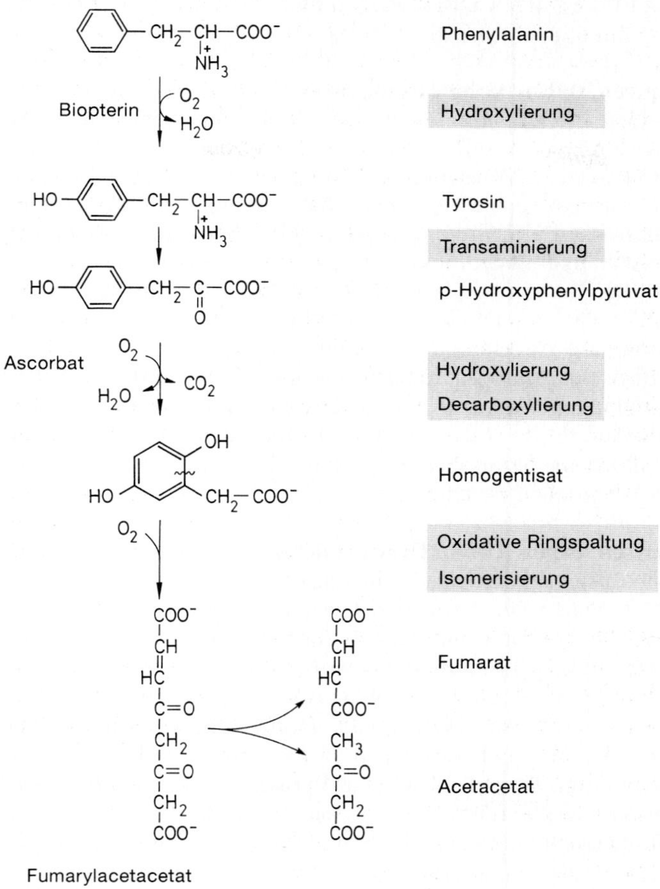

Bild 9.9. Der Abbau von Phenylalanin. Man beachte, daß während des Phenylalaninabbaus die Aminosäure Tyrosin entsteht

das Methylmalonyl-Co. Während der Abbau des Valins direkt zum Methylmalonyl-CoA führt, liefern Threonin, Isoleucin und Methionin zunächst Propionyl-CoA, das mit Hilfe der auf Seite 145 geschilderten Mechanismen und der Coenzyme Biotin und Cobalamin in Succinyl-CoA umgewandelt werden muß. (Über den Stoffwechsel des Methionin s. auch S. 206).

Aminosäuren, deren Abbau Fumarat bzw. Oxalacetat liefert. Mit diesen beiden Zwischenprodukten des Citratcyclus steht eine Reihe glucogener Aminosäuren in Beziehung. ***Aspartat*** kann mit Hilfe der Glutamat-Oxalacetat-Transaminase in Oxalacetat umgewandelt werden. Eine Alternative hierzu ist die Übertragung der Aminogruppe des Aspartates auf CO-Gruppierungen, wobei *Fumarat* entsteht, das zu Oxalacetat hydratisiert und oxidiert werden muß. Ein Beispiel hierfür ist die Bildung von Arginin aus Citrullin im Harnstoffcyclus (s.S. 191). Asparagin als das Säureamid des Aspartates wird durch die Asparaginase zu Aspartat und Ammoniak hydrolysiert.

Der Abbau der Aminosäuren ***Tyrosin*** und ***Phenylalanin*** führt zu den Verbindungen ***Fumarat*** und ***Acetacetat***. Es handelt sich hier um Aminosäuren, die sowohl gluco- als auch ketogen sind. Wegen der besonderen medizinischen Bedeutung ihres Abbaus wird dieser gesondert besprochen (s. unten).

Aminosäuren, deren Abbau Pyruvat liefert. Zu den pyruvatliefernden Aminosäuren gehören das Serin, das Cystein, das Alanin und das Glycin. Der Abbau von Serin und Cystein ist außerordentlich ähnlich. Beide Aminosäuren unterliegen zunächst einer pyridoxalphosphatabhängigen α-,β-Eliminierung, wobei im Fall des Serins Wasser, im Fall des Cysteins H_2S sowie Aminoacrylat entstehen. Das letztere wird durch Verschiebung der Doppelbindung zum Iminoacrylat umgelagert, das hydrolytisch zu Pyruvat und NH_3 gespalten wird. Alanin kann über die Glutamat-Pyruvat-Transaminase zu Pyruvat transaminiert werden. Die nur aus zwei C-Atomen bestehende Aminosäure Glycin wird schließlich mit Hilfe von N^5-N^{10}-Methylen-Tetrahydrofolat um einen Kohlenstoff verlängert, so daß Serin entsteht, das über die einzelnen Schritte des Serinabbaus zu Pyruvat umgewandelt werden kann (Abb. 9.4).

Der Abbau der aromatischen Aminosäuren Phenylalanin und Tyrosin. Die Abbaureaktionen von Phenylalanin und Tyrosin stehen in engem Zusammenhang. Dieser besteht darin, daß unter normalen Bedingungen kein spezifischer Abbauweg für das Phenylalanin existiert, sondern daß dieses erst nach Umwandlung zu Tyrosin abgebaut werden kann. Bei dieser Umwandlung muß Phenylalanin in p-Stellung zur Seitenkette des Phenylrestes hydroxyliert werden. Das verantwortliche Enzym ist eine als Phenylalanin-Hydroxylase bezeichnete Monooxigenase. Ihr Reaktionsmechanismus entspricht dem auf S. 177 für Monooxigenasen allgemein geschilderten. Lieferant der benötigten Reduktionsäquivalente ist das Tetrahydrobiopterin, das in einer NADPH-abhängigen Reaktion aus Dihydrobiopterin entsteht (Abb. 9.9). Für diese Reaktion ist molekularer Sauerstoff notwendig.

Abbildung 9.9 zeigt die Einzelheiten des Tyrosin-Abbaus. Dieser wird durch eine ***Transaminierung*** eingeleitet (Tyrosintransaminase), wobei *p-Hydroxyphenylpyruvat* entsteht. Dieses wird erneut durch eine Monooxigenase, die p-Hydroxyphenylpyruvat-Hydroxylase hydroxyliert. Bei dieser sehr komplizierten Reaktion kommt es außerdem zur ***Decarboxylierung*** und *Wanderung* der Seitenkette, so daß schließlich die Homogentisinsäure entsteht. Durch eine ***Dioxigenase-Reaktion*** wird der sechsgliedrige Ring des Homogentisates gespalten, es entsteht Maleylacetacetat. Nach ***Isomerisierung*** dieser Verbindung zu Fumarylacetacetat muß dieses lediglich durch eine entsprechende Hydrolase gespalten werden, wobei Acetacetat und Fumarat entstehen.

Der Abbau der Aminosäure Tryptophan. Die wichtigsten Schritte im Abbau der Aminosäure Tryptophan sind in Abb. 9.10 dargestellt. Zunächst kommt es durch eine Dioxigenase zur Spaltung des Fünferrings und Abspaltung von Ameisensäure. Das dabei entstehende Kynurenin wird durch eine Monooxigenase in Position 3 hydroxyliert und danach von der Seitenkette des Kynurenins ein Alanin abgespalten, so daß 3-Hydroxyanthranilsäure entsteht.

Diese wird oxidativ durch eine *Dioxigenase* gespalten, das entstehende Acroleyl-β-Aminofumarat wird decarboxyliert und oxidativ desaminiert, so daß nach erneuter Oxidation α-Ketoadipinsäure entsteht. Diese α-Ketodicarbonsäure wird durch dehydrierende Decarboxylierung in Glutaryl-Coenzym A umgewandelt. Es wird oxidiert, decarboxyliert, hydratisiert und erneut oxidiert, so daß schließlich ***Acetacetyl-CoA*** entsteht.

Das beim Tryptophan-Abbau entstehende Acroleyl-β-Aminofumarat ist Ausgangspunkt für die Biosynthese von ***Nikotinsäuremononucleotid***. Unter Wasserabspaltung entsteht aus Acroleyl-β-Aminofumarat die Chinolinsäure (Abb. 9.10), die unter Anlagerung

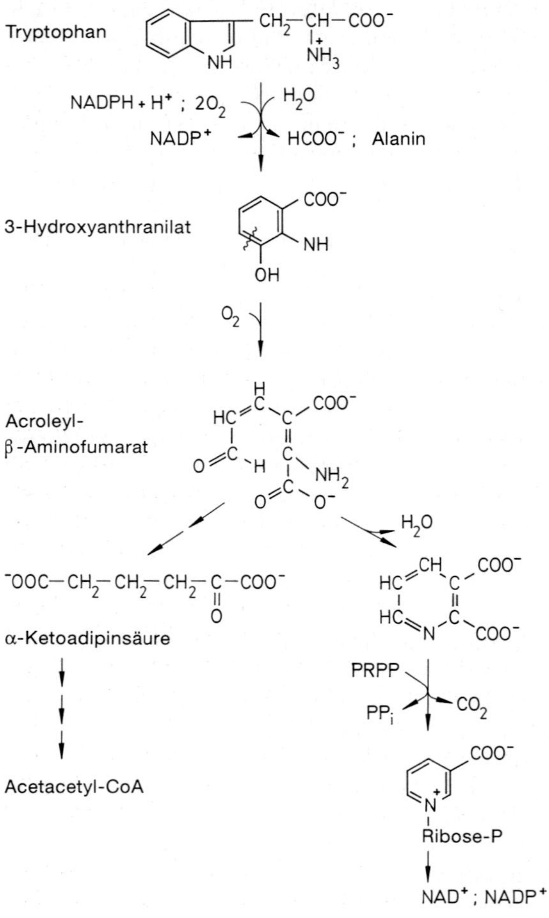

Bild 9.10. Der Abbau des Tryptophans. Aus dem durch 2-malige Ringspaltung entstehenden Acroleyl-β-Aminofumarat entsteht entweder Acetacetyl-CoA oder Chinolinsäure, aus der durch Decarboxylierung und Phosphorylierung Nicotinsäuremononucleotid gebildet wird. Dieses kann für die NAD-Biosynthese verwendet werden

von Phosphoribosylpyrophosphat (s.S. 260) und Decarboxylierung in Nikotinsäuremononucleotid übergeht.

Damit ist der Organismus imstande, das Vitamin Nikotinsäure auch beim Tryptophan-Abbau zu synthetisieren. Allerdings werden 3,7 mmol Nahrungstryptophan benötigt, um nur 0,1 mmol Nikotinsäure zu ersetzen. Unter den üblichen Ernährungsbedingungen reicht damit die Tryptophan-Zufuhr mit der Nahrung nicht aus, um einen Nikotinsäure-Mangel zu verhindern.

Die Phenylketonurie als Beispiel für angeborene Enzymdefekte. Speziell im Bereich des Abbaus essentieller Aminosäuren treten eine Reihe von Erkrankungen auf, die auf einem durch ***Mutation*** entstandenen ***hereditären Enzymdefekt*** beruhen. Im allgemeinen kommt es durch den Defekt eines für den Abbau der betreffenden Aminosäure wichtigen Enzyms zu einer Anhäufung von Zwischenprodukten des Abbaus oberhalb des Defektortes, die dann über andere, sonst vom Organismus nicht benutzte Stoffwechselwege ab- und umgebaut werden. Dabei entstehen möglicherweise toxische Zwischenprodukte, die für die Symptomatik der Erkrankung verantwortlich gemacht werden können.

Der häufigste Enzymdefekt im Bereich des Aminosäure-Stoffwechsels (in der Bundesrepublik Deutschland eine Erkrankung auf 10.000 Neugeborene, Häufigkeit der nicht erkrankten Heterozygoten 1 : 50) ist die ***Phenylketonurie***. Die Erkrankung beruht darauf, daß infolge des Fehlens der Phenylalaninhydroxylase in der Leber Phenylalanin nicht mehr in Tyrosin überführt werden kann, sondern sich in den verschiedensten Geweben sowie im Blut anhäuft. Der Phenylalaninabbau weicht auf andere Stoffwechselwege aus (Abb. 9.11).

Durch Transaminierung kommt es zur Bildung der α-Ketosäure ***Phenylpyruvat***, die der Erkrankung ihren Namen gegeben hat. Phenylpyruvat kann zu Phenyllactat reduziert oder zu Phenylacetyl-CoA oxidiert werden. Letztere Verbindung findet sich in einer Reihe weiterer Abbauprodukte wie Phenylacetat und Phenylacetylglutamin. Eine Folge des Enzymdefektes ist auch die Tatsache, daß die Aminosäure Tyrosin nun essentiell geworden ist. Die beim fehlerhaften Abbau des Phenylalanins auftretenden Zwischenprodukte sind *toxische* Verbindungen, die speziell die Myelinbildung in den ***Oligodendrocyten*** beeinträchtigen. Mit diesem Befund wird eines der wich-

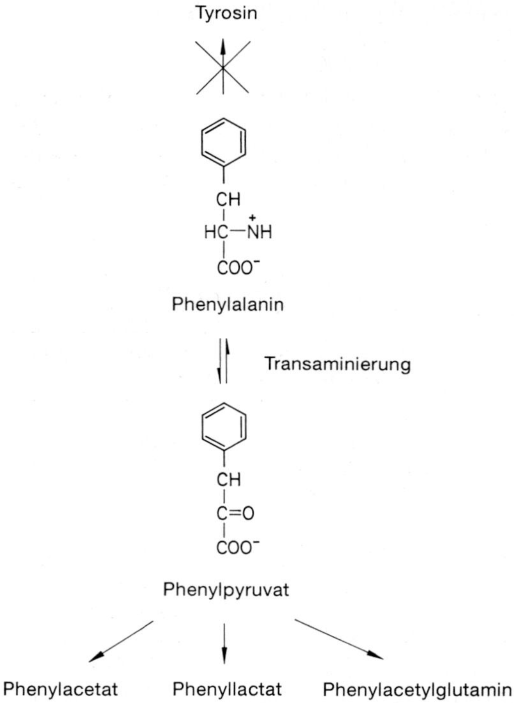

Bild 9.11. Bei der Phenylketonurie entstehende toxische Abbauprodukte des Phenylalanins

tigsten Symptome der Phenylketonurie, nämlich die defekte geistige Entwicklung der Betroffenen, erklärt.

Die einzig mögliche Therapie der Erkrankung besteht in der Zufuhr einer phenylalaninarmen Kost, so daß die Konzentrationen der beim Phenylalaninabbau entstehenden toxischen Metabolite möglichst gering bleiben. Eine derartige Diät gewährleistet eine normale geistige Entwicklung, vorausgesetzt, daß sie zum frühestmöglichen Zeitpunkt, nämlich ganz kurz nach der Geburt, einsetzt. Aus diesem Grund werden in der Bundesrepublik alle Neugeborenen auf Phenylketonurie untersucht.

Das C-Skelett der glucogenen Aminosäuren kann für die Glucosesynthese verwendet werden

In Tabelle 9.1 ist das Stoffwechselschicksal der 20 proteinogenen Aminosäuren zusammengefaßt. Wegen ihres Vorkommens in den Körperproteinen machen sie den größten Teil des Aminosäureumsatzes aus und spielen deswegen vom energetischen Standpunkt aus die größte Rolle.

Tabelle 9.1. Übersicht über glucogene und ketogene Aminosäuren

Aminosäure	glucogenes Abbauprodukt	ketogenes Abbauprodukt
Alanin	Pyruvat	–
Asparagin, Aspartat	Oxalacetat	–
Glutamin, Glutamat	α-Ketoglutarat	–
Prolin, Histidin, Arginin	α-Ketoglutarat	–
Glycin, Serin, Cystein	Pyruvat	–
Methionin, Threonin, Valin	Succinyl-CoA	–
Isoleucin	Succinyl-CoA	Acetyl-CoA
Phenylalanin (Tyrosin)	Fumarat	Acetacetat
Tryptophan	Alanin	Acetyl-CoA
Leucin	–	Acetyl-CoA, Acetacetat
Lysin	–	Acetyl-CoA

Lediglich die Aminosäuren Leucin und Lysin liefern beim Abbau nur Acetacetat oder Acetyl-CoA. Alle anderen Aminosäuren bilden Zwischenprodukte des Citratcyclus oder Pyruvat. Pyruvat und die Citratcyclus-Intermediate können durch die in Abb. 9.12 dargestellten Reaktionen in Oxalacetat umgewandelt werden (s.S. 157). Durch Decarboxylierung und GTP-abhängiger Phosphorylierung entsteht aus Oxalacetat Phosphoenolpyruvat. Diese Reaktion wird durch das Enzym Phosphoenolpyruvat-Carboxykinase katalysiert und liefert das Substrat für die ***Glucoseneusynthese*** (Gluconeogenese, s.S. 221).

Die Stoffwechselbedeutung der sog. glucogenen Aminosäuren ist beträchtlich. So werden beim Menschen nach 24-stündigem Hungern täglich etwa 75 g ***Muskelprotein*** abgebaut und größtenteils in

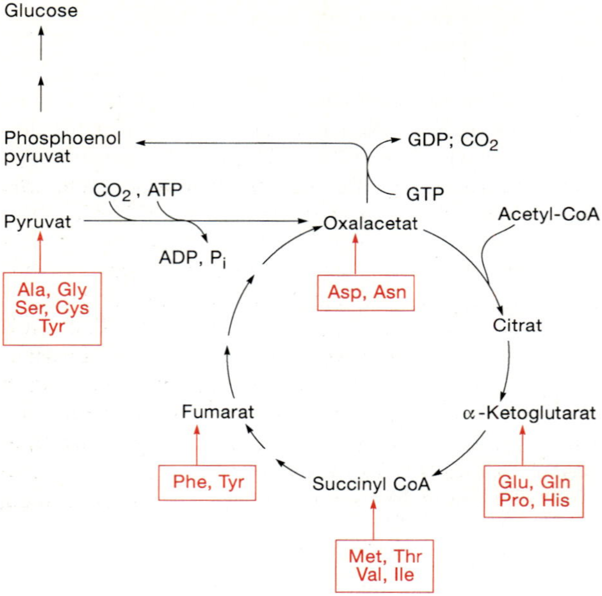

Bild 9.12. Beziehungen zwischen Aminosäureabbau, Citratcyclus und Gluconeogenese

Glucose umgewandelt. Nach 5-6-wöchigem Hunger sinkt die Glucoseproduktion aus Aminosäuren zwar ab, jedoch müssen immer noch etwa 20 g Muskelprotein pro Tag für diesen Zweck geopfert werden.

Durch pyridoxalphosphatabhängige Decarboxylierung entstehen aus einigen Aminosäuren Hormone und hormonähnliche Verbindungen.

Der Abbau von Aminosäuren dient nicht nur der Energieerzeugung, er ist auch mit einer Reihe wichtiger Biosynthesen verknüpft. So entstehen durch pyridoxalphosphatabhängige Decarboxylierung vieler Aminosäuren nach folgender Gleichung

$$R-\underset{\underset{COO^-}{|}}{\overset{\overset{H}{|}}{C}}-\overset{+}{N}H_3 \xrightarrow{[PALP]} R-CH_2-NH_2 + CO_2$$

die entsprechenden ***Amine***. Einige Amine zeichnen sich durch hohe biologische Wirksamkeit aus und dienen als Hormone, Gewebshormone bzw. Transmittersubstanzen (s. Tabelle 9.2). Die beiden aromatischen Aminosäuren ***Phenylalanin*** und ***Tyrosin*** haben erhebliche Stoffwechselbedeutung. So ist Phenylalanin die direkte Vorstufe des Tyrosins, das aus diesem Grund nicht zu den essentiellen Aminosäuren gezählt wird. Tyrosin seinerseits dient als Vorstufe für wichtige Verbindungen, die in Abb. 9.13 zusammengestellt sind. Durch Verknüpfung eines Tyrosinmoleküls mit dem hydroxylierten aromatischen Ring eines weiteren Tyrosins entstehen unter gleichzeitiger Einführung von Jod die Schilddrüsenhormone Thyroxin (T_4) und Trijodthyronin (T_3) (s.S. 365). Tyrosin kann am aromatischen Ring

Tabelle 9.2. Wichtige Amine

Aminosäure	Amin	Bedeutung
Serin	Äthanolamin	Phosphatidyläthanolamin (s. S. 251)
Histidin	Histamin	Gewebshormon (s. S. 332, 381)
3,4-Dihydroxyphenylalanin	Dopamin	Vorstufe der Catecholamine, Transmitter (s. S. 347, 470)
5-Hydroxytryptophan	5-Hydroxytryptamin (Serotonin)	Gewebshormon (s. S. 381)
Glutamat	γ-Aminobutyrat	Transmitter (s. S. 470)

ein *zweites Mal* hydroxyliert und danach decarboxyliert werden, so daß ***Dopamin*** (Dihydroxyphenylamin) entsteht, das im Zentralnervensystem eine Rolle als Transmitter (dopaminerge Neurone) hat. Dopamin ist darüber hinaus der Ausgangspunkt für die Biosynthese von ***Noradrenalin*** und ***Adrenalin*** (s. auch Seite 347). Schließlich

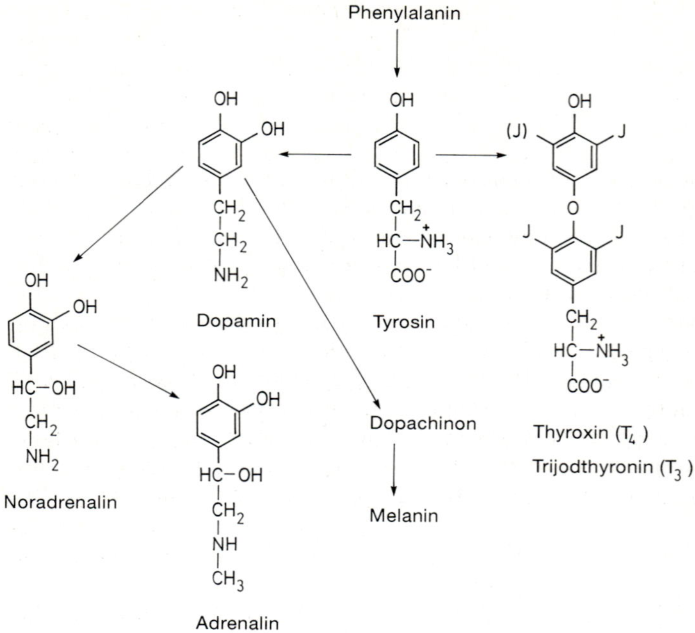

Bild 9.13. Tyrosin als Ausgangspunkt für die Biosynthese der Katecholamine Adrenalin und Noradrenalin, der Schilddrüsenhormone sowie des Melanins

entsteht aus Tyrosin über die Zwischenstufe Dopamin das ***Dopachinon***, das zum dunklen Hautpigment ***Melanin*** polymerisiert.

Methionin, Serin und Histidin liefern 1-Kohlenstoffreste

Der Abbau einer Reihe von Aminosäuren steht in enger Beziehung zum Stoffwechsel der sog. 1-Kohlenstoffreste, die im Organismus für eine Vielzahl von Biosynthesen von großer Bedeutung sind.

Abbildung 9.14 zeigt den Stoffwechsel der Aminosäure Methionin. Im Verlauf ihres Abbaus kondensiert diese mit ATP, wobei unter Abspaltung von Phosphat und Pyrophosphat das S-Adenosylmethionin entsteht. Hierdurch wird die S-Methylgruppierung besonders reaktiv und kann für eine Reihe von Biosynthesen benutzt werden. Hierzu gehört die Methylierung von Histidinresten in Proteinen sowie bestimmter Basen in der DNA. S-Adenosylmethionin-abhängige Methylierungen gehören darüber hinaus zur Biosynthese des ***Kreatins*** (s. S. 456), des ***Adrenalins*** (s. S. 347) sowie des ***Cholins***. Das nach Abspaltung der Methylgruppe entstehende S-Adenosylhomocystein wird zu Adenosin und Homocystein gespalten. Im weiteren Verlauf des Abbaus überträgt Homocystein seine SH-Gruppe auf Serin, so daß Cystein und Homoserin entstehen, die letztlich zu Propionyl-CoA abgebaut werden. Eine Alternative ist die Remethylierung zu Methionin (s. unten).

Wie aus Abb. 9.15 hiervorgeht, liefern auch andere Aminosäuren 1-Kohlenstoffreste, wobei allerdings als Überträger die Tetrahydrofolsäure (FH 4) (s.S. 313) dient. Die beim Histidin-Abbau entstehende Formimino-Gruppierung wird unter Bildung von Formimino-FH 4 auf Tetrahydrofolat übertragen. Durch Desaminierung entsteht hieraus das N^5,N^{10}-Methenyl-FH 4. Dies kann *zweimal* reduziert werden, so daß N^5,N^{10}-Methylen-FH 4 und N^5-Methyl-FH 4 entstehen.

Die wichtigste Quelle von folatgebundenen 1-Kohlenstoffresten ist sicher die Hydroxymethylgruppe des Serins, die zur Bildung von N^5,N^{10}-Methylen-FH 4 führt.

Aus Methenyl-FH 4 entstehen die C-Atome 2 und 8 des Purinkerns, aus Methylen-FH 4 die Methylgruppen des ***Thymins*** sowie des Hydroxymethylcytosins. Die Methylgruppe des Methyl-FH 4 wird ausschließlich zur Biosynthese von Methionin aus *Homocystein* benutzt und dient auf diese Weise einer ganzen Reihe von Methylierungsreaktionen (s.Abb. 9.14).

Aus Cystein entstehen schwefelhaltige Verbindungen

Abbildung 9.14 zeigt die engen Stoffwechselbeziehungen der beiden schwefelhaltigen Aminosäuren ***Methionin*** und ***Cystein***. Die Aminosäure Methionin dient nach Aktivierung zu S-Adenosyl-Methionin als Donor von Methylgruppen für eine Reihe von Reaktionen. Nach Abspaltung des Adenosinrestes entsteht aus ihr die Aminosäure Homocystein. In einem cyclischen Prozeß erfolgt die ***Remethylierung*** zu Methionin. Diese Reaktion, die nur in Anwesenheit von Methyl-Cobalamin (Vitamin B_{12}) erfolgt, benötigt N^5-Methyl-Tetrahydrofolsäure als Donator der Methylgruppe.

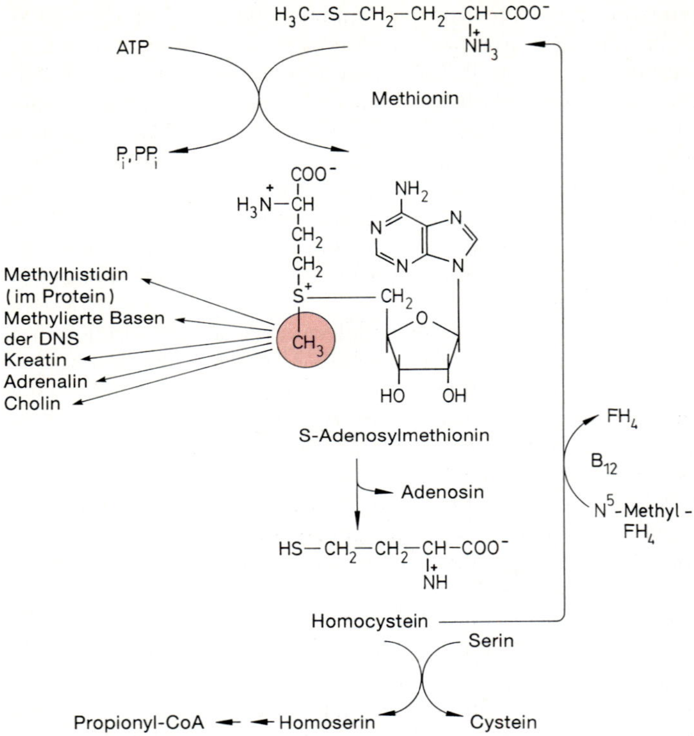

Bild 9.14. Stoffwechsel der Aminosäure Methionin. Durch Reaktion mit ATP entsteht S-Adenosyl-Methionin, das als Methyldonor für eine Reihe von Biosynthesen dient. Dabei entstehendes Homocystein kann entweder in einer Vitamin B_{12}- abhängigen Reaktion mit Methyl-Tetrahydrofolat remethyliert werden oder seine SH-Gruppe unter Cysteinbildung auf Serin übertragen. Homoserin wird zu Propionyl-CoA abgebaut

Eine Alternative ist der Austausch der *SH*-Gruppe des Homocysteins gegen die *OH*-Gruppe des Serins. Dabei entsteht die Aminosäure Cystein sowie das Homoserin, das zu Propionyl-CoA abgebaut werden kann. Cystein wird zu Pyruvat abgebaut, wozu im Prinzip zwei Stoffwechselwege zur Verfügung stehen: Durch α-β-Elimination entsteht unter Abspaltung von H_2S ***Aminoacrylat***, das

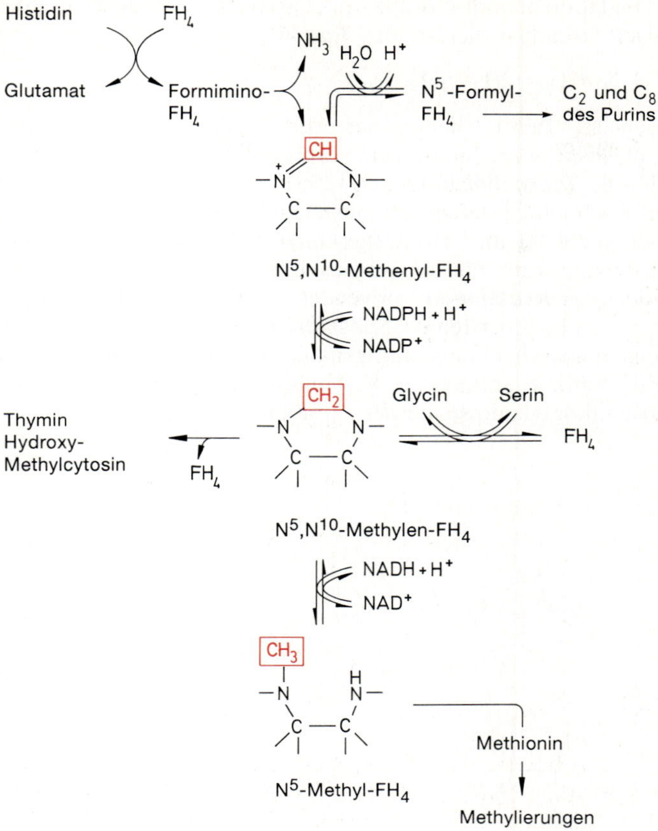

Bild 9.15. Die Rolle von Tetrahydrofolat bei der Übertragung von 1-Kohlenstoffresten (Einzelheiten s. Text; die vollständige Struktur der Folsäure s.S. 315)

hydrolytisch unter Freisetzung von Ammoniak zu Pyruvat abgebaut wird. Eine andere Möglichkeit ist die Transaminierung des Cysteins zu ***Mercaptopyruvat***, wonach die Mercapto-Gruppierung unter Thiosulfat-Bildung auf Sulfid übertragen wird und Pyruvat entsteht. Aus H_2S bzw. $S_2O_3^{2-}$ kann Sulfat entstehen.

Durch Oxidation der SH-Gruppe des Cysteins zur Sulfonat-Gruppe entsteht nach Decarboxylierung das ***Taurin***.

$$H_2N{-}CH_2{-}CH_2{-}SO_3^-$$

Kopplungen an Taurin dienen der Verbesserung der Ausscheidungsfähigkeit der verschiedensten Verbindungen. Das bekannteste Beispiel ist die ***Taurocholsäure*** (s.S. 256).

Ein Teil des beim Cysteinabbau entstehenden Sulfates wird als anorganischer Schwefel im Urin ausgeschieden. Daneben kann Sulfat nach Aktivierung zum Phosphoadenosylphosphosulfat (Abb. 9.16) für ***Sulfatierungs-Reaktionen*** verwendet werden. So werden einige körpereigene und körperfremde Substanzen durch PAPS-abhängige Sulfatierungen ausscheidungsfähig genannt. PAPS dient darüber hinaus zur Biosynthese sulfatierter Verbindungen, wie beispielsweise der Glykosaminoglykane sowie der sulfatierten Cerebroside.

$$\text{Sulfat} + 2\,\text{ATP} \longrightarrow \text{PAPS} + \text{ADP} + 2\,P_i$$

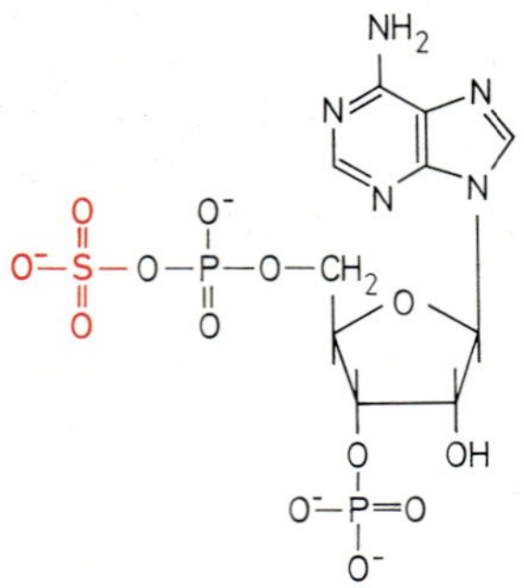

Bild 9.16. 3′-Phosphoadenosin-5′-Phosphosulfat

10 Stoffwechsel bei Nahrungsmangel: Wechselbeziehungen von Kohlenhydrat-, Fett- und Proteinstoffwechsel

ZUSAMMENFASSUNG

Der menschliche Organismus speichert für etwa 700000 kJ Substrate. Der Hungerzustand ist durch eine deutlich gesteigerte β-Oxidation der Fettsäuren sowie Ketogenese gekennzeichnet. Im Hungerzustand muß Glucose für das Zentralnervensystem, die Erythrocyten und das Nierenmark bereitgestellt werden. Der Substratbedarf für die Glucoseproduktion wird durch gesteigerten Proteinabbau bereitgestellt. Die Gluconeogenese unterscheidet sich von der Glykolyse durch Umgehungsreaktionen für Pyruvatkinase, Phosphofructokinase und Hexokinase.

Der menschliche Organismus speichert für etwa 700 000 kJ Substrate

Bei reichlicher Ernährung wird Energie in großem Umfang in Form von Triacylglycerinen, Glykogen und Proteinen gespeichert (Tabelle 10.1). Diese Fähigkeit erhöht die Überlebenschancen eines Organismus beträchtlich. Beim Menschen ist hierdurch über einige Wochen eine weitgehende Unabhängigkeit von kontinuierlicher Nahrungszufuhr gewährleistet. In diesem Fall wird die Energiegewinnung aus den Bestandteilen der Nahrung durch den Abbau und die Oxidation der intrazellulär gespeicherten Substrate ersetzt.

Tabelle 10.1. Substratspeicherung bei normalgewichtigen und fettsüchtigen Menschen. (Nach Cahill. Aus Löffler G., Petrides P., Physiologische Chemie, 4. Auflage. Berlin, Heidelberg, New York: Springer 1988)

	Normalgewichtig		Fettsüchtig	
	Menge g	Brennwert kJ	Menge g	Brennwert kJ
Triacylglycerine (Fettgewebe)	15000	590000	bis 80000	3160000
Glykogen (Muskel, Leber	400	7000	400	7000
Protein (Muskel)	6000	101000	8000	134000

Allerdings muß hierbei der Tatsache Rechnung getragen werden, daß die verschiedenen Gewebe des Organismus in verschiedenem Umfang zur Ausnützung von Kohlenhydraten, Fetten bzw. Proteinen für die Deckung des Energiebedarfs fähig sind. So verfügen die *Erythrocyten* und die Zellen des Nierenmarks von vornherein nicht über die enzymatische Ausstattung zur Oxidation von Fettsäuren. Sie sind auf Energiegewinnung durch ***Glykolyse*** angewiesen. Ähnliches gilt für das *Nervengewebe*. Unter normalen Umständen deckt es seinen Energiebedarf ausschließlich durch die Oxidation von Glucose. Es ist nicht imstande, Fettsäuren abzubauen, gewinnt jedoch nach langdauernden Hungerperioden wenigstens die Fähigkeit zur Energiegewinnung aus den Ketonkörpern.

Abbildung 10.1 zeigt die nach 24stündigem Hunger im menschlichen Organismus gefundenen Substratflüsse. Die Hauptenergiequelle stellen offensichtlich die ***Acylglycerine*** des Fettgewebes dar. Auf 24 Stunden bezogen liefert es 160 g Triacylglycerine, die zu drei Vierteln in den extrahepatischen Geweben wie Herzmuskel, Nieren, Skelettmuskulatur usw. zu CO_2 und H_2O abgebaut werden. Das letzte Viertel gelangt in die Leber.

Von der Leber nicht zur Deckung des Energiebedarfs benötigte Fettsäuren werden dort in *Ketonkörper* umgewandelt, an das Blut abgegeben und ebenfalls von extrahepatischen Geweben oxidiert. Insgesamt liefert der Abbau von Triacylglycerinen aus dem Fettgewebe unter diesen Stoffwechselbedingungen etwa 83% des Ener-

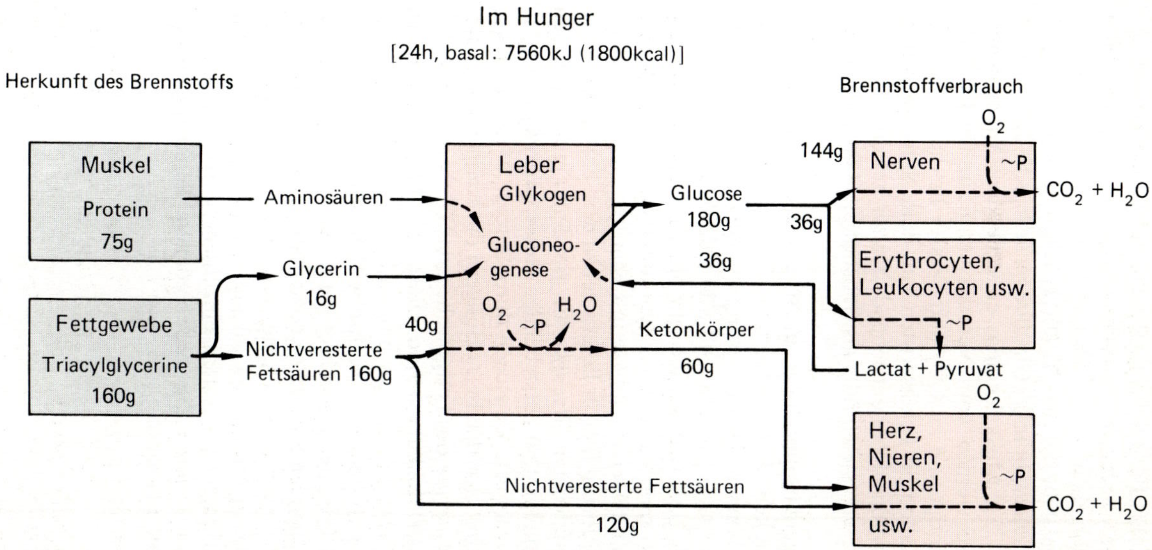

Bild 10.1. Substratumsatz beim stoffwechselgesunden Menschen nach 24 stündigem Fasten: Muskulatur und Fettgewebe liefern in Form von Aminosäuren, Glycerin und nichtveresterten Fettsäuren Substrate zur Deckung des Energiebedarfs von Nerven, Blutzellen, Herzmuskel, Nieren und Skelettmuskulatur. (Nach Cahill, aus Löffler, G., Petrides P.E.: Physiologische Chemie, 4. Aufl. Springer, Berlin, Heidelberg, New York)

gieumsatzes von 7500 kJ (1800 kcal). Für die auf Glucosezufuhr angewiesenen Gewebe werden im Hungerzustand von der Leber 180 g Glucose/24 Std. abgegeben.

Diese Glucose entsteht durch Abbau des lebereigenen *Glykogens* sowie durch *Glucoseneusynthese* (*Gluconeogenese*, s.S. 221) aus den durch Abbau von 75 g Muskelprotein entstehenden Aminosäuren. Etwa 140 g Glucose werden vom Nervensystem zur Deckung des Energiebedarfs benötigt und zu CO_2 und Wasser oxidiert. Der Rest von 40 g wird vor allem in Erythrocyten und dem Nierenmark glykolytisch zerlegt und das dabei entstehende ***Lactat*** auf dem Blutweg zur Leber gebracht, wo es ebenfalls als Substrat zur Glucoseneusynthese dient.

Dauert der Hungerzustand länger an, so gewinnt das *Zentralnervensystem* die Fähigkeit, *Ketonkörper* zur Deckung des Energiebedarfs oxidieren zu können. Damit verringert sich der Glucosebedarf des Zentralnervensystems auf etwa 40 g/24 Std. Da bei langdauerndem Hunger die Glykogenvorräte auf sehr niedrige Spiegel abgesunken sind, muß die *gesamte* dann vom Zentralnervensystem benötigte Glucosemenge durch Glucosesynthese in Leber und Nieren bereitgestellt werden. Das Substrat hierfür liefern neben dem bei der Lipolyse im Fettgewebe entstehenden ***Glycerin*** die aus dem täglichen Abbau von etwa 20 g Muskelprotein entstehenden ***Aminosäuren***.

Aus diesen am fastenden Menschen durch direkte Messungen gewonnenen Daten wird klar, daß beim Hungern die Hauptenergielieferanten die *Triacylglycerine* des Fettgewebes, das *Glykogen* der Leber sowie das *Protein* der Muskulatur sind. Diese drei Organe stellen den gesamten Energiebedarf des Organismus sicher.

Ein kompliziertes System der Wechselwirkungen zwischen Fett-, Kohlenhydrat- und Proteinstoffwechsel sorgt dafür, daß die Mobilisierung der entsprechenden Substrate genau dem Bedarf der verschiedenen Organe und Gewebe des Organismus entspricht. Die hierzu notwendige Regulation erfolgt sowohl auf der Ebene der intrazellulären Wechselwirkungen zwischen einzelnen Stoffwechselwegen als auch übergeordnet durch die verschiedenen, den Hungerstoffwechsel regulierenden Hormone (s.S. 346 f.).

Der Hungerzustand ist durch eine deutlich gesteigerte β-Oxidation der Fettsäuren sowie Ketogenese gekennzeichnet

Das primäre Ereignis beim Einsetzen des Hungerstoffwechsels ist ein leichtes Absinken der Glucosekonzentration im Blut sowie damit verbunden eine Abnahme der Insulinsekretion mit Überwiegen ***insulinantagonistischer Hormone*** (s.S. 346 f.). Diese Konstellation führt am Fettgewebe (s.S. 448) zu einer raschen Zunahme der Lipolysegeschwindigkeit, wobei nichtveresterte Fettsäuren und Glycerin entstehen. Beide Verbindungen werden ans Blut abgegeben. Glycerin ist gut wasserlöslich, die schwer wasserlöslichen Fettsäuren bedienen sich des Serumalbumins als Vehikel. Die Fettsäurekonzentration steigt im Hungerzustand auf etwa das Dreifache des Normalwertes an.

In den extrahepatischen Geweben und der Leber besteht eine Proportionalität zwischen der Geschwindigkeit der Fettsäureaufnahme und ihrer Plasmakonzentration. In der Skelettmuskulatur, dem Herzmuskel sowie den Nieren werden die aufgenommenen Fettsäuren zum größten Teil durch *β-Oxidation* oxidiert und das dabei entstehende Acetyl-CoA im *Citratcyclus* zu CO_2 und Wasser umgewandelt. Aufgrund des erhöhten Substratflusses durch die genannten Stoffwechselwege ändern sich die Konzentrationen einiger wichtiger Zwischenprodukte. So kommt es beispielsweise zu einer Konzentrationszunahme von ***Acetyl-CoA*** und ***Citrat***, was wichtige Konsequenzen für den Glucoseumsatz hat (s. unten).

In den nichthepatischen Geweben entspricht die Fähigkeit zur Fettsäureaufnahme und β-Oxidation der Kapazität des Citratcyclus zum endgültigen Abbau der entstehenden Acetyl-Einheiten. In der *Leber* liegen dagegen die Verhältnisse anders. Auch hier werden Fettsäuren konzentrationsabhängig aus dem Blut aufgenommen und durch β-Oxidation oxidiert. Schon die dabei in Form von NADH und $FADH_2$ anfallenden Reduktionsäquivalente führen zu einer Verschiebung der Verhältnisse von $NADH/NAD^+$ und $FADH_2/FAD$. Das Überwiegen reduzierter wasserstoffübertragender Coenzyme bewirkt eine *Verlangsamung* der Umsatzgeschwindigkeit im Citratcyclus, was eine Behinderung der Oxidation von Acetylresten zur Folge hat. Dies führt zu einer markanten Zunahme der Acetyl-CoA-Konzentration in der Leberzelle. Sie wird durch einen für die Leber spezifischen Stoffwechselweg abgebaut, nämlich die Biosynthese von Acetacetat als dem ersten Produkt bei der Ketonkörperbiosynthese.

Durch die Bildung von ***Acetacetat*** und ***β-Hydroxybutyrat*** leistet die Leber einen wichtigen Beitrag zur Energieversorgung des Organismus. 30-40% der im Fettgewebe freigesetzten Fettsäuren werden in der Leber in Ketonkörper umgewandelt. Steigt die Geschwindigkeit der β-Oxidation infolge wachsenden Fettsäureangebotes, so nimmt die Reduktion von Acetacetat zu β-Hydroxybutyrat und damit der Quotient β-Hydroxybutyrat/Acetacetat zu. Der biologische Vorteil dieser Reduktion besteht darin, daß NADH, welches nicht mehr in der Atmungskette reoxidiert werden kann, auf diese Weise im β-Hydroxybutyrat fixiert wird.

Die Geschwindigkeit der Ketonkörperbiosynthese ist beträchtlich. Mit 30-40% der insgesamt freigesetzten Fettsäuren erreicht sie in der menschlichen Leber bei kürzer- bzw. längerfristigem Hunger Werte von 50-60 g/24 Std.

Ketonkörper können in vielen extrahepatischen Geweben, vor allem in den Skelettmuskeln, dem Herzmuskel und den Nieren zur Deckung des Energiebedarfs oxidiert werden. Der in der Leber im β-Hydroxybutyrat fixierte überschüssige NADH-Wasserstoff wird durch die *vor* der Acetacetat-Aktivierung notwendige Oxidation von β-Hydroxybutyrat zu Acetacetat umgekehrt. Das dabei gebildete NADH dient in den extrahepatischen Geweben als weiteres Substrat zur Deckung des Energiebedarfs.

Auch das Zentralnervensystem, das zunächst auf die alleinige Oxidation von Glucose zur Deckung des Energiebedarfs eingestellt ist, wird nach längerem Hungern zur Ketonkörperoxidation fähig und deckt dann einen beträchtlichen Anteil seines Energieverbrauchs. Offensichtlich werden die für die Ketonkörperoxidation notwendigen Enzyme durch ihr eigenes Substrat induziert.

Im Hungerzustand muß Glucose für das Zentralnervensystem, die Erythrocyten und das Nierenmark bereitgestellt werden

Die meisten Gewebe des tierischen Organismus haben keinerlei Probleme, zur Deckung ihres Energiebedarfes statt Glucose unveresterte Fettsäuren zu verwenden. Dies trifft besonders für mengenmäßig so wichtige Organe wie die Skelettmuskulatur, die Leber, die Nieren oder den Herzmuskel zu. Auf der anderen Seite gibt es jedoch eine Reihe von Zellen, die aufgrund ihrer spezifischen enzymatischen

Ausstattung nicht oder nur nach längerer Adaptation zur Oxidation von Lipiden oder deren Umwandlungsprodukten imstande sind. Die Erythrocyten und das Nierenmark betreiben aufgrund ihrer spezifischen Ausrüstung zur Deckung ihres Energiebedarfs ausschließlich die Glykolyse. Auch das Nervensystem gewinnt unter den normalen Bedingungen seine Energie nur durch den oxidativen Abbau von Glucose. Erst nach langdauerndem Hunger wird es teilweise von einer permanenten Glucosezufuhr unabhängig (s.o.).

Aufgabe des tierischen Organismus ist es, während kürzerer und erst recht längerer Hungerperioden Glucose in entsprechendem Umfang zur Deckung des Energiebedarfs der drei genannten Gewebe bereitzustellen.

Zunächst einmal wird hierzu auf die Glykogenvorräte zurückgegriffen. Mengenmäßig kommt hierfür nur das Leber- bzw. Muskelglykogen in Frage. Nach vollständiger Auffüllung der Glykogenspeicher durch eine kohlenhydratreiche Kost kann die Konzentration des Leberglykogens maximal 100 mg/g, diejenige des Muskelglykogens maximal 10 mg/g erreichen. Damit lassen sich vom menschlichen Organismus in der Leber maximal 150 g, in der Skelettmuskulatur maximal 250 g, zusammen also 400 g Glykogen speichern. Allerdings ist bei dieser Kalkulation zu berücksichtigen, daß akut zur Aufrechterhaltung der *Blutglucosekonzentration* nur das *Leberglykogen* brauchbar ist. Die Leber ist nämlich neben der Nierenrinde das einzige Gewebe, das über ausreichende Aktivitäten des Enzyms ***Glucose-6-Phosphatase*** verfügt, das Glucose-6-Phosphat in Glucose umwandelt, die dann von der Leber abgegeben werden kann.

In der Skelettmuskulatur fehlt die Glucose-6-Phosphatase; hier wird Glykogen im wesentlichen zur Deckung des Energiebedarfs der Muskelzelle abgebaut, zu einem beträchtlichen Teil allerdings nur bis auf die Stufe des Lactats. Dieses kann von der Muskulatur abgegeben, von der Leber wieder aufgenommen und für die Glucoseneusynthese (s.u.) verwendet werden. Berücksichtigt man die Tatsache, daß während kürzerer Hungerperioden (einige Tage) die Glucoseproduktion der menschlichen Leber etwa 180 g/24 Std., nach mehrwöchigem Hunger immer noch 80 g/24 Std., beträgt, so wird klar, daß auf die Dauer Glykogen nur einen geringen Beitrag zur Aufrechterhaltung normaler Blutglucosekonzentrationen leisten kann.

Von wesentlich größerer Bedeutung hierfür ist die Glucoseneusynthese aus Nicht-Kohlenhydratvorstufen, die *Gluconeogenese* (s.S. 221). Wichtige Substrate für diese Syntheseleistung sind das von den verschiedensten Geweben abgegebene *Lactat*, das während der Lipolyse vom Fettgewebe freigesetzte *Glycerin* sowie die *glucogenen Aminosäuren*. So dienen zur Deckung des Glucosebedarfs bei kurzfristigem Hunger etwa 16 g Glycerin aus dem Fettgewebe sowie die bei der Proteolyse von 75 g Muskelprotein entstehenden Aminosäuren.

Während die Glycerinfreisetzungsrate auch bei langdauernden Hungerperioden in etwa konstant bleibt (wenigstens so lange, bis alles Fettgewebe aufgebraucht ist), nimmt die Proteolyserate der Muskulatur deutlich ab und liegt nach etwa sechswöchigem Hunger bei 20 g/24 Std. Diese Reduzierung der für die Glucoseproduktion notwendigen Proteolyse wird möglich, weil das Zentralnervensystem zu diesem Zeitpunkt die Fähigkeit erlangt hat, alternativ zur Glucose *Ketonkörper* zu oxidieren.

Die in Abb. 10.2 gezeigten Regulationsvorgänge stellen sicher, daß bei *steigendem Fettsäureangebot* in den extrahepatischen Geweben und der Leber entsprechend *weniger Glucose* zur Deckung des Energiebedarfs herangezogen wird, obwohl die Glucosekonzentration in der extrazellulären Flüssigkeit sich nicht wesentlich verringert.

Von den extrahepatischen Geweben werden Fettsäuren konzentrationsabhängig aufgenommen und rasch aktiviert sowie der β-Oxidation unterzogen. Die dabei verstärkt gebildeten Acetylreste gelangen in den Citratcyclus, wodurch es nicht nur zu einer Konzentrationszunahme von Acetyl-CoA, sondern auch von Citrat kommt. Beide Metabolite der Fettsäureoxidation wirken als allosterische Effektoren auf Schlüsselenzyme des Glucosestoffwechsels. So hemmt Acetyl-CoA im Sinne einer Endprodukthemmung die ***Pyruvatdehydrogenase***. Citrat ist zusätzlich ein wirksamer allosterischer Hemmstoff der ***Phosphofructokinase***. Beide Effektoren bewirken eine Verlangsamung der Glykolyse mit einem Anstau der Glykolysezwischenprodukte oberhalb des Fructose-1,6-Bisphosphats. Das nun in erhöhter Konzentration vorliegende Glucose-6-Phosphat hemmt schließlich die Hexokinase, so daß Glucose gar nicht mehr phosphoryliert, sondern für den Bedarf der obligaten Glucoseverwerter gespart wird.

Auch in der Leber kommt es zur konzentrationsabhängigen Aufnahme und Oxidation von Fettsäuren mit Anhäufung von Acetyl-CoA. Typischerweise geht hier jedoch die gesteigerte β-Oxidation mit einer deutlichen Verlangsamung des Citratcyclus einher. Der Grund ist offenbar, daß bereits durch die β-Oxidation mehr reduzierte Coenzyme anfallen als durch die Atmungskette reoxidiert wer-

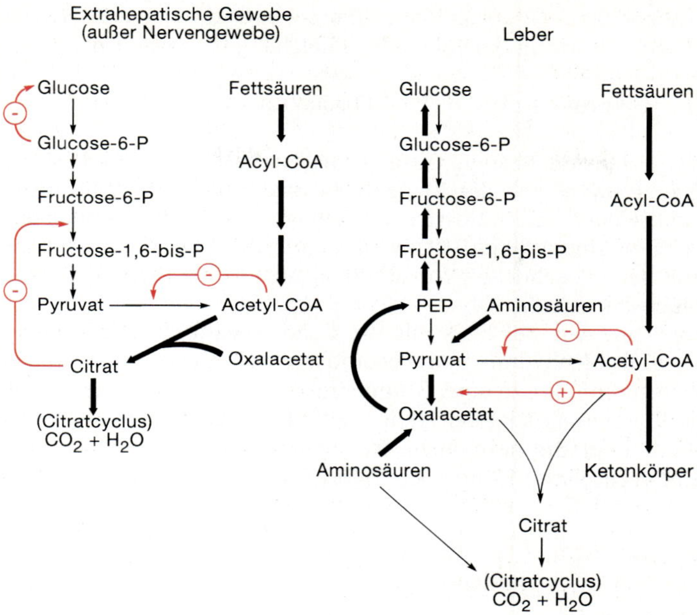

Bild 10.2. Wechselbeziehungen zwischen Kohlenhydrat- und Fettstoffwechsel: In den extrahepatischen Geweben stellen Fettsäuren das wesentliche Substrat zur Deckung des Energiebedarfs dar. Glucose wird eingespart, weil die sich beim Fettsäureabbau anhäufenden Metabolite Acetyl-CoA und Citrat die Pyruvatdehydrogenase bzw. die Phosphofructokinase allosterisch hemmen. Dadurch sich anhäufendes Glucose-6-phosphat ist ein allosterischer Inhibitor der Hexokinase. In der Leber erfolgt eine gesteigerte Oxidation von Fettsäuren mit Zunahme der Ketonkörperproduktion. Acetyl-CoA ist auch hier ein negativer allosterischer Effektor der Pyruvatdehydrogenase, stimuliert jedoch die Aktivität der Pyruvat-Carboxylase, das vermehrt gebildete Oxalacetat kann für die Gluconeogenese verwandt werden

den können, und der Citratcyclus infolge eines Mangels an NAD^+ und FAD zum Erliegen kommt.

Als einzige Alternative bleibt dem Acetyl-CoA der Ausweg in die *Ketonkörperbiosynthese*. Ähnlich wie in den extrahepatischen Geweben führt ein Anstieg der Acetyl-CoA-Konzentration in der Leber zu einer Hemmung der Pyruvatdehydrogenase. Gleichzeitig kommt es jedoch zu einer allosterischen Aktivierung der ***Pyruvatcarboxy-***

lase, welche die ATP-abhängige Bildung von Oxalacetat aus Pyruvat katalysiert, wie sie in der folgenden Gleichung dargestellt ist:

$$\text{Pyruvat} + CO_2 + \text{ATP} \rightarrow \text{Oxalacetat} + \text{ADP} + P_i$$

Für den Substratabbau im Citratcyclus hat diese vermehrte Bildung von Oxalacetat wegen des Mangels an oxidierten, wasserstoffübertragenden Coenzymen keinerlei Bedeutung. Oxalacetat, das auch aus glucogenen Aminosäuren entstehen kann (s.S. 203), dient aber als Substrat der Phosphoenolpyruvatbildung und öffnet damit den Weg zur Glucoseneusynthese.

Damit sind wir bei einer für die Leber spezifischen Beziehung zwischen Kohlenhydrat- und Fettstoffwechsel. Gesteigerter Abbau von Fettsäuren führt zu einer Stimulierung der Gluconeogenese, eine für die Tolerierung längerer Hungerperioden äußerst sinnvolle Konstellation. Über die hormonelle Regulation des Kohlenhydrat- und Fettstoffwechsels im Hunger s.S. 346 f.

Der Substratbedarf für die Glucoseproduktion wird durch gesteigerten Proteinabbau bereitgestellt

Die aus der ***Proteolyse*** – im wesentlichen des Muskelproteins – entstehenden ***glucogenen Aminosäuren*** sind wichtige Substrate für die im Hungerzustand notwendige Glucoseneusynthese. Dabei sind für den Organismus zwei Gesichtspunkte von großer Bedeutung. Einmal muß die Geschwindigkeit der Proteolyse genau dem jeweiligen Glucosebedarf angepaßt sein und zum anderen sollte die Proteolyse in einer gewissen „hierarchischen Ordnung“ erfolgen, d.h. zunächst sollten die am leichtesten entbehrlichen Proteine verwendet werden.

Über die genaue Regulation dieser Mechanismen ist noch wenig bekannt. Man weiß lediglich, daß die in der Nebennierenrinde synthetisierten Steroidhormone mit *glucocorticoider* Wirkung hierbei eine essentielle Rolle spielen. ***Cortisol*** als Hauptvertreter dieser Gruppe führt über noch unbekannte Mechanismen in extrahepatischen Geweben, vor allem in der Skelettmuskulatur sowie dem lymphatischen Gewebe zu einer mit starken Gewebsverlusten einhergehenden Proteolyse. Die dabei freigesetzten Aminosäuren dienen nur zum Teil der Deckung des Energiebedarfs der Muskulatur selber. In großem Umfang werden sie ans Blut abgegeben und zur Leber transportiert, die sie für die Glucoseneusynthese verwendet.

Auch hier spielen Glucocorticoidhormone eine wichtige Rolle. In der Leber stimulieren sie die Biosynthese der Schlüsselenzyme des Aminosäurestoffwechsels sowie der Gluconeogenese. Es handelt sich vor allem um gewisse ***Aminotransferasen*** sowie die ***Pyruvatcarboxylase***, ***Phosphoenolpyruvat-Carboxykinase***, ***Fructose-1,6-Bisphosphatase*** sowie ***Glucose-6-Phosphatase*** (s.S. 222). Für die Glucoseneusynthese steht theoretisch das Protein aus 20-25 kg Muskulatur, also 6-8 kg Protein zur Verfügung. Dabei ist jedoch zu beachten, daß dieses Protein nicht wie die anderen Speichervorräte des Organismus nahezu vollständig aufgebraucht werden kann. Es stellt in großem Umfang sogenanntes Strukturprotein dar und wird darüber hinaus für essentielle Vorgänge (Enzymkatalyse, Muskelkontraktion) benötigt. Man kann im allgemeinen davon ausgehen, daß durch einen Verlust von 30-50% des Körperproteins zum Tod führende Schädigungen des Organismus eintreten.

Untersucht man während Fastenperioden die Aminosäurekonzentration im muskulär venösen Blut, so findet sich im allgemeinen eine Erhöhung der Konzentration nahezu sämtlicher Aminosäuren. Die Aminosäuren Alanin und Glutamin steigen jedoch viel mehr an, als nach ihrer relativen Häufigkeit in den Proteinen der Muskelzelle zu erwarten wäre. Der Grund hierfür liegt in den in Abb. 9.5 dargestellten Verhältnissen. *Beide Aminosäuren* dienen nämlich als Transporteure von *Aminogruppen*, die während des Aminosäureabbaus in der Muskelzelle selbst entstehen und in Form von Ammoniak toxisch wirken würden. So entsteht das überproportional gebildete Alanin durch *Transaminierung* von Pyruvat, das Glutamin durch ATP-abhängige *Amidierung* von Glutamat (Glutaminsynthetase). Sie gelangen an die Leber, wo durch Umkehr dieser Prozesse (Transaminierung; Desamidierung von Glutamin zu Glutamat unter Freisetzung von Ammoniak) die Rückreaktionen beschritten werden. Das freigesetzte Pyruvat bzw. Glutamat dient dann als Substrat für die Glucoseneusynthese (Gluconeogenese).

Die Gluconeogenese unterscheidet sich von der Glykolyse durch Umgehungsreaktionen für Pyruvatkinase, Phosphofructokinase und Hexokinase

Abbildung 10.3 zeigt die Einzelreaktionen der Gluconeogenese. Prinzipiell werden für diese Reaktion dieselben enzymatischen Schritte wie für die Glykolyse, jedoch in umgekehrter Richtung benutzt. Drei Schritte der Glykolyse stellen aber für die „Aufwärtsreaktion“ eine unüberwindliche thermodynamische Barriere dar. Es handelt sich um die Reaktionen der Pyruvatkinase, der Phosphofructokinase sowie der Hexokinase bzw. Glucokinase. Ihr Gleichgewicht liegt weit auf der für die *Glykolyse* günstigen Seite, so daß die Benutzung dieser Enzyme für die Synthesereaktion von vornherein ausscheidet.

Die Pyruvatkinase-Reaktion muß unter erheblichem Aufwand durch folgende Reaktionen umgangen werden:

$$\text{Pyruvat} + \text{ATP} + CO_2 \rightarrow \text{Oxalacetat} + \text{ADP} + P_i;$$

$$\text{Oxalacetat} + \text{GTP} \leftrightharpoons \text{Phosphoenolpyruvat} + \text{GDP} + CO_2$$

In der ersten durch die Pyruvatcarboxylase katalysierten Reaktion wird unter Verbrauch von ATP in einer biotinabhängigen Reaktion (s.S. 311) Pyruvat unter Bildung von Oxalacetat carboxyliert. Die Abspaltung dieser Carboxylgruppe in der nun folgenden Phosphoenolpyruvat-Carboxykinase-Reaktion ermöglicht die unter *GTP-Verbrauch* erfolgende Synthese von Phosphoenolpyruvat aus Oxalacetat. Damit ist für die Umgehung der Pyruvatkinase-Reaktion der Verbrauch von 2 energiereichen Bindungen notwendig.

Bis zur Phosphofructokinase-Reaktion sind die nun folgenden Abläufe der Gluconeogenese identisch mit den entsprechenden Schritten der Glykolyse, nur daß sie in umgekehrter Richtung verlaufen. Da die Reaktion der Phosphofructokinase unter physiologischen Bedingungen praktisch irreversibel ist, erfolgt die Bildung von Fructose-6-Phosphat aus Fructose-1,6-Bisphosphat unter Einwirkung der ***Fructose-Bisphosphatase*** als einfache Dephosphorylierung.

$$\text{Fructose-1,6-Bisphosphat} + H_2O \rightarrow \text{Fructose-6-Phosphat} + P_i$$

Das gleiche gilt für die letzte, praktisch irreversible Glykolysereaktion der Hexo- (bzw. Gluco-) Kinase, die mit der ***Glucose-6-Phosphatase*** umgangen wird:

$$\text{Glucose-6-Phosphat} + H_2O \rightarrow \text{Glucose} + P_i$$

Die Kapazität der verschiedenen Gewebe zur Gluconeogenese ist sehr unterschiedlich. Während sich in Muskulatur und Fettgewebe nur äußerst geringe Mengen der Gluconeogenese-Enzyme nachweisen lassen, ist deren Aktivität in den Nieren und vor allem der Leber *beträchtlich*, so daß diese beiden Gewebe für nahezu 100% der

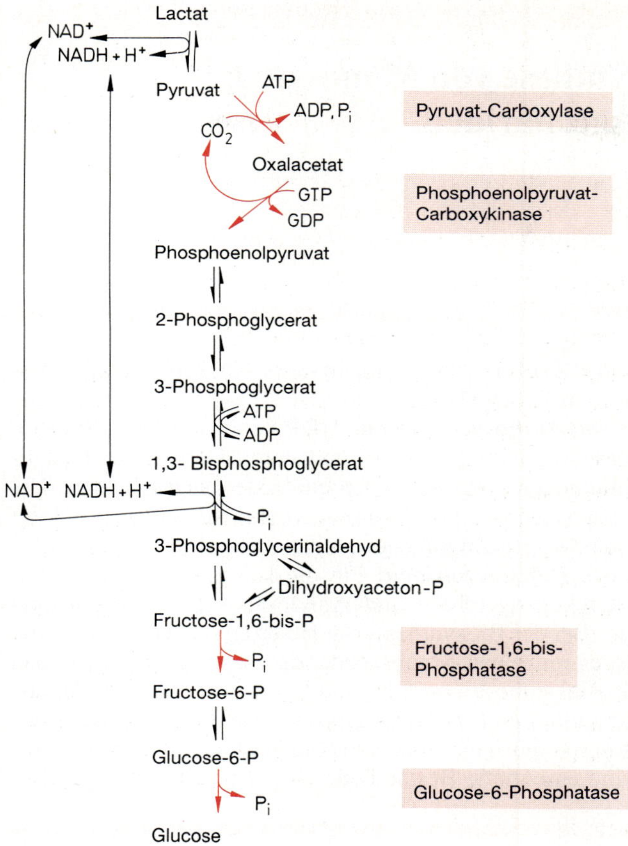

Bild 10.3. Die Einzelreaktionen der Gluconeogenese (Einzelheiten siehe Text). Die für die Gluconeogenese typischen Reaktionen sind hervorgehoben

Glucoseneusynthese verantwortlich sind. Beim Menschen liegt ihre Gesamtkapazität bei maximal 180-200 g Glucose/24 Std.

11 Biosynthese von Mono- und Polysacchariden

ZUSAMMENFASSUNG

Aktivierung der Zucker: Nucleotidaktivierte Zucker sind die Substrate bei Saccharidbiosynthesen.
Stoffwechsel von Monosacchariden: UDP-Glucose ist das Substrat zur Biosynthese von Glucuronsäure und deren Derivaten. Viele lipophile Verbindungen werden als Glucuronide ausgeschieden. Die Biosynthese der verschiedenen Monosaccharide aus Glucose erfolgt über nucleotidaktivierte Zwischenprodukte.
Biosynthese von Polysacchariden: Für die Biosynthese von Glykogen werden Glykogensynthase und Amylo-1,4→1,6-Transglucosylase gebraucht. Bei der Biosynthese von Heteroglykanen wird für die Anheftung jedes einzelnen Monosaccharids ein spezifisches Enzym benötigt. Die Biosynthese von Glykoproteinen erfolgt im endoplasmatischen Reticulum und im Golgi-Apparat. Die Oligosaccharidketten der Glykoproteine haben die verschiedensten Funktionen. Proteoglykane sind essentielle Bestandteile der extrazellulären Matrix.

11.1 Aktivierung der Zucker

Nucleotidaktivierte Zucker sind die Substrate bei Saccharidbiosynthesen

Glucose ist ein wichtiges Substrat zur Deckung des Energiebedarfs verschiedener Gewebe. Aus den Mechanismen der Nährstoffumsetzung und ihrer Wirkungsgrade ergibt sich, daß der Organismus auch

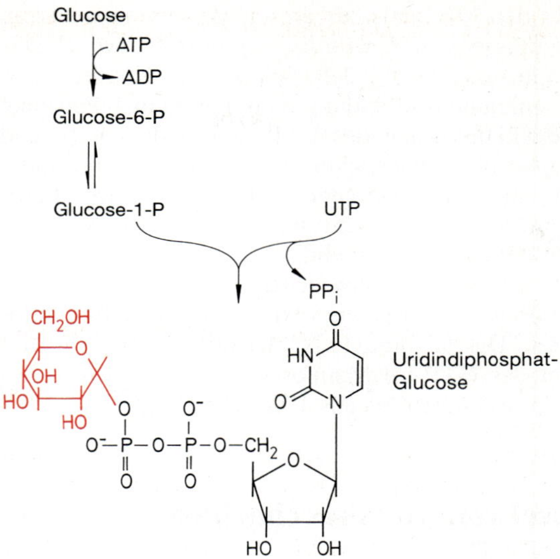

Bild 11.1. Synthese von UDP-Glucose aus Glucose und UTP

die Fähigkeit zur Neusynthese dieses Zuckers aus Nichtkohlenhydrat-Vorstufen besitzen muß (s.S. 221). Darüber hinaus kommen vor allem in den Glykoproteinen und Proteoglykanen des Organismus eine ganze Reihe verschiedener anderer Monosaccharide als *Bauteile* vor. Im wesentlichen handelt es sich um Galactose, Mannose, Fucose, die verschiedenen Aminozucker sowie einige Uronsäuren. All diesen Zuckern bzw. Zuckerderivaten ist gemeinsam, daß sie aus Glucose synthetisiert werden müssen.

Ähnlich wie bei den Stoffwechselreaktionen von Nichtkohlenhydraten ist eine vorherige *Aktivierung* notwendig, damit die entsprechenden Zuckersynthesen erfolgen können. Diese Aktivierung erfolgt *grundsätzlich* nach Bildung des Monosaccharid-1-Phosphates durch Reaktion mit einem Nucleosidtriphosphat nach folgenden Gleichungen:

Monosaccharid + ATP → Monosaccharid-1-Phosphat + ADP

Monosaccharid-1-Phospat + Nucleosidtriphosphat →
Nucleosiddiphosphat-Monosaccharid + Pyrophosphat

Abbildung 11.1 stellt den Mechanismus dieser Aktivierungsreaktion am Beispiel der Synthese von ***Uridindiphosphat-Glucose*** (UDP-Glucose oder UDP-Glc) dar. Es handelt sich um die Knüpfung einer neuen Phosphorsäureanhydridbindung zwischen dem 1-Phosphat der Glucose und dem α-Phosphat des UTP, wobei dessen β- und γ-Phosphat als Pyrophosphat abgespalten werden. Da Pyrophosphatasen in jeder Zelle in hoher Aktivität vorkommen, wird dieses rasch gespalten, was das Gleichgewicht der UDP-Glucose-Synthese in Richtung der UDP-Glucose verschiebt.

Auf diese Weise aktivierte Monosaccharide können für Polymerisierungen, Epimerisierungen sowie Oxidationen und Reduktionen verwendet werden. Das bevorzugte Nucleosidtriphosphat ist das UTP, daneben findet das GTP im Mannosestoffwechsel sowie das CTP im Acetylneuraminsäurestoffwechsel Verwendung.

11.2 Stoffwechsel von Monosacchariden

UDP-Glucose ist das Substrat zur Biosynthese von Glucuronsäure und deren Derivaten

Unter ***Uronsäuren*** versteht man Verbindungen, die nach der Oxidation der Hydroxymethylgruppe am C-Atom 6 von Monosacchariden entstehen. Die wichtigste im tierischen Organismus vorkommende Uronsäure ist die ***Glucuronsäure***, deren Biosynthese in Abb. 11.2 dargestellt ist. Zunächst erfolgt die bekannte Aktivierung zu Uridindiphosphatglucose. Erst auf dieser Stufe kann die *zweimalige* Oxidation am C-Atom 6 unter Bildung einer Carboxylgruppe erfolgen. Das Oxidationsmittel ist dabei NAD^+.

Viele lipophile Verbindungen werden als Glucuronide ausgeschieden

Eine große Zahl körpereigener und körperfremder Verbindungen wird durch Kopplung an Glucuronsäure wasserlöslich und damit besser ausscheidungsfähig gemacht. Nach dem in Abb. 11.2 gezeigten Schema reagieren Alkohole, primäre Amine sowie auch Verbindungen mit Carboxylgruppen mit UDP-Glucuronat, wobei die

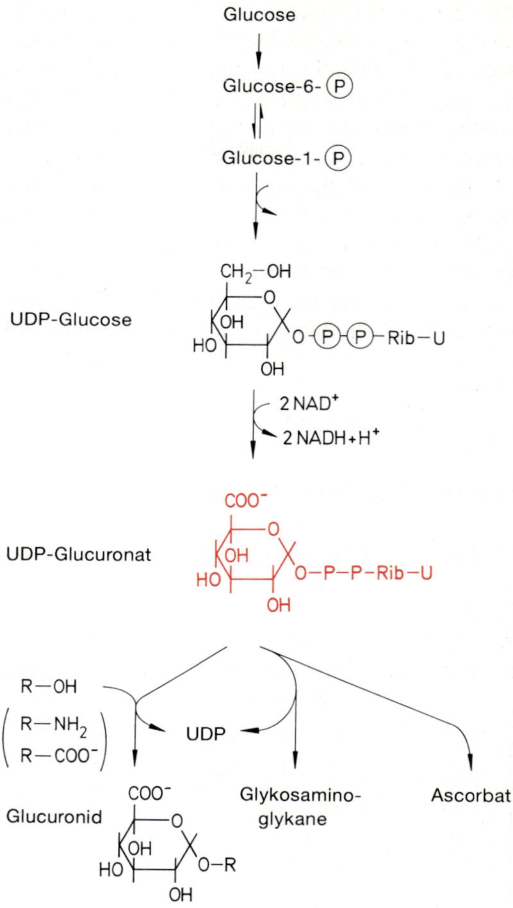

Bild 11.2. Bildung von UDP-Glucuronat und Glucuroniden aus Glucose

entsprechenden ***Glucuronide*** und UDP entstehen. Im allgemeinen erfolgt die Knüpfung der glykosidischen Bindung in β-Stellung. Die für die einzelnen Reaktionen verantwortlichen *UDP-Glucuronat-Transferasen* zeigen eine breite Substratspezifität und kommen in besonders hoher Aktivität in der Leber vor.

Die Bedeutung dieser Glucuronidierungsreaktionen wird am Beispiel des Bilirubinstoffwechsels besonders deutlich. ***Bilirubin*** ist das Abbauprodukt des ***Häms*** (s.S. 395) und entsteht in beträchtlichem Umfang besonders beim Abbau der Erythrocyten. Bilirubin ist sehr schwer wasserlöslich und wird im Blutplasma in Bindung an Albumin transportiert. Erst durch die in Abb. 11.3 dargestellte Kopplung an Glucuronsäure wird erreicht, daß die Verbindung über die Gallenflüssigkeit ausgeschieden werden kann. Eine reduzierte Aktivität der entsprechenden Glucuronyltransferase führt zu einer Konzentrationszunahme des Serumbilirubins und zur Gelbsucht (Ikterus).

UDP-Glucuronat ist darüber hinaus ein Substrat für die Biosynthese verschiedener Glykosaminoglykane (s. S. 113). Außerdem

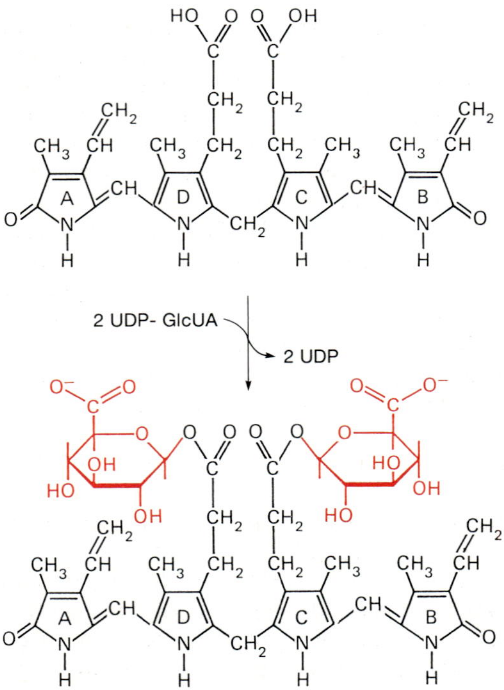

Bild 11.3. Bildung von Bilirubin-Diglucuronid, GlcUA = Glucuronat

entstehen aus ihm durch Inversion an den C-Atomen 4 bzw. 5 UDP-Galacturonat bzw. UDP-Iduronat, die ebenfalls in Glykoproteine bzw. Glykosaminoglykane eingebaut werden. Durch Spaltung von UDP-Glucuronat oder von Glucuroniden entsteht freie Glucuronsäure. Sie stellt den Ausgangspunkt für die Biosynthese von ***Ascorbinsäure*** dar, die in allen tierischen Spezies mit Ausnahme von Primaten und Meerschweinchen erfolgen kann. Für letztere ist Ascorbinsäure ein Vitamin (s.S. 316). Darüber hinaus kann aus Glucuronsäure Xylulose entstehen, die phosphoryliert und damit in den Pentosephosphatcyclus eingeschleust werden kann.

Die Biosynthese der verschiedenen Monosaccharide aus Glucose erfolgt über nucleotidaktivierte Zwischenprodukte

Abbildung 11.4 zeigt die einzelnen Schritte der Biosynthese der wichtigsten Monosaccharide. Geht man von Glucose-6-Phosphat aus, so besteht zunächst die bekannte Möglichkeit der Bildung von UDP-Glucose. Sie ist der Ausgangspunkt zur Oxidation am C-Atom 6 unter Bildung von Glucuron- und Iduronsäure. Darüber hinaus katalysiert eine Epimerase die sterische Umkehr am C-Atom 4 der UDP-Glucose, so daß UDP-Galactose entsteht.

Die in Glykoproteinen in beträchtlichem Umfang vorkommenden Zucker Mannose und Fucose unterscheiden sich von der Glucose durch ihre sterische Konfiguration am C-Atom 2. Die Biosynthese der Mannose wird infolgedessen durch Isomerisierung von Glucose-6-Phosphat zu Fructose-6-Phosphat eingeleitet. Eine zweite Isomerase wandelt Fructose-6-Phosphat in Mannose-6-Phosphat um. Dieser Zucker muß nun für die Glykoproteinbiosynthese aktiviert werden. Die Reaktionsfolge entspricht dabei genau derjenigen der Glucoseaktivierung: Umlagerung der Phosphatgruppe auf die Position 1, so daß Mannose-1-Phosphat entsteht, anschließend Aktivierung zum Nucleosiddiphosphat-Zucker. Der einzige Unterschied zur Glucose besteht darin, daß die Aktivierung des Mannose-1-Phosphates nicht mit UTP, sondern mit GTP erfolgt, so daß der zugehörige aktivierte Zucker die ***GDP-Mannose*** ist. Sie wird in verschiedene Glykoproteine eingebaut und stellt darüber hinaus den Ausgangspunkt für die Biosynthese der ***Fucose*** dar, die sich von der Mannose dadurch unterscheidet, daß die Hydroxymethylgruppe am C-Atom 6 zur Methylgruppe reduziert ist.

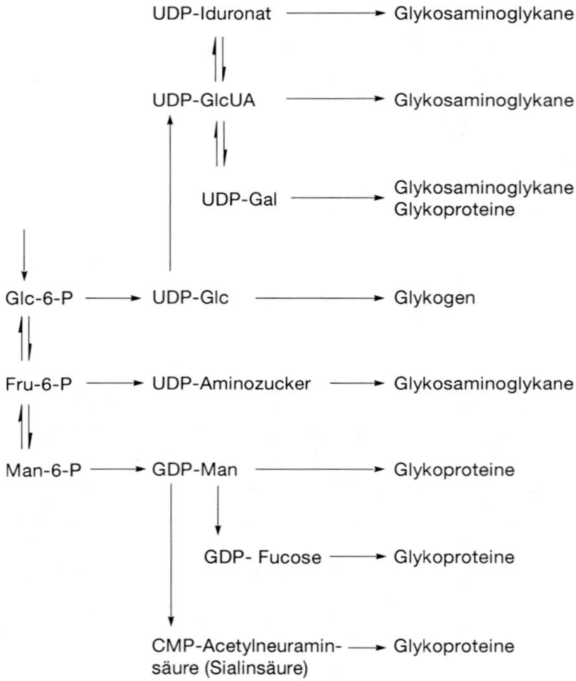

Bild 11.4. Biosynthese verschiedener Monosaccharide aus Glucose-6-Phosphat. *Glc* = Glucose; *Fru* = Fructose; *Man* = Mannose; *GlcUA* = Glucuronat

Sowohl in Glykoproteinen wie auch in Glykosaminoglykanen kommen häufig ***Aminozucker*** vor, wobei die Aminogruppe in der Regel am C-Atom 2 sitzt. Ausgehend vom Glucose-6-Phosphat wird ihre Biosynthese zunächst mit einer Isomerisierung zum Fructose-6-Phosphat eingeleitet. Dieses übernimmt den Amidstickstoff des Glutamins, so daß Glucosamin-6-Phosphat und Glutamat entstehen. Ein Teil der Aminozucker liegt in N-acetylierter Form vor, wobei der Lieferant der Acetylgruppe das ***Acetyl-CoA*** ist. Die Aktivierung von Aminozuckern für die Biosynthese erfolgt nun wieder nach dem bekannten Schema: Verschiebung der Phosphatgruppe auf die Position 1, Reaktion mit UTP, so daß letztendlich UDP-Glucosamin bzw. UDP-N-Acetylglucosamin entstehen.

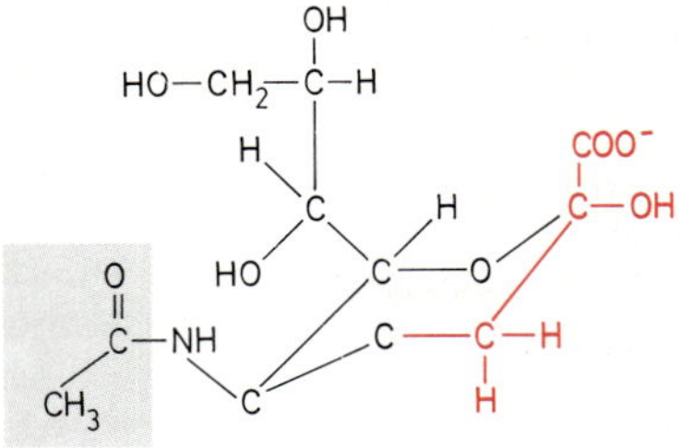

Bild 11.5. Sialinsäure

Das letztere ist darüber hinaus das Substrat für die Biosynthese der ***N-Acetylneuraminsäure*** (Sialinsäure, Abb. 11.5), die häufig als terminale Gruppe der Kohlenhydratseitenketten von Glykoproteinen auftritt. Hierzu wird UDP-N-Acetylglucosamin unter UDP-Abspaltung in N-Acetyl-Mannosamin epimerisiert und danach ATP-abhängig an Position 6 phosphoryliert. N-Acetyl-Mannosamin-6-Phosphat lagert Phosphoenolpyruvat an, wobei N-Acetyl-Neuraminat-9-Phosphat entsteht. Die Aktivierung dieses Zuckerderivates für die Glykoproteinbiosynthese erfolgt ebenfalls mit einem Nucleosidtriphosphat, diesmal aber mit dem CTP.

11.3 Biosynthese von Polysacchariden

Für die Biosynthese von Glykogen werden Glykogensynthase und Amylo-1,4→1,6-Transglucosylase gebraucht

Bei ausgeglichener Ernährung tragen Kohlenhydrate zu mehr als 50% zur Deckung des Energiebedarfs des Organismus bei. Darüber hinaus können sie als Bausteine für die Biosynthese der meisten anderen körpereigenen Verbindungen dienen.

So können aus Nahrungskohlenhydraten nicht nur die komplexen Kohlenhydratseitenketten von Glykoproteinen sowie Glykosaminoglykane synthetisiert werden. Aufgrund der Tatsache, daß sie zu Acetyl-CoA abgebaut werden kann, kann Glucose den Kohlenstoff für die Biosynthese aller Verbindungen liefern, die sich von der

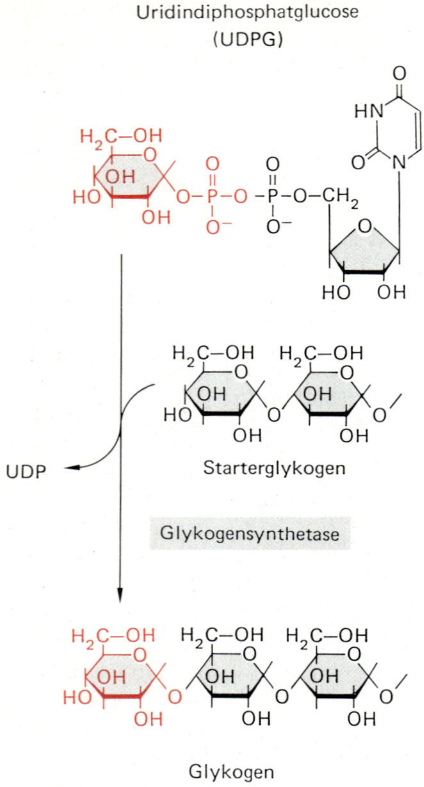

Bild 11.6. Die Einzelreaktionen der Glykogenbiosynthese aus Glucose

aktivierten Essigsäure ableiten. Hierzu gehören Fettsäuren und Steroide, daneben eine Reihe von nichtessentiellen Aminosäuren, Purin- und Pyrimidinnucleotide usw.

Angesichts dieser allgemeinen Bedeutung der Kohlenhydrate ist es nicht verwunderlich, daß dem Organismus Mechanismen zur Verfügung stehen, die bei einem Überangebot an Kohlenhydraten ihre Speicherung in Form eines Polymeren, des ***Glykogens***, erlauben.

Die Einzelreaktionen der Glykogenbiosynthese nehmen von der *Glucose* bzw. dem Glucose-6-Phosphat ihren Ausgang (Abb. 11.6). Glucose wird dabei zunächst mit Hilfe der ATP-abhängigen Hexokinase bzw. im Fall der Leber durch die Glucokinase zu Glucose-6-Phosphat phosphoryliert. Durch die Aktivität der Phosphoglucomutase erfolgt im nächsten Schritt eine Umlagerung des Phosphatrestes, so daß Glucose-1-Phosphat entsteht. Wie bei nahezu allen Biosynthesen im Bereich des *Kohlenhydratstoffwechsels* muß auch dieses Hexosephosphat in eine aktive Form überführt werden, damit es der Glykogenbiosynthese dienen kann. Hierzu reagiert es mit Uridintriphosphat, wobei Uridindiphosphat-Glucose als nucleotidaktivierter Zucker entsteht. Unter Abspaltung von UDP erfolgt nun eine Übertragung des Glucoserestes der UDP-Glucose auf das nichtreduzierende Ende eines „Starter"-Glykogens, wobei eine *1,4-glykosidische* Bindung zwischen dem C-Atom 1 des neu hinzugekommenen Glucoserestes und der Hydroxylgruppe des C-Atoms 4 des letzten Glucosylrestes des „Starter"-Glykogens entsteht. Das hierfür verantwortliche Enzym ist die ***Glykogensynthase***.

Auf diese Weise entstehen lange *unverzweigte* Glykogenketten, deren Glucosereste durch 1,4-glykosidische Bindungen verknüpft sind. Für die Einbringung der für das Glykogen typischen *Verzweigungsstellen* mit 1,6-glykosidischen Bindungen wird ein weiteres Enzym benötigt, das als Amylo-1,4→1,6-Transglucosylase oder „Branching-enzyme" bezeichnet wird. Wenn die unverzweigte Glykogenkette eine Länge von mindestens 6 bis 11 Glucosylresten erreicht hat, überträgt dieses Enzym einen aus wenigstens 6 Glucosylresten bestehenden Teil der Kette unter Bildung einer 1,6-glykosidischen Bindung auf eine benachbarte Glykogenkette, wodurch die Verzweigungsstellen entstehen. Über die Regulation des Glykogenstoffwechsels s.S. 127, 348.

Bei der Biosynthese von Heteroglykanen wird für die Anheftung jedes einzelnen Monosaccharids ein spezifisches Enzym benötigt

Im Gegensatz zur Biosynthese von Nucleinsäuren oder Proteinen werden die in Glykoproteinen bzw. Proteoglykanen (s.S. 112) vorkommenden Oligo- und Polysaccharide nicht an einer Matrize synthetisiert. Für jeden anzuheftenden Zucker ist vielmehr ein spezifisches Enzym notwendig, so daß die Biosynthese einer derartigen Verbindung als „konzertierte Aktion“ mehrerer Enzyme aufgefaßt werden muß, wie sie in schematischer Form in Abb. 11.7 dargestellt ist. Als Akzeptoren fungieren entweder das als Zwischenträger dienende ***Dolicholphosphat*** (Abb. 11.8) oder Asparagin-, Serin-, Threonin- oder Hydroxylysinseitenketten von Proteinen. An sie werden sequentiell die einzelnen Zucker in Nucleosid-diphosphat-aktivierter Form geheftet. Die beteiligten einzelnen Enzyme zeigen eine hohe Spezifität, da sie nicht nur den aktivierten Zucker, sondern auch die wachsende Saccharidkette als Substrat erkennen müssen.

Die Biosynthese von Glykoproteinen erfolgt im endoplasmatischen Reticulum und im Golgi-Apparat

Glykoproteine sind Proteine, die Kohlenhydratseitenketten der verschiedensten Länge tragen. Diese Seitenketten, die über glykosidische Bindungen über die Hydroxylgruppen von Serin bzw. Threonin oder die Amidgruppierung von Asparagin mit dem Protein verknüpft sind, variieren in ihrer Größe von einzelnen Monosacchariden über Disaccharide bis zu Polysacchariden. Sehr wahrscheinlich sind Glykoproteine sehr viel häufiger als nichtkohlenhydratsubstituierte Proteine. Von den über 60 aus dem menschlichen Plasma isolierten Proteinen sind nur Albumin und Präalbumin keine Glykoproteine. Von ihrer Funktion her können Glykoproteine ***Strukturproteine*** wie das *Collagen*, ***Enzyme*** wie Ribonuclease, Acetylcholinesterase, ***Transportproteine*** (Transferrin), ***Peptidhormone*** (Gonadotropine) oder ***Immunglobuline*** sein. Der Kohlenhydratgehalt verschiedener Glykoproteine variiert beträchtlich. Bei Immunglobulinen beträgt er beispielsweise um die 10%, bei Blutgruppensubstanzen nahe an die 90%.

Abbildung 6.5 zeigt beispielhaft einige Strukturmerkmale von Glykoproteinen (s.S. 112). Über eine N- bzw. O-glykosidische Bindung mit einem Asparaginyl- bzw. Seryl-/Threonylrest des zugrunde liegenden Proteins sind N-acetylierte Aminozucker verknüpft, die die innerste Region der Kohlenhydratseitenkette bilden. Häufig folgen darauf Mannosereste, gelegentlich kommt es zu Verzweigungen der Kohlenhydratkette. Der 6-Methylzucker Fucose sowie N-Acetylneuraminsäure finden sich immer an der Peripherie der Kohlenhydratketten. Der *zweitletzte* Zucker ist hierbei *immer* Galactose.

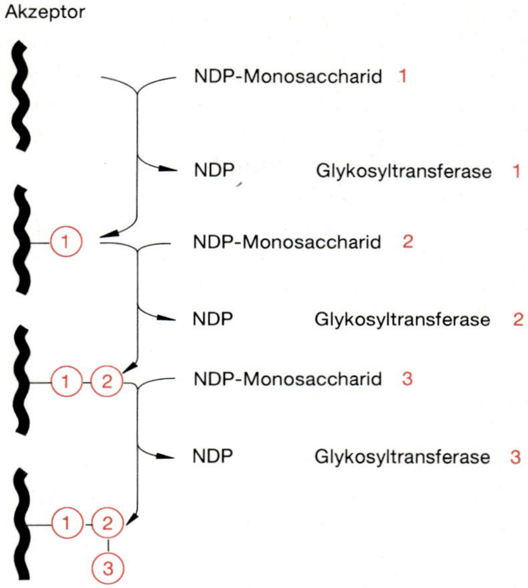

Bild 11.7. Prinzip der Biosynthese des Kohlenhydratanteils von Heteroglykanen. Für jeden angehefteten Zucker ist eine eigene Glykosyltransferase notwendig, wobei das Monosaccharid jeweils als Nucleosiddiphosphat-aktivierter Zucker vorliegen muß. *NDP*=Nucleosiddiphosphat

Die Biosynthese *N-glykosidisch verknüpfter Glykoproteine* erfolgt in einem zweistufigen Prozeß. Zunächst wird an den Membranen des *endoplasmatischen Reticulums* schrittweise unter Verwendung Nucleosiddiphosphat-aktivierter *Monosaccharide* ein verzweigtes Oligosaccharid aufgebaut. Der verwendete Akzeptor ist allerdings kein Protein, sondern Dolicholphosphat (Abb. 11.8, 11.9). Dolicholphosphat ist als Isoprenderivat bestens geeignet, die wachsende Saccharidkette in der Lipidphase der Membranen des endoplasmatischen Reticulums zu verankern.

Das auf diese Weise synthetisierte *Oligosaccharid* wird dann als ganzes auf den Asparaginylrest des zu glykosylierenden Proteins übertragen. Noch im endoplasmatischen Reticulum, mehr aber im *Golgi-Apparat*, erfolgt dann die endgültige Modifizierung des Gly-

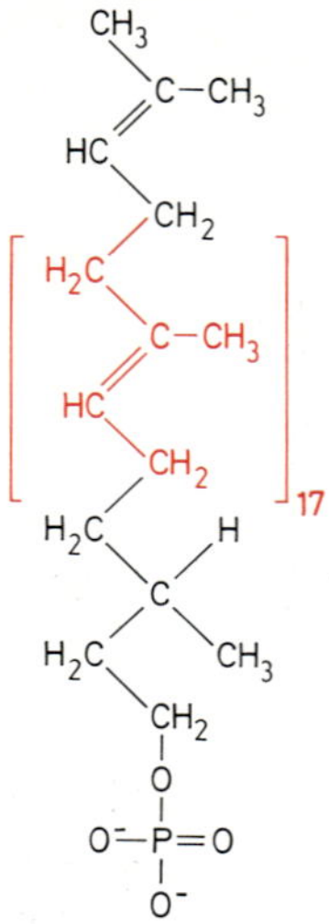

Bild 11.8. Struktur von Dolicholphosphat

koproteins. Sie besteht in der Abtrennung von 3 Glucose- und 6 Mannoseresten sowie der Anheftung von Aminozuckern, Galactose sowie Sialinsäure, so daß schließlich komplexe Oligosaccharide wie in Abb. 6.5 entstehen.

Bei der Biosynthese *O-glykosidisch verknüpfter Glykoproteine* tritt ein lipidgebundenes Intermediat nicht auf. Hier werden die einzelnen Monosaccharide in Nucleosiddiphosphat-aktivierter Form durch jeweils spezifische Enzyme direkt auf das Protein übertragen.

Die Oligosaccharidketten der Glykoproteine haben die verschiedensten Funktionen

Die biologische Aktivität der Glykoproteine wird, soweit man bis heute weiß, immer von der Natur des *Proteinanteils* bestimmt. Die Kohlenhydratseitenketten übernehmen verschiedene andere Funktionen. Im einfachsten Fall vermitteln sie *physikalisch-chemische Eigenschaften*, so z.B. die hohe Viskosität des Mucins. Bei den im Blut-

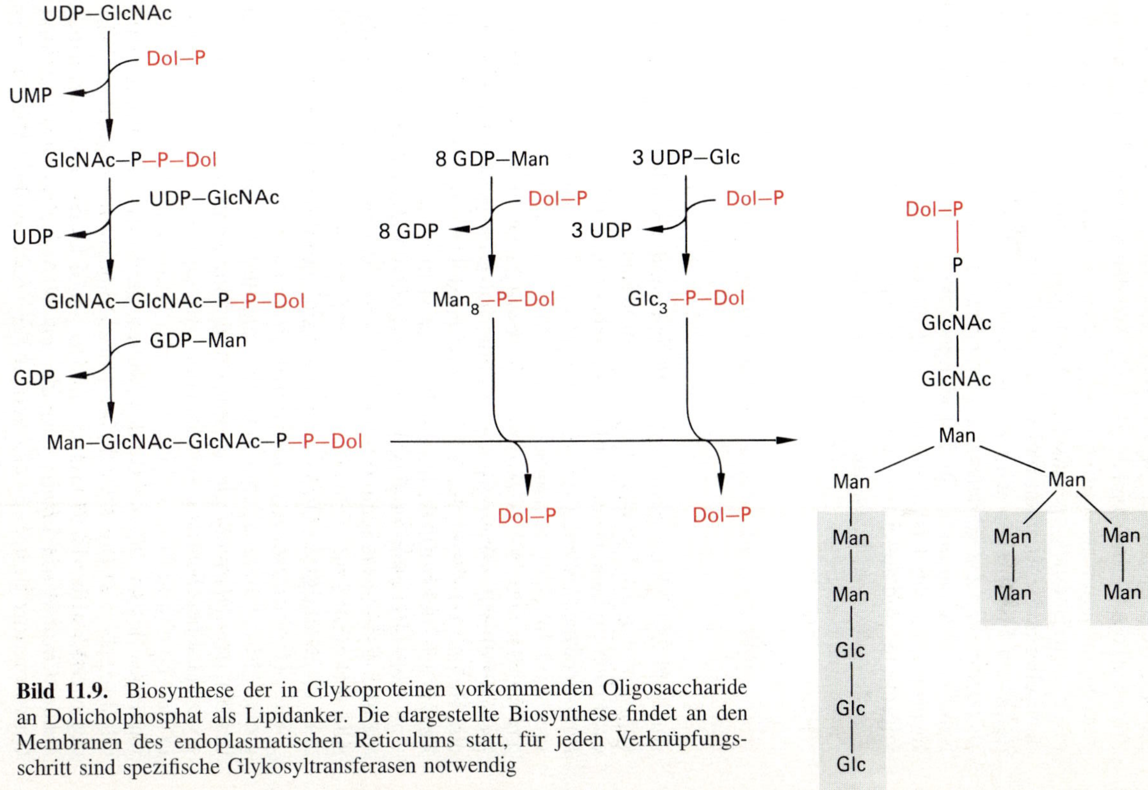

Bild 11.9. Biosynthese der in Glykoproteinen vorkommenden Oligosaccharide an Dolicholphosphat als Lipidanker. Die dargestellte Biosynthese findet an den Membranen des endoplasmatischen Reticulums statt, für jeden Verknüpfungsschritt sind spezifische Glykosyltransferasen notwendig

plasma vorkommenden Glykoproteinen wird durch den Kohlenhydratanteil die Halbwertszeit bestimmt. Werden nämlich die endständigen Sialinsäurereste entfernt, so werden derartige Glykoproteine rasch mittels eines spezifischen Asialoglykoprotein-Receptors von der Leber aufgenommen und abgebaut. Die negative Oberflächenladung von Membranen wird zu einem großen Teil durch Sialinsäure als terminalem Zuckerderivat auf Membranglykoproteinen vermittelt. Sehr viele *Receptoren* für körpereigene Verbindungen, so z.B. der Insulin- oder der LDL-Receptor, sind Glykoproteine. Membranglykoproteine sind außerdem essentiell an zellbiologischen Phänomenen wie *Zelladhäsion, Kontakthemmung* des Zellwachstums oder *Transformation* beteiligt.

Proteoglykane sind essentielle Bestandteile der extrazellulären Matrix

Auch Proteoglykane bestehen aus Proteinen, die Kohlenhydratseitenketten tragen. Im Gegensatz zu Glykoproteinen ist jedoch das Protein der Proteoglykane relativ einfach aufgebaut und trägt z.T. sehr lange ***Polysaccharidketten***, die sich zum größten Teil aus repetitiven Disaccharideinheiten zusammensetzen (Abb. 11.10). Diese Seitenketten werden auch als ***Glykosaminoglykane*** bezeichnet, da eines der Monosaccharide der zugrundeliegenden Disaccharideinheiten *immer* ein Hexosamin bzw. dessen N-acetyliertes Derivat ist. Der zweite Zucker ist stickstofffrei, liegt jedoch meist in Form einer *Uronsäure* vor. Viele Glykosaminoglykane tragen darüber hinaus Sulfatgruppen, die über Esterbindungen mit den Hydroxylgruppen der Monosaccharide verknüpft sind. Tabelle 11.1 und Abb. 6.6 geben eine Übersicht über die wichtigsten Glykosaminoglykane und ihre Bauteile.

Die ***Hyaluronsäure***, die keinen Proteinanteil enthält, hat das größte Molekulargewicht. Das ihr zugrundeliegende Disaccharid besteht aus N-Acetylglucosamin und Glucuronsäure, die in β-glykosidischer Bindung miteinander verknüpft sind. Sulfat kommt in der Hyaluronsäure nicht vor (Abb. 6.6). Hyaluronsäure ist ein wichtiger Bestandteil des Bindegewebes, der Synovialflüssigkeit, des Glaskörpers des Auges sowie der Nabelschnur. Im Knorpel, im Bindegewebe, in der Haut und in der Hornhaut kommen die verschiedenen ***Chondroitinsulfate*** vor, die aus N-Acetylgalactosamin und Glucuronsäure bestehen und sich in der Stellung des Sulfats unter-

Tabelle 11.1. Disaccharide der Glykosaminoglykane

	Molekular-gewicht	Hexosen	Stellung des Sulfats	Bindung	Vorkommen
Hyaluronsäure[a]	$1-3 \cdot 10^6$	N-Acetylglucosamin, Glucuronsäure	–	$\beta(1-4)$ $\beta(1-3)$	Synovialflüssigkeit, Glaskörper, Nabelschnur
Chondroitin-4-sulfat (Chondroitinsulfat A)	$2-5 \cdot 10^4$	N-Acetylgalaktosamin, Glucuronsäure	4	$\beta(1-4)$ $\beta(1-3)$	Knorpel, Aorta
Chondroitin-6-sulfat (Chondroitinsulfat C)	$2-5 \cdot 10^4$	N-Acetylgalaktosamin, Glucuronsäure	6	$\beta(1-4)$ $\beta(1-3)$	Herzklappen
Dermatansulfat (Chondroitinsulfat B)	$2-5 \cdot 10^4$	N-Acetylgalaktosamin, Iduronsäure oder Glucuronsäure	4	$\beta(1-4)$ $\alpha(1-3)$[b] $\beta(1-3)$	Haut, Blutgefäße, Herzklappen
Heparin	$1-3 \cdot 10^4$	Glucosamin, Glucuronsäure oder Iduronsäure	3, 6, N	$\alpha(1-4)$ $\beta(1-4)$ $\alpha(1-4)$[b]	Lunge, Mastzellen
Heparansulfat (Heparitinsulfat)	$2-10 \cdot 10^3$	Glucosamin oder N-Acetylglucosamin, Glucuronsäure oder Iduronsäure	N ?, 3, 6 2	$\alpha(1-4)$ $\beta(1-4)$ $\alpha(1-4)$[b]	Blutgefäße, Zelloberfläche
Keratansulfat	$5-20 \cdot 10^3$	N-Acetylglucosamin, Galaktose	6 6	$\beta(1-3)$ $\beta(1-4)$	Cornea, Nucleus pulposus, Knorpel

[a] Eine Bindung von Hyaluronsäure an Protein ist nicht sicher nachgewiesen.

[b] Diese glykosidische Bindung der *L*-Iduronsäure entspricht sterisch der β-glykosidischen Bindung der *D*-Glucuronsäure, wird jedoch wegen der *L*-Konfiguration der Iduronsäure als α-glykosidisch bezeichnet.

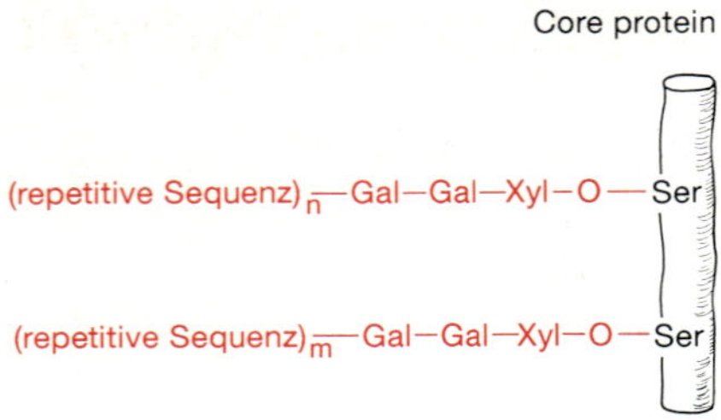

Bild 11.10. Schematische Darstellung des Aufbaus eines Proteoglykans

scheiden, welches die Hydroxylgruppen 4 bzw. 6 des Aminozuckers besetzt (Abb. 6.6). Heparin bzw. Heparansulfat enthalten Glucosamin und *Glucuronsäure* und sind verschieden stark sulfatiert.

Das einzige Glykosaminoglykan ohne Uronsäure ist das ***Keratansulfat***, dessen Disaccharideinheit aus N-Acetylglucosamin und Galactose besteht. Beide Zucker können in Stellung 6 sulfatiert sein.

Im Gegensatz zu den Glykoproteinen ist für die Funktion von *Proteoglykanen* die Kohlenhydratseitenkette entscheidend. Sie sind weit verbreitet, kommen jedoch im wesentlichen extrazellulär vor, wo sie die sogenannte Grundsubstanz bilden. Infolge der Häufungen von negativen Ladungen wirken Proteoglykane als *Polyanionen*. Sie sind imstande, Kationen wie Calcium *reversibel* zu binden. Darüber hinaus können sie große Mengen Wasser anlagern. Proteoglykane assoziieren sich zu geordneten Strukturen und bilden Komplexe mit collagenen Fasern (s.S. 463).

12 Biosynthese und Stoffwechsel von Lipiden

ZUSAMMENFASSUNG

Speicherung von Triacylglycerinen: Triacylglycerine stellen den größten Energiespeicher des Organismus dar. Triacylglycerine entstehen aus der Reaktion von α-Glycerophosphat mit aktivierten Fettsäuren.

Biosynthese von Fettsäuren: Das Substrat für die Fettsäurebiosynthese ist Malonyl-CoA. Die Fettsäurebiosynthese erfolgt an einem cytoplasmatischen Multienzymkomplex. Pyruvatdehydrogenase und Acetyl-CoA-Carboxylase sind die geschwindigkeitsbestimmenden Enzyme für Fettsäure- und Triacylglycerinbiosynthese.

Biosynthese und Stoffwechsel der Phosphoglyceride: Bei der Biosynthese der Phosphoglyceride werden Nucleosiddiphosphat-aktivierte Zwischenprodukte benötigt. Spezifische Phospholipasen spalten die unterschiedlichen Esterbindungen in Phosphoglyceriden.

Biosynthese und Stoffwechsel von Sphingolipiden: Sphingosin wird aus Palmityl-CoA und Serin synthetisiert und dann zum Aufbau der verschiedenen Sphingolipide verwendet. Lysosomale Hydrolasen katalysieren den Abbau von Sphingolipiden.

Biosynthese und Stoffwechsel von Cholesterin: Cholesterin wird aus aktivem Isopren synthetisiert. Cholesterin wird zu Gallensäuren abgebaut.

12.1 Speicherung von Triacylglycerinen

Triacylglycerine stellen den größten Energiespeicher des Organismus dar

Anders als beim Glykogen ist die Fähigkeit des Organismus zur Fettspeicherung nahezu unbegrenzt. Der Grund hierfür liegt darin, daß für Triacylglycerine ein besonderes Speichergewebe, das ***Fettgewebe***, vorkommt, dessen Anteil an der Gesamtkörpermasse einer großen Streuung unterliegt und das darüber hinaus in Abhängigkeit von der Nahrungszufuhr enorm zunehmen kann. So enthält beispielsweise der Organismus eines normalgewichtigen 70 kg schweren Erwachsenen etwa 10 - 15 kg Fettgewebe, dessen Triacylglycerine rechnerisch die Deckung des Energiebedarfs für einen Zeitraum von 50 - 60 Tagen ermöglichen würden. In Fällen pathologischer Fettsucht kann jedoch die Masse des Fettgewebes auf 50 kg und mehr ansteigen, so daß dann der Energievorrat für nahezu ein Jahr im Organismus gespeichert werden kann.

Da im Fettgewebe im wesentlichen nur Triacylglycerine, jedoch nicht essentielle Nahrungsbestandteile wie Mineralien, Vitamine, essentielle Aminosäuren u.a. gespeichert werden, bedeutet dies nicht, daß man bei entsprechendem Übergewicht bis zu einem Jahr völlig auf Nahrung verzichten kann.

Neben dem Fettgewebe werden Triacylglycerine von vielen Geweben synthetisiert und in beschränktem Umfang auch gespeichert. Bemerkenswert ist die Kapazität der ***Leber*** zur Triacylglycerin-Biosynthese (s.S. 444). Auch in der ***Skelettmuskulatur*** werden, besonders bei trainierten Personen, beachtliche Mengen an Triacylglycerinen gespeichert.

Triacylglycerine entstehen aus der Reaktion von α-Glycerophosphat mit aktivierten Fettsäuren

Formal entstehen Triacylglycerine durch Veresterung der drei Hydroxylgruppen des *Glycerins* mit einer Carboxylgruppe einer Fettsäure. Unter den in der Zelle herrschenden Bedingungen müssen hierzu sowohl der Glycerinanteil als auch der Fettsäureanteil der Triacylglycerine aktiviert werden. So muß Glycerin als ***α-Glycero-***

phosphat vorliegen. Dieses kann entweder durch NADH-abhängige Reduktion von Dihydroxyacetonphosphat oder im Fall der Leber, der Nieren, der Darmmucosa sowie der lactierenden Milchdrüse durch direkte Phosphorylierung von Glycerin mit Hilfe des Enzyms Glycerokinase gewonnen werden:

$$\text{Dihydroxyacetonphosphat} + \text{NADH} + \text{H}^+ \leftrightharpoons \alpha\text{-Glycerophosphat} + \text{NAD}^+$$

$$\text{Glycerin} + \text{ATP} \rightarrow \alpha\text{-Glycerophosphat} + \text{ADP}$$

Die für die Triacylglycerin-Biosynthese benötigten Fettsäuren müssen in Form ihrer ***Coenzym-A-Thioester*** vorliegen (Bildung von Acyl-CoA, s.S. 141).

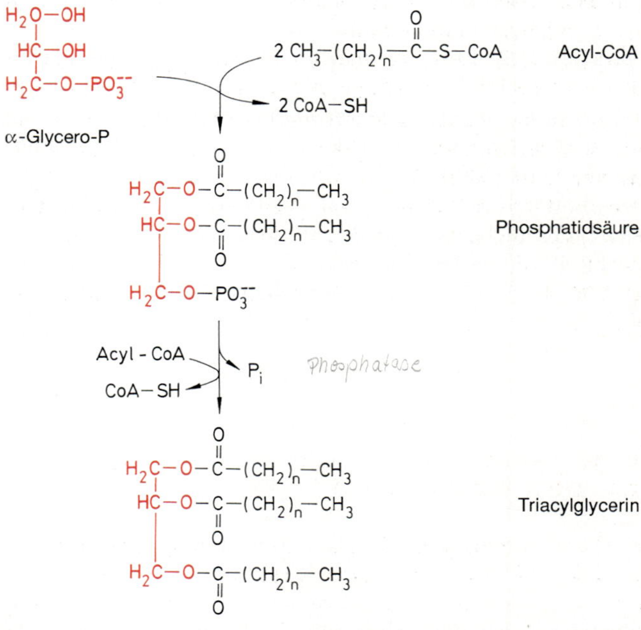

Bild 12.1. Einzelreaktionen der Biosynthese von Triacylglycerinen

Die einzelnen Schritte der Triacylglycerin-Biosynthese sind in Abb. 12.1 zusammengestellt. Zunächst reagieren unter Katalyse des Enzyms Acyl-CoA-Glycerin-3-Phosphat-Acyl-Transferase zwei Moleküle Acyl-CoA mit α-Glycerophsphat, wobei dieses zweifach acyliert wird und eine sogenannte Phosphatidsäure entsteht. Aus ihr wird durch eine Phosphatase ein α,β-Diacylglycerin gebildet, welches mit einem dritten Acyl-CoA reagiert, so daß Triacylglycerin entsteht.

12.2 Biosynthese von Fettsäuren

Das Substrat für die Fettsäurebiosynthese ist Malonyl-CoA

In den meisten Zellen werden überwiegend Fettsäuren mit einer *geraden* Anzahl von C-Atomen synthetisiert, was auf ihre Herkunft aus Acetyl-CoA schließen läßt. Zunächst wurde angenommen, daß die Fettsäurebiosynthese eine einfache Umkehr der β-Oxidation der Fettsäuren darstellt (s.S. 144). Bei näherer Untersuchung zeigte sich jedoch, daß die Fettsäurebiosynthese nicht in den Mitochondrien, sondern im Cytosol an einem ***Multienzymkomplex*** stattfindet, daß sie CO_2 benötigt und daß als Lieferant der benötigten Reduktionsäquivalente NADPH Verwendung findet. Darüber hinaus konnte gezeigt werden, daß für die Kondensation der Acetyl-Reste an die wachsende Fettsäurekette nicht Acetyl-CoA, sondern das aus 3 C-Atomen bestehende Malonyl-CoA benutzt wird. Dieses entsteht durch Carboxylierung von Acetyl-CoA durch die ***Acetyl-CoA Carboxylase***.

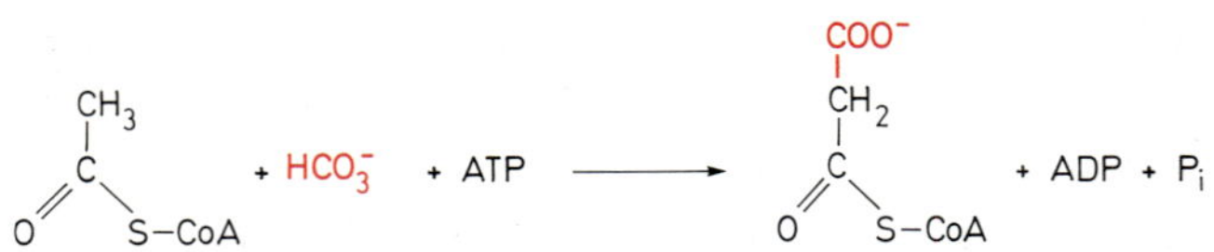

Bild 12.2. Biotinabhängige Carboxylierung von Acetyl-CoA zu Malonyl-CoA

Der Mechanismus dieses biotinabhängigen Enzyms ist in Abb. 12.2 dargestellt.

Die Fettsäurebiosynthese erfolgt an einem cytoplasmatischen Multienzymkomplex

Die Fettsäuresynthase. Abbildung 12.3 zeigt die Einzelreaktionen der Biosynthese langkettiger geradzahliger Fettsäuren aus Acetyl-CoA. Sämtliche Reaktionen laufen an einem Multienzymkomplex, der ***Fettsäuresynthase***, ab. Diese verfügt über zwei für die Katalyse essentielle SH-Gruppierungen, die als periphere bzw. zentrale SH-Gruppe bezeichnet werden. Die periphere SH-Gruppe gehört zu einem Cysteinylrest, die zentrale zu dem auch im Coenzym A (s.S. 313) vorkommenden 4'-Phosphopantethein-Rest, der in diesem Fall an einen Serinrest der Fettsäuresynthetase geknüpft ist.

Die Biosynthese startet mit der Übertragung des Acetylrestes eines Acetyl-CoA auf die zentrale SH-Gruppe der Fettsäuresynthase. In der zweiten Reaktion wird der Acetylrest auf die periphere SH-Gruppe gebracht. Die damit wieder freiwerdende zentrale SH-Gruppe übernimmt nun einen Malonylrest vom Malonyl-CoA. Unter Decarboxylierung kondensieren der Acetylrest der peripheren und der Malonylrest der zentralen SH-Gruppe, so daß an dieser ein Acetacetylrest entsteht. Diese Decarboxylierung liefert die für die Kondensation benötigte Energie.

Der Acetacetylrest wird nun mit NADPH zum 3-Hydroxybutyryl-(3-Hydroxyacyl-)Rest reduziert und danach zum Crotonyl-(2-Enoyl-) Rest dehydratisiert. In einer zweiten Reduktion entsteht nun hieraus ein aus 4 C-Atomen bestehender gesättigter Acyl-(Butyryl-)Rest. Der nächste Reaktionscyclus wird damit eingeleitet, daß dieser auf die periphere SH-Gruppe übertragen wird, womit die zentrale SH-Gruppe für die Aufnahme eines weiteren Malonylrestes frei wird. Derartige Cyclen wiederholen sich, bis die Kettenlänge der Fettsäure auf 16-18 C-Atome (Palmitin- bzw. Stearinsäure) angewachsen ist. Danach wird die fertige Fettsäure hydrolytisch von der zentralen SH-Gruppe abgespalten. Die Summengleichung für die Biosynthese des Palmitates lautet demnach:

$$\begin{aligned}&CH_3{-}CO{-}S{-}CoA + 7\,HOOC{-}CH_2{-}CO{-}SCoA\\&\quad + 14\,NADPH + 14\,H^+ \rightarrow CH_3{-}(CH_2)_{14}{-}COOH\\&\quad + 7\,CO_2 + 6\,H_2O + 8\,CoA{-}SH + 14\,NADP^+\end{aligned}$$

Bei Säugern liegt die Fettsäuresynthase als dimeres Protein vor. Jede einzelne Untereinheit enthält alle für die Fettsäuresynthese

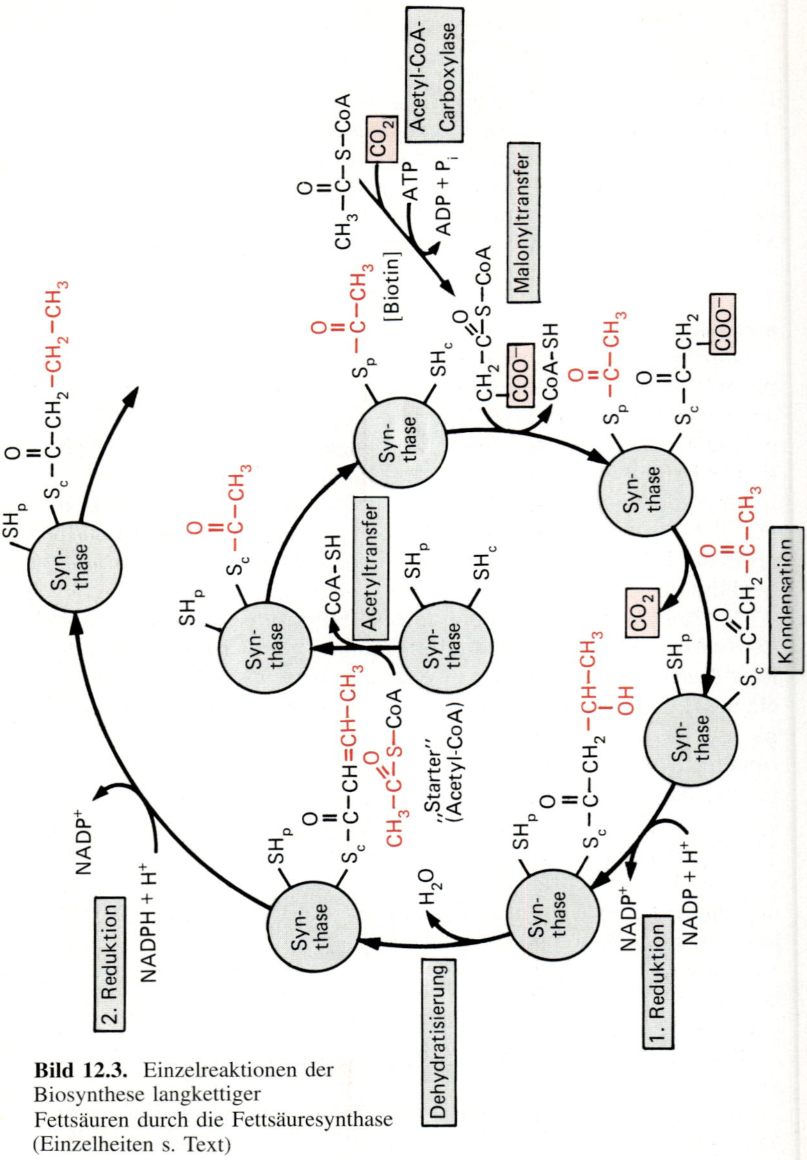

Bild 12.3. Einzelreaktionen der Biosynthese langkettiger Fettsäuren durch die Fettsäuresynthase (Einzelheiten s. Text)

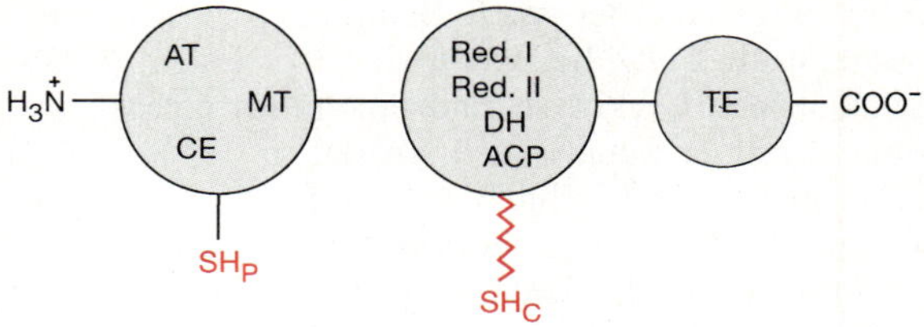

Bild 12.4. Domänenaufbau des Fettsäuresynthese-Dimers von Säugetieren

benötigten funktionellen Abschnitte oder ***Domänen*** (Abb. 12.4). Es handelt sich um die Acetyltransferase, die Malonyltransferase, das kondensierende Enzym mit der peripheren SH-Gruppe, das Acyl-Carrier-Protein mit der zentralen SH-Gruppe, die beiden Reduktasen sowie die Dehydratase, schließlich noch die für die Fettsäureabspaltung notwendige Thioesterase.

Der Fettsäuresynthasekomplex ist nur als Dimer enzymatisch aktiv. Man nimmt an, daß das die wachsende Fettsäurekette tragende Acyl-Carrier-Protein der einen Untereinheit mit den entsprechenden Enzymdomänen der anderen Untereinheit in Wechselwirkung tritt. Der Vorteil dieser Anordnung in einem Multienzymkomplex liegt darin, daß die verschiedenen Zwischenprodukte *kovalent* gebunden bleiben können, und daß bei der Biosynthese der Fettsäuresynthase das richtige Mengenverhältnis zwischen den einzelnen Teilaktivitäten des Komplexes gewährleistet ist.

Pyruvatdehydrogenase und Acetyl-CoA Carboxylase sind die geschwindigkeitsbestimmenden Enzyme für Fettsäure- und Triacylglycerinbiosynthese

Eine entscheidende Größe für das Ausmaß der Fettsäurebiosynthese ist die Verfügbarkeit von Acetyl-CoA. Damit wird das Ausmaß der Fettsäurebiosynthese wesentlich durch Acetyl-CoA liefernde Reaktionen reguliert. Dies tritt besonders deutlich in der ***Leber*** und im ***Fettgewebe*** zutage, wo ein beträchtlicher Teil des Acetyl-CoA unter Katalyse der Pyruvatdehydrogenase durch dehydrierende Decarboxylierung von Pyruvat entsteht (s. S. 155). Beide Gewebe sind in besonderem Umfang zur Fettsäurebiosynthese aus Kohlenhydraten befähigt.

Eine entscheidende Rolle hierbei spielt ***Insulin***. Es beschleunigt den Glucosetransport in die Fettzelle, wodurch es zu einem gesteigerten Glucoseabbau in der Glykolyse und einem vermehrten Pyruvatangebot kommt. Darüber hinaus wird sowohl in der Leber als auch im Fettgewebe unter dem Einfluß von Insulin die Pyruvatdehydrogenase von ihrer inaktiven phosphorylierten in die *aktive dephosphorylierte* Form überführt. Besteht dagegen ein Glucosemangel oder fehlt Insulin (Diabetes mellitus), so nimmt der Anteil der aktiven Pyruvatdehydrogenase rasch auf sehr niedrige Werte ab, was mit einer deutlichen Verminderung der Acetyl-CoA-Bildung aus Kohlenhydraten gleichzusetzen ist.

Die Bildung von Acetyl-CoA für die Fettsäurebiosynthese durch Einschaltung der Pyruvatdehydrogenase-Reaktion ist allerdings mit einem Transportproblem verbunden. Die Pyruvatdehydrogenase ist *intramitochondrial* lokalisiert, das von ihr gebildete Acetyl-CoA kann jedoch die mitochondriale Innenmembran nicht passieren und gelangt auf diese Weise nicht direkt in das ***Cytosol*** als dem Ort der Fettsäurebiosynthese. Um diese Schwierigkeit zu umgehen, entsteht durch Kondensation mit *Oxalacetat* aus Acetyl-CoA ***Citrat***, welches über ein entsprechendes Anionentransportsystem in der inneren Membran leicht in den *cytosolischen Raum* transportiert werden kann. Dort erfolgt eine ATP-abhängige Spaltung von Citrat zu *Acetyl-CoA* und Oxalacetat, welche formal einer Umkehr der Citratsynthase entspricht (ATP-Citratlyase).

Das für die eigentliche Fettsäurebiosynthese geschwindigkeitsbestimmende Enzym ist die *Acetyl-CoA-Carboxylase*. Dieses Enzym wird außerordentlich wirksam durch langkettiges Acyl-CoA *gehemmt*. Wenn also Acyl-CoA sich anstaut, da es nicht weiter verstoffwechselt werden kann, kommt es zu einer Hemmung der *Neusynthese* von Fettsäuren. Derartige Zustände sind vor allem eine erhöhte Aufnahme nicht-veresterter Fettsäuren bei gesteigertem extrazellulärem Fettsäureangebot bzw. eine Steigerung der Lipolyse. Die Tatsache, daß die Fettsäurebiosynthese bei hoher Fettzufuhr, bei Hunger sowie beim Diabetes mellitus darnieder liegt, erklärt sich durch die *Hemmung* der ***Acetyl-CoA-Carboxylase*** durch ***Acyl-CoA***.

Bei hohem Kohlenhydratangebot und entsprechend erhöhten Insulinspiegeln kommt es dagegen wahrscheinlich durch eine Steigerung der Veresterungsgeschwindigkeit zu einer *Abnahme* der *Acyl-CoA-Konzentration* und damit zu einer *Aktivitätssteigerung* der Acetyl-CoA-Carboxylase. Ebenfalls zu einer Aktivierung der Acetyl-

CoA-Carboxylase führt eine Konzentrationszunahme von Citrat. Es stabilisiert die biologisch aktive polymere Form der Acetyl-CoA-Carboxylase.

Darüber hinaus kommt die Acetyl-CoA-Carboxylase ähnlich wie die Pyruvatdehydrogenase in einer aktiven dephosphorylierten und einer inaktiven phosphorylierten Form vor. Welche Prozesse für die Überführung des Enzyms von der einen in die andere Form verantwortlich sind, ist im einzelnen noch nicht bekannt.

Über die Regulation der Einzelenzyme der Lipogenese ist noch relativ wenig bekannt. Sie sind alle fest an die Membranen des endoplasmatischen Retikulums gebunden und infolgedessen noch relativ schlecht charakterisiert. Aus einer großen Reihe von Untersuchungen weiß man, daß die Geschwindigkeit der Triacylglycerin-Biosynthese besonders des Fettgewebes unter der Einwirkung von ***Insulin*** drastisch zunimmt. Dieser Effekt beruht wesentlich, wenn nicht ausschließlich, auf den spezifischen Stoffwechselwirkungen des Insulins, nämlich vermehrter Glucosetransport, Steigerung des Glucosedurchsatzes durch Glykolyse und Pentosephosphatcyclus und vermehrte Bereitstellung von α-Glycerophosphat und Acetyl-CoA für die Veresterung von Acyl-CoA bzw. die Fettsäurebiosynthese

Eine große Rolle für die Art der Triacylglycerinbiosynthese spielt auch die Nahrungszusammensetzung. Ist sie eher kohlenhydratreich und fettarm, so erfolgt der größte Teil der Triacylglycerinbiosynthese aus Kohlenhydraten, die den Kohlenstoff sowohl für den Glycerin- als auch für den Fettsäureanteil der Triacylglycerine liefern. Nimmt der Fettgehalt der Nahrung zu, so wird die Triacylglycerinbiosynthese aus α-Glycerophosphat (aus Kohlenhydraten) und Fettsäuren, welche den Nahrungsfetten entstammen, immer wichtiger.

12.3 Biosynthese und Stoffwechsel der Phosphoglyceride

Bei der Biosynthese der Phosphoglyceride werden Nucleosiddiphosphat-aktivierte Zwischenprodukte benötigt

Abbildung 12.5 zeigt die Einzelreaktionen der Biosynthese von ***Phosphatidylcholin***. Hierbei wird zunächst analog zu den schon

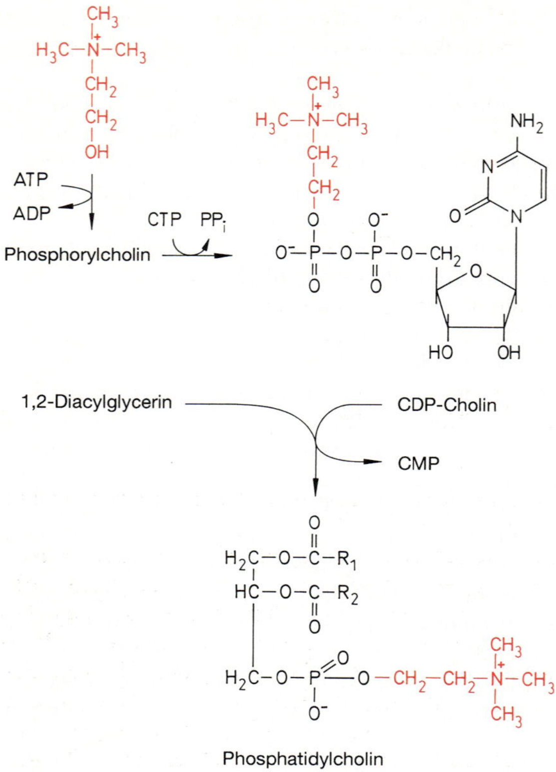

Bild 12.5. Einzelreaktionen der Biosynthese von Phosphatidylcholin

bei der Biosynthese der Triacylglycerine besprochenen Vorgängen ein 1,2-Diacylglycerin aus α-Glycerophosphat und 2 Acyl-CoA synthetisiert. Dieses reagiert mit einem „aktivierten" Cholin, dem Cytidindiphosphat-Cholin. Zu seiner Biosynthese sind zwei Reaktionen notwendig: Die ATP-abhängige Phosphorylierung von Cholin zu Phosphorylcholin, welches in der zweiten Reaktion unter Pyrophosphat-Abspaltung mit CTP reagiert. Diese Aktivierung des Cholins verläuft vollkommen zur Aktivierung der Glucose zu Uridindiphosphatglucose bei der *Glykogenbiosynthese*. Cytidindiphosphat-

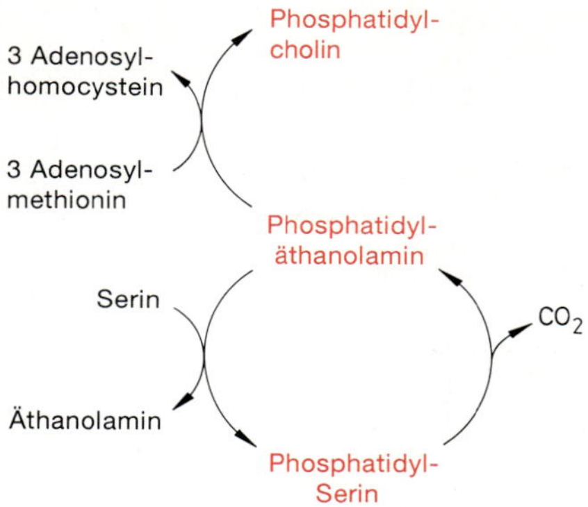

Bild 12.6. Umwandlungen von Phospholipiden

Cholin reagiert unter CMP-Abspaltung mit 1,2-Diacylglycerin, wobei Phosphatidylcholin entsteht.

In einer vollkommen gleichartigen Reaktionsreihe wird auch ***Phosphatidylethanolamin*** synthetisiert. Über die in Abb. 12.6 dargestellten Austauschreaktionen können darüber hinaus die einzelnen N-haltigen Phosphoglyceride ineinander umgewandelt werden. Im Prinzip ist auch eine Reaktionsfolge unter Aktivierung des Diacylglycerins vorstellbar. In der Tat erfolgt auf diese Weise die Biosynthese von ***Phosphatidylinositol***. Hier wird zunächst aus α-Glycerophosphat und 2 Acyl-CoA Phosphatidsäure synthetisiert, welche mit CTP unter Pyrophosphatabspaltung zu CDP-Diacylglycerin aktiviert wird. Wiederum unter CMP-Abspaltung reagiert es mit Inositol, wobei Phosphatidylinositol entsteht. Über die Beteiligung der Phosphoglyceride am Membranaufbau s.S. 70.

Spezifische Phospholipasen spalten die unterschiedlichen Esterbindungen in Phosphoglyceriden

Der Abbau von Phosphoglyceriden wird durch die Wirkung einer Reihe spezifischer Enzyme, der ***Phospholipasen***, eingeleitet (Abb. 12.7). Die Phospholipase A spaltet spezifisch einen der beiden Fettsäurereste hydrolytisch ab, wobei die entsprechenden Lysophosphoglyceride entstehen. Phospholipasen des Typs C spalten die Ester-

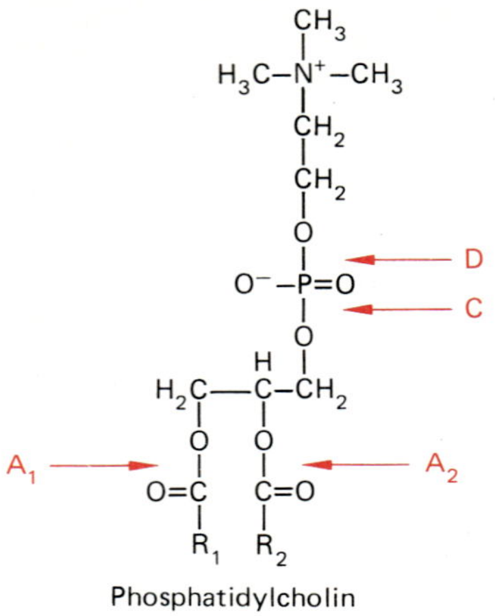

Bild 12.7. Angriffspunkte der verschiedenen Phospholipasen

bindung zwischen Glycerin und entsprechend substituiertem Phosphat, während die Phospholipasen der D-Gruppe die Esterbindung zwischen Phosphat und dem entsprechenden Alkohol angreifen. Für den Abbau der durch die verschiedenen Phospholipasen entstehenden Phosphoglyceridbruchstücke stehen weitere Enzyme zur Verfügung, so daß schließlich eine Spaltung in die zugrundeliegenden Bauteile möglich ist.

Die genannten Phospholipasen sind zunächst für den Abbau von Membranmaterial notwendig. Sie finden sich also beispielsweise in den Verdauungssekreten des Magen-Darm-Traktes, daneben auch in einer Reihe von tierischen Giften. So ist das Gift verschiedener Schlangen (Kobra, Klapperschlange) sowie von Bienen besonders reich an Phospholipasen des Typs A, die in der Blutbahn rasch zu einer Lyse der Erythrocytenmembran führen. Untersuchungen der letzten Jahre haben aber ergeben, daß die verschiedenen Phosphoglyceride der zellulären Membranen sich in einem raschen Umsatz befinden, der häufig von der jeweiligen zellulären Aktivität abhängig ist. Dementsprechend haben sich in jeder Zelle Phospholipasen, besonders des Typs A und des Typs C nachweisen lassen, die die Möglichkeit zu schnellen Änderungen der Membranarchitektur gewährleisten.

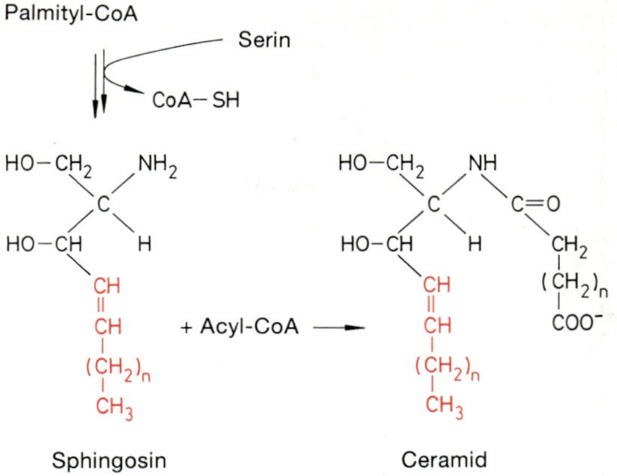

Bild 12.8. Biosynthese von Sphingosin und Ceramid

12.4 Biosynthese und Stoffwechsel von Sphingolipiden

Sphingosin wird aus Palmityl-CoA und Serin synthetisiert und dann zum Aufbau der verschiedenen Sphingolipide verwendet

Abbildung 12.8 stellt die Biosynthese der Sphingolipide dar. Sie beginnt mit der Pyridoxalphosphat-abhängigen Kondensation von Palmityl-CoA und Serin, wobei über eine Reihe von Zwischenprodukten Sphingosin entsteht. Dieses wird an der Aminogruppe zu Ceramid acyliert, anschließend werden an die terminale OH-Gruppe die verschiedenen für die Sphingolipide typischen Substituenten geheftet: Cholin für Sphingomyelin, Galactose für die Cerebroside, die darüber hinaus unter Bildung von Sulfatiden sulfatiert werden können. Durch Anheftung spezifischer Oligosaccharide entstehen schließlich die Ganglioside, die im Zentralnervensystem in besonders hoher Konzentration vorkommen (s.S. 468).

Über die Bedeutung der Sphingolipide beim Membranaufbau s. Seite 70.

Tabelle 12.1. Übersicht über Lipidspeicherkrankheiten

Bezeichnung	Enzymdefekt
Morbus Niemann-Pieck	Sphingomyelinase
Morbus Gaucher	β-Glucosidase
Morbus Tay-Sachs	Hexosaminidase
Gangliosidose	β-Galactosidase
Metachromatische Leukodystrophie	Sulfatidase

Lysosomale Hydrolasen katalysieren den Abbau von Spingolipiden

Ähnlich wie Phosphoglyceride werden auch Sphingolipide in den zellulären Membranen relativ rasch umgesetzt. Für ihren Abbau sind eine Reihe lysosomaler Hydrolasen verantwortlich. Die Kohlenhydratseitenkette wird durch spezifische Glykosidasen (Galactosidasen, Glykosidasen, Hexosaminidasen usw.) abgespalten, beim Sphingomyelin wird der Abbau durch hydrolytische Abspaltung von Phosphorylcholin durch eine Sphingomyelinase eingeleitet.

Als seltene genetische Defekte kommen sogenannte Lipidspeicherkrankheiten vor, die durch das Fehlen bzw. durch Strukturdefekte derartiger lysosomaler Hydrolasen gekennzeichnet sind (Tabelle 12.1). Es ist verständlich, daß das oberhalb des Defektes liegende Sphingolipid sich in den Zellen in hoher Konzentration anhäuft und für entsprechende Funktionsausfälle verantwortlich ist. In der Regel handelt es sich um Erkrankungen, die schon im Kindesalter auftreten und häufig in kurzer Zeit zum Tod führen.

12.5 Biosynthese und Stoffwechsel von Cholesterin

Cholesterin wird aus aktivem Isopren synthetisiert

Cholesterin ist ein Nahrungsbestandteil. Allerdings kann die bei ausgeglichener Ernährung täglich zugeführte Menge nicht für den täglichen Bedarf von ca. 1 g Cholesterin beim Menschen aufkommen, so daß auch eine de novo-Synthese dieses wichtigen Steroides notwendig ist. Es findet sich als essentieller Bauteil aller zellulären Membranen mit Ausnahme der mitochondrialen Innenmembran, ist daneben auch das Ausgangsprodukt für die Biosynthese der verschiedenen Steroidhormone sowie der für die Fettresorption (s.S. 336) unentbehrlichen Gallensäuren.

Schon in den vierziger Jahren dieses Jahrhunderts wurde entdeckt, daß das komplette Ringsystem des Cholesterins aus Acetylresten synthetisiert werden kann.

Entscheidend für die Aufklärung der komplizierten Cholesterinbiosynthese war die Erkenntnis, daß diese mit der Biosynthese des sogenannten aktiven Isoprens aus 3 Acetyl-CoA eingeleitet wird (Abb. 12.9a, b).

Die ersten Schritte dieser Biosynthese sind mit den ersten Reaktionen der ***Acetacetatbiosynthese*** (s.S. 150) identisch, nur spielen sie sich im *cytosolischen* statt im *mitochondrialen* Raum ab. Durch Kondensation von Acetacetyl-CoA mit Acetyl-CoA entsteht β-Hydroxy-β-Methylglutaryl-CoA (HMG-CoA). Am HMG-CoA erfolgt die Abspaltung des Coenzym A sowie die zweimalige Reduktion der dabei freiwerdenden Carboxylgruppe zur Alkoholfunktion, so daß ***Mevalonsäure*** entsteht. Das hierfür verantwortliche Enzym, die HMG-CoA-Reduktase, ist für die Cholesterinbiosynthese geschwindigkeitsbestimmend.

Mevalonsäure erhält unter Verbrauch von 2 ATP einen Pyrophosphatrest am C-Atom 5. Durch weitere ATP-abhängige Phosphorylierung der Hydroxylgruppe am C-Atom 3 entsteht ein labiles Zwischenprodukt, das sich spontan unter CO_2- und Phosphatabgabe in ***Isopentenylpyrophosphat*** umlagert. Eine Isomerase katalysiert die Umlagerung von Isopentenylpyrophosphat zu ***Dimethylallylpyrophosphat***, womit die beiden isomeren Formen des aktiven Isoprens synthetisiert sind. In einer komplizierten Reaktionsfolge kondensieren insgesamt 6 aktive Isoprenreste (2 Dimethylallylpyrophosphat, 4 Isopentenylpyrophosphat) unter Bildung des aus 30 C-Atomen bestehenden Squalens, in dem bereits deutlich die Struktur des Cholesterins zu erkennen ist.

Durch entsprechende Umlagerung der Doppelbindungen, Oxidation, dreimalige Demethylierung und Verschiebung der Doppelbindung im Ring B entsteht aus Squalen schließlich das Cholesterin mit seinen 27 C-Atomen.

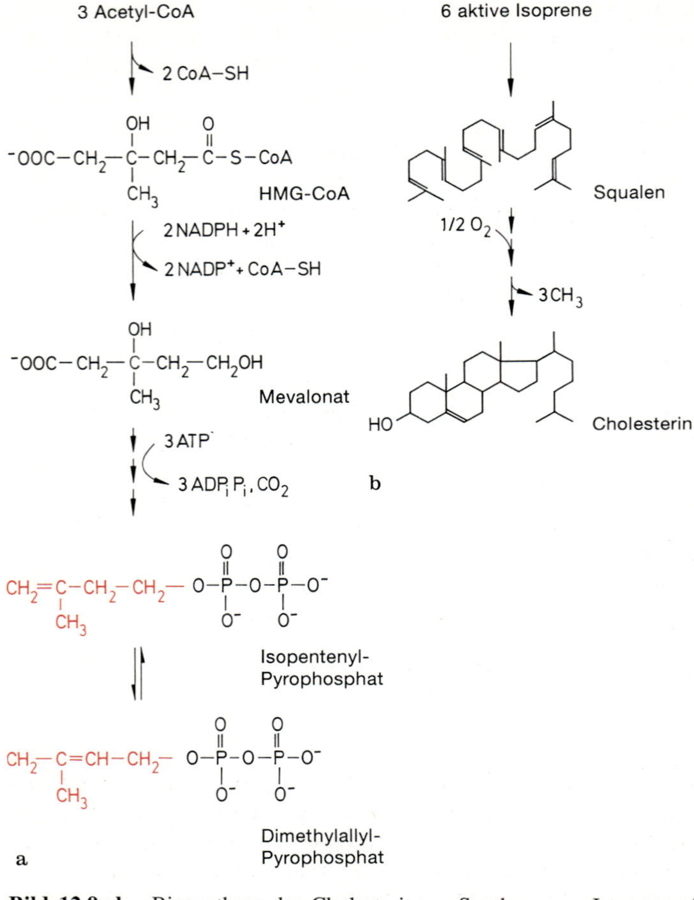

Bild 12.9a,b. Biosynthese des Cholesterins. a Synthese von Isopentenyl- bzw. Dimethylallylpyrophosphat aus Acetyl-CoA. b Vom aktiven Isopren zum Cholesterin

Cholesterin wird zu Gallensäuren abgebaut

Der tierische Organismus verfügt *nicht* über die zum vollständigen Abbau des Cholesterinskelettes notwendige enzymatische Ausstat-

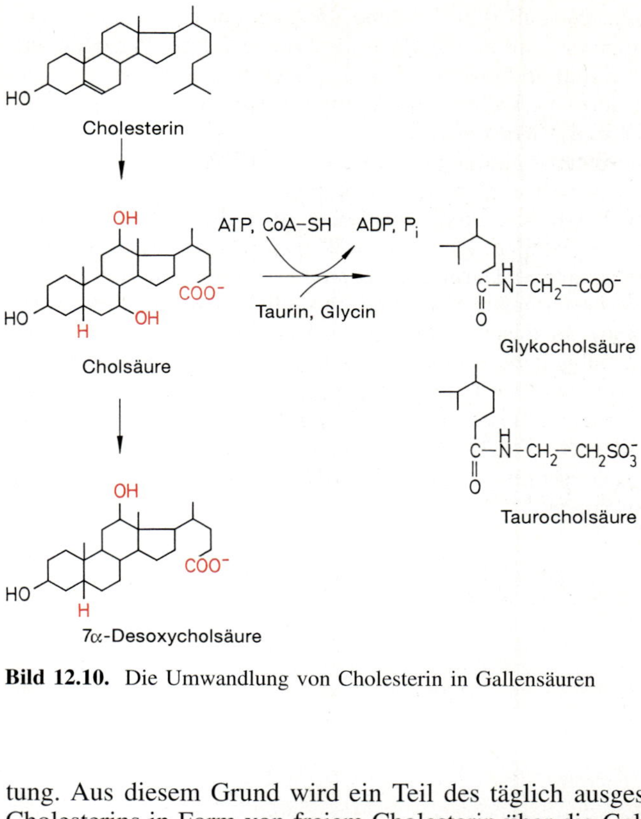

Bild 12.10. Die Umwandlung von Cholesterin in Gallensäuren

tung. Aus diesem Grund wird ein Teil des täglich ausgeschiedenen Cholesterins in Form von freiem Cholesterin über die Galle abgegeben. Auf das Gewicht der Gallenflüssigkeit bezogen, bestehen etwa 0,26% der Galle aus Cholesterin. In dieser Konzentration ist Cholesterin in wäßrigen Medien nicht mehr löslich und würde ausfallen, wenn es nicht mit Hilfe von Gallensäuren in ***micellarer Lösung*** gehalten würde. Die Tatsache, daß 80% aller Gallensteine cholesterinreich und 50% sogar reine Cholesterinsteine sind, zeigt, daß mit dieser Ausscheidungsrate eine obere biologische Grenze erreicht ist.

Keinen Abbau, aber eine wichtige Modifikation des Kohlenstoffskeletts des Cholesterins, stellt die Synthese von ***Gallensäuren*** und ihren Konjugaten aus Cholesterin dar, die den Hauptstoffwechsel des Cholesterins bildet (Abb. 12.10). Alle Gallensäuren zeichnen sich dadurch aus, daß die C-Atome 25, 26 und 27 oxidativ abgespalten werden, so daß an der Position 24 eine Carboxylgruppe entsteht, die in Amidbindung mit Taurin (Taurocholsäure) bzw. *Glycin* (Glykocholsäure) verknüpft sein kann. Darüber hinaus werden die C-Atome 12 und 7 *hydroxyliert*.

Durch diese Umwandlung erhält das Sterangerüst des Cholesterins wesentlich hydrophilere Eigenschaften. Gallensäuren werden in beträchtlichem Umfang durch die Leber über die Gallenflüssigkeit in den Darm abgegeben. Da sie in wäßriger Lösung leicht *Micellen* bilden, dienen sie im Darm als *Lösungsvermittler* für die mit der Nahrung aufgenommenen Fette und ermöglichen so die ***Fettresorption*** (s.S. 336). In dieser Funktion wird ein beträchtlicher Teil der von der Galle abgegebenen Gallensäuren in den unteren Abschnitten des Dünndarms resorbiert, gelangt wieder an die Leber und wird erneut über die Galle ausgeschieden (*enterohepatischer Kreislauf* der Gallensäuren (s.S. 336, 439)). Die in die tieferen Darmabschnitte gelangten Gallensäuren werden dort *bakteriell* zersetzt und mit dem Stuhl ausgeschieden.

13 Biosynthese und Stoffwechsel von Purinen und Pyrimidinen

ZUSAMMENFASSUNG

Stoffwechsel der Purinbasen: Das Ringsystem der Purine wird als Ribonucleotid synthetisiert. Purinbasen werden zu Harnsäure abgebaut. Purinbasen können durch spezifische Mechanismen wieder verwertet werden.
Stoffwechsel der Pyrimidinbasen: Carbamylphosphat ist Ausgangspunkt der Pyrimidinbiosynthese. Der Abbau der Pyrimidinbasen erfolgt unter Spaltung des Ringsystems. Pyrimidine werden als Nucleoside reutilisiert.
Stoffwechsel der Purin- und Pyrimidinnucleotide: Das Protein Thioredoxin ist das Reduktionsmittel für die Synthese von Desoxyribonucleotiden. N^5, N^{10}-Methylen-Tetrahydrofolat liefert die Methylgruppe des Thymins.

13.1 Stoffwechsel der Purinbasen

Das Ringsystem der Purine wird als Ribonucleotid synthetisiert

Abbildung 13.1 zeigt die durch eine Serie eleganter Isotopenversuche entdeckte Herkunft der einzelnen C- bzw. N-Atome des Purinkerns. Trotz dieser Erkenntnisse blieb der genaue Mechanismus der Purinbiosynthese unverständlich, bis klar wurde, daß Purine in Form des zugehörigen Nucleotids synthetisiert werden.

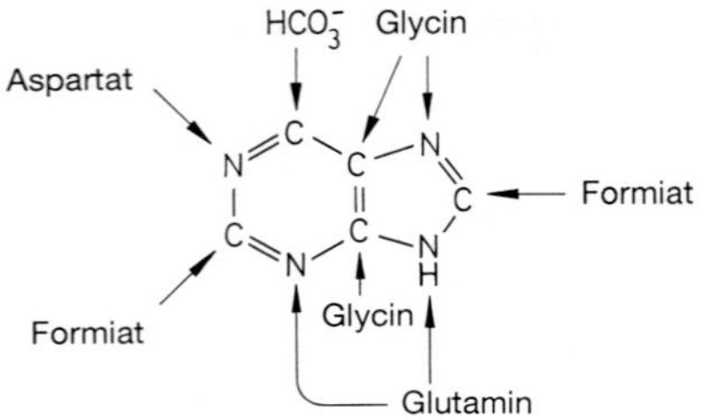

Bild 13.1. Herkunft der C- und N-Atome des Purinkerns

Der Ausgangspunkt für diese Biosynthese ist das aus Ribose-5-Phosphat entstehende ***5-Phosphoribosyl-1-Pyrophosphat***. In dieser Form enthält es bereits die für ein Ribonucleotid typische Struktur.

Aus dem Amidstickstoff des Glutamins, der Aminosäure Glycin, einem Formylkohlenstoff des N^{10}-Formyl-Tetrahydrofolates sowie einem weiteren Amidstickstoff des Glutamins wird zunächst der 5-Ring des Purinkerns mit den Atomen 4, 5, 7, 8, 9 sowie das N-Atom 3 des 6-Rings gebildet. Nach Anlagerung von CO_2, des Aminostickstoffs des Aspartates und erneuter Formulierung mit N^{10}-Formyltetrahydrofolat entsteht unter Wasserabspaltung das ***Inosin-Monophosphat***, die allen Purinnucleotiden zugrundeliegende Verbindung (Abb. 13.2).

Abbildung 13.3 zeigt die Synthese von AMP bzw. GMP aus IMP. Die Einführung der Aminogruppe des AMP benötigt Aspartat, der Reaktionsmechanismus entspricht dem der Argininbiosynthese während des Harnstoffcyclus. Zur Synthese von GMP erfolgt zunächst eine NAD-abhängige Oxidation am C-Atom 2. Diese Oxogruppe nimmt danach in einer ATP-abhängigen Reaktion den Amidstickstoff des Glutamins auf.

Abbildung 13.3 faßt außerdem die bekannten Daten über die Regulation der Purinbiosynthese zusammen. Das geschwindigkeitsbestimmende und regulierte Enzym der Purinbiosynthese ist die ***Phosphoribosylpyrophosphat-Aminotransferase***. Es katalysiert den ersten Schritt der Purinbiosynthese, nämlich die glutaminabhängige Bildung von 5-Phosphoribosylamin. Die Endprodukte der Biosynthese, nämlich die Adenin- bzw. Guaninnucleotide wirken als negative allosterische Effektoren. Dasselbe trifft für das IMP zu. Zusätz-

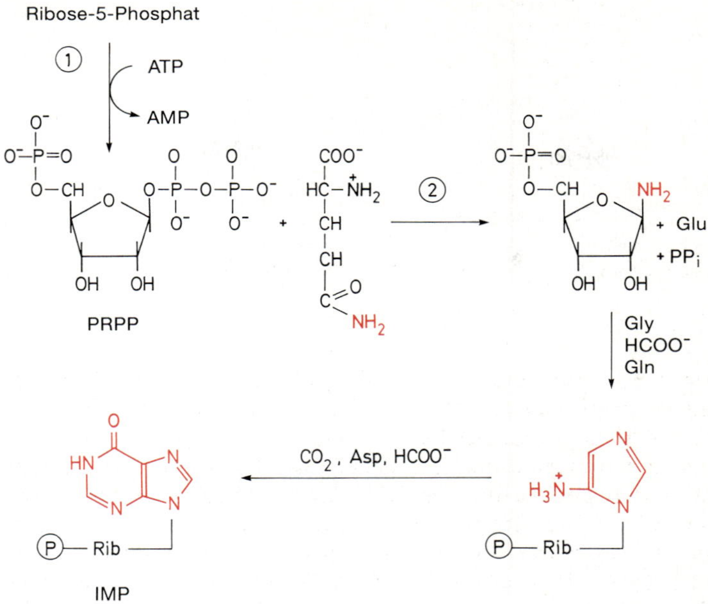

Bild 13.2. Prinzip der Biosynthese von Inosinmonophosphat (IMP). PRPP = 5'-Phosphoribosyl-1-Pyrophosphat; 1 = PRPP-Synthase; 2 = Glutamin-PRPP-Amidotransferase

lich ist ATP ein positiver Effektor der Guaninnucleotidsynthese, GTP ein solcher der Adeninnucleotidbiosynthese.

Purinbasen werden zu Harnsäure abgebaut

Abbildung 13.4 stellt das Prinzip des Abbaus der Purinbasen dar. Durch Abspaltung von Ribosephosphat sowie Desaminierung entsteht aus Adenosin und Inosin das Hypoxanthin, aus Guanosin das Xanthin. Beide Verbindungen sind Substrate der ***Xanthinoxidase***, die sie in Harnsäure überführt. Dabei entsteht das Superoxidradikal O_2^-, welches durch die Superoxiddismutase zu H_2O_2 umgewandelt wird.

Harnsäure ist bei Primaten, Vögeln und einigen Reptilien das Endprodukt des Purinabbaus. Sie ist schwer wasserlöslich, so daß ihr Transport im Blut und ihre Ausscheidung durch die Nieren dem

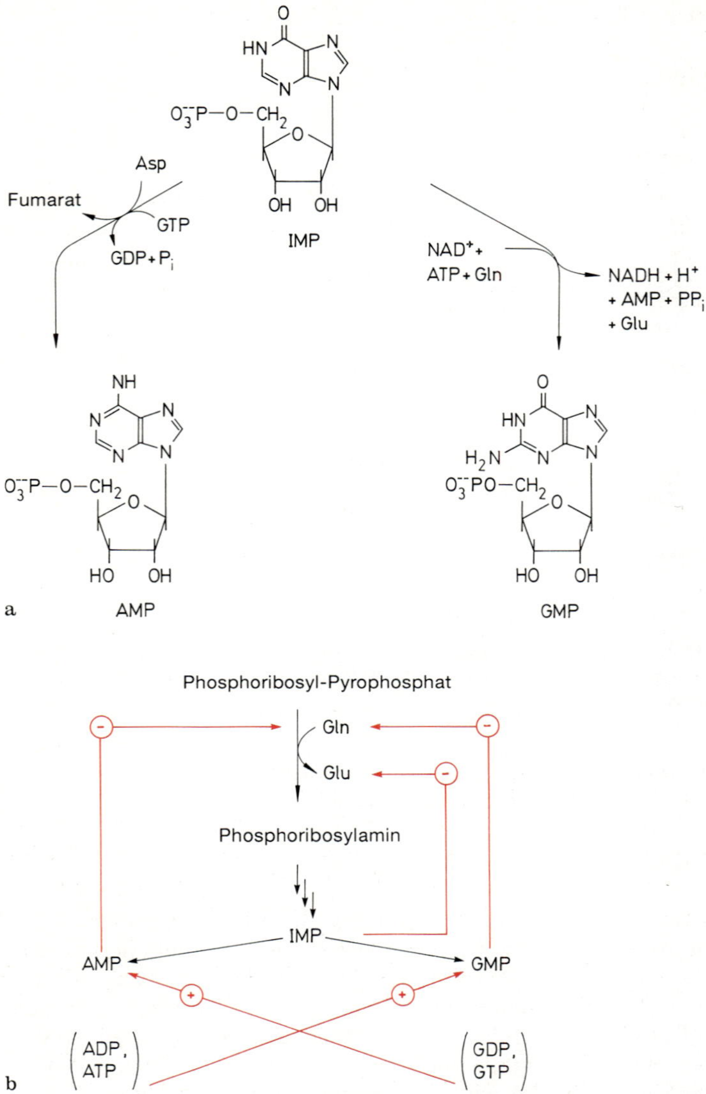

Bild 13.3a,b. Bildung von AMP und GMP aus IMP. **a** Einzelreaktionen der Biosynthese; **b** Regulation der Biosynthese. Einzelheiten s. Text

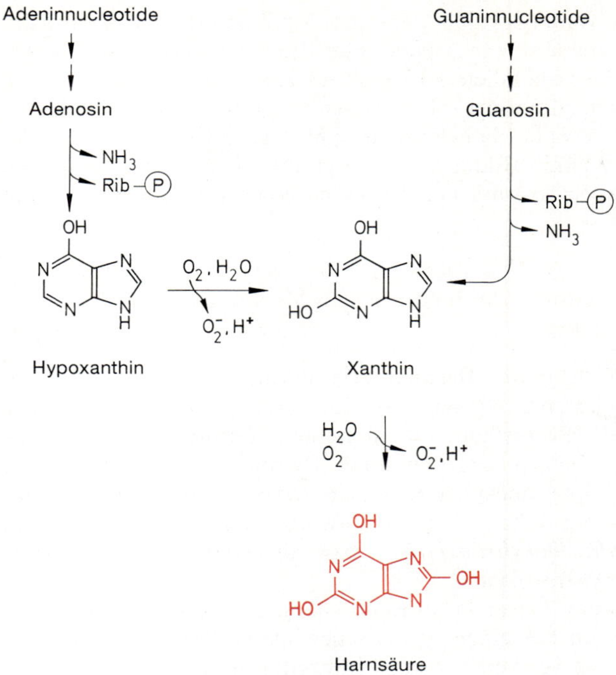

Bild 13.4. Abbau von Purinnucleotiden zu Harnsäure

Organismus unter Umständen Schwierigkeiten machen können. Es kommt in diesem Fall zu einer Erhöhung der ***Harnsäurekonzentration*** im Blut sowie in den extrazellulären Flüssigkeiten, welche eine als ***Gicht*** bezeichnete Ablagerung von Harnsäure an verschiedenen Stellen des Körpers zur Folge hat. Die Ursache dieser zur Gicht führenden Erhöhung der Harnsäurekonzentration im Blut beruht in etwa 70-80% der Fälle auf einer *Hemmung der renalen Harnsäureausscheidung*.

20% der Gichtfälle beruhen auf einer ***Aktivitätszunahme*** der Phosphoribosylpyrophosphatsynthase oder der Glutamin-Phosphoribosylpyrophosphat-Amidotransferase. Gelegentlich wurde auch eine Aktivitätserhöhung der Xanthinoxidase für das Auftreten gewisser

Gichtformen verantwortlich gemacht. Sind die für die Reutilisierung von Purinbasen (s.u.) benötigten Enzyme durch einen genetischen Defekt ausgefallen, so kommt es zu einem Minderverbrauch an Phosphoribosylpyrophosphat, dessen Konzentration infolgedessen ansteigt. Da Phosphoribosylpyrophosphat ein positiver Effektor der Phosphoribosylamin-Bildung ist, steigt die de novo-Synthese von Purinnucleotiden so stark an, daß es zu einer sehr schweren Gicht kommt.

Purinbasen können durch spezifische Mechanismen wieder verwertet werden

Wie in Abb. 13.5 am Beispiel von Purinen dargestellt, können durch intrazellulären Abbau von Nucleinsäuren entstandene oder durch enterale Resorption aufgenommene Purinbasen durch Katalyse entsprechender Enzyme unter Pyrophosphatabspaltung mit Phosphoribosylpyrophosphat reagieren, wobei Adenin- bzw. Guaninnucleotide entstehen. Die verantwortlichen Enzyme sind die ***Adeninphosphoribosyltransferase*** bzw. die ***Hypoxanthin-Guanin-Phosphoribosyltransferase***.

Die Bedeutung dieser Purin-Reutilisierung geht aus der Tatsache hervor, daß sich bei einem genetischen Defekt an einem der beiden Enzyme ein schweres, relativ frühzeitig zu schweren geistigen Störungen sowie zum Tod führendes Krankheitsbild einstellt (Lesh-Nyhan-Syndrom).

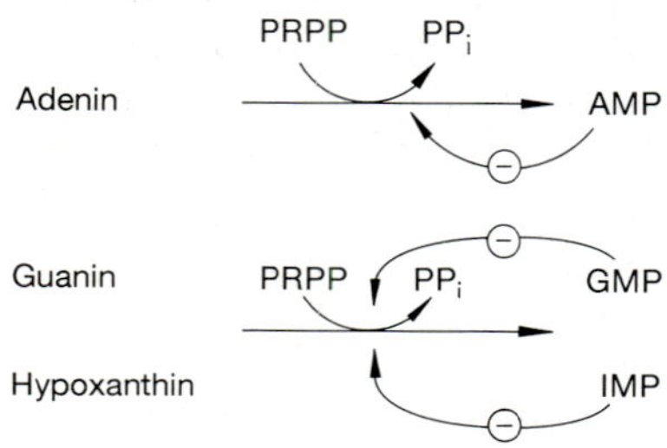

Bild 13.5. Wiederverwertung von Adenin, Guanin und Hypoxanthin für die Synthese von Purinnucleotiden

13.2 Stoffwechsel der Pyrimidinbasen

Carbamylphosphat ist Ausgangspunkt der Pyrimidinbiosynthese

Abbildung 13.6 faßt die wichtigsten Reaktionen bei der Biosynthese der Pyrimidine zusammen. Im Gegensatz zu derjenigen der Purine erfolgen die Schritte der Synthese ohne Knüpfung an Ribosephosphat.

Ausgangspunkt für die Biosynthese ist ***Carbamylphosphat***, das durch eine Carbamylphosphatsynthetase gebildet wird, die sich von dem für die Harnstoffbiosynthese verantwortlichen Enzym der Leber dadurch unterscheidet, daß sie cytosolisch lokalisiert ist und als Substrat nicht freien Ammoniak, sondern den Amidstickstoff des Glutamins verwendet.

Carbamylphosphat reagiert im nächsten Schritt mit Aspartat, wobei unter Phosphatabspaltung Carbamylaspartat entsteht, das im nächsten Schritt zu Dihydroorotsäure kondensiert. In ihr ist bereits die Struktur der Pyrimidinbasen vorgegeben.

Erst nach Oxidation zur Orotsäure wird Phosphoribosylpyrophosphat angelagert, wodurch das Nucleotid Orotidin-5'-Phosphat (OMP) entsteht. Nach Abspaltung der Carboxylgruppe kommt man schließlich zum ***Uridin-5'-Monophosphat***, dem UMP. Dieses kann mit ATP zu UTP phosphoryliert werden.

UTP stellt den Ausgangspunkt für die glutaminabhängige Biosynthese von CTP dar.

Die Pyrimidinbiosynthese wird auf der Stufe des die Synthese einleitenden Enzyms, der ***Carbamylphosphatsynthetase*** reguliert. Das Endprodukt der Synthesekette, nämlich das UTP, wirkt als allosterischer Inhibitor, Phosphoribosylpyrophosphat dagegen als positiver Effektor. Darüber hinaus hemmt UMP die OMP-Decarboxylierung.

Der Abbau der Pyrimidinbasen erfolgt unter Spaltung des Ringsystems

Der Pyrimidinabbau ist in Abb. 13.7 am Beispiel des Uracils dargestellt. Nach Reduktion der Doppelbindung im Ring kommt es zur

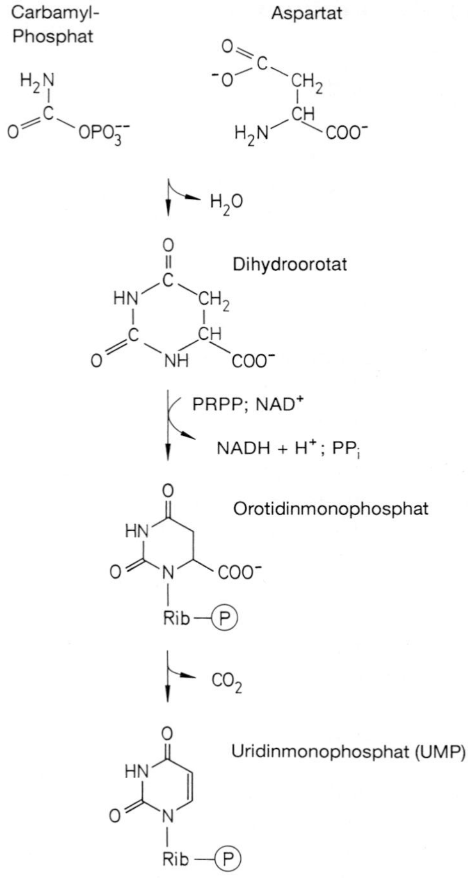

Bild 13.6. Reaktionen der Pyrimidinbiosynthese

Ringspaltung, wobei ***Ureidopropionat*** entsteht. Unter Abspaltung von CO_2 und Ammoniak geht dieses in β-Alanin übergeht, welches zu Ammoniak, CO_2 und Essigsäure zerlegt werden kann. Der Abbau der anderen Pyrimidinbasen erfolgt in analoger Weise.

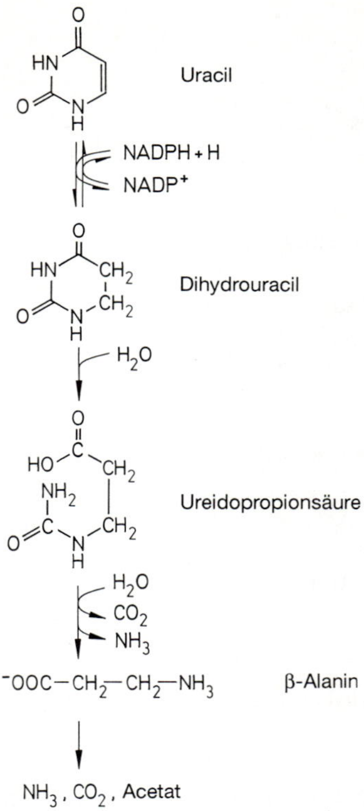

Bild 13.7. Abbau von Uracil

Pyrimidine werden als Nucleoside reutilisiert

Pyrimidinnucleotide kommen in den Nucleinsäuren in etwa den *gleichen* Mengen wie Purinnucleotide vor. Man muß deshalb annehmen, daß auch für sie sehr wirkungsvolle Wiederverwertungssysteme vorhanden sind. Offensichtlich werden anders als bei den Purinen nicht die freien Basen, sondern nur die entsprechenden Nucleoside dadurch in die Wiederverwertung einbezogen, wobei sie mit ATP phosphoryliert werden (Abb. 13.8).

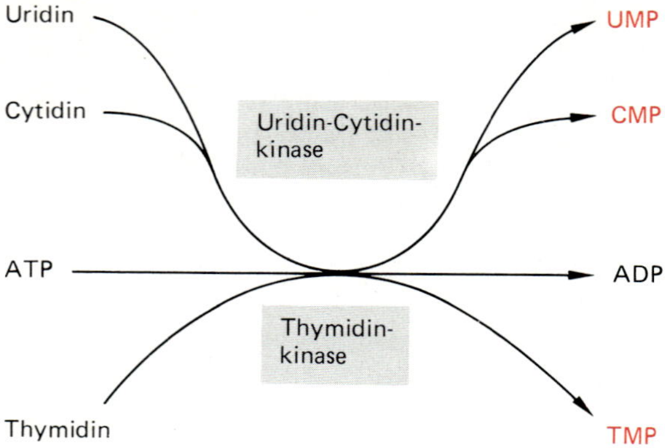

Bild 13.8. Wiederverwertung von Pyrimidinnucleosiden

13.3 Stoffwechsel der Purin- und Pyrimidinnucleotide

Das Protein Thioredoxin ist das Reduktionsmittel für die Synthese von Desoxyribonucleotiden

Die Biosynthese der Desoxyribonucleotide erfordert die Reduktion des C-Atoms 2 der Ribose. Substrate dieser durch die ***Ribonucleotidreductase*** katalysierten Reaktion sind die Nucleosiddiphosphate der Purin- und Pyrimidinbasen (Abb. 13.9). Reduktionsmittel ist ein als ***Thioredoxin*** bezeichnetes Protein, welches hierfür 2 SH-Gruppen zur Verfügung stellt. Bei der unter Wasserabspaltung erfolgenden Reduktion der OH-Gruppe am C-Atom 2 der Ribose entsteht aus den beiden SH-Gruppen eine Disulfidgruppierung. Diese wird durch NADPH wieder zu 2 SH-Gruppen reduziert (Thioredoxinreduktase). Auf diese Weise können alle fünf für die DNS-Biosynthese benötigten Desoxyribonucleotide gebildet werden.

Es ist verständlich, daß die Ribonucleotidreductase sehr genau kontrolliert werden muß, damit speziell während der Replikation die benötigten Desoxyribonucleotide bereitgestellt werden können. Abbildung 13.10 stellt einige der allosterischen Regulationsmechanis-

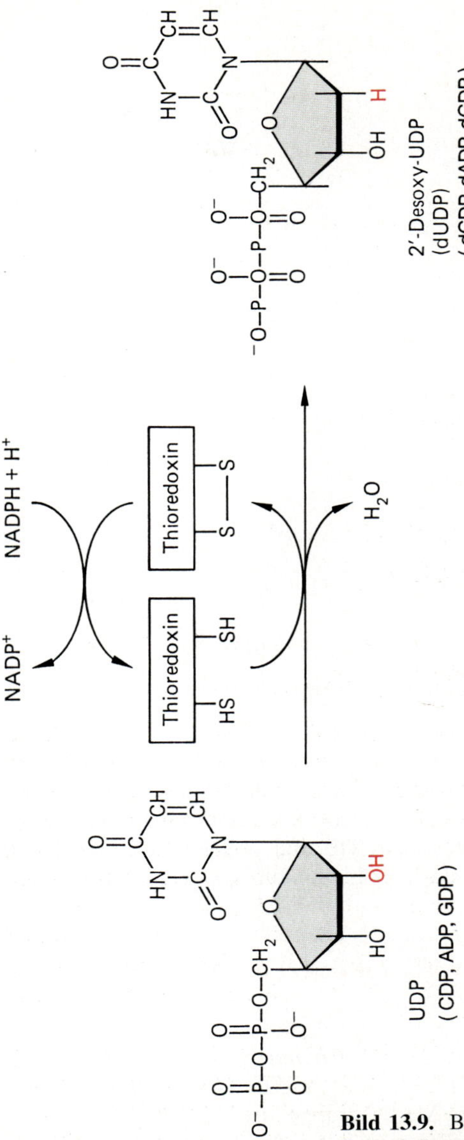

Bild 13.9. Biosynthese von Desoxyribonucleotiden (Einzelheiten s. Text)

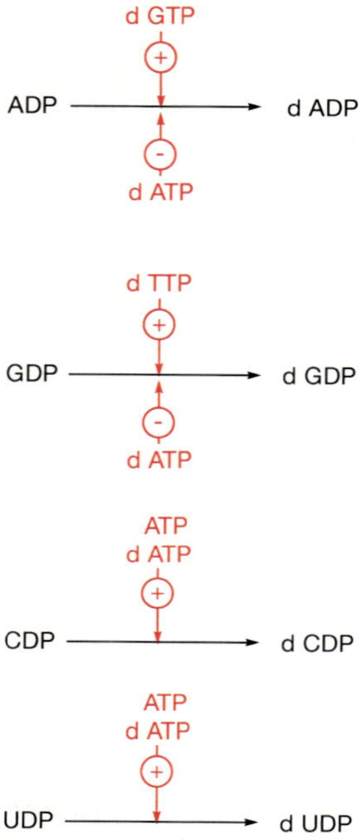

Bild 13.10. Allosterische Regulation der Ribonucleotidreduktase

men zusammen. Der wichtigste Inhibitor ist dATP, das offensichtlich einen Überschuß an Desoxyribonucleotiden signalisiert. ATP stimuliert dagegen die Synthese von dUDP und dCDP, TTP und dGTP diejenige von dADP, TTP darüber hinaus die von dGDP.

N^5, N^{10}-Methylen-Tetrahydrofolat liefert die Methylgruppe des Thymins

In der DNS kommt statt Uracil *Thymin* vor. Dieses entsteht durch Methylierung von dUMP durch die ***Thymidylat-Synthase*** (Abb. 13.11). Donor der Methylgruppe ist **N^5, N^{10}*-Methylen-Tetrahydrofolat***. Für die dabei notwendige Umwandlung der Methy-

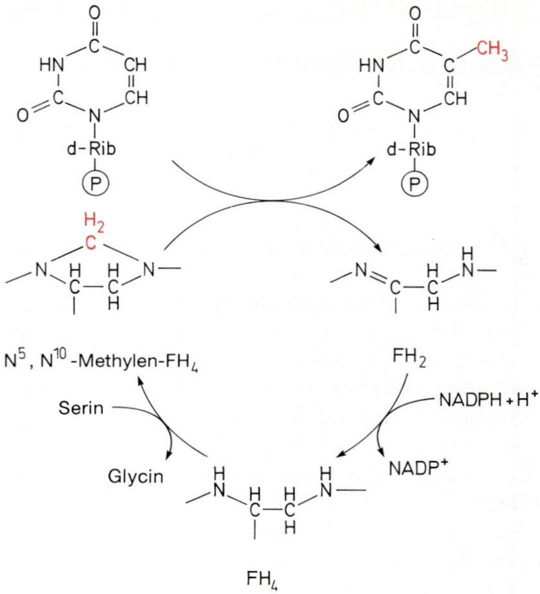

Bild 13.11. Synthese von Thymidinmonophosphat durch die Thymidilat-Synthase (Einzelheiten s. Text)

len- in eine Methylgruppe ist ein zusätzliches Elektronenpaar notwendig, das der Tetrahydrofolsäure entnommen wird. Diese geht dabei in Dihydrofolsäure über und muß durch die ***Dihydrofolatreduktase*** wieder in die aktive Form umgewandelt werden.

Seit einigen Jahren stehen spezifische Hemmstoffe der Thymidilat-Synthase bzw. der Dihydrofolatreduktase zur Verfügung. Sie blockieren sehr wirkungsvoll die Synthese von Thymidinnucleotiden und damit die Replikation. Aus diesem Grund werden sie mit Erfolg in der Tumortherapie eingesetzt.

14 Genexpression und Proteinbiosynthese

ZUSAMMENFASSUNG

Genexpression: Für die Transkription werden die RNS-Polymerasen I, II und III benötigt. Eukaryote Gene enthalten Information für die Struktur der Genprodukte sowie für die Regulation der Genexpression. Transkriptionsfaktoren bilden einen Komplex mit RNS-Polymerasen. Enhancer-Elemente der DNS steuern die Geschwindigkeit der Genexpression durch Wechselwirkung mit DNS-Bindungsproteinen. Die in vitro DNS-Rekombination ermöglicht die Expression fremder Gene.
Proteinbiosynthese: mRNS ist die Matrize für die Proteinbiosynthese. Aminoacyl-tRNS-Moleküle dienen als Adapter für die Proteinbiosynthese.
Die Ribosomen: Ribosomen sind Nukleoproteinkomplexe. Die Knüpfung der Peptidbindung zwischen den Aminosäuren erfolgt an spezifischen Stellen des Ribosoms. Guaninnukleotid-bindende Proteine sind wichtige Cofaktoren bei der Proteinbiosynthese. Häufig werden synthetisierte Proteine posttranslational modifiziert.
Veränderung des genetischen Materials: Mutationen entstehen durch Änderung der Basensequenz der DNS. Bestimmte Viren sind zur Änderung des genetischen Materials ihrer Wirtszellen imstande.

14.1 Genexpression

Für die Transkription werden die RNS-Polymerasen I, II und III benötigt

Da die Informationsspeicherung als DNS im Zellkern, die Realisierung der gespeicherten Information als Protein jedoch im Cytosol er-

Tabelle 14.1. Eukaryontische RNS-Polymerasen

Namen	Vorkommen	Produkt	Hemmung durch Amanitin
RNS-Polymerase I	Nucleolus	rRNS	–
RNS-Polymerase II	Kern	prä-mRNS	+ + +
RNS-Polymerase III	Kern	tRNS	+

folgt, muß die für ein bestimmtes Protein benötigte DNS-Information unter Beibehaltung der Strukturelemente des Codes als ***RNS-Molekül*** abgeschrieben und so in eine Form gebracht werden, die den Transport aus dem Zellkern in das Cytosol ermöglicht. Für diesen als ***Transkription*** bezeichneten Prozeß werden ***RNS-Polymerasen*** (s. S. 62) benötigt. In allen eukaryoten Zellen lassen sich drei Typen von RNS-Polymerasen nachweisen, die RNS-Polymerasen I, II und II. Es handelt sich um kompliziert aufgebaute Proteine z.T. aus mehr als 10 Untereinheiten, die sehr spezifische Funktionen wahrzunehmen haben (Tabelle 14.1). Von gewisser medizinischer Bedeutung ist die Tatsache, daß die für die Transkription der für Proteine codierenden Gene verantwortliche *RNS-Polymerase II* schon durch geringste Konzentrationen des Knollenblätterpilz-Giftes Amanitin gehemmt wird. Vom Reaktionsmechanismus sowie der Syntheserichtung her entsprechen die eukaryonten RNS-Polymerasen den bakteriellen Enzymen (s. S. 62).

Eukaryote Gene enthalten Information für die Struktur der Genprodukte sowie für die Regulation der Genexpression

Im Vergleich zu den Verhältnissen bei Bakterien ist der Aufbau eukaryoter Gene wesentlich komplexer. Sie enthalten in aller Regel oberhalb des Startpunktes für die Transkription der Strukturgene Sequenzen, die für die *Bildung des Initiationskomplexes* der RNS-Polymerase II sowie für die Aufrechterhaltung einer *konstanten Rate* der Genexpression verantwortlich sind. Darüber hinaus befinden sich in dieser Region DNS-Sequenzen, die meist als ***Enhancer*** (engl. =

Verstärker) bezeichnet werden und die die Regulierbarkeit von Genen durch Hormone, Pharmaka oder andere exogene Faktoren vermitteln.

Abbildung 14.1 zeigt die bei vielen eukaryoten Genen gefundene Anordnung dieser Elemente. Etwa 25 Basenpaare oberhalb des Startpunktes der Transkription befindet sich eine AT-reiche Sequenz, die als ***TATA-Box*** bezeichnet wird. Sie ist für die Anheftung der RNS-Polymerase II mit Hilfe verschiedener Transkriptionsfaktoren (s. u.) verantwortlich. Für die Aufrechterhaltung einer Grundrate der Transkription sind jedoch noch weitere Elemente notwendig, die etwa 100 Basenpaare oberhalb des Startpunktes lokalisiert sind und als ***CAAT-*** bzw. ***GC-Box*** bezeichnet werden. Beide Elemente können mehrfach in Promotoren vorkommen, ihre Orientierung ist dabei beliebig. Aus Mutageneseexperimenten weiß man, daß Basenaustausche im Bereich dieser Elemente zu einer starken Verminderung der Transkriptionsrate führen.

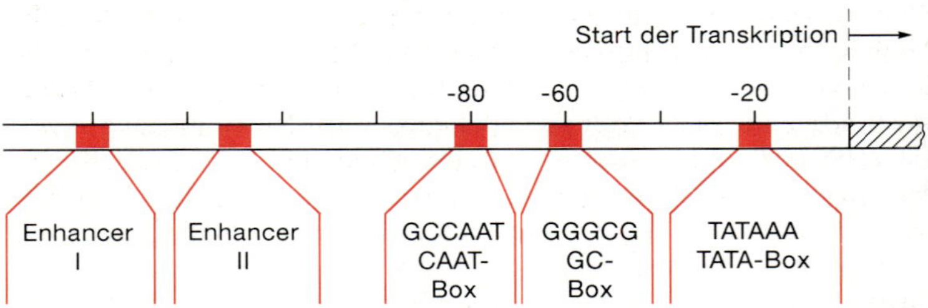

Bild 14.1. Allgemeine Struktur der Steuerregion eukaryoter Gene. 5′-oberhalb des Transkriptionsstarts befinden sich die Sequenzen zur Bindung der Transkriptionsfaktoren sowie die Enhancer-Sequenzen

In oftmals noch viel größerem Abstand vom Startpunkt der Transkription befinden sich die sogenannten Enhancer-Elemente. Es handelt sich hier um sehr spezifische, im allgemeinen aus 6 - 20 Basenpaaren bestehende Sequenzen, deren Anwesenheit darüber entscheidet, ob die Transkription eines Gens durch *Hormone*, *exogene Faktoren* (Schwermetalle, Pharmaka) oder auch *physikalische Faktoren* (Hitze, Schock) regulierbar ist.

Transkriptionsfaktoren bilden einen Komplex mit der RNS-Polymerase II

Die bei Prokaryoten für die Gentranskription verantwortliche RNS-Polymerase bindet ohne Zusatzfaktoren an die DNS und benötigt den *Sigma-Faktor* lediglich zum Auffinden der Startstelle (s. S. 62). Bei Eukaryoten sind die Verhältnisse wesentlich komplizierter. Hier werden insgesamt ***4 Transkriptionsfaktoren*** (TFIIa, TFIIb, TFIId und TFIIe) benötigt, damit ein funktionsfähiger Initiationskomplex mit RNA-Polymerase entsteht. Seine Bildung beginnt damit, daß zunächst die beiden Transkriptionsfaktoren *TFIId* und *TFIIa* an die TATA-Box binden. Anschließend lagert sich *TFIIb* so an diesen Komplex an, daß die Startstelle für die Transkription abgedeckt ist. Erst jetzt assoziiert sich die RNS-Polymerase II an diesen Proteinkomplex, dessen Funktionsfähigkeit jedoch erst nach Anlagerung von *TFIIe* hergestellt ist.

Auch für die Wirkung der anderen für die Transkription beschriebenen Kontrollelemente, der CAAT- sowie der GC-Box, sind Proteinfaktoren notwendig, die sich spezifisch an diese Elemente anlagern. So bindet beispielsweise an die GC-Box der Transkriptionsfaktor *Sp1*, ein Protein mit einem Molekulargewicht von 105 000. Man nimmt an, daß auch diese Faktoren nach Bindung an die DNS mit dem Initiationskomplex in Wechselwirkung treten und so die Wirkung der RNS-Polymerase verstärken.

Enhancer-Elemente der DNS steuern die Geschwindigkeit der Genexpression durch Wechselwirkung mit DNS-Bindungsproteinen

Enhancer-Elemente vermitteln die Regulierbarkeit der Transkription spezifischer Gene durch eine Reihe endogener oder exogener Faktoren. In Abb. 14.2 ist ihre Wirkungsweise in allgemeiner Art formuliert. Ein *Signalmolekül* (Hormon, Pharmakon u.a.) bindet an ein häufig im Cytosol lokalisiertes *Rezeptorprotein*. Dieses macht nach Bindung des Liganden eine *Konformationsänderung* durch, welche den Durchtritt durch die Kernmembran und danach die spezifische Bindung an Enhancer-Elemente ermöglicht. Dieser Vorgang führt dann zur ***Stimulierung der Transkriptionsrate***. Sinkt die Konzentration des Signalmoleküls in der Zelle, kommt es zur Abdissozia-

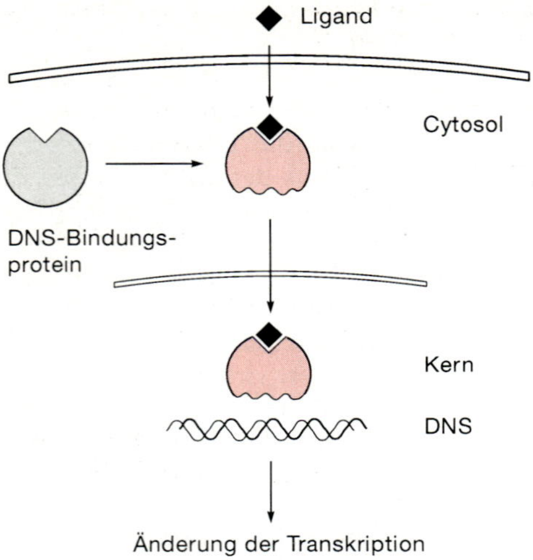

Bild 14.2. Mechanismus der Aktivierung von Enhancer-Elementen. Ein DNS-Bindungsprotein oder Receptor wird durch einen Liganden (Hormon, Pharmakon, u.a.) aktiviert und kann dann spezifisch an die Enhancer-Sequenz binden. Dies führt zur Aktivierung der Transkription des zugehörigen Gens

tion vom Rezeptor, der sich danach vom Enhancer-Element löst, womit die Transkription wieder auf das Grundniveau zurückgeht. Tabelle 14.2 stellt einige der mit Enhancer-Elementen wechselwirkenden Proteinfaktoren sowie deren Erkennungssequenzen auf der DNS zusammen. Weiteres zur Wirkung von Hormonen auf die Gentranskription s. S. 344.

Die in vitro-DNS-Rekombination ist eine Voraussetzung für die Expression fremder Gene in Wirtszellen

Der rasche Fortschritt der molekularbiologischen Erkenntnisse hat zur Entwicklung experimenteller Verfahren geführt, die unter dem Begriff ***Gentechnologie*** zusammengefaßt werden. Sie beruhen auf der Tatsache, daß aus Pro- oder Eukaryonten isolierte Einzelgene mit nicht verwandten, meist bakteriellen DNS-Abschnitten kombiniert werden können (***rekombinante Gene***). Nach Einführung dieser

Tabelle 14.2. In eukaryoten Zellen vorkommende Enhancer-Sequenzen und die zugehörigen DNS-Bindungsproteine (Auswahl)

Signal	Enhancer-Sequenz	DNS-Bindungs-protein	Masse in Dalton
Hitzeschock	CNNGAANNTCCNNG	HSTF	93000
Glucocorticoid	TGGTACAAATGTTCT	Receptor	94000
Cadmium	CGNCCCGGNCNC	?	?
Phorbolester	TGACTCA	AP1	39000

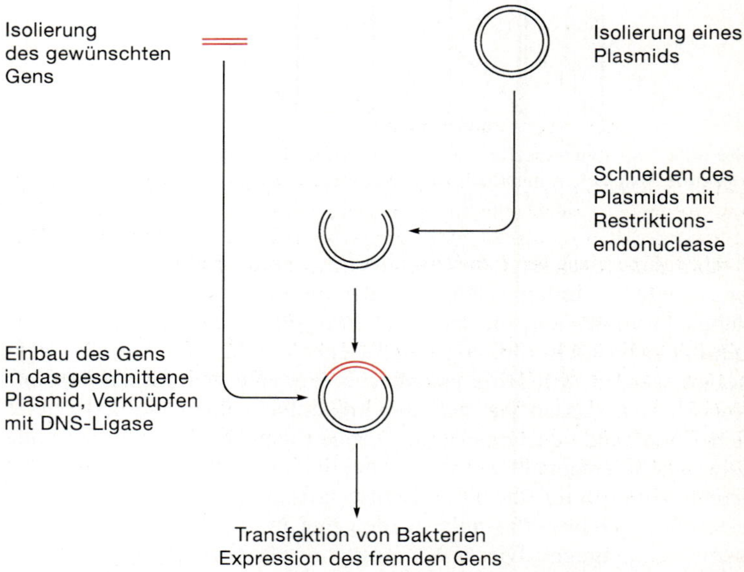

Bild 14.3. Schematische Darstellung des Verfahrens zur gentechnologischen Herstellung eines Proteins

neuartigen Gene in entsprechende Zellen können diese sowohl repliziert als auch transkribiert und damit der ***Proteinbiosynthese*** zugeführt werden.

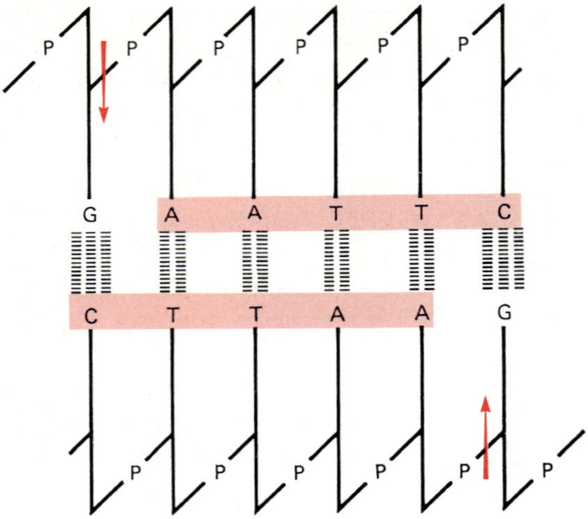

Bild 14.4. Spaltungsspezifität der Restriktionsendonuclease Eco R1. Die Pfeile geben die Spaltstellen innerhalb der palindromischen Sequenz an

Abbildung 14.3 zeigt das Prinzip eines gentechnologischen Verfahrens. Viele Bakterien verfügen außer ihrem Hauptchromosom über Nebenchromosomen, die auch als *Plasmide* bezeichnet werden (s. Lehrbücher der Mikrobiologie und Genetik). Plasmide können leicht isoliert werden. Mit Hilfe spezifischer Enzyme, der ***Restriktionsendonukleasen***, lassen sie sich in vitro aufschneiden (s.u.). Isolierte Gene eines anderen Organismus können dann in die entsprechende Schnittstelle eingepaßt werden, wobei die covalente Verknüpfung mit dem Plasmid durch die DNS-Ligase erfolgt. Derartige neukonstruierte rekombinante Plasmide werden nun in zugehörige Mikroorganismen eingebracht. Dieser Vorgang wird als ***Transfektion*** bezeichnet. Die Bakterienzelle kann nicht zwischen künstlichen neukonstruierten und unmodifizierten Plasmiden unterscheiden, infolgedessen werden die rekombinanten Plasmide repliziert und unter entsprechenden Bedingungen auch transkribiert, so daß das zu dem neu eingefügten Gen gehörige Protein in großer Menge von Bakterien gebildet wird.

Für die Medizin ist die Gentechnologie deswegen von ganz besonderer Bedeutung, weil nur sie die Möglichkeit bietet, humane Peptidhormone, Wachstumsfaktoren, Differenzierungsfaktoren und andere biologisch aktive Moleküle in Mengen herzustellen, die den therapeutischen Einsatz ermöglichen. Beispiele für derartige Verbindungen sind das humane Wachstumshormon, Erythropoietin, die Wachstums- und Differenzierungsfaktoren für die verschiedenen zellulären Bestandteile des Blutes oder humanes Insulin.

Ein unerläßliches Hilfsmittel für die Gentechnologie sind die Restriktionsendonukleasen. Es handelt sich um bakterielle Enzyme, welche DNS-Doppelstränge *an spezifischen Stellen spalten*. Diese sind durch eine Folge von *wenigstens 4 Basen* gekennzeichnet, bei denen die Sequenz in den beiden Strängen jeweils vom 5′-Phosphatende her gelesen, identisch ist (Palindrom). Abbildung 14.4 demonstriert die Spaltungsspezifität von Restriktionsendonukleasen am Beispiel des Enzyms Eco R1. Das Enzym erkennt eine Doppelhelix an der palindromischen Basensequenz GAATTC und spaltet zwischen Guanin und Adenin.

14.2 Proteinbiosynthese

Das prinzipielle Problem der Proteinbiosynthese besteht bei allen Lebewesen darin, die in Form einer Basensequenz in der DNS bzw. RNS niedergelegte Information in eine Sequenz von Aminosäuren im Peptidverband eines Proteins zu übersetzen (Translation). Dieser Vorgang des Übersetzens unterscheidet sich grundsätzlich von den oben und in Kap. 3 besprochenen Prozessen der ***Replikation*** und ***Transkription***. Bei beiden Vorgängen handelte es sich ja nur darum, von einer Nucleinsäurekette unter Beibehaltung der prinzipiellen Eigenschaften der verwendeten „Sprache“ eine Kopie zu erstellen. Die Voraussetzung für das Erstellen derartiger Kopien ist die *Komplementarität* der vier verwendeten Basen (s.S. 46).

mRNS ist die Matrize für die Proteinbiosynthese

Wie ausführlich in Kap. 3 und auf S. 272 besprochen, werden die einzelnen Strukturgene der DNS durch die DNS-abhängige RNS-

Polymerase als mRNS kopiert. In dieser einsträngigen RNS ist demnach, allerdings unter Beibehaltung des „Basenalphabets" infolge der Basenkomplementarität, in codierter Form die Aminosäuresequenz der dem jeweiligen Gen entsprechenden Proteine enthalten. Abbildung 14.5 zeigt die prinzipiellen Strukturmerkmale, die bei der mRNS gefunden wurden. Am 5′-Phosphatende finden sich häufig Kopfgruppen aus 7-Methylguanosin, N^6-Methyladenosin und Nucleotiden mit methylierter Ribose. Diese Gruppierungen sind für die Bindung der mRNS an das *Ribosom* (s.u.) notwendig.

Eine Sequenz aus den drei Basen AUG markiert den ***Startpunkt*** für das Transkript des Strukturgens. Hier beginnt also die eigentliche Codierung der Aminosäuresequenz des jeweiligen Proteins. Je nach der Größe des Proteins erfolgt nun ein aus etwa 300 – 3 000 Basen bestehendes Stück, das in etwa Proteinen mit Molekulargewichten zwischen 10 000 und 100 000 entspricht. Den Stopp der eigentlichen Struktursequenz bildet eines der drei Stoppcodons UAG, UAA oder UGA. Anschließend an das Stoppcodon kommt eine aus 100 – 250 Basen bestehende Sequenz, in der die Base N6-Methyladenosin häufig ist. Bei vielen, aber nicht allen mRNA-Molekülen schließt sich noch eine aus 30 – 200 Basen bestehende Poly A-Sequenz an, die *posttranskriptional* an die mRNS angefügt wurde und über deren biologische Bedeutung noch nichts Sicheres bekannt ist.

Die Entschlüsselung des genetischen Codes gehört zu den großen Leistungen der Molekularbiologie. Sie war erst möglich, als man gelernt hatte, in einem *zellfreien* System die für die Proteinbiosynthese benötigten Faktoren in funktionsfähiger Form zu erhalten (s.u.). Damit bestand die Möglichkeit, chemisch synthetisierte und damit in ihrer Sequenz genau festgelegte mRNS als Matrize anzubieten. Man brauchte danach nur noch die Sequenz der synthetisierten Proteine zu ermitteln und gelangte so zu dem in Abb. 14.6 dargestellten genetischen Code. Er zeichnet sich durch folgende Eigenschaften aus:

- Die für eine Aminosäure codierende Einheit, das ***Codon***, besteht aus ***3 Basen***.
- Bei einem ***Dreiercodon*** können aus den vier Buchstaben, nämlich den Basen Adenin, Uracil, Cytosin und Guanin $4^3 = 64$ Worte geschrieben werden. Da alle möglichen 64 Worte im Code auch vorkommen, jedoch nur 20 Aminosäuren für die Proteinbiosynthese verwendet werden, codieren mehrere Codons für die *gleiche* Aminosäure. Man bezeichnet dies als ***Degeneration des Codes***.

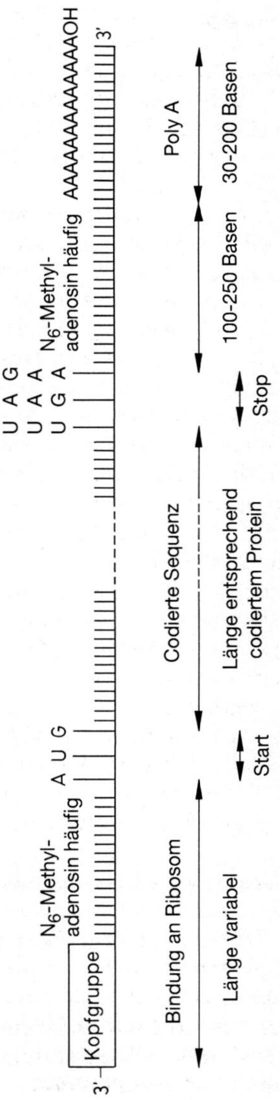

Bild 14.5. Strukturmerkmale der eukaryonten mRNS

1. Position	2. Position: U (A)	C (G)	A (T)	G (C)	3. Position
U (A)	Phe	Ser	Tyr	Cys	U (A)
	Phe	Ser	Tyr	Cys	C (G)
	Leu	Ser	Ende	Ende	A (T)
	Leu	Ser	Ende	Trp	G (C)
C (G)	Leu	Pro	His	Arg	U (A)
	Leu	Pro	His	Arg	C (G)
	Leu	Pro	Gln	Arg	A (T)
	Leu	Pro	Gln	Arg	G (C)
A (T)	Ile	Thr	Asn	Ser	U (A)
	Ile	Thr	Asn	Ser	C (G)
	Ile	Thr	Lys	Arg	A (T)
	Met[a]	Thr	Lys	Arg	G (C)
G (C)	Val	Ala	Asp	Gly	U (A)
	Val	Ala	Asp	Gly	C (G)
	Val	Ala	Glu	Gly	A (T)
	Val	Ala	Glu	Gly	G (C)

Bild 14.6. Der genetische Code für die Aminosäuren. Ende bezeichnet die Stopcodons. Das Codon für die Aminosäure Methionin dient auch als Startcodon. Die in Klammern gesetzten Buchstaben geben die komplementären Basen auf der DNS wieder.

- Alle bisher untersuchten Lebewesen verwenden *denselben* Code, was als ***Universalität des Codes*** bezeichnet wird. Offensichtlich hat der Code keine Veränderungen im Lauf der Evolution erfahren.

- Die Aminosäuresequenz des Proteins ist als lineare Sequenz von Codons, beginnend mit dem Codon für die N-terminale Aminosäure, auf der mRNS vorhanden. Dabei treten keine Überlappungen von Codons auf, desgleichen fehlen auch Abstände zwischen den einzelnen Codons. Dies wird als ***Colinearität*** von mRNS und Protein bezeichnet.

Aminoacyl-tRNS-Moleküle dienen als Adapter für die Proteinbiosynthese

tRNS-Molküle dienen als Träger oder Adapter, die sowohl mit der mRNS als auch mit Aminosäuren in Wechselwirkung treten können. Für jede proteinogene Aminosäure kommt wenigstens ein tRNS-Molekül vor. tRNS-Moleküle haben alle einen prinzipiell ähnlichen stäbchenförmigen Aufbau (Abb. 3.11). Das 3′OH-Ende des Stäbchens trägt immer die Basensequenz C-C-A.

Ziemlich genau am gegenüberliegenden Ende des stäbchenförmigen Gebildes befindet sich das sogenannte ***Anticodon***. Es enthält eine Basensequenz, die genau komplementär zu einem der 61 für Aminosäuren codierenden Basentripletts auf der mRNS ist. Weitere spezifische Arme oder Schleifen des tRNS-Moleküls dienen offensichtlich der korrekten Bindung an das Ribosom oder der Erkennung durch die ***Aminoacyl-tRNS-Synthetasen.***

Durch die Wirkung dieser Enzyme werden die einzelnen tRNS-Moleküle mit den jeweiligen, zum Anticodon (bzw. Codon) passenden Aminosäuren beladen und erlangen so ihre *eigentliche* Funktionsfähigkeit. Abbildung 14.7 zeigt den Vorgang der Aminoacylierung von tRNS in seinen Einzelschritten. Zunächst erfolgt dabei eine *Aminosäureaktivierung* an der Carboxylgruppe, die der ersten Teilreaktion bei der Fettsäurereaktivierung (s.S. 141) entspricht: Die Carboxylgruppe von Aminosäuren reagiert unter Pyrophosphatabspaltung mit ATP, wobei Aminoacyladenylat entsteht. Als energiereiche Gruppierung findet sich hier eine Anhydridbindung zwischen der Carboxylgruppe und dem α-Phosphat des AMP. Diese Bindung wird im zweiten Teilschritt der Reaktion durch das 3′-OH-Ende der tRNS angegriffen, so daß unter AMP-Abspaltung die fertige ***Aminoacyl-tRNS*** entsteht.

Da für die weiteren Schritte der Proteinbiosynthese (s.u.) zwar sehr wohl die Basensequenz am Anticodonarm, nicht mehr jedoch die an die tRNS geheftete Aminosäure eine Rolle spielen, ist es für die

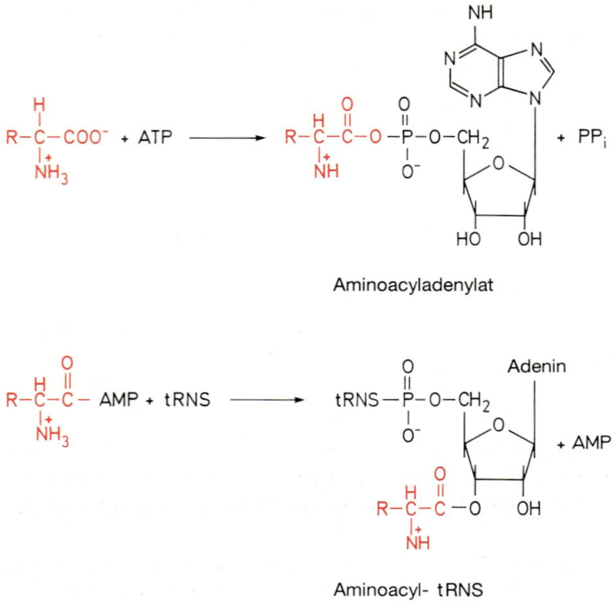

Bild 14.7. Bildung von Aminoacyl-tRNS Bei allen Aminoacyl-tRNS-Molekülen erfolgt die Verknüpfung der Aminosäure durch Veresterung mit der OH-Gruppe des C-Atoms 3′ eines terminalen Adenosinrestes der tRNS

Zuverlässigkeit der Proteinbiosynthese unerläßlich, daß Aminoacyl-tRNS-Synthetasen mit großer Genauigkeit arbeiten. Sie zeigen hohe Spezifität bezüglich der jeweils zusammengehörigen Aminosäuren und tRNS-Moleküle. Unter den intrazellulär herrschenden Bedingungen tritt lediglich 1 Fehler pro 10 000 Aminoacylierungen auf.

14.3 Die Ribosomen

Ribosomen sind Nucleoproteinkomplexe

Die korrekte Translation der Information der mRNS in ein Protein erfordert eine Reihe komplizierter Einzelschritte, die mit hoher Zu-

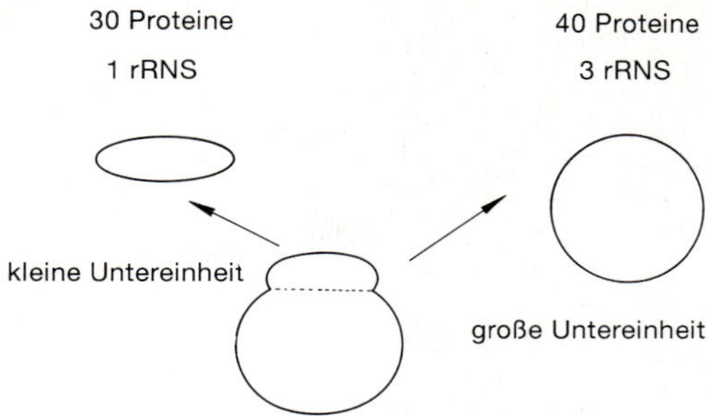

Bild 14.8. Der Aufbau von eukaryoten Ribosomen aus einer kleinen und einer großen Untereinheit

verlässigkeit durchgeführt werden müssen. Es ist also nicht verwunderlich, daß hierfür ein komplex aufgebautes Organell vorhanden ist, das sich bei Pro- und Eukaryonten im *Cytosol* befindet und als ***Ribosom*** bezeichnet wird.

Abbildung 14.8 zeigt den Aufbau von Ribosomen. Es handelt sich um ***Assoziate*** von RNS und Proteinen von annähernd kugeliger Gestalt. Sie lassen sich in eine große (L-) sowie eine kleine (S-) Untereinheit zerlegen. In der großen Untereinheit befinden sich drei verschiedene RNS-Moleküle sowie 40 Proteine, in der kleinen ein RNS-Molekül sowie 30 Proteine. Die Ribosomen von Prokaryonten sind grundsätzlich ähnlich aufgebaut, aber kleiner. Ihr Durchmesser beträgt 18 nm, sie enthalten etwas weniger RNS und weniger Proteine.

Bei Prokaryonten liegen die Ribosomen frei im Cytosol, bei Eukaryonten sind sie dagegen teilweise an die Membranen des endoplasmatischen Reticulums gebunden und bilden so das sogenannte ***rauhe endoplasmatische Reticulum*** (RER). (Über die Bedeutung dieser Bindungen an Membranen s.S. 291.)

Die Knüpfung der Peptidbindung zwischen den Aminosäuren erfolgt an spezifischen Stellen des Ribosoms

Zu Beginn der Proteinbiosynthese (Abb. 14.9) liegen die ribosomalen Untereinheiten noch getrennt vor. Die mRNS bindet zunächst wahr-

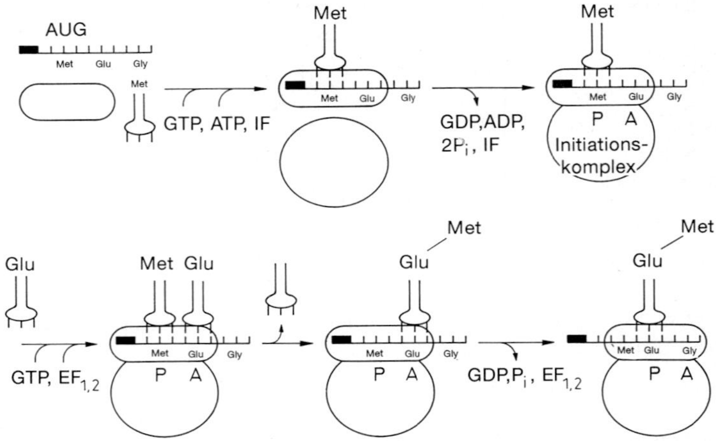

Bild 14.9. Die Einzelschritte der ribosomalen Proteinbiosynthese. (Einzelheiten siehe Text). P = Peptidylstelle; 4 = Aminoacylstelle

scheinlich unter Mitwirkung der Kopfgruppe (s. Abb. 14.5) an die kleine Untereinheit des Ribosoms. Die kleine Untereinheit wandert auf der mRNS bis zum ***Startcodon*** AUG, das für die Aminosäure Methionin codiert. Der eigentliche ***Initiationskomplex*** bildet sich unter Anlagerung von GTP und Verbrauch von ATP durch Bindung der Methionyl-tRNS, deren Anticodon *komplementär* zur Sequenz AUG der mRNS ist. Zusätzlich werden noch Initiationsfaktoren benötigt.

Im nächsten Schritt erfolgt unter Spaltung von GTP zu GDP und anorganischem Phosphat die Anlagerung der großen ribosomalen Untereinheit, gleichzeitig werden die Initiationsfaktoren abgegeben. In dem nun vollständigen Ribosom unterscheidet man auf der großen Untereinheit eine ***Peptidylstelle*** (P-Stelle, diese ist jetzt mit Methionyl-tRNS besetzt und trägt später die Peptidyl-tRNS) und eine ***Aminoacylstelle*** (A-Stelle), welche die jeweils neu einzubauende Aminoacyl-tRNS bindet.

Für die ***Elongation*** der Kette wird entsprechend der Basenkomplementarität zwischen dem folgenden Codon auf der mRNS und der dazu passenden Aminoacyl-tRNS die nächstfolgende aktivierte Aminosäure auf die *Aminoacyl-Stelle* des Ribosoms angelagert. Hierfür ist der Elongationsfaktor 1 notwendig (s.S. 289). Durch das Enzym

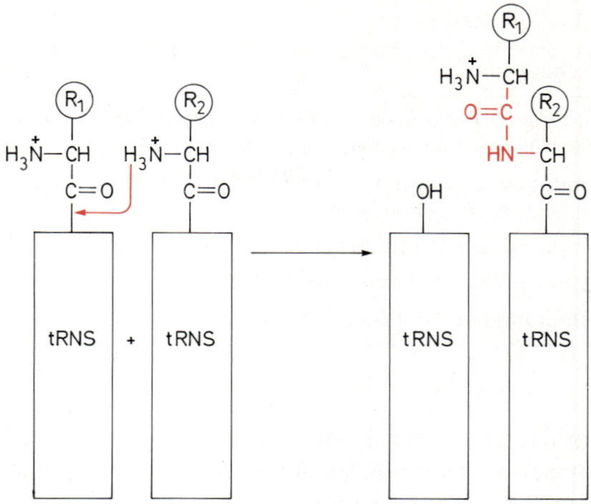

Bild 14.10. Knüpfung der Peptidbindung. Die NH_2-Gruppe der auf der Aminoacylstelle lokalisierten Aminosäure auf die Esterbindung der auf der Peptidylseite gelegenen Aminosäure mit der tRNS

Peptidyltransferase, welches ein Bestandteil der großen ribosomalen Untereinheit ist, wird die Peptidbindung zwischen der Aminogruppe der Aminoacyl-tRNS und der Carboxylgruppe der Methionyl-tRNS bzw. Peptidyl-tRNS geknüpft (Abb. 14.10). Die jetzt unbeladene tRNS für Methionin fällt vom Ribosom ab.

Im nächsten Schritt sorgt der Elongationsfaktor 2 (Translokationsfaktor eEF2) für die ***Translokation*** der entstandenen Peptidyl-tRNS und der mRNS von der A-Stelle zur P-Stelle des Ribosoms. Auch dies geht unter Verbrauch von GTP vonstatten. Der dabei entstehende Elongationskomplex verfügt nun wieder über eine freie A-Stelle, auf der die nächstfolgende Aminoacyl-tRNS angelagert und so ein neuer Verlängerungscyclus eingeleitet werden kann.

Schritt für Schritt „rutscht" nun das Ribosom in Richtung auf das 3′-OH-Ende auf der mRNS entlang, bis es auf ein ***Terminationscodon*** (z.B. UAA) stößt.

Die *Beendigung* der Kettenbiosynthese wird durch die Bindung eines Terminationsfaktors an das Terminationscodon eingeleitet, wozu wiederum GTP gespalten wird. Dadurch wird die Peptidyltransferase

Tabelle 14.3. Hemmstoffe der Translation

Hemmstoff	Mechanismus
Streptomycin	Bindung an große ribosomale Untereinheit bei Prokaryonten. Konformationsänderung des Ribosoms
Tetracycline	Hemmung der Bindung von Aminoacyl-tRNS an Akzeptorstelle bei Prokaryonten
Chloramphenicol	Hemmung der Peptidyltransferase von Prokaryonten
Puromycin	Kettenabbruch bei Pro- und Eukaryonten
Cycloheximid	Hemmung der Translocase bei Eukaryonten

aktiviert und die Peptidkette an der P-Stelle hydrolytisch von der tRNS abgespalten. Danach werden mRNS und tRNS freigesetzt und das Ribosom zerfällt in seine beiden Untereinheiten.

Prinzipiell läuft die Proteinbiosynthese bei Prokaryonten in ähnlicher Weise ab wie die oben geschilderten Vorgänge bei Eukaryonten. In einigen wesentlichen Punkten ergeben sich jedoch Unterschiede, die zum Teil therapeutisch genützt werden können. Bei Prokaryonten finden Transkription und Translation im ***Cytosol*** statt, weil die intrazelluläre Kompartimentierung fehlt. Infolgedessen können Ribosomen bereits während des Transkriptionsvorganges an die naszierende mRNS-Kette binden und mit der Proteinbiosynthese beginnen. Dies mag die außerordentlich hohe Syntheseleistung prokaryonter Organismen erklären (unter optimalen Bedingungen teilt sich eine E. coli-Zelle etwa alle 20 Minuten).

Im Gegensatz dazu sind Transkription und Translation bei Eukaryonten räumlich voneinander *getrennt*. Der erste Vorgang findet im Kern, der zweite im Cytosol bzw. an den Membranen des rauhen endoplasmatischen Reticulums statt. Bei *Eukaryonten* ist die Startaminosäure *immer das Methionin*, bei Prokaryonten dessen formyliertes Produkt, das *N-Formyl-Methionin*.

Für die Therapie von Infektionskrankheiten schließlich ist von großer Bedeutung, daß eine Reihe von wirksamen Antibiotika Hemmstoffe der Translation bei Prokaryonten sind, während sie die Proteinbiosynthese bei Eukaryonten relativ wenig beeinflussen. Eine Reihe derartiger Antibiotika sind in Tabelle 14.3 zusammengestellt. In diesem Zusammenhang ist erwähnenswert, daß die ***Mitochondrien*** aller eukaryoten Zellen über eine *eigene* DNS und über *eigene*

Ribosomen, also eine ***eigene Proteinbiosynthese*** verfügen. Damit sind Mitochondrien imstande, einen wenn auch nicht sehr großen Teil ihrer Proteine *selbst* zu synthetisieren. Interessanterweise ist die mitochondriale Proteinbiosynthese durch dieselben Hemmstoffe zu blockieren, die auf die Proteinbiosynthese von Prokaryonten einwirken. Diese Beobachtung ist unter anderem eine Stütze für die Vorstellung, daß es sich bei Mitochondrien ursprünglich um prokaryonte Mikroorganismen handelte, die als Symbionten von den eukaryonten Zellen aufgenommen wurden, da nur sie über die enzymatische Ausstattung zum aeroben, oxidativen Stoffwechsel verfügen.

Guaninnucleotid-bindende Proteine sind wichtige Cofaktoren bei der Proteinbiosynthese

Der geschwindigkeitsbestimmende Schritt bei der Proteinbiosynthese ist während der Elongation die Beladung der Aminoacylstelle mit der in der Sequenz folgenden Aminosäure. Für diesen Vorgang ist ein Protein notwendig, welches als **eEF1**α (eukaryonter **Elongationsfaktor** 1α) bezeichnet wird.

Abbildung 14.11 zeigt den grundlegenden Mechanismus. In seiner mit GTP beladenen Form kann der eEF1α Aminoacyl-tRNS bin-

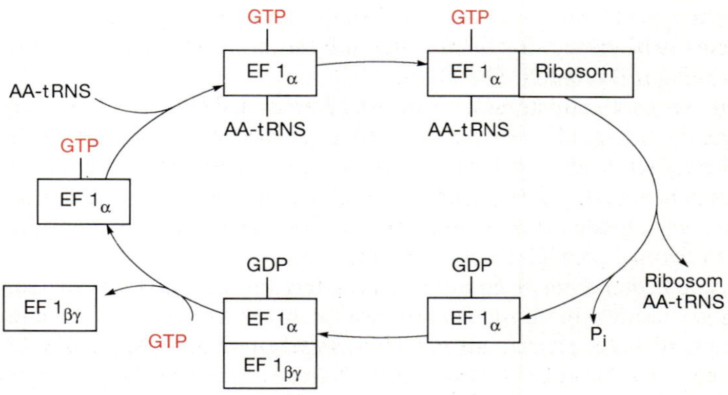

Bild 14.11. GTP-abhängiger Wirkungsmechanismus des eEF1α (Einzelheiten siehe Text)

den und die Aminoacylstelle des Ribosoms beladen. Nach der GTP-Hydrolyse löst sich eEF1αvom Ribosom. Zu seiner Reaktivierung ist nun der Austausch des GDP gegen ein GTP notwendig. Dieser wird durch einen weiteren Proteinfaktor, den eEF1$\beta\gamma$katalysiert, wodurch eEF1αwieder imstande ist, ein weiteres Molekül Aminoacyl-tRNS zu binden.

Einen ähnlichen Wechsel zwischen GTP- und GDP-beladener Form machen auch der ***Initiationsfaktor 2*** sowie der ***Translokationsfaktor eEF2*** (s.S. 287) durch. Jeweils ist die aktive Form das mit GTP beladene Protein, das während seiner Aktion in die GDP-Form übergeht.

Der Translokationsfaktor eEF2 ist außerdem der Angriffspunkt des *Diphtherietoxins*. Dieses führt nämlich zu seiner Modifikation mit einem aus NAD^+ stammenden ADP-Riboserest. Auf diese Weise wird die Funktion von eEF2 und damit die Proteinbiosynthese vollständig gehemmt.

Häufig werden synthetisierte Proteine posttranslational modifiziert

Sehr häufig muß das am Ribosom entstandene Translationsprodukt noch eine Reihe von Modifikationsschritten über sich ergehen lassen, bis es dem fertigen funktionsfähigen Protein entspricht. Hierzu gehört natürlich die Faltung zur entsprechenden ***dreidimensionalen Struktur*** mit Ausbildung der Sekundär- und Tertiärstrukturen als zugrundeliegenden Bauteilen. Die Faltung beginnt zwar schon *während* der Synthese des Peptidstrangs, kann jedoch erst nach dessen Vollendung endgültig abgeschlossen werden. Zu dieser Ausbildung der dreidimensionalen Struktur gehört auch die Oxidation von SH-Gruppen der entsprechenden Cysteinylreste zu Disulfidgruppierungen. Die Seitenketten verschiedener Aminosäuren können durch Phosphorylierung, Methylierung oder Hydroxylierung entsprechend verändert werden. Da viele Proteine *nicht* mit der dem Startcodon AUG entsprechenden Aminosäure Methionin anfangen, muß darüber hinaus angenommen werden, daß diese durch entsprechende Hydrolasen abgespalten wird.

Viele Peptidhormone, sezernierte Proteine und Membranproteine werden als wesentlich größeres, in der Regel biologisch inaktives Peptid synthetisiert. Sie tragen, meist am N-Terminus, eine als ***Signalpeptid*** bezeichnete Sequenz, die abgespalten werden muß, um dem Peptid seine biologische Aktivität zu verleihen. In der Regel erfolgt die Abspaltung dieser „Präsequenz“ intrazellulär, wahrscheinlich im Golgi-Apparat. Auf diese Weise wird aus Präproinsulin das Proinsulin (s.S. 355), aus Präglucagon Glucagon (s.S. 354) usw. Die Präsequenz dient allem Anschein nach als genetisch fixierter Marker, der angibt, ob ein synthetisiertes Peptid im Cytosol bleiben soll oder aus der Zelle ausgeschleust bzw. in Membranen eingebaut wird. Die Präsequenz dient der Verankerung des Ribosoms in den Membranen des endoplasmatischen Reticulums. Dadurch werden Sekretproteine oder integrale Membranproteine dem für sie typischen intrazellulären Weg zugeführt.

Für die Gruppe der ***Verdauungsenzyme*** bietet die Biosynthese als höhermolekulare aber inaktive Vorstufen den Vorteil, daß sie ihre Aktivität nicht intrazellulär entfalten können. Sie werden nämlich erst extrazellulär im Darmlumen durch entsprechende proteolytische Prozesse in die endgültige aktive Form gebracht (s.S. 333).

Da eine große Zahl von Proteinen als Glykoproteine vorliegt, gehört schließlich die Anheftung der entsprechenden ***Oligosaccharidseitenketten*** zu einer wesentlichen posttranslationalen Modifikation. Sie erfolgt im allgemeinen am endoplasmatischen Reticulum oder im Golgi-Apparat (s.S. 233).

14.4 Veränderungen des genetischen Materials

Die Erhaltung einer Spezies mit all ihren spezifischen Eigenschaften über viele Vermehrungscyclen beruht auf der Tatsache, daß die Prozesse der Transkription und Replikation sowie der Translation mit höchster Genauigkeit ablaufen. Man muß sich dabei allerdings immer vor Augen halten, daß eine absolute Fehlerfreiheit jede Evolution des Lebendigen auf unserem Planeten verhindert hätte. Das Leben hat in diesem Punkt gleichsam auf einem schmalen Grat zu balancieren. Zu häufige Änderungen des genetischen Materials würden die Erhaltung der Arten ernsthaft gefährden, zu seltene Änderungen ihre Entwicklung verhindern.

Nach der heute allgemein akzeptierten Darwinschen Evolutionstheorie besteht die Entwicklung der Arten darin, daß durch Änderungen von Umweltbedingungen ein ***Selektionsdruck*** entsteht, der

Individuen mit Eigenschaften, die den geänderten Umweltbedingungen entsprechen, bei der Fortpflanzung bevorzugt. Dabei werden Eigenschaften nach den klassischen genetischen Regeln vererbt. Da bei jeder sexuellen Fortpflanzung sich das genetische Material der beiden Eltern mischt, entstehen auf diese Weise neue, genetisch fixierte Eigenschaften.

Daß für die Ausbildung neuer Eigenschaften bei hohem Selektionsdruck nur kurze Zeiträume notwendig sind, läßt sich an den Birkenspannern in den englischen Kohlerevieren gut nachweisen. Wie aus zahlreichen Dokumenten hervorgeht, waren diese vor Beginn der Industrialisierung überwiegend weiß, d.h., sie entsprachen in ihrem Phänotyp den bei uns in ländlichen Gegenden üblichen Birkenspannern. Mit Beginn der massiven Luftverschmutzung durch die Kohleförderung wurde die weiße Farbe zu einer nachteiligen Eigenschaft, da sie sich besonders gut vom dunklen Hintergrund abhebt. Bereits gegen Ende des letzten Jahrhunderts hatten die Birkenspanner in den Kohlerevieren infolgedessen ihren Phänotyp geändert, sie waren nunmehr nahezu vollständig schwarz geworden.

Während derartige Änderungen des genetischen Materials bei Organismen mit sexueller Fortpflanzung kein Problem sind, waren entsprechende Vorgänge bei Mikroorganismen, die sich nur durch Teilung fortpflanzen, sehr schwer vorstellbar, obwohl kein Zweifel an der Tatsache besteht, daß gerade sie sich besonders effektiv an geänderte Umweltbedingungen anpassen können (z.B. durch Entwicklung von Resistenzfaktoren gegen Antibiotika).

In den letzten Jahren konnten einige Mechanismen entdeckt werden, die auch Prokaryonten einen vollständigen oder teilweisen Austausch von genetischem Material erlauben. So sind viele Bakterien zur ***Konjugation*** fähig. Hierunter versteht man die Übertragung von bakterieller DNS von einer ***Donor-*** auf eine ***Akzeptorzelle***, wobei während des Konjugationsvorgangs eine Verbindung zwischen den Bakterienzellen durch sogenannte *Pili* auftritt.

Unter bestimmten Umständen sind Bakterien imstande, lösliche DNA aufzunehmen. Dieser Vorgang wird als ***Transformation*** bezeichnet (dieser Begriff darf nicht mit dem in der Tumorvirologie verwendeten Terminus *Transformation* verwechselt werden, der dort die Umwandlung einer normalen Zelle in eine Tumorzelle beschreibt).

Schließlich können Bakterienzellen neue DNS auch durch sogenannte ***Transduktion*** aufnehmen. Bei der Infektion einer Bakterienzelle mit einem Virus kann ein Teil des Wirtsgenoms in die Virus-

DNS eingebaut und danach in den durch Replikation entstehenden neuen Viren entsprechend multipliziert werden. Wenn diese weitere Wirtszellen infizieren, erfolgt damit eine Übertragung des Genoms der ursprünglichen Wirtszelle in neue Bakterien.

Mutationen entstehen durch Änderung der Basensequenz der DNS

Unter Mutationen versteht man sprunghaft auftretende Änderungen des genetischen Materials, die sich auf Änderungen der DNS zurückführen lassen. Gelegentlich lassen sich derartige Mutationen schon mikroskopisch an einer geänderten Chromosomenstruktur erkennen und werden dann als ***Chromosomenmutationen*** bezeichnet. Häufiger handelt es sich jedoch um lokal sehr begrenzte Änderungen der Basensequenz auf dem DNS-Faden, die infolgedessen als ***Punktmutationen*** bezeichnet werden.

Es gibt verschiedene Möglichkeiten derartiger Punktmutationen. Kommt es zum Austausch einer Purin-(Pyrimidin-)Base gegen eine andere, so spricht man von *Transition*. Sie bewirkt also den Austausch eines AT-Paares gegen ein CG-Paar oder umgekehrt. Wird dagegen eine Pyrimidin- gegen eine Purinbase ausgetauscht, so spricht man von *Transversion* (z.B. Austausch eines AT-Paares gegen ein TA-Paar).

Der vollständige Verlust eines Basenpaares wird als *Deletion*, der Einschub eines neuen Basenpaares als *Insertion* bezeichnet. Deletionen und Insertionen sind besonders folgenschwere Mutationen, da sie sowohl bei anschließender Replikation als auch Transkription zu einer Verschiebung des Leserahmens führen, was den Informationsgehalt der DNS nach der Mutation vollständig verändert. Derartige Mutationen werden auch als ***Rasterschubmutationen*** bezeichnet.

Über die Entstehung der sogenannten ***Spontanmutationen*** ist wenig bekannt. Ein Teil von ihnen entsteht durch *fehlerhafte Replikation*, daneben kommt auch die Umlagerung der normalen Ketoformen von Basen in die tautomeren Enolformen in Frage.

Zahlreiche Verbindungen führen zu *chemischen Veränderungen* der Basen und erzeugen auf diese Weise Mutationen. Zu ihnen gehört salpetrige Säure, die C zu U bzw. A zu Hypoxanthin desaminiert. Alkylierende Substanzen führen zu Basenmethylierungen, Acridinfarbstoffe zwängen sich zwischen zwei Basen und führen zur Deletion

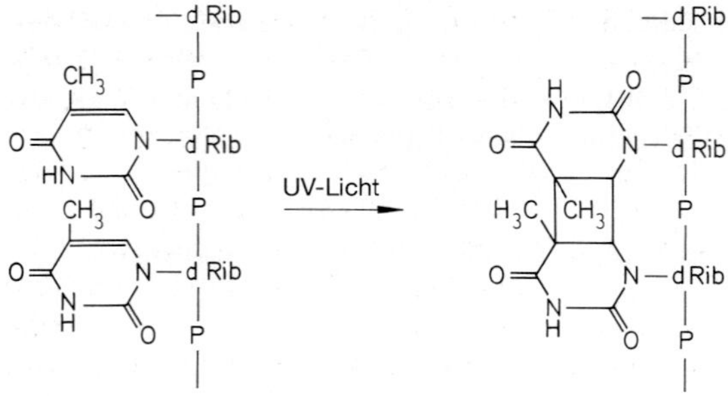

Bild 14.12. Dimerisierung zweier benachbarter Thymidinreste der DNS

bzw. zur Insertion eines Basenpaares. Zahlreiche Nahrungsmittelzusätze, Kosmetika, Medikamente oder Rückstände von Pestiziden können Mutationen auslösen und erfordern infolge ihrer immer weiteren Verbreitung *in ihrer Anwendung eine besonders strenge Überwachung*.

Mutationen können schließlich ***physikalisch*** ausgelöst werden. *UV-Bestrahlung* führt zu Thymindimerisierung (Abb. 14.12). Durch *Röntgenstrahlen* können in der Zelle Radikale entstehen, die die verschiedensten Schädigungen am DNS-Strang hervorrufen. Mutationen werden in aller Regel nur an Funktionsänderungen des Genproduktes erkannt. Aus diesem Grunde gibt es keine Angaben über die Häufigkeit von genetisch determinierten Änderungen der *Struktur* und/oder *Funktion* eines Proteins.

Mit Wahrscheinlichkeit ist die *Mutationshäufigkeit* größer als die Häufigkeit des Auftretens geänderter *Genprodukte*. Hierfür gibt es verschiedene Gründe. Der wichtigste ist die ***Degeneration*** des genetischen Codes. So läßt sich ausrechnen, daß etwa 20 - 25% der möglichen Basenveränderungen aus diesem Grund *nicht* zu einer Änderung der Aminosäuresequenz des betreffenden Proteins führen. Hierzu kommt, daß auch bei Mutationen mit geänderter Aminosäurezusammensetzung eines Proteins im allgemeinen nur dann Störungen der Proteinfunktion auftreten, wenn die neu eingebrachte Aminosäure neue *Eigenschaften* des Proteins bewirkt. Dies tritt beispielsweise dann auf, wenn Aminosäuren an den aktiven Bezirken eines Proteins oder hydrophile Aminosäuren gegen hydrophobe und umgekehrt ausgetauscht werden.

Um den Organismus vor eventuellen Schädigungen durch Mutationen zu schützen, verfügen die Zellen darüber hinaus über sogenannte DNS-***Reparaturenzyme***. Betrifft eine Mutation nur einen Strang des DNS-Doppelstrangs, ohne die korrekte Basensequenz des Partnerstrangs zu ändern (z.B. bei Thymindimerisierungen), so ist ein Reparaturenzymkomplex imstande, die fehlerhafte Basensequenz des einen Strangs zu erkennen und durch entsprechende *Endonucleasen* herauszuschneiden. Eine spezifische *DNS-Polymerase* fügt nun entsprechend der Basensequenz des nicht betroffenen Strangs die richtigen Basen anstelle des ausgeschnittenen Stückes ein, wobei zur endgültigen Schließung der Lücke noch eine *DNS-Ligase* benötigt wird. Beim sogenannten ***Xeroderma pigmentosum*** findet sich eine deutlich gesteigerte Empfindlichkeit der Haut gegenüber ultravioletter Bestrahlung mit vermehrter Tendenz zur Bildung von Hautkarzinomen. Der zugrundeliegende Defekt betrifft das oben geschilderte Reparaturenzym, bei dem die Zellen der Haut, die durch UV-Bestahlung ausgelöste Thymindimerisierung, nicht mehr eliminieren können.

Bestimmte Viren sind zu Änderungen des genetischen Materials ihrer Wirtszellen imstande

Eine Reihe von Viren besitzen die Fähigkeit, in pflanzlichen und tierischen Zellen ***Tumoren*** auszulösen (Tumorviren). Das klassische Beispiel ist ein durch einen Virus ausgelöstes Sarkom (bösartiger Bindegewebstumor) bei Hühnern, das nach seinem Entdecker als *Rous-Sarkom* bezeichnet wird. Auch bei Säugetieren können bösartige Geschwülste durch Viren erzeugt werden.

Derartige *onkogene Viren* können DNS- bzw. RNS-Viren sein. Bei den DNS-Viren nimmt man an, daß die Virus-DNS, ähnlich wie bei der Infektion von Bakterien mit Bakteriophagen, in das Wirtsgenom eingebracht wird und sich mit diesem vermehrt. Damit werden der Wirtzelle *neue Eigenschaften* verliehen, wozu beispielsweise das Fehlen der Kontakthemmung und geänderte Oberflächeneigenschaften gehören.

Bei den ***onkogenen RNS-Viren*** (Oncorna-Viren) liegt ein anderer Mechanismus vor. Sie verfügen über eine sogenannte *reverse Transcriptase*, also eine RNS-abhängige DNS-Polymerase. Diese übersetzt das als einsträngige RNS vorliegende Virusgenom in einen DNS-

Doppelstrang, der in das Wirtsgenom eingebracht und dort weiter repliziert wird.

Welche Bedeutung Viren für die Krebsentstehung beim Menschen haben, ist noch nicht sicher bekannt.

15 Ernährung, Verdauung und Resorption

ZUSAMMENFASSUNG

Für die Energiegewinnung benötigte Nahrungsbestandteile: Die Energieausbeute bei der biologischen Oxidation der Nahrungsbestandteile entspricht ihrem physikalischen Brennwert. Zur Deckung obligater Stickstoffverluste ist die ständige Zufuhr von Nahrungsproteinen unerläßlich. Kohlenhydrate sind mengenmäßig der wichtigste Nahrungsbestandteil. Nahrungslipide sind der energiereichste Nahrungsbestandteil und transportieren fettlösliche Vitamine.
Vitamine und Spurenelemente: Vitamine können vom tierischen Organismus nicht synthetisiert werden. Viele Vitamine dienen als Coenzyme oder Cofaktoren. Viele Spurenelemente sind Bestandteile von Enzymen oder anderen wichtigen Verbindungen.
Verdauung und Resorption: Die für die Verdauung von Nahrungsstoffen notwendigen Verbindungen sind in den gastrointestinalen Sekreten enthalten. Nahrungsbestandteile werden nach Spaltung zu monomeren Bauteilen resorbiert. Die intestinale Bakterienflora zersetzt nicht resorbierte organische Nahrungsbestandteile.

15.1 Für die Energiegewinnung benötigte Nahrungsbestandteile

Die Energieausbeute bei der biologischen Oxidation der Nahrungsbestandteile entspricht ihrem physikalischen Brennwert

Bei ausgeglichener Ernährung bleibt das Körpergewicht des gesunden ausgewachsenen Menschen konstant. Er nimmt also genau soviel

Nahrungsstoffe auf, wie zur Deckung seines Energiebedarfs notwendig sind. Untersucht man die dabei entstehenden Ausscheidungsprodukte, so sind dies vor allem CO_2, *Wasser* und *Harnstoff*. Diese Verbindungen entstehen auch, wenn die wichtigsten Nahrungsbestandteile, nämlich *Kohlenhydrate, Fette* und *Proteine* in einer ***Kalorimeterbombe*** mit Sauerstoff verbrannt werden. Eine Ausnahme hiervon macht lediglich der beim Abbau von Proteinen und Aminosäuren anfallende *Ammoniak*, der im tierischen Organismus in Form des Harnstoffs ausgeschieden wird, in der Kalorimeterbombe jedoch zu *Salpetersäure* oxidiert wird.

Aus den oben genannten Tatsachen kann folgendes geschlossen werden:

- Da im Stoffwechsel von Kohlenhydraten, Fetten und Proteinen dieselben Endprodukte entstehen wie bei deren Oxidation in der Kalorimeterbombe, muß nach den Gesetzen der Thermodynamik die ***Gesamtenergieausbeute*** beim Stoffwechsel dem Energiegewinn bei der Oxidation in der Kalorimeterbombe entsprechen. Daraus ergibt sich, daß bei der Beurteilung des *physiologischen Brennwertes* eines Nahrungsmittels dessen Brennwert aus dem *Kalorimeter* eingesetzt werden kann (s. Tabelle 15.1).
- Die Ermittlung des *Energieumsatzes* im Organismus kann durch Bestimmung der *Wärmeproduktion* in einem Kalorimeter erfolgen. Dieses Verfahren (*direkte* Bestimmung des Energieumsatzes, direkte Kalorimetrie) ist allerdings technisch außerordentlich aufwendig. Zur *indirekten Bestimmung* des *Energieumsatzes* geht man von der Tatsache aus, daß der Wasserstoff aller Substrate in der mitochondrialen Atmungskette mit Sauerstoff unter Wasserbildung reagiert, wobei gleichzeitig Energie freigesetzt wird. Damit wird der *Sauerstoffverbrauch* ein indirekter Parameter für die Nährstoffoxidation im Organismus und so für den Energieumsatz.

Tabelle 15.1. Brennwerte der Nahrungsstoffe in kJ/g (in Klammern ist der Brennwert in kcal/g angegeben)

Protein	17	(4,1)
Fett	38	(9,3)
Kohlenhydrat	17	(4,1)

Eine Berechnung der Energiebilanz eines Organismus aus der Menge an zugeführten Nahrungsstoffen kann leicht zu fehlerhaften Ergebnissen führen. Bei ***Überernährung*** werden im Überschuß zugeführte Nahrungsstoffe in körpereigene Speicher umgewandelt und würden natürlich die Errechnung der Energiebilanz verfälschen. Entsprechend dazu würde bei ***Unterernährung*** der Energieumsatz unterschätzt werden, da die Energiespeicher des Organismus zur Deckung des Fehlbetrages herangezogen werden.

Wichtige Energiespeicher des Organismus stellen das ***Glykogen***, im wesentlichen das der Leber und der Muskulatur, dar. Seine Gesamtmenge beträgt beim 70 kg schweren, normal ernährten Menschen etwa 400 g. Wesentlich größer ist die Menge des gespeicherten ***Fettes***, da für die Fettspeicherung das hierfür spezialisierte Fettgewebe zur Verfügung steht. Beim normal ernährten 70 kg schweren Menschen finden sich etwa 10 - 12 kg Fett im Fettgewebe. Bei Überernährung kann die Fettspeicherung unter Umständen groteske Formen annehmen. Auch das im Organismus vorhandene ***Protein***, besonders das Muskelprotein, stellt einen potentiellen Energiespeicher dar. Im Gegensatz zu den anderen Speicherformen kann es jedoch nicht zu weniger als 50% abgebaut werden, da sonst Proteine verlorengingen, die für die Strukturerhaltung des Organismus *unentbehrlich* sind.

Wie schon ausführlich beschrieben, können Kohlenhydrate, Fette und Proteine und damit die einzelnen Energiespeicher im Organismus nicht ohne weiteres ineinander überführt werden. Aus Fetten entsteht beim Abbau Acetyl-CoA, welches nicht in Glucose umgewandelt werden kann. Der umgekehrte Vorgang, d.h. die *Lipogenese* aus Kohlenhydraten, ist dagegen ohne weiteres möglich. Auch die beim Proteinabbau entstehenden Aminosäuren können nur dann zur *Glucoseneusynthese* beitragen, wenn es sich um sogeannte glucogene Aminosäuren handelt. Glucogen sind diejenigen Aminosäuren, deren Abbau Pyruvat oder Zwischenprodukte des Citratcyclus mit 5 oder 4 C-Atomen liefert.

Zur Deckung obligater Stickstoffverluste ist die ständige Zufuhr von Nahrungsproteinen unerläßlich

Die Nahrungsproteine liefern dem Organismus die von ihm benötigten *Aminosäuren*. Dies trifft besonders für die 8 sogenannten *essen-*

Tabelle 15.2. Für den Menschen essentielle Aminosäuren

Aminosäure	Bedarf des Erwachsenen mg/kg Körpergewicht/Tag
Lysin	12
Methionin	10
Threonin	8
Isoleucin	12
Valin	14
Leucin	16
Phenylalanin	16
Tryptophan	3

tiellen ***Aminosäuren*** zu, die in Tabelle 15.2 zusammengestellt sind. Sie zeichnen sich dadurch aus, daß ihr C-Skelett vom Organismus nicht synthetisiert werden kann. Die *nichtessentiellen Aminosäuren* können dagegen auch *ohne* Proteinzufuhr vom Organismus synthetisiert werden, eine Voraussetzung ist nur, daß genügend Stickstoff, wenigstens in der Form von NH_3, zur Verfügung steht.

Außer für die *Proteinbiosynthese* werden Aminosäuren für die *Biosynthese* stickstoffhaltiger Verbindungen wie *Purine* oder *Pyrimidine* benötigt, darüber hinaus dienen sie unter bestimmten Stoffwechselsituationen (z.B. Hunger) zur *Glucosebiosynthese*.

Bei ausgeglichener Ernährung scheidet ein gesunder Erwachsener im Stoffwechselgleichgewicht genau diejenige Menge stickstoffhaltiger Verbindungen aus, die dem Stickstoffgehalt des zugeführten Nahrungsproteins entspricht; er hat also eine *ausgeglichene* ***Stickstoffbilanz***. Das Hauptausscheidungsorgan stickstoffhaltiger Verbindungen ist die ***Niere***, die ausgeschiedenen Verbindungen sind *Harnstoff, Kreatinin* und *Ammoniak*.

Über einen relativ weiten Bereich ist diese Stickstoffausscheidung proportional der Proteinzufuhr. Nimmt diese allerdings auf sehr niedrige Werte ab oder ernährt man sich proteinfrei, so stellt sich ein relativ konstanter Wert der Ausscheidung stickstoffhaltiger Verbindungen ein, niemals jedoch wird dabei der Wert 0 erreicht. Unter derartigen Bedingungen ist die Stickstoffbilanz *negativ*, d.h. es werden mehr stickstoffhaltige Verbindungen ausgeschieden als der Proteinzufuhr entspricht. Der *minimale Stickstoffverlust* erwachsener Männer bei

Tabelle 15.3. Obligatorischer Stickstoffverlust erwachsener Männer bei proteinfreier Ernährung und der entsprechende Verlust von Körperprotein [errechnet durch Multiplikation des Stickstoffverlustes mit 6,25] (in Anlehnung an Munro, 1974)

Obligatorische Verluste	Täglicher Stickstoffverlust mg/kg Körpergewicht		Entsprechende Proteinmenge g/kg Körpergewicht	
Urin (Harnstoff, Kreatinin, Ammoniak)	37	49	0,23	0,31
Faeces (nicht resorbierte Aminosäuren, in den Darm sezerniertes und nicht resorbiertes Protein), abgeschilferte Mucosazellen, Darmbakterien)	12		0,08	
Haut [Sekrete der (Schweiß-) Drüsen (Harnstoff), abgestoßene Epithelzellen, Haare, Nägel]		3		0,02
Untergeordnete Ausscheidungswege		2		0,01
Gesamt (Durchschnittswert)		54		0,34
Gesamt (obere Grenze für den einzelnen[a])		70		0,45

[a] Zusätzliche 30% zum Durchschnittswert, um den oberen Bereich der Ausscheidung (zweifache Standardabweichung vom Mittelwert) abzudecken.

proteinfreier Ernährung ist der Tabelle 15.3 zu entnehmen. Auf das Körpergewicht bezogen beträgt er im Mittel 54 mg/kg. Da Proteine ziemlich genau 16% Stickstoff enthalten, läßt sich daraus errechnen, daß der tägliche Stickstoffverlust einer Menge von 340 mg Protein/kg Körpergewicht entspricht. Auf einen 70 kg schweren Erwachsenen umgerechnet bedeutet dies, daß bei proteinfreier Ernährung ein Verlust von etwa 24 g Protein/24 Std. auftritt.

Theoretisch müßte eine tägliche Proteinzufuhr in dieser Höhe also zur Aufrechterhaltung einer ausgeglichenen Stickstoffbilanz ausreichen. Für die Praxis muß man aber von höheren Werten ausgehen. So ist einmal die individuelle Schwankungsbreite zu berücksichtigen, daneben gelten die oben angegebenen Zahlen natürlich nur für Proteine, deren Zusammensetzung genau dem Körperprotein entspricht. Von Proteinen anderer Herkunft, besonders von pflanzlichen Proteinen, müssen wesentlich größere Mengen zugeführt werden, damit eine ausgeglichene Stickstoffbilanz eintritt. Aus diesem Grund empfiehlt die Weltgesundheitsorganisation eine tägliche Proteinzufuhr von 700 mg/kg Körpergewicht, die Deutsche Gesellschaft für Ernährung sogar 1 g/kg Körpergewicht.

Ein wichtiger Wert für die Beurteilung eines Nahrungsstoffes als Proteinquelle ist die sogenannte ***biologische Wertigkeit***. Sie ist ein relatives Maß für diejenige Menge eines bestimmten Proteins, die zur Erreichung einer ausgeglichenen Stickstoffbilanz gerade noch ausreicht. Als Bezugspunkt wird *Volleiprotein* genommen, dessen biologische Wertigkeit gleich 100 gesetzt wird. Die *tierischen Proteine* aus Milch und Fleisch haben eine hohe biologische Wertigkeit (um 100) während *pflanzliche Proteine* deutlich niedrigere Werte zeigen. Gelatine, der die Aminosäure Tryptophan fehlt, hat beispielsweise eine besonders niedrige biologische Wertigkeit.

Die Ursache für die unterschiedliche biologische Wertigkeit von Proteinen liegt in deren unterschiedlicher *Aminosäurezusammensetzung*. Es ist klar, daß ein Protein, dessen Zusammensetzung der Zusammensetzung tierischer Proteine sehr nahe kommt, eine vergleichsweise hohe, weniger mit tierischen Proteinen verwandte Eiweiße dagegen eine niedrige biologische Wertigkeit haben.

Kohlenhydrate sind mengenmäßig der wichtigste Nahrungsbestandteil

Bei normaler Ernährung sind Kohlenhydrate der wichtigste Nahrungsbestandteil. Sie dienen in erster Linie der Deckung des ***Energiebedarfs***, daneben auch als Ausgangsprodukt für die Biosynthese einer Reihe von Verbindungen wie Lipiden, nichtessentiellen Aminosäuren usw. Bei der europäischen Durchschnittskost wird der größte Teil der mit der Nahrung zugeführten Kohlenhydrate in Form von Stärke bzw. Saccharose zugeführt. Vergleichsweise gering ist zusätzlich die Kohlenhydratzufuhr in Form von Fructose. Die Neugeborenen und Säuglinge decken den allergrößten Teil ihres Kohlenhydratbedarfs durch *Lactose* (über den Stoffwchsel von Galactose sowie Fructose s.S. 122).

Bei ausgeglichener Ernährung sollten 50 - 55% des Energiebedarfs durch Kohlenhydrate gedeckt werden. Ein 70 kg schwerer Mann dürfte demnach bei leichter Arbeit 4 000 - 5 000 kJ durch Kohlenhydrate decken, was einer Zufuhr von 250 - 260 g Kohlenhydraten entspricht.

Nahrungslipide sind der energiereichste Nahrungsbestandteil und enthalten fettlösliche Vitamine

Die Nahrungsfette bestehen im wesentlichen aus ***Triacylglycerinen***. Sie dienen als Energielieferanten und liefern darüber hinaus den Kohlenstoff für wichtige, vom Acetyl-CoA ausgehende Biosynthesen. In der Nahrung sind sie darüber hinaus die Träger *fettlöslicher essentieller Nahrungsbestandteile*, so vor allem der fettlöslichen Vitamine sowie der essentiellen Fettsäuren (s.S. 304).

Lipide sind das energiedichteste Nahrungsmittel, da sie pro Gramm etwa 40 kJ enthalten. Aus diesem Grunde eignen sich Fette besonders gut zur Deckung eines erhöhten Energiebedarfes, wie er z.B. bei schwerster körperlicher Arbeit auftritt.

Da Lipide in dem wäßrigen Medium des Blutes nicht oder nur in sehr begrenztem Umfang transportiert werden können, erfolgt der *Fetttransport* in Form von Assoziaten zwischen Lipiden und Proteinen, den sogenannten *Lipoproteinen* (s.S. 410). Trotzdem besteht die Gefahr, daß Fette an den Gefäßwänden abgelagert werden und dort arteriosklerotische Plaques bilden.

Der tägliche Fettbedarf liegt bei etwa 60 g Lipid/24 Std. Damit ist bei normaler Ernährung auch der Bedarf an fettlöslichen Vitaminen und essentiellen Fettsäuren gedeckt. Unter den bei uns herrschenden Ernährungsbedingungen wird allerdings pro Tag bis zu 130 g Fett zugeführt, was angesichts der oben geschilderten Transportschwierigkeiten die Entwicklung von Arteriosklerosen und den damit zusammenhängenden Erkrankungen begünstigt.

Besonders bei reichlicher Fettzufuhr wird ein großer Teil direkt im ***Fettgewebe*** gespeichert. Dies geht jedenfalls aus der Tatsache hervor, daß sich unter diesen Umständen nach einiger Zeit die Fettsäurezusammensetzung des Organfettes derjenigen des Nahrungsfettes *angleicht*. Dies spricht für einen eher langsamen Umsatz des Organfettes. Es kommt allerdings rasch zu einer wesentlichen Beschleunigung der Umsatzrate, wenn längere Hungerperioden auftreten. Unter derartigen Verhältnissen verschwindet natürlich auch die Ähnlichkeit der Fettsäurezusammensetzung der Organfette mit derjenigen des Nahrungsfettes.

Essentielle Fettsäuren gehören zur Gruppe der ungesättigten Fettsäuren. Für den Stoffwechsel des tierischen Organismus wichtig sind die in Tabelle 15.4 zusammengestellten ungesättigten Fettsäuren. Von ihnen können Linol- und Linolensäure im tierischen Organismus *nicht* synthetisiert werden. Die Arachidonsäure wird aus Linolsäure gebildet und steht damit ebenfalls in enger Beziehung zur Gruppe der essentiellen Fettsäuren. Nichtessentielle *ungesättigte* Fettsäuren entstehen aus entsprechenden gesättigten Fettsäuren durch die Einwirkung von Desaturasen.

Tabelle 15.4. Die essentiellen Fettsäuren

Name	Struktur
Linolsäure (18:2)	$CH_3(CH_2)_4CH{=}CHCH_2CH{=}CH(CH_2)_7COO^-$
Linolensäure (18:3)	$CH_3CH_2CH{=}CHCH_2CH{=}CHCH_2CH{=}CH(CH_2)_7-COO^-$
Arachidonsäure (20:4)	$CH_3(CH_2)_4(CH{=}CHCH_2)_4(CH_2)_2-COO^-$

Die Funktionen der essentiellen Fettsäuren sind mannigfaltig. Sie stellen wichtige Bausteine von ***Membranlipiden*** dar.

Ein ***Mangel*** an essentiellen Fettsäuren in der Nahrung äußert sich im Tierexperiment durch Wachstumsverlangsamung, Schäden des Hautepithels und der Nieren sowie Fertilitätsstörungen. Dieser Mangel ist möglicherweise auch die Ursache von *Ekzemen* und ähnlichen Hautveränderungen bei Kleinkindern, die mit speziell fettarmer Diät ernährt werden.

Aus mehrfach ungesättigten Fettsäuren, besonders aus Arachidonsäure, entstehen schließlich Prostaglandine, Thromboxane und Prostacycline (s.S. 384).

15.2 Vitamine und Spurenelemente

Vitamine können vom tierischen Organismus nicht synthetisiert werden

Im Gegensatz zu essentiellen Aminosäuren und Fettsäuren gehören *Vitamine* zu einer Gruppe von Nahrungsbestandteilen, die nur in geringsten, katalytisch wirksamen Mengen in der Nahrung enthalten sein müssen. Sie wurden entdeckt, als klar wurde, daß Versuchstiere relativ rasch trotz ausreichender Deckung ihres Energiebedarfs sterben, wenn sie mit einer nur aus hochgereinigten Proteinen, Kohlenhydraten und Fetten bestehenden und mit den notwendigen Elektrolyten und Spurenelementen angereicherten Kost ernährt werden. Die in dieser Kost fehlenden lebensnotwendigen Stoffe wurden als ***Vitamine*** (aus: Vita-Amine) bezeichnet, da man annahm, daß es sich um stickstoffhaltige Verbindungen handle. Man weiß jedoch heute, daß Vitamine untereinander *keinerlei* chemische Verwandtschaft aufweisen und darüber hinaus nur *zum Teil* Stickstoff enthalten. Eine Verbindung ist vielmehr dann ein Vitamin, wenn sie *in Spuren* zur Aufrechterhaltung eines normalen Stoffwechsels notwendig ist und vom Körper *nicht* selbst synthetisiert werden kann.

Tabelle 15.5 gibt einen Überblick über die heute bekannten Vitamine, die in ***wasser-*** bzw. ***fettlösliche Vitamine*** eingeteilt werden können. Diese Einteilung hat allerdings nichts mit ihren Funktionen zu tun, sondern nur mit ihren chemischen Eigenschaften.

Da Vitamine zunächst anhand ihrer Stoffwechselfunktion entdeckt wurden und die Aufklärung ihrer Konstitution im allgemeinen erst viel später erfolgte, wurden sie zunächst mit Trivialnamen, später mit den großen Buchstaben des Alphabetes gekennzeichnet. Heute setzt sich mehr und mehr eine Nomenklatur durch, die auf *chemischen* Trivialnamen beruht.

Die mangelhafte bzw. fehlende Versorgung mit einem Vitamin führt zu einem als *Hypovitaminose* bzw. *Avitaminose* bezeichneten Zustand, der im allgemeinen mit einer Reihe mehr oder weniger spezifischer pathologischer Veränderungen einhergeht. Einige Vitaminmangelzustände führen zu definierten Krankheitsbildern (z.B. Nachtblindheit bei Retinolmangel), bei anderen ist die Symptomatik eher uncharakteristisch. Allen Vitaminmangelzuständen ist gemeinsam, daß ein *vollständiges* Fehlen eines bestimmten Vitamins in der Nahrung in kürzerer oder längerer Zeit zum Tod führt.

Zustände mit *überhöhter* Vitaminzufuhr kommen praktisch erst seit der Einführung von Vitaminpräparaten in hochgereinigter Form in die medizinische Therapie vor. Im allgemeinen kann davon ausgegangen werden, daß ***wasserlösliche Vitamine*** leicht über die Nieren ausgeschieden werden können, so daß bei ihnen das Krankheitsbild einer Hypervitaminose nicht auftritt. Anders ist es bei den *fettlöslichen* Vitaminen, die im Organismus in den verschiedensten Organen gespeichert werden können. Zufuhr hoher Mengen derartiger Vitamine in Form von Arzneimitteln (Vitamin D, Vitamin A usw.) führt zu einem als ***Hypervitaminose*** bezeichneten Krankheitsbild mit spezifischer Symptomatik.

Es ist schwierig, den täglichen Vitaminbedarf einzelner Personen genau zu ermitteln, da dieser von einer Vielzahl schlecht zu ermittelnder Umgebungsfaktoren abhängt. Angesichts dieser Tatsache sind von den verschiedensten Gesundheitsorganisationen Angaben über die wünschenswerte Menge der täglichen Zufuhr einzelner Vitamine gemacht worden, die so bemessen sind, daß bei ihrer Einhaltung das Eintreten von Hypo- oder Hypervitaminosen hochgradig unwahrscheinlich ist.

Viele Vitamine dienen als Coenzyme oder Cofaktoren

Wie aus Tabelle 15.5 hervorgeht, ist für eine ganze Reihe von Vitaminen nicht nur die biologisch aktive Form, sondern auch der molekulare Wirkmechanismus genau bekannt. Speziell die wasserlöslichen Vitamine dienen nach entsprechender Modifikation ihrer Struktur als ***Coenzyme*** im Stoffwechsel und sind damit für Carboxylierungen und Decarboxylierungen, für Redoxreaktionen sowie für Gruppenübertragungen unerläßliche Verbindungen.

Seitdem Vitamine der chemischen Synthese zugänglich sind, hat es nicht an Versuchen gefehlt, durch entsprechende Modifikation ihrer Struktur kompetetive Hemmstoffe von Vitaminen zu entwickeln, die sogenannten ***Antivitamine.*** Zum Teil haben sich derartige Wirkstoffe als wertvolle Werkzeuge bei der Untersuchung des Wirkungsmechanismus von Vitaminen erwiesen, zum Teil werden sie jedoch auch therapeutisch verwendet (z.B. Vitamin K-Antagonisten oder Folsäureantagonisten (s.S. 315).

Tabelle 15.5. Einteilung der Vitamine nach ihrer Löslichkeit

Buchstabe	Name	Biologisch aktive Form	Biochemische Funktion
Fettlösliche Vitamine			
A	Retinol	Retinol bzw. Retinal	Photorezeption, Stabilisierung von Membranen
D	Cholecalciferol	1,25-Dihydroxycholecalciferol	Regulation der extrazellulären Calciumkonzentration
E	Tocopherol	Tocochinon (?)	Schutz von Membranlipiden vor (Per-)Oxidation
K	Phyllochinon	Difarnesylnaphthochinon	Carboxylierung von Glutamylresten in Proteinen (Coenzym)
Wasserlösliche Vitamine			
C	Ascorbinsäure	Ascorbinsäure	Redoxsystem, Hydroxylierungen (Coenzym)
B_1	Thiamin	Thiaminpyrophosphat	Dehydrierende Decarboxylierungen (Coenzym)
B_2	Riboflavin	FMN, FAD	Wasserstoffübertragungen (Coenzym)
	Niacin(amid)	NAD^+, $NADH^+$	Wasserstoffübertragungen (Coenzym)
B_6	Pyridoxin	Pyridoxalphosphat	Transaminierungen, Decarboxylierungen, Transsulfurierung (Coenzym)
	Pantothensäure	CoA-SH	Acylübertragungen (Coenzym)
	Biotin	Biocytin	Carboxylierungen (Coenzym)
	Folsäure	Tetrahydrofolsäure	1-Kohlenstoffatom-Übertragungen (Coenzym)
B_{12}	Cobalamin	5′-Desoxyadenosylcobalamin Methylcobalamin	C-C-Umlagerungen (Coenzym) 1-Kohlenstoffatom-Übertragungen (Coenzym)

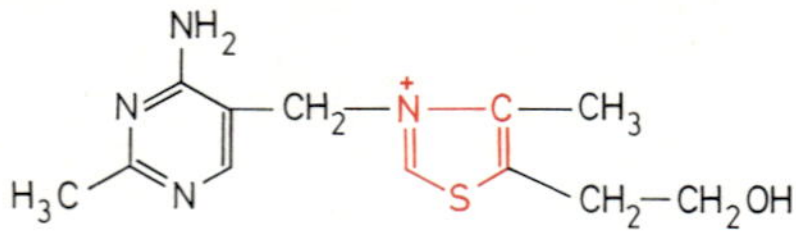

Bild 15.1. Thiamin. Der für die molekulare Wirkung verantwortliche Teil des Moleküls ist hervorgehoben.

Thiamin (Vitamin B1). Abbildung 15.1 zeigt die Stuktur des Thiamins, das aus einem substituierten Thiazolring sowie einem Pyrimidinring besteht.

Die biologisch aktive Form des Thiamins ist das ***Thiaminpyrophosphat***. In dieser Form wirkt das Vitamin als Coenzym bei einer Reihe von *dehydrierenden Decarboxylierungen* sowie bei der *Transketolase*. Der Wirkungsmechanismus beruht dabei auf der *Acidität* des dem Stickstoff im Thiazolring benachbarten C-Atomes, das Verbindungen mit *Ketogruppen* anlagern und auf diese Weise reaktionsfreudiger machen kann.

Ein gutes Beispiel für die biochemische Funktion des Thiaminpyrophosphates ist die ***dehydrierende Decarboxylierung*** des Pyruvates, die auf S. 155 dargestellt ist. Eine grundsätzlich ähnliche Funktion hat Thiaminpyrophosphat bei der α-Ketoglutaratdehydrogenase sowie den verschiedenen α-Ketosäurehydrogenasen im Aminosäurestoffwechsel.

Thiamin kommt praktisch in allen tierischen und pflanzlichen Nahrungsstoffen vor, wird jedoch darüber hinaus gelegentlich Getreide- und Mehlprodukten zugesetzt. Längeres Kochen führt zu einer Inaktivierung von Thiamin.

Echte ***Thiaminmangelzustände*** sind relativ selten. Sie finden sich in unseren Breiten gelegentlich bei Alkoholikern als Folge der durch die Alkoholkrankheit bedingten Fehlernährung. Eine Möglichkeit zur Feststellung eines eventuellen Thiaminmangels besteht unter anderem in der Bestimmung der *Transketolaseaktivität* der Erythrocyten sowie im Verhalten der Lactat- und Pyruvatkonzentration im Blut nach Glucosebelastung. Da bei einem Thiaminmangel die Aktivität der Pyruvatdehydrogenase (s.S. 155) ziemlich gering ist, führt eine Glucosebelastung zu einem besonders starken Anstieg der Lactat- und Pyruvatkonzentration im Blut.

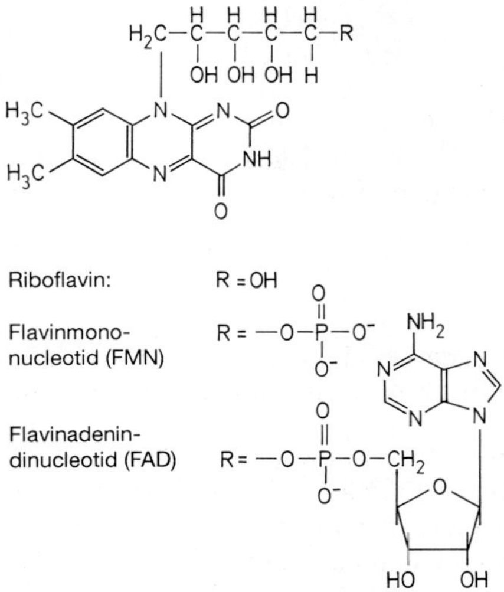

Bild 15.2. Riboflavin und die von ihm abgeleiteten wasserstoffübertragenden Coenzyme

Riboflavin (Vitamin B2). Abbildung 15.2 zeigt die chemische Struktur des Riboflavins sowie der von ihm abgeleiteten wasserstoffübertragenden Coenzyme. Der Mechanismus der durch Flavoproteine katalysierten Redoxreaktion ist in Abb. 15.3 dargestellt. Flavoproteine katalysieren oxidative Desaminierungen, Dehydrierungen von CH_2-CH_2-Gruppen zu CH=CH-Gruppen, Oxidationen von Aldehyden zu Säuren sowie Transhydrogenierungen.

Nikotinsäureamid. Nikotinsäure sowie Nikotinsäureamid werden zur Biosynthese der wasserstoffübertragenden Coenzyme ***NAD***$^+$ bzw. ***NADP***$^+$ verwendet (Abb. 15.4). Als Zwischenprodukt tritt dabei das Nikotinsäuremononucleotid auf, das, wenn auch *in geringem Umfang*, beim Stoffwechsel des Tryptophans aus Chinolinsäure entsteht. Abbildung 15.5 zeigt den Mechanismus der Wasserstoffübertragung mit NAD^+. NAD^+ bzw. $NADP^+$ sind an einer Vielzahl von Redoxreaktionen des Intermediärstoffwechsels beteiligt, so daß ein Mangel an Nikotinsäure zu schweren Stoffwechselstörungen führt.

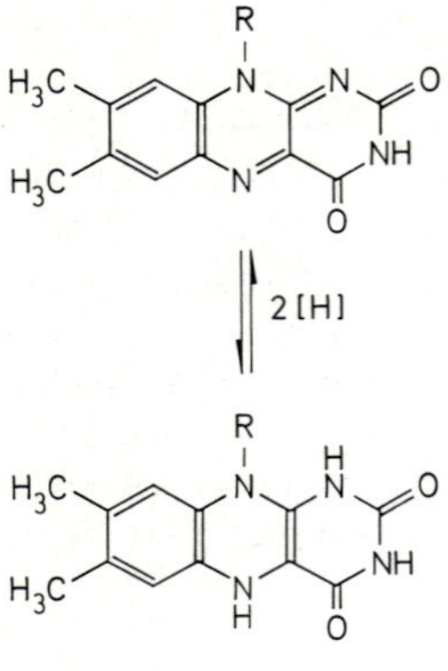

Bild 15.3. Mechanismus der Flavin-katalysierten Redoxreaktionen

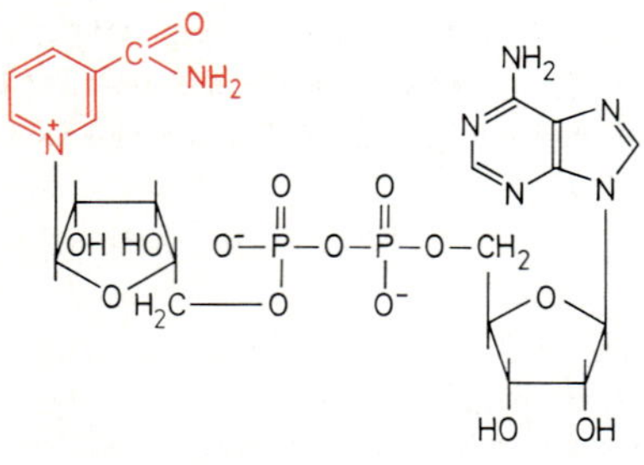

Bild 15.4. Nicotinamid-Adenin-Dinucleotid (NAD^+). Beim $NADP^+$ ist die markierte 3′OH-Gruppe phosphoryliert. Der an NAD^+-katalysierten Redoxreaktionen beteiligte Teil des Moleküls ist hervorgehoben

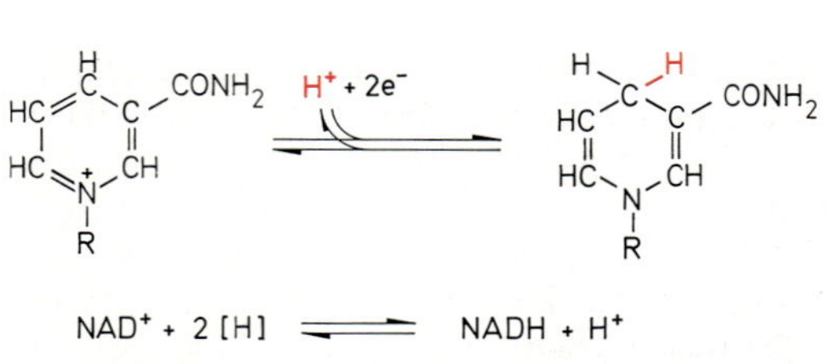

Bild 15.5. Mechanismus der Wasserstoff- und Elektronenübertragung durch NAD^+

Diese treten allerdings nur dann auf, wenn die Nahrung relativ arm an Proteinen und speziell an Tryptophan ist.

Abbildung 2.1 stellt die Absorptionsspektren von NAD^+ bzw. dessen reduzierter Form, dem NADH, dar. Beide Verbindungen zeigen eine sehr starke Absorption bei 260 nm, die auf den Adeninring zurückzuführen ist. Bei 340 nm tritt beim NADH eine weitere Absorptionsbande auf, die dem NAD^+ *vollständig fehlt*. Dieser Unterschied gestattet es, NAD^+-abhängige Reaktionen im Photometer anhand der Absorption bei 340 nm zu verfolgen und genau zu quantifizieren. Diese Tatsache hat die Entwicklung einer großen Zahl von Nachweisverfahren ermöglicht, die als optisch-enzymatische Teste bezeichnet werden (s.S. 24).

Biotin. Formal ist Biotin ein Derivat des ***Harnstoffs***, der mit einem entsprechend modifizierten Thiophanring substituiert ist (Abb. 15.6). In seiner aktiven Form ist das Biotin über eine Säureamidbindung zwischen der Carboxylgruppe seiner Seitenkette und der ε-Aminogruppe eines Lysylrestes der Peptidkette an die jeweiligen Enzymproteine gebunden.

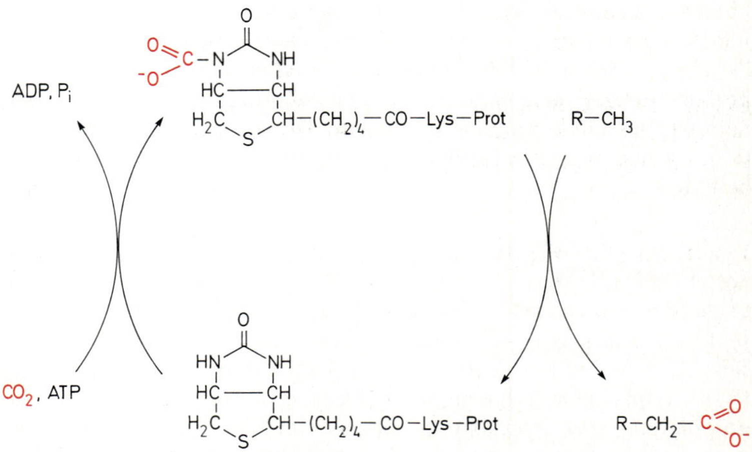

Bild 15.6. Biotin und seine Funktion als Coenzym bei Carboxylierungen

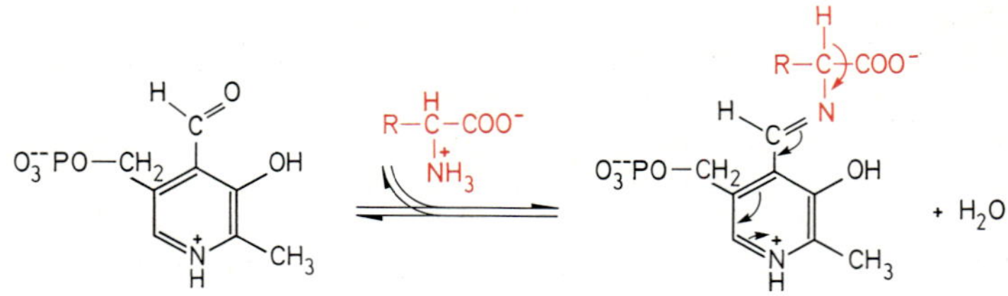

Bild 15.7. Pyridoxalphophat. Mit der α-Aminogruppe von Aminosäuren bildet Pyridoxalphosphat eine Schiffsche Base, was zu einer Labilisierung der Bindungen am α-C-Atom führt

Biotin ist für eine ganze Reihe von ***Carboxylierungsreaktionen*** notwendig. Beispiele hierfür sind die Pyruvatcarboxylase (s.S. 222) und die Acetyl-CoA-Carboxylase (s.S. 244).

Bei allen Biotin-abhängigen Carboxylierungen dient das Biotin dabei als *Überträger* der Carboxylgruppe. Es wird nämlich zuerst in einer ATP-abhängigen Reaktion zum Carboxybiotin carboxyliert und überträgt danach die Carboxygruppe auf einen geeigneten Akzeptor (Abb. 15.6).

Da Biotin in nahezu allen Nahrungstoffen vorkommt und darüber hinaus von den Bakterien der Darmflora in großen Mengen produziert wird, ist ein nahrungsbedingter Biotinmangel außerordentlich selten. Zu einem echten Biotinmangel kann es allerdings nach Aufnahme großer Mengen an *rohem Hühnereiweiß* kommen. Dieses enthält nämlich das Glykoprotein Avidin, das Biotin bindet, seine Resorption verhindert und außerdem alle Biotin-katalysierten Reaktionen hemmt.

Pyridoxin (Vitamin B$_6$). Pyridoxin kommt in der Natur als Alkohol (Pyridoxol) bzw. als Aldehyd (Pyridoxal) vor. Die zugehörige Coenzymform ist das Pyridoxalphosphat (PALP), welches eine wesentliche Rolle bei vielen Reaktionen des ***Aminosäurestoffwechsels*** (s. Seite 181) spielt. Abbildung 15.7 zeigt das Prinzip aller Pyridoxalphosphat-abhängiger Reaktionen: Zwischen der Aldehydgruppierung des Pyridoxalphosphates und der Aminogruppe von Aminosäuren bildet sich eine Schiffsche Base aus. Infolge der elektronenanziehenden Wirkung des Pyridinstickstoffs kommt es zu einer

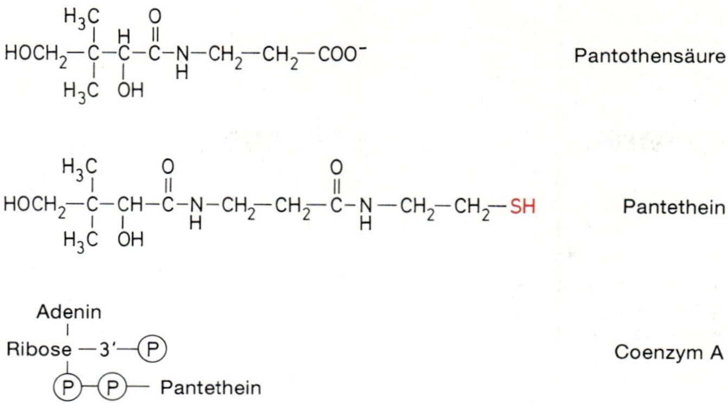

Bild 15.8. Struktur von Panthothensäure und der von ihr abgeleiteten Coenzyme

Labilisierung der Bindungen am α-C-Atom der Aminosäure. Je nachdem, welche Bindung in Abhängigkeit vom jeweiligen Enzymprotein labilisiert wird, werden Transaminierungen (s.S. 182), Decarboxylierungen, Eliminierungen usw. durchgeführt.

Pantothensäure. Die in Abb. 15.8 dargestellte Pantothensäure ist Bestandteil des ***Coenzym A*** und der ***Fettsäuresynthase***. Es besteht aus einer in Position 3′ phosphorylierten Adenylsäure sowie dem aus Pantothensäure und Cystein zusammengesetzten 4′-Phosphopantethein.

Coenzym A ist das wichtigste Coenzym für den ***Fettsäurestoffwechsel***. Es bildet mit der Carboxylgruppe von Fettsäuren Thioester, welche infolge ihres hohen Gruppenübertragungspotentials besonders reaktionsfreudig sind. Tabelle 15.6 stellt Reaktionstypen zusammen, bei denen Coenzym A oder seine Derivate beteiligt sind.

Infolge der weiten Verbreitung in allen Nahrungsmitteln gibt es keinen gesicherten Hinweis für die Existenz eines durch Fehlernährung hervorgerufenen Pantothensäuremangels beim Menschen.

Folsäure. Folsäure besteht aus Pteridin, p-Aminobenzoesäure und L-Glutamat (Abb. 15.9). Die biologisch aktive Form der Folsäure ist die ***Tetrahydrofolsäure*** (FH_4), die durch NADPH-abhängige Reduk-

Tabelle 15.6. Reaktionen von CoA-SH und seinen Derivaten

CoA-SH	Thiolytische Spaltungen [β-Ketoacyl-CoA (S. 145), Acyladenylat (S. 141)], Umesterungen [Acetyllipoat (S. 155), Succinyllipoat (S. 157)]
Acetyl-CoA	Transfer der Acetylgruppe: Acetylierungen [Acetyl-Cholin (S. 469), N-Acetylierung von Zuckern (S. 230), Fettsäuresynthase (S. 245)]. Reaktionen an der CH_3-Gruppe: Bildung von Citrat (S. 157), Malonyl-CoA (S. 244)
Succinyl-CoA	Spaltung des Thioesters unter GTP-Gewinn (S. 159). Kondensation mit Glycin unter Bildung von δ-Aminolaevulinsäure (S. 395)
Acyl-CoA	β-Oxidation (S. 144), Acyltransfer bei Veresterungen; Lipidsynthese (S. 242)

tion mit Hilfe der Folsäurereduktase entsteht (Abb. 15.9). FH_4 ist das Coenzym für die Übertragung von 1-Kohlenstoffresten in Form von Methyl-, Formyl-, Formiat- bzw. Hydroxymethylresten. Die Träger dieser 1-Kohlenstoffgruppen sind die N-Atome in Position 5 bzw. 10 des Pteroylrestes. Durch entsprechende Dehydrogenasen bzw. Isomerasen können die 1-Kohlenstoffreste ineinander überführt werden. Abbildung 9.15 zeigt im einzelnen die zugrundeliegenden Mechanismen. 1-Kohlenstoffreste entstehen beim Abbau von Serin zu Glycin sowie beim Histidinabbau (s.S. 207).

Die an FH_4 gebundenen 1-Kohlenstoffreste sind für verschiedene ***Biosynthesen*** wichtig. Sie liefern die C-Atome 2 und 8 des *Purinkerns*, den Kohlenstoff für die Methylgruppen von Thymin und Hydroxymethylcytosin, den β-Kohlenstoff des *Serins* bei der Umwandlung von Glycin in Serin, den Kohlenstoff für die Methylierung von Homocystein zu Methionin sowie die Methylgruppen des Cholins (s.S. 207).

Aufgrund dieser Beziehungen ist es verständlich, daß ein Mangel an Folsäure zu einer Reihe charakteristischer Störungen führt, die besonders sich rasch teilende Gewebe, wie beispielsweise das erythropoetische System, betreffen. Auch Mikroorganismen benötigen Folsäure für die oben genannten Reaktionen, können diese jedoch selber synthetisieren.

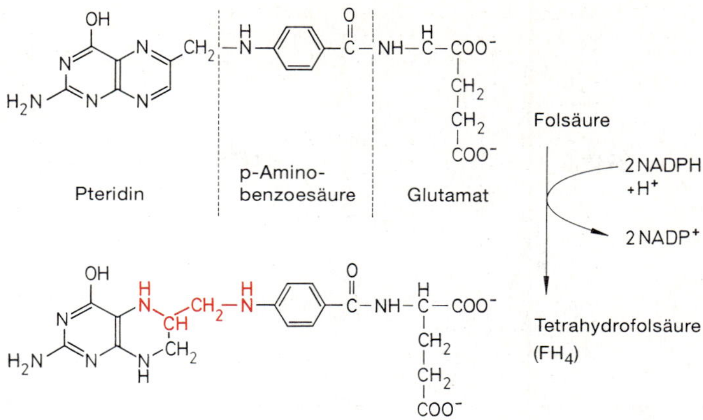

Bild 15.9. Folsäure und Tetrahydrofolsäure. Die für die FH_4-vermittelten Reaktionen verantwortliche Gruppierung ist hervorgehoben

Arzneimittel vom Typ der ***Sulfonamide*** sind *Strukturanaloge* der p-Aminobenzoesäure und wirken infolgedessen als *kompetetive Hemmstoffe* der Folsäurebiosynthese. Aus diesem Grund können sie als ***Chemotherapeutika*** gegen eine Reihe von bakteriellen Infekten eingesetzt werden. Da Folsäure im tierischen Organismus ein Vitamin ist, greifen Sulfonamide hier *nicht* in den Folsäurestoffwechsel ein.

Einige Analoge der Folsäure wirken als ***Antivitamine***. Sie hemmen die Reduktion von Folsäure zu Tetrahydrofolsäure und wirken infolgedessen als Hemmstoffe der Nucleinsäurebiosynthese. Klinisch werden sie bei der Behandlung verschiedener Leukämieformen eingesetzt (s.S. 270).

Cobalamin (Vitamin B_{12}). Cobalamin (Abb. 15.10) besteht aus vier reduzierten und substituierten Pyrrolringen, die um ein zentrales *Cobaltatom* gelagert sind. Cobalamin ist der *einzige* Naturstoff, in dem Cobalt bisher nachgewiesen wurde. Weitere Bauteile des Cobalamins sind ein 5,6-Dimethyl-Benzimidazolribosid, welches über Phosphat und Aminopropanol mit der Seitenkette des Rings IV verknüpft ist.

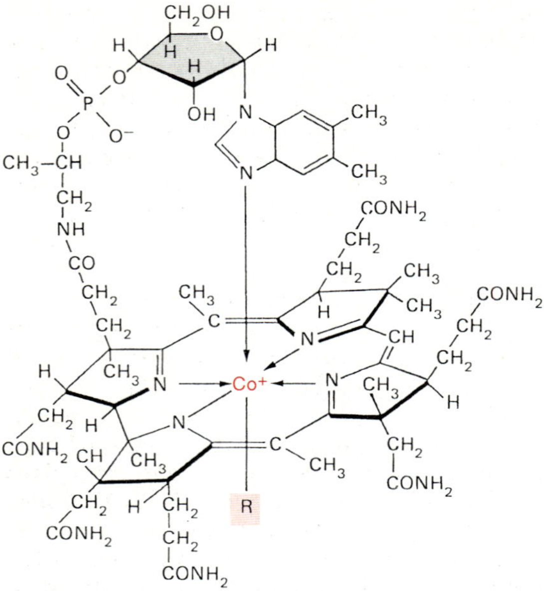

Rest R	Name des Derivates
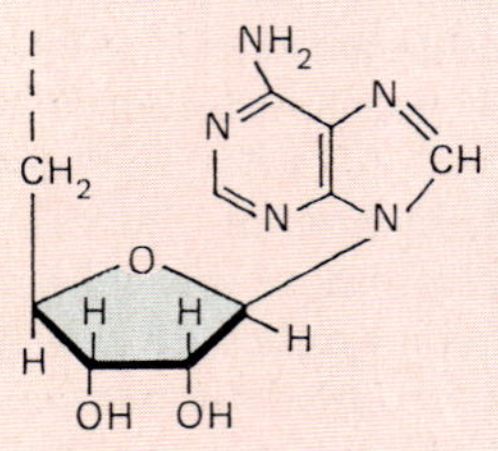	5-Desoxyadenosylcobalamin
$-CH_3$	Methylcobalamin
$-CN$	Cyanocobalamin

Bild 15.10. Vitamin B_{12} (Cobalamin)

Cobalamin wird ausschließlich durch Mikroorganismen synthetisiert, zu denen auch die Enterobakterien des menschlichen Darms gehören.

Cobalamin kann nicht als solches resorbiert werden. Es muß vielmehr zur Resorption an ein Glykoprotein mit einem Molekulargewicht von etwa 50 000 gebunden werden, das in den Belegzellen der Magenschleimhaut gebildet und als ***Intrinsic factor*** bezeichnet wird. Die Resorption des so gebundenen Vitamins erfolgt im unteren Ileum wahrscheinlich durch Pinocytose. Für den Transport von Cobalamin im Blut stehen zwei Transportproteine, die Transcobalamine I und II, zur Verfügung.

Cobalamin kommt in zwei biologisch aktiven Formen vor. Ist das Cobalt mit einer 5′-Desoxyadenosylgruppe substituiert, so dient das Vitamin als ***Cofaktor*** bei intramolekularen Umlagerungen von Alkylresten. Ein Beispiel für eine derartige Reaktion ist die Isomerisierung von Methylmalonyl-CoA zu Succinyl-CoA beim Abbau ungeradzahliger Fettsäuren (s.S. 145). Ist das ***Cobalt*** dagegen mit einer ***Methylgruppe*** substituiert, so ist das Vitamin an der Folsäure-abhängigen Remethylierung von Homocystein zum Methionin (s.S. 207) beteiligt.

Durch einen länger dauernden ***Cobalaminmangel*** wird das klassische Krankheitsbild der perniziösen Anämie hervorgerufen. Allerdings liegt ihr in den allermeisten Fällen nicht eine Fehl- oder Mangelernährung, sondern eine gestörte intestinale Resorption infolge eines Mangels an Intrinsic factor zugrunde. Dieser Mangel kann aufgrund atrophischer Erkrankungen der Magenschleimhaut auftreten, findet sich jedoch auch bei Patienten nach Magenresektion. Bei jeder oralen Therapie mit Vitamin B_{12} muß darauf geachtet werden, daß die Produktion von Intrinsic factor in ausreichendem Umfang möglich ist.

Ascorbinsäure (Vitamin C). Ascorbinsäure kann von allen Tierspezies *mit Ausnahme des Menschen, der Primaten* sowie *des Meerschweinchens* aus Glucose synthetisiert werden. Abbildung 15.11 zeigt die Struktur von L-Ascorbat sowie des oxidierten Vitamin C, des L-Dehydroascorbates.

Da Ascorbinsäure in einer reversiblen Reaktion Elektronen abgeben kann, wirkt sie als ***Redoxsystem***. Von besonderer Bedeutung ist ihre Beteiligung bei der Hydroxylierung von Lysin und Prolin während der Collagenbiosynthese, bei der Hydroxylierung von Steroiden in den Nebennierenrinden sowie bei der Hydroxylierung

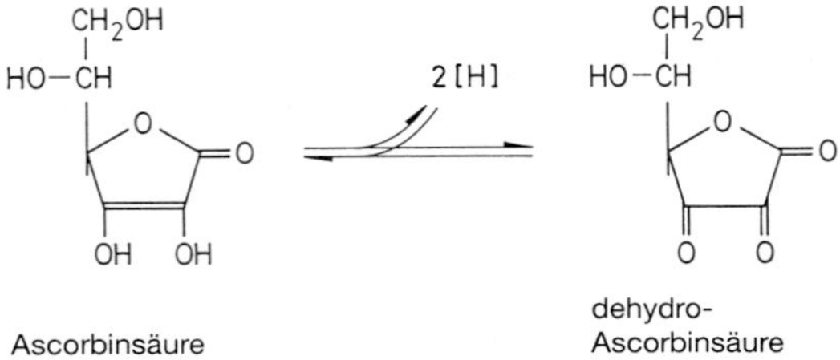

Bild 15.11. Ascorbinsäure und Dehydroascorbinsäure

von Tryptophan zu 5-Hydroxytryptophan im Rahmen der Serotoninbiosynthese. Darüber hinaus stabilisert Ascorbinsäure auf noch nicht bekannte Weise die p-Hydroxyphenylpyruvathydroxylase, die für den Abbau von Phenylalanin und Tyrosin benötigt wird.

Ascorbinsäuremangel führt zum ***Skorbut***. Die Erkrankung beginnt nach einer Latenzzeit von einigen Monaten mit Störungen des Bindegewebsstoffwechsels, da die Hydroxylierungsreaktionen der Collagenbiosynthese beeinträchtigt sind. Es kommt zu Zahnfleischbluten und Zahnausfall, zu Knochen- und Gelenkveränderungen. Die große Latenzzeit läßt sich auf den relativ langsamen Umsatz des Collagens sowie auf eine gewisse Ascorbinsäurespeicherung im Organismus zurückführen.

Retinol (Vitamin A). Retinol ist ein aus 4 *Isopreneinheiten* zusammengesetzter Alkohol, der in der Nahrung im allgemeinen in Form von Provitaminen, den sogenannten ***Carotinen***, vorliegt. Aus Carotinen entsteht durch oxidative Spaltung das Retinal, der Vitamin A-Aldehyd. Dieser kann durch Reduktion zu Retinol umgewandelt werden (Abb. 15.12). Das hierfür verantwortliche Enzym, die Retinoldehydrogenase ist mit der Alkoholdehydrogenase der Leber *identisch.*

Retinal ist ein essentieller Bestandteil des Rhodopsins (Sehpurpur) und damit am ***Sehvorgang*** beteiligt.

Die Primärereignisse beim Sehvorgang sind in Abb. 15.13 dargestellt. Rhodopsin ist ein zusammengesetztes Protein mit Opsin als Proteinanteil sowie Retinal als prosthetischer Gruppe. Bei Belichtung erfolgt eine reversible sterische Umlagerung des 11-cis-Retinals im

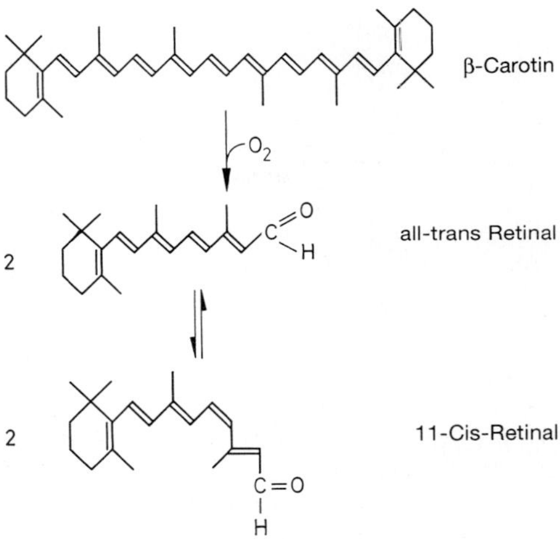

Bild 15.12. Entstehung von Retinal aus β-Carotin und Isomerisierung von Retinal durch die Retinalisomerase

Rhodopsin in das all-trans-Retinal. Dabei macht der Proteinanteil des Rhodopsins, das Opsin, eine Reihe von Konformationsänderungen durch. Eines der dabei entstehenden Zwischenprodukte wird als aktives Rhodopsin (R^*) bezeichnet und ist für die in Abb. 15.13 dargestellte ***Signalübermittlung*** verantwortlich. R^* bindet an das Membranprotein Transducin und löst dadurch den Austausch eines GDP gegen ein GTP aus, was gleichzeitig zu einer Dissoziation der Untereinheiten des Transducins führt. Die das GTP tragende α-Untereinheit aktiviert nun eine cGMP-abhängige Phosphodiesterase, was zu einem außerordentlich raschen Abfall des cGMP-Spiegels führt. cGMP hält Natriumkanäle in den *Retinazellen* offen, was im Dunkeln zu einer ständigen Depolarisierung mit Freisetzung eines *inhibitorischen* Transmitters an der Synapse mit der zugehörigen Nervenzelle führt. Der durch den Lichtreiz ausgelöste Abfall der cGMP-Konzentration führt zum Schließen der Natriumkanäle und zur Hyperpolarisierung der Retinazelle. Damit hört die Freisetzung des inhibitorischen Transmitters auf und die postsynaptischen Neurone werden desinhibiert, d.h. erregt.

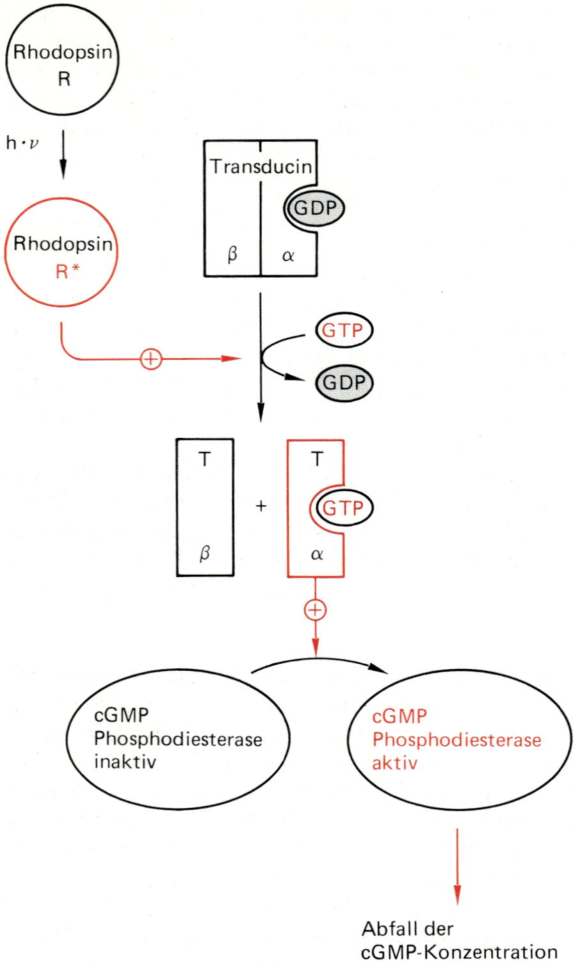

Bild 15.13. Reaktionskaskade bei der Reizübertragung in photosensiblen Zellen (Einzelheiten siehe Text)

Vitamin A ist außerdem unerläßlich für die Erhaltung der ***Integrität der Epithelzellen*** der Haut und Schleimhaut. Bei Vitamin A-Mangel kommt es zu Wachstumsstörungen. Sehr wahrscheinlich liegt diesen eine Störung der Glykosaminoglykanbiosynthese der Knochen und des Bindegewebes zugrunde. Darüber hinaus gibt es experimentelle Hinweise, daß Retinol für die *Integrität der mitochondrialen Membranen* wichtig ist.

Das früheste Symptom eines ***Retinolmangels*** ist die sogenannte Nachtblindheit. Ihr liegt eine mehr oder weniger ausgeprägte Störung der Rhodopsinregenerierung zugrunde. Besteht der Retinolmangel länger, kommt es zu einer durch die fehlende Wirkung von Retinol auf die Epithelien gekennzeichneten Erkrankung. Normales sekretorisches Epithel wird durch ein trockenes verhorntes Epithel ersetzt, das besonders leicht durch Mikroorganismen besiedelt wird. Die Erkrankung wird als *Xerophthalmie* bezeichnet und kann zur Blindheit führen.

In sehr seltenen Fällen ist eine *Retinol-Hypervitaminose* beschrieben worden. Sie findet sich allerdings nur bei überhöhter Zufuhr synthetischer Vitamin A-Präparate. Symptome sind Schmerzattacken, Verdickung des Periosts der langen Knochen sowie Verlust der Haare, bei Schwangeren sind darüber hinaus gelegentlich teratogene Wirkungen beschrieben worden.

Calciferol (Vitamin D). Die Calciferole oder D-Vitamine leiten sich von den Steroiden ab. Ergocalciferol (Vitamin D_2) und Cholecalciferol (Vitamin D_3) (Abb. 15.14) entstehen aus entsprechenden Provitaminen, dem Ergosterol bzw. dem 7-Dehydrocholesterin. Die Umwandlung erfolgt in einer durch UV-Strahlung katalysierten Reaktion und beruht auf der Spaltung des Rings B des Steranskelettes. Im Gegensatz zum Ergosterol kann 7-Dehydrocholesterin, das praktisch in allen Geweben vorkommt, im Organismus synthetisiert werden. Die Synthese des aktiven Cholecalciferols setzt nur eine *ausreichend lange UV-Bestrahlung der Haut* voraus. Damit gehört das Cholecalciferol streng genommen nicht in die Gruppe der Vitamine, sondern steht eher den Steroidhormonen nahe. Erst die in den Industriegesellschaften herrschenden Lebensbedingungen haben die von der Sonnenbestrahlung *limitierte* Fähigkeit des Organismus zur ***Vitamin D-Synthese*** gezeigt.

Auch das Cholecalciferol stellt noch nicht die physiologisch aktive Form der D-Vitamine dar. Es muß hierzu zweimal hydroxyliert

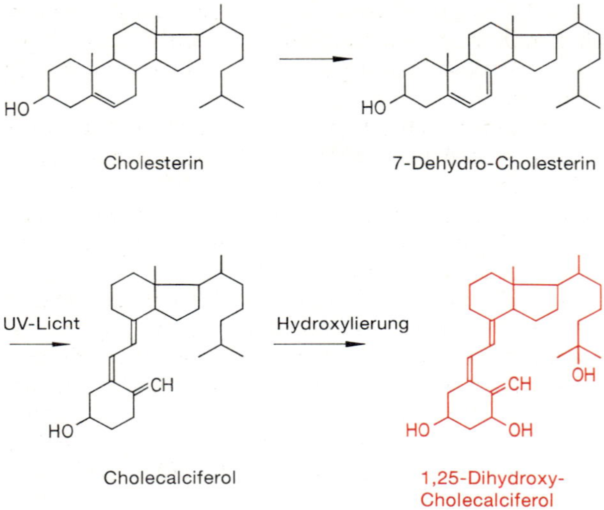

Bild 15.14. Entstehung von 1,25-Dihydroxycholecalciferol aus Cholesterin

werden, durch eine in der Leber vorkommende Hydroxylase in Position 25 sowie durch eine Nierenhydroxylase in Position 1.

Das dabei entstehende 1,25-Dihydroxycholecalciferol hat eine wichtige Funktion bei der Aufrechterhaltung eines normalen ***Plasmacalciumspiegels***. Seine Hauptwirkung besteht darin, daß es die *intestinale Calciumresorption* steigert. Sie hängt von der Anwesenheit eines Calcium-bindenden Proteins in der intestinalen Mucosa sowie einer Calcium-abhängigen ATPase ab, die beide Anteil eines ***Calciumtransportsystems*** sind, welches für den Transport von Calcium von der Lumen- auf die Serosaseite verantwortlich ist. Die Biosynthese beider Proteine findet nur in Gegenwart von 1,25-Dihydroxycholecalciferol statt.

Der zweite Wirkort der D-Vitamine ist der *Knochen*. Hier führt 1,25-Dihydroxycholecalciferol zu einer ***Calciummobilisierung***, die sehr wahrscheinlich auf der Aktivierung eines Calciumtransportsystems beruht. Die häufigste ***D-Hypovitaminose*** ist die kindliche Rachitis. Ihre Symptomatik wird durch den allgemeinen Calciummangel hervorgerufen, der durch die Behinderung der intestinalen Calciumresorption infolge Fehlens des Vitamins ausgelöst wird. In aller Regel liegt die Ursache des Vitamin D-Mangels an mangelnder Bestrahlung mit ultraviolettem Licht.

Bei Erwachsenen kommt echte Rachitis sehr selten vor, dagegen gibt es eine Reihe von *sekundären* Vitamin D-Mangelerscheinungen. Eine wichtige Ursache ist eine gestörte Vitamin D-Resorption. Bei einer Reihe chronischer Leber- und Nierenerkrankungen ist die Hydroxylierung von Cholecalciferol gestört, was sehr häufig zu einem Calciumschwund im Skelettsystem führt.

Eine ***D-Hypervitaminose*** wird nie durch Fehlernährung, sondern immer durch Einnahme zu großer Mengen Vitamin D ausgelöst. Im Vordergrund ihrer Symptomatik steht die calciummobilisierende Wirkung der Calciferole auf den Knochen mit massiver Entkalkungssymptomatik.

Über das Zusammenwirken der D-Vitamine mit den für die Calciumhomöostase verantwortlichen Hormonen s.S. 376.

Phyllochinon (Vitamin K). Grundkörper aller Verbindungen mit Vitamin K-Wirkung (Abb. 15.15) ist das 2-Methyl-1,4-Naphthochinon (Menadion), welches *in der Natur nicht* vorkommt. Die natürlichen Phyllochinone (Vitamin K_1 und K_2) tragen eine Phytylseitenkette bzw. einen Difarnesylrest aus 6 Isopreneinheiten. Die biologische Form des Vitamin K stellt das *Difarnesylnaphthochinon* dar, wobei der Difarnesylrest auch in der Leber synthetisiert und nach Abspaltung etwaiger anderer Seitenketten angeheftet werden kann.

Phyllochinone kommen in allen grünen Pflanzen in ausreichenden Mengen vor. Ein Phyllochinonmangel durch Fehl- oder Mangelernährung ist praktisch nicht möglich, da darüber hinaus intestinale Mikroorganismen beträchtliche Phyllochinonmengen synthetisieren.

Phyllochinone sind für die Funktion der Blutgerinnungsfaktoren VII, IX, X sowie des Prothrombins verantwortlich. Die K-Vitamine dienen dabei als ***Cofaktoren*** bei der γ-Carboxylierung von Glutamylseitenketten (Abb. 15.16), die im aminoterminalen Bereich der genannten Blutgerinnungsenzyme liegen. Die durch die Carboxylierung hervorgerufene Zunahme an negativen Ladungen ermöglicht die Wechselwirkung der genannten Gerinnungsenzyme mit Membranphospholipiden und gewährleistet damit ihre enzymatische Aktivität (s. auch S. 408).

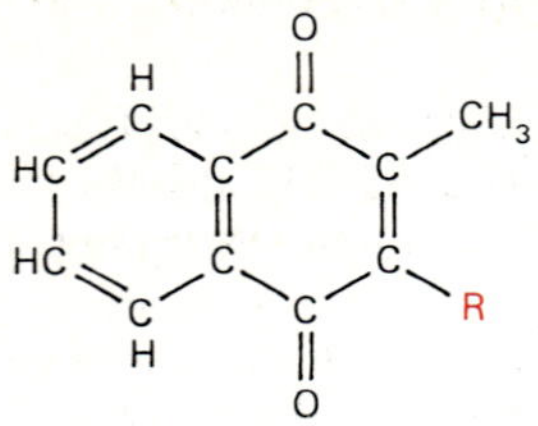

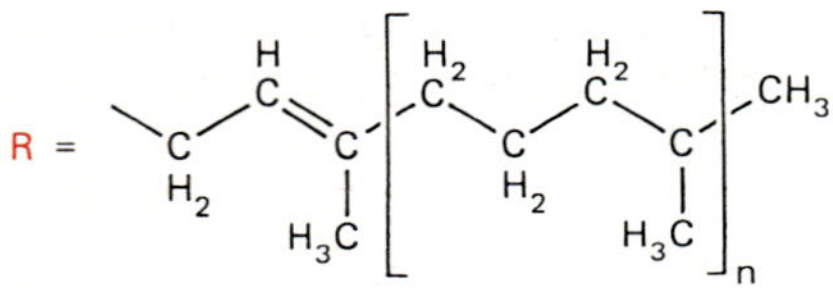

Vit.K_1: n = 3

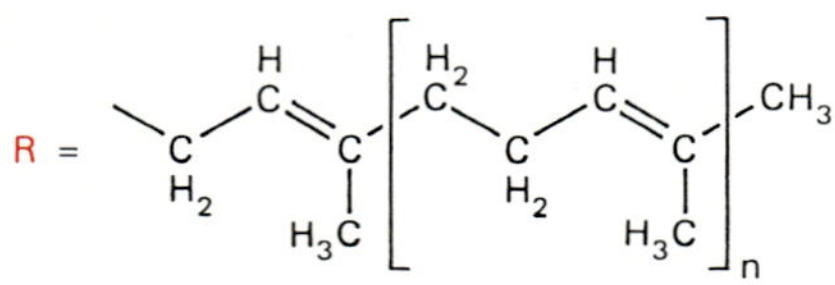

Vit.K_2: n = 5-6

R = H; Vit.K_3, Menadion

Bild 15.15. Die Phyllochinone

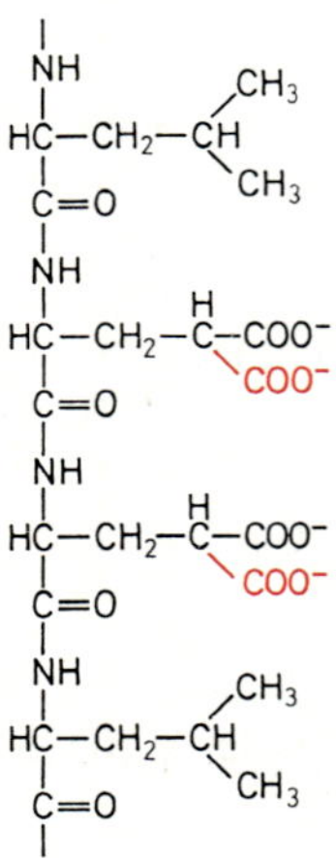

Bild 15.16. Ausschnitt aus der Aminosäuresequenz des Prothrombins mit den unter Katalyse der K-Vitamine eingeführten α-Carboxylgruppe der Glutamylreste

Tocopherol (Vitamin E). Tocopherole bestehen aus einem Chromanring und einer isoprenoiden Seitenkette, deren Größe variabel ist (Abb. 15.17). Sie werden ausschließlich im *Pflanzenreich* synthetisiert.

Tocopherole können reversibel in Tocochinone umgewandelt werden und dienen so als ***Redoxsysteme***. Ihre Wirkung beruht auf einem Schutz empfindlicher Verbindungen vor Oxidation. Als lipophile Substanzen wirken sie in lipidreicher Umgebung und schützen vor allem Carotinoide, Thiolgruppen und ungesättigte Fettsäuren.

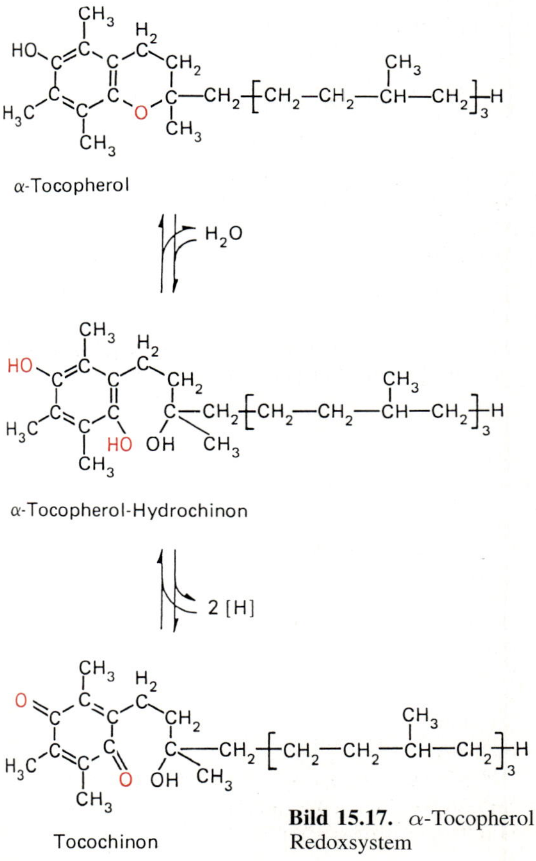

Bild 15.17. α-Tocopherol und seine Funktion als Redoxsystem

Viele Spurenelemente sind Bestandteile von Enzymen oder anderen wichtigen Verbindungen

Einige Elemente kommen im Organismus in Konzentrationen zwischen $10^{-6}-10^{-12}$ g/g Feuchtgewicht vor. Wegen dieser geringen Konzentration werden sie als Spuren- oder Mikroelemente bezeichnet. Tabelle 15.7 gibt einen Überblick über gesicherte Spurenelemente. Mit Sicherheit sind 11 Spurenelemente lebensnotwendig, während bei anderen diese Frage noch nicht entschieden ist.

Die Wirkungsweisen der einzelnen Spurenelemente sind sicherlich sehr unterschiedlich und keineswegs vollständig verstanden. Soweit es sich um Metalle handelt, dienen sie häufig als ***Katalysatoren*** in Enzymsystemen der Zelle. Dies gilt besonders für Eisen, Kupfer, Zink und Mangan.

Eisen. Der menschliche Organismus enthält etwa 3 - 5 g Eisen (50 - 90 mmol). Hiervon sind mehr als 60% im ***Hämoglobin*** gebunden. Demgegenüber liegt der Anteil des ***Myoglobineisens*** bei etwa 5%, des Eisens in ***Enzymen***, die an Redoxreaktionen beteiligt sind (Cytochrome, Peroxydasen, Katalasen) bei 2%.

Mit der Nahrung zugeführtes Eisen wird zu etwa 10 - 40% resorbiert. Für die Aufnahme in die Mucosazelle muß das Eisen in *zweiwertiger* Form vorliegen. Der eigentliche Aufnahmeprozeß ist wahrscheinlich energieabhängig, möglicherweise wird Eisen in Form

Tabelle 15.7. Die Spurenelemente

Mit Sicherheit lebensnotwendig	Möglicherweise lebensnotwendig
Eisen	Fluor
Kupfer	Nickel
Molybdän	Brom
Kobalt	Arsen
Zink	Cadmium
Mangan	Barium
Chrom	Strontium
Jod	Silicium
Zinn	Aluminium
Selen	
Vanadium	

eines *Chelates* aufgenommen. Beim Transport durch die Mucosazelle wird das Eisen wahrscheinlich an niedermolekulare Liganden gebunden. Eisen, das nicht sofort ins Plasma übertritt, wird in der Mucosazelle in *dreiwertiger* Form an ein Trägerprotein, das Apoferritin, gebunden und so gespeichert. Wird dieser Eisenspeicher allerdings nicht innerhalb weniger Tage mobilisiert, so geht er dem Organismus infolge der raschen Erneuerung der Zottenepithelien verloren. Aus der Mucosazelle in die Blutbahn freigesetztes Eisen wird durch ein *kupferhaltiges* Enzym, die Ferrioxidase, oxidiert. Sie wird auch als Caeruloplasmin bezeichnet. In dreiwertiger Form wird Eisen dann an das Transportprotein Transferrin gebunden und kann so auf die Gewebe verteilt werden.

Ein großer Teil des an Transferrin gebundenen Eisens wird für die *Biosynthese des Hämoglobins* verbraucht. Der Rest dient der Synthese eisenhaltiger Enzyme oder Coenzyme oder wird in den Eisendepots des Organismus gespeichert. Die Speicherung erfolgt in Form von Eisen-Protein-Komplexen wie Ferritin oder, wenn die Kapazität des Ferritins erschöpft ist, als Hämosiderin. Beide Speicherproteine finden sich vor allem in den Zellen des Leberparenchyms sowie in den reticuloendothelialen Zellen von Knochenmark, Milz und Leber.

Abbildung 15.18 gibt einen Überblick über den Eisenumsatz im menschlichen Organismus. Mit etwa 450 μmol/24h liegt er um mehr als das 20 fache über der täglichen Eisenzufuhr bzw. Ausscheidung. Der größte Teil, nämlich 360 μmol, werden für die ***Erythropoese*** aufgewendet, der Rest dient dem Umsatz eisenhaltiger Enzyme sowie als Eisenspeicher des Organismus.

Die tägliche Eisenausscheidung ist außerordentlich gering. Eisen geht dem Organismus im wesentlichen durch die Abschilferung des Darmepithels und der Hautzellen verloren; demgegenüber ist die Eisenausscheidung in Urin und Schweiß vergleichsweise gering. Größere Eisenverluste treten nur bei Blutungen sowie in der Schwangerschaft durch die Versorgung des Feten mit Eisen auf.

Der tägliche Eisenverlust beträgt bei Männern 9 - 18 μmol, bei Frauen zwischen 13 und 72 μmol. Zur Aufrechterhaltung einer ausgeglichenen Eisenbilanz muß täglich eine entsprechende Eisenmenge zugeführt werden. Da nur ein relativ kleiner Teil des Nahrungseisens überhaupt resorbiert werden kann, wird eine tägliche Eisenzufuhr von 90 - 180 μmol bei Männern und 130 - 720 μmol bei Frauen benötigt.

Der zur *Anämie* führende ***Eisenmangel*** ist der häufigste zu klinischen Symptomen führende Mangelzustand. Er kommt nicht nur in

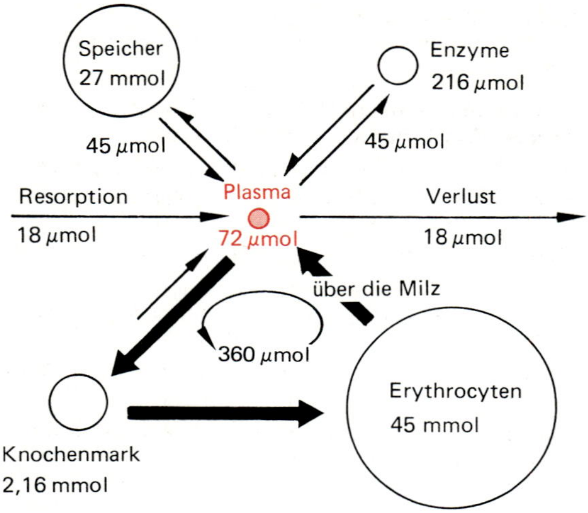

Bild 15.18. Der tägliche Eisenumsatz im menschlichen Organismus

den unterentwickelten Ländern, sondern auch in den Industriestaaten vor. Verursacht werden kann er durch ein unzureichendes Eisenangebot in der Nahrung, durch erhöhten Eisenverlust bei Blutungen oder durch einen erhöhten Eisenbedarf infolge Wachstum oder Schwangerschaft.

Demgegenüber sind Zustände mit einer ***Eisenüberladung*** des Organismus relativ selten. Sie werden immer durch eine erhöhte Resorption ausgelöst. Das überschüssige Eisen wird als *Hämosiderin* im reticuloendothelialen System oder in den Parenchymzellen einiger Organe gespeichert. Bei Leberzirrhosen sowie nach häufigen Bluttransfusionen findet sich eine vermehrte Eisenablagerung in der Leber, die als ***Hämosiderose*** bezeichnet wird, und die selber keine Funktionsstörungen verursacht.

Bei der sogenannten idiopathischen Hämochromatose handelt es sich um eine angeborene Erkrankung, bei der während des ganzen Lebens vermehrt Eisen resorbiert wird. Dies führt zu einer in fast allen Organen, besonders jedoch in der Leber, dem Pankreas, dem Myocard und endokrinen Drüsen nachweisbaren Eisenablagerung. Die Erkrankung geht mit einer vermehrten Hautpigmentierung und einem Diabetes mellitus einher.

Tabelle 15.8. Funktion einiger Spurenelemente

Element	Funktion
Kupfer	Bestandteil vieler Oxidasen (Cytochrom-Oxidase, Monoaminoxidase, Lysyloxidase, Caeruloplasmin)
Zink	Bestandteil des aktiven Zentrums von Enzymen (z. B. Carboanhydrase, Alkoholdehydrogenase, Carboxypeptidase, Glutamatdehydrogenase) Essentiell für Insulinspeicherung in den Granula der β-Zellen des Pankreas
Mangan	Bestandteil der Pyruvatcarboxylase sowie einiger Glycosyltransferasen der Proteoglykanbiosynthese
Kobalt	Bestandteil des Vitamin B_{12}, möglicherweise für Erythropoese wichtig
Molybdän	Bestandteil von Enzymen, die Redoxreaktionen katalysieren (z. B. Aldehydoxidase, Xanthinoxidase)

Kupfer, Zink, Mangan, Kobalt und Molybdän. Tabelle 15.8 gibt einen Überblick über die biochemische Funktion der Metalle Kupfer, Zink, Mangan, Kobalt und Molybdän. Alle genannten Metalle sind Bestandteile von ***Enzymen*** bzw. ***Coenzymen*** und haben damit eine große Bedeutung für die Funktionsfähigkeit des Organismus. Infolge des geringen täglichen Bedarfs sowie des ausreichenden Vorkommens in den üblichen Nahrungsmitteln sind jedoch durch Fehlernährung verursachte pathologische Mangelzustände der genannten Metalle beim Menschen nicht bekannt.

Eine wichtige Störung des ***Kupferstoffwechsels*** ist die hepatolenticuläre Degeneration (Morbus Wilson). Bei dieser autosomal rezessiv vererbten Erkrankung wird Kupfer vermehrt im Gehirn, der Leber, der Cornea und den Nieren abgelagert und tritt als freies Kupfer vermehrt im Plasma, Liquor und Urin auf. Die Erkrankung führt im Laufe der Zeit zu einer schweren Funktionsstörung der betroffenen Organe. Über die molekulare Ursache ist noch nichts bekannt. Therapeutisch kann versucht werden, die Zunahme der Kupferablagerung durch kupferarme Kost zu verhindern. Darüber hinaus kann ein Kupferentzug mit Chelatbildnern für Kupfer (z.B. β,β-Dimethylcystein, Penicillamin) erreicht werden.

Jod. Die Bedeutung des Jods als Spurenelement wird im Abschnitt Schilddrüsenhormone (s.S. 365) besprochen.

Fluor. Fluor gehört zwar nicht zu den lebensnotwendigen Spurenelementen, hat jedoch besondere Bedeutung erlangt, da mit entsprechenden Fluorgaben eine wirkungsvolle ***Kariesprophylaxe*** erreicht werden kann. Fluor greift dabei in den Prozeß der *Remineralisierung* der Zahnoberfläche ein. An ihr finden nämlich durch die verschiedensten Nahrungsbestandteile immer wieder Auflockerungen der Struktur statt, die durch den an Zahnmineralien gesättigten Speichel aufgefüllt werden. Jede Störung dieses Auffüllungsmechanismus führt zu Defekten des Zahnschmelzes, zu Demineralisierung und schließlich zu Karies. Fluor stimuliert den Vorgang der Remineralisierung um das Mehrfache, über seinen molekularen Mechanismus ist allerdings noch nichts bekannt.

Mit der Nahrung zugeführtes Fluorid wird nahezu vollständig resorbiert und zu 99% im Skelett und in den Zähnen abgelagert. Da unter den heutigen Ernährungsbedingungen die Fluoridzufuhr relativ gering ist, wird als Kariesprophylaxe eine Trinkwasserfluoridierung vorgeschlagen. Nach bisher vorliegenden Untersuchungen aus den USA, Holland, Schweden und der ehemaligen DDR scheint dies eine der wirksamsten Methoden zur Kariesbekämpfung zu sein.

15.3 Verdauung und Resorption

Die menschliche Nahrung besteht überwiegend aus Makromolekülen wie Proteinen, Polysacchariden und zusammengesetzten Lipiden. Es ist verständlich, daß diese nicht ohne weiteres die Membranbarrieren passieren können, die zwischen dem Darmlumen und der Blutbahn liegen. In einer *ersten* Phase von Verdauungsprozessen, welche im Darmlumen stattfindet, müssen infolgedessen die Nahrungsstoffe in ihre *niedermolekularen Bauteile* zerlegt werden. Hierzu dienen die mit den verschiedenen Sekreten des Verdauungstraktes ausgeschiedenen ***Hydrolasen***. Erst nach diesem als *Verdauung* bezeichneten Vorgang beginnt die eigentliche ***Resorption***, d.h. die Aufnahme der im Darmlumen befindlichen Nahrungsstoffe durch die Mucosazellen des Darmlumens hindurch in die Blut- bzw. Lymphbahn.

Die für die Verdauung von Nahrungsstoffen notwendigen Verbindungen sind in den gastrointestinalen Sekreten enthalten

Tabelle 15.9 gibt einen Überlick über die Menge und Zusammensetzung der verschiedenen Sekrete des Gastrointestinaltraktes. Insgesamt ist die Menge der gastrointestinalen Sekrete mit 9 - 10 l/24 Std. beträchtlich. Mit der ***Speichelflüssigkeit*** werden, dank des hohen Gehaltes an Glykoprotein Mucin, die zugeführten Nahrungsstoffe gleitfähig gemacht. Die Speichelamylase hat nur eine geringe Aktivität und spielt infolge der geringen Verweilzeit der Speise in der Mundhöhle für die Polysaccharidverdauung nur eine geringe Rolle.

Von wesentlich größerer Bedeutung für die Verdauungsvorgänge ist der ***Magensaft***. Er enthält Salzsäure in einer Konzentration von etwa 0,1 mol/l, die durch aktiven Transport aus den Belegzellen der Magenmucosa ausgeschleust wird.

Durch den niedrigen pH-Wert des Magensaftes kommt es zu einer ***Denaturierung*** der mit der Nahrung zugeführten Proteine. Sie

Tabelle 15.9. Die Sekrete des Gastrointestinaltraktes

Sekret	Sekretmenge (ml/24 h)	Enzyme	Sonstige Bestandteile
Speichel	1000–1500	Speichelamylase	Mucin, K^+, Ca^{2+}, HCO_3^-
Magensaft	ca. 3000	Pepsin	HCl, Mucin
Pankreassekret	ca. 3000	Trypsin Chymotrypsin Carboxypeptidasen Elastase Amylase Lipase Cholesterinesterase Ribonuclease Desoxyribonuclease	HCO_3^-
Galle	ca. 500		Gallensäuren Bilirubin Cholesterin Mucin
Duodenalsekret	1000–2000	Enterokinase	Mucin

können damit wesentlich besser von dem wichtigsten im Magensaft enthaltenen Verdauungsenzym, dem ***Pepsin*** angegriffen werden. Dieses wird in Form eines inaktiven Proenzyms, des Pepsinogens, von den Hauptzellen der Magenmucosa synthetisiert und intrazellulär in Form von Zymogengranula gespeichert, deren Inhalt bei Bedarf in das Magenlumen abgegeben wird. Dort erfolgt durch den sauren Mageninhalt sowie durch Katalyse von bereits vorhandenem Pepsin eine Abspaltung von insgesamt 44 Aminosäuren des Pepsinogens, wobei das aktive Enzym Pepsin entsteht. Sein pH-Optimum liegt bei 1,8.

Pepsin spaltet als Endopeptidase Peptidbindungen im Inneren von Peptidketten. Dabei werden besonders leicht Bindungen gespalten, an denen aromatische Aminosäuren beteiligt sind.

Die Magensekretion wird sehr wesentlich durch das Enterohormon ***Gastrin*** reguliert, das aus insgesamt 17 Aminosäuren besteht und in spezifischen Zellen der Antrumschleimhaut gebildet wird. Gastrin gelangt über den Blutweg zu den *Belegzellen* des Magenfundus, wo es die ***Salzsäureproduktion*** stimuliert. Eine maximale Stimulierung der Magensaftsekretion wird außerdem durch das Decarboxylierungsprodukt der Aminosäure Histidin, das *Histamin*, ausgelöst.

Im ***Duodenum*** befindet sich ein Verdauungssaft, der eine Mischung aus den Sekreten der Mucosa, der Gallenflüssigkeit sowie dem Pankreassekret darstellt. Das Pankreassekret zeichnet sich durch einen hohen *Hydrogencarbonatgehalt* aus, der ihm seinen typischen pH-Wert von etwa 8 verleiht und der zur Neutralisierung des schubweise ins Duodenum gelangenden Mageninhaltes benötigt wird.

Von besonderer Bedeutung für die Verdauungsprozesse sind die im ***Pankreassekret*** enthaltenen ***Verdauungsenzyme***. Es handelt sich um die Proteasen Trypsin, Chymotrypsin, Carboxypeptidase sowie Elastase, das Polysaccharid-spaltende Enzym Amylase, die für die Fettspaltung notwendigen Enzyme Lipase und Cholesterinesterase sowie schließlich die Ribo- und Desoxyribonuclease. Ähnlich wie beim Pepsin liegen auch die Proteasen des Pankreassekretes sowohl im Pankreas als auch nach der Sekretion in den Ausführungsgängen der Drüse in Form von inaktiven Vorstufen, dem Trypsinogen, Chymotrypsinogen, der Procarboxypeptidase sowie der Proelastase vor.

Die in der intestinalen Mucosa produzierte Enteropeptidase katalysiert die Abspaltung eines Peptides vom Trypsinogen, wobei die aktive Protease ***Trypsin*** entsteht. Diese wiederum katalysiert entsprechende Vorgänge, die zur Umwandlung von Chymotrypsinogen zu Chymotrypsin sowie der Procarboxypeptidase und Proelastase zu den entsprechenden *aktiven* Enzymen führen. Durch die konzertierte Aktion dieser Enzyme entstehen aus den Nahrungsproteinen relativ kleine Peptide.

Die ***Pankreasamylase*** spaltet die 1,4-glykosidischen Bindungen in Polysacchariden, wobei als wesentliches Spaltprodukt Maltose entsteht. Die ***Pankreaslipase*** spaltet hydrolytisch Triacylglycerine zu Monoacylglycerinen und Fettsäuren, die Cholesterinesterase zerlegt Cholesterinester. Für die Verdauung von Nucleinsäuren sind schließlich Ribonuclease und Desoxyribonuclease enthalten.

Ähnlich wie die Magensekretion unterliegt auch die ***Pankreassekretion*** einer Regulation. Das aus 27 Aminosäuren bestehende Peptid ***Secretin*** wird im Duodenum und Jejunum gebildet und ans Blut abgegeben, wenn der pH-Wert im Duodenum unter den Neutralpunkt absinkt. Secretin führt im Pankreas zu einer Steigerung der Wasser- und Hydrogencarbonatsekretion. Das ebenfalls im Duodenum und Jejunum synthetisierte Peptid ***Cholecystokinin/Pankreozymin*** (33 Aminosäuren) steigert die Enzymsekretion des Pankreas sowie die Entleerung der Gallenblase. Es wird bei Anwesenheit von Fett und Aminosäuren im Duodenum abgegeben. Zu einer *Hemmung* der Sekretion und Mobilität des Magens führt schließlich das ebenfalls im Duodenum gebildete ***gastrische inhibitorische Peptid*** (GIP), dessen Sekretion vor allen Dingen durch Fett und Glucose im Duodenum stimuliert wird.

Die ***Gallenflüssigkeit*** wird zunächst als relativ wassereiche Flüssigkeit von der Leber sezerniert und in der Gallenblase konzentriert. Besondere Bedeutung hat die Gallenflüssigkeit für die Verdauung durch ihren hohen Gehalt an Gallensäuren, deren Anwesenheit im Duodenalsaft eine Voraussetzung der für die *Lipidresorption* notwendigen *Micellenbildung* ist. Darüber hinaus enthält die Gallenflüssigkeit ***Cholesterin*** (Cholesterin kann nur als Gallencholesterin bzw. als Gallensäure ausgeschieden werden). Die Gallenflüssigkeit ist ein wichtiges Vehikel für eine Vielzahl körpereigener und körperfremder Substanzen. Hierher gehören vor allen Dingen die Abbauprodukte des Hämoglobins, das Biliverdin sowie das Bilirubin, daneben die Steroidhormone und viele Medikamente.

Ein wichtiges, im ***Duodenalsekret*** vorkommendes proteolytisches Enzym ist die Enteropeptidase, die Trypsinogen zu Trypsin spaltet (s. oben). Im Duodenalsekret lassen sich darüber hinaus eine ganze Reihe von Enzymen wie Aminopeptidasen, Disaccharidasen, Phosphatasen, Phospholipasen u.a. nachweisen. Sehr wahrscheinlich handelt es sich hierbei nicht um Sekretionsprodukte; die betreffenden Enzyme entstammen eher abgeschilferten und zugrunde gegangenen Zellen der intestinalen Mucosa.

Nahrungsbestandteile werden nach Spaltung zu monomeren Bauteilen resorbiert

Kohlenhydrate. Vor ihrer Resorption müssen Kohlenhydrate in die zugrundeliegenden Bauteile zerlegt werden. Dies erfolgt durch die in Speichel und Pankreassekret enthaltene ***Amylase***. Unter ihrer Einwirkung entsteht ein Gemisch aus Maltose, Maltotriose sowie Oligosacchariden aus 4 - 10 Glucosylresten. Ihre Zerlegung sowie die Spaltung der Nahrungsdisaccharide *Saccharose* und *Lactose* erfolgt durch im Bürstensaum des Mucosaepithels lokalisierte ***Saccharidasen*** (Maltase, Isomaltase, Lactase, Saccharase).

In unmittelbarer Nachbarschaft zum Ort der Disaccharidspaltung im Bürstensaum der Mucosazellen befinden sich die für die ***Monosaccharidresorption*** zuständigen *Transportsysteme*. Die Monosaccharidaufnahme in die Mucosazellen erfolgt streng stereospezifisch und gegen ein Transportgefälle, was als „aktiver Transport" bezeichnet wird. Abbildung 15.19 stellt die bei der Monosaccharidresorption auftretenden molekularen Prozesse zusammen. An einem auf der luminalen Seite der Mucosazellen lokalisierten ***Transportprotein*** bilden Glucose und Natriumionen einen sogenannten ternären Komplex. Da der intrazelluläre Natriumgehalt der Mucosa wie bei anderen Zellen durch die Aktivität der auf der Serosaseite gelegenen Natrium-Kalium-ATPase sehr gering ist, kann der Natriumgradient zu einem „Bergauftransport" des an den Carrier angelagerten Glucosemoleküls benutzt werden. Dieser ***sekundär aktive*** Transportmechanismus arbeitet so lange, wie die intrazelluläre Natriumkonzentration durch die ATP-abhängige Kalium-Natrium-Pumpe niedrig gehalten werden kann.

Proteine, Peptide und Aminosäuren. Die in der Nahrung enthaltenen Proteine und Peptide werden durch die in den gastrointestinalen Sekreten, besonders dem Pankreassekret, enthaltenen ***Proteasen*** zu einzelnen Aminosäuren, Di- und Tripeptiden zerlegt. Ähnlich wie bei den Monosacchariden ist auch die aktive Aufnahme von Aminosäuren durch die Mucosazelle Natrium-abhängig. Dies ist

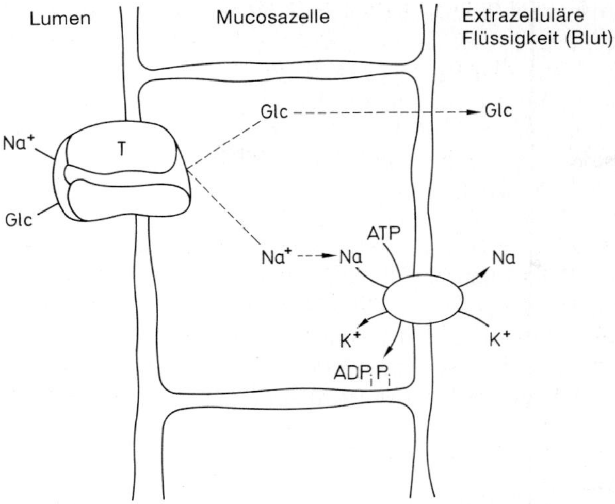

Bild 15.19. Natriumtransport an der luminalen Seite intestinaler Mucosazellen

ein Hinweis dafür, daß für die ***Aminosäureresorption*** Transportsysteme eines ähnlichen Wirkungsmechanismus wie bei der Kohlenhydratresorption Verwendung finden. Nach sehr proteinreichen Mahlzeiten reicht die Verweildauer der Proteine im Duodenum nicht zur vollständigen Zerlegung in die zugrundeliegenden Aminosäuren aus. Sehr wahrscheinlich kann die Spaltung von Di-, Tri- oder Oligopeptiden noch unter Katalyse entsprechender Peptidasen im Bürstensaum erfolgen. Kleinere Peptide werden, wenn überhaupt, vom Erwachsenen nur in geringem Umfang ohne vorherige Spaltung aufgenommen. Im Gegensatz hierzu findet beim Neugeborenen durchaus die Aufnahme *intakter* Proteine durch die Mucosazellen statt, wahrscheinlich durch Pinocytose. Auf diese Weise werden die besonders in der Muttermilch enthaltenen *Immunglobuline* von der Mutter auf den Säugling übertragen und gewährleisten ihm während der Stillperiode einen wesentlichen Schutz vor Infekten.

Fette. Unter der Einwirkung der ***Pankreaslipase*** erfolgt im duodenalen Lumen eine partielle Hydrolyse der Triacylglycerine, wobei als Reaktionsprodukte im wesentlichen β-Monoacylglycerin und Fettsäuren entstehen.

Monoacylglycerine sind im Gegensatz zu Triacylglycerinen amphiphile Moleküle, d.h. sie zeichnen sich durch hydrophobe und hydrophile Eigenschaften aus. Aus diesem Grund sind sie imstande, mit den im intestinalen Lumen in relativ hoher Konzentration vorkommenden Gallensäuren ***Micellen*** zu bilden. In diesen Micellen können zusätzlich weitere Lipide wie Fettsäuren, Cholesterin und fettlösliche Vitamine eingeschlossen werden. Man nimmt an, daß die gesamte Micelle in Kontakt mit dem Bürstensaum der Mucosa tritt und dort in ihre Bestandteile zerfällt, die sehr wahrscheinlich einzeln durch einfache Diffusion aufgenommen werden. In der Mucosazelle findet eine ***Reveresterung*** von Glycerin, nicht veresterten Fettsäuren und Monoacylglycerinen zu *Triacylglycerinen* statt. Dabei vorkommende Reaktionen sind:

$$\text{Glycerin} + \text{ATP} \rightarrow \alpha\text{-Glycerophosphat} + \text{ADP}$$

$$\text{Fettsäure} + \text{ATP} + \text{CoA-SH} \rightarrow \text{Acyl-CoA} + \text{AMP} + \text{PP}_1$$

$$\alpha\text{-Glycerophosphat} + 3\ \text{Acyl-CoA} \rightarrow \text{Triacylglycerin} + 3\ \text{CoA-SH} + \text{P}_i$$

$$\text{Monoacylglycerin} + 2\ \text{Acyl-CoA} \rightarrow \text{Triacylglycerin} + 2\ \text{CoA-SH}$$

Darüber hinaus erfolgt in der Mucosazelle auch die Veresterung von ***Cholesterin***, welches nur in freier Form resorbiert werden kann. Anschließend an die Resynthese von Triacylglycerinen und Cholesterinestern in der Mucosazelle erfolgt ihre Assoziation an bestimmte *Apolipoproteine*, wobei *Chylomikronen* (s.S. 410) bzw. *Lipoproteine sehr geringer Dichte* (VLDL, s.S. 411) entstehen. Diese werden von der Mucosazelle sezerniert, gelangen in die *Lymphwege* und werden im Ductus thoracicus gesammelt. Während also Aminosäuren und Monosaccharide nach ihrer Resorption über die Pfortader als erstes an die ***Leber*** gelangen, werden Fette über die intestinalen Lymphwege und den Ductus thoracicus über den gesamten Kreislauf verteilt.

Wasser und Elektrolyte. Unter physiologischen Bedingungen ist der Magen-Darm-Trakt die einzige Aufnahmestelle für Wasser und Elektrolyte. Beim Menschen gehen täglich etwa 2 - 3 l Wasser sowie 300 mmol Natrium und 100 mmol Kalium mit Harn und Schweiß verloren und müssen ersetzt werden. Dazu kommen die erheblichen Mengen von Flüssigkeiten, die aus den Sekreten der Verdauungsdrüsen und der Leber stammen und wieder resorbiert werden müssen. Die Gesamtmenge dieser Sekrete beträgt beim Menschen 6 - 9 l/24 h. Der Hauptort der *Wasser(rück)resorption* ist das ***Jejunum***. Dabei ist die treibende Kraft für den Wassertransport der *aktive Natriumtransport* aus den Mucosazellen in den Interzellularspalt. Damit wird hier ein ***osmotischer Gradient*** aufgebaut, der die passive Wasseraufnahme aus dem Lumen des Darmes ermöglicht.

Im ***Ileum*** und ***Colon*** erfolgt die Rückresorption von Wasser, Natrium und Kalium, wobei über die zugrundeliegenden Mechanismen wenig Sicheres bekannt ist. Ähnlich wie in den Nieren wirken die ***Mineralocorticoidhormone*** auch im Darm im Sinne einer *Natriumkonservierung*. Vor allem das Aldosteron (s.S. 377) stimuliert an Ileum und Colon die Rückresorption von Natrium. Eine ähnliche Rolle spielt das Angiotensin (s.S. 378).

Die intestinale Bakterienflora zersetzt nicht resorbierte organische Nahrungsbestandteile

Die im Darminhalt noch vorhandenen organischen Verbindungen werden, soweit sie nicht im Duodenum, Jejunum und Ileum resorbiert werden, durch die im ***Colon*** vorhandenen Bakterien zersetzt. Dabei werden Kohlenhydrate und Fette zu organischen Säuren wie Lactat, Acetat und Butyrat *fermentiert*, wobei verschiedene Gase wie CO_2, Methan und Wasserstoff entstehen können.

Aminosäuren unterliegen dagegen einem Fäulnisvorgang. Sie werden *decarboxyliert*, wobei eine Reihe mehr oder weniger *toxischer Amine* entsteht (Cadaverin aus Lysin, Agmatin aus Arginin, Tyramin aus Tyrosin usw.). Die Indolderivate Indol und Scatol entstehen aus der Aminosäure Tryptophan. Ein weiteres im Darm entstehendes Abbauprodukt ist *Ammoniak*, welcher in beträchtlichem Umfang rückresorbiert wird und zur Leber gelangt, wo er im wesentlichen als Harnstoff fixiert werden muß.

16 Das endokrine System

ZUSAMMENFASSUNG

Hormone als extrazelluläre Botenstoffe: Hormone kontrollieren in vielzelligen Organismen Stoffwechselleistungen, Wachstum und Differenzierung. Hormone lassen sich zu funktionellen Gruppen zusammenfassen. Viele Hormone reagieren mit einem in der Plasmamembran lokalisierten Rezeptor und lösen die Bildung eines intrazellulären Botenstoffes aus. Hormone können DNS-bindende Proteine aktivieren.

Kontrolle des Intermediärstoffwechsels: Adrenalin und Noradrenalin ermöglichen eine schnelle Substratmobilisierung. Die Wirkungen von Katecholaminen werden durch unterschiedliche Rezeptoren vermittelt. Katecholamine werden zu Vanillinmandelsäure abgebaut. Glucagon ist für die Einleitung der Stoffwechselveränderungen bei Hunger verantwortlich. Insulin ist das wichtigste anabole Hormon. Insulinmangel führt zu Diabetes mellitus.

Kontrolle von Wachstum und Differenzierung: Für Wachstum und Differenzierung verantwortliche Hormone werden durch ein hierarchisches System glandotroper Hormone reguliert. Wachstumshormon wirkt nicht direkt, sondern über die Produktion von insulinähnlichen Wachstumsfaktoren. Schilddrüsenhormone werden für die Differenzierung des Organismus benötigt und stimulieren die Synthese spezifischer Proteine. Androgene fördern die Entwicklung männlicher Geschlechtsmerkmale. Östrogene fördern die Entwicklung weiblicher Geschlechtsmerkmale und regulieren zusammen mit Gestagenen den Menstruationscyclus. Gonadotropine steuern die Sekretion von Sexualhormonen. Glucocorticoide lösen die bei längeren Hungerperioden auftretenden Stoffwechselveränderungen aus.

Kontrolle des Calcium- und Phosphatstoffwechsels: Parathormon ist für die Calciummobilisierung aus dem Knochen verantwortlich.

Thyreocalcitonin führt zum Calciumeinbau in Knochen.
Kontrolle des Wasser- und Elektrolytstoffwechsels: Mineralocorticoide sind zur Verhinderung von Natriumverlusten des Organismus notwendig. Angiotensin II ist der stärkste Stimulus für die Aldosteronsekretion. Das natriuretische Atriumpeptid stimuliert die renale Natriumausscheidung.
Peptidhormone des Hypophysenhinterlappens, Gewebshormone

16.1 Hormone als extrazelluläre Botenstoffe

Hormone kontrollieren in vielzelligen Organismen Stoffwechselleistungen, Wachstum und Differenzierung

Mit der Entstehung vielzelliger Organismen und der immer weitergehenden Spezialisierung von Zellgruppen zu Organen und Geweben mit spezifischen Funktionen ergab sich die Notwendigkeit der ***Signalübermittlung*** von Zelle zu Zelle. Die älteste und am weitesten verbreitete Form dieser Signalübermittlung geschieht auf *humoralem* Weg und bedient sich chemischer Verbindungen als materieller Signalüberträger. Diese werden als ***Hormone*** bezeichnet.

Eine Reihe von Hormonen kann von in den verschiedensten Geweben verstreuten endokrin aktiven Zellen gebildet und abgegeben werden. Diese Stoffe werden als ***Gewebshormone*** bezeichnet. Die meisten der im Wirbeltierorganismus auftretenden Hormone werden von spezifischen, in endokrinen Drüsen lokalisierten sekretorischen Zellen synthetisiert und abgegeben und infolgedessen als ***glanduläre*** Hormone bezeichnet. Erfolgt die Signalübermittlung von Zelle zu Zelle, so spricht man von *parakriner Sekretion*, wird dagegen das Hormon in die Blutbahn abgegeben und zu einer weit entfernten Zielzelle transportiert, so handelt es sich um eine *endokrine Sekretion*.

Nach der Geschwindigkeit ihres Wirkungseintrittes lassen sich Hormone in zwei Gruppen einteilen, die ***rasch*** wirksamen (Zeit bis zum Wirkungseintritt wenige Minuten) und die ***langsam*** wirksamen (Zeit bis zum Wirkungseintritt Stunden bis Tage). Dieser zunächst rein deskriptiven Einteilung entspricht auch ein prinzipieller Unterschied im Wirkungsmechanismus:

- Hormone mit raschem Wirkungseintritt zeichnen sich durch eine Wechselwirkung mit spezifischen *Rezeptoren* auf der ***Zellmembran*** aus,
- Hormone mit langsamem Wirkungseintritt beeinflussen die *Biosynthese* spezifischer Proteine entweder auf der Ebene der Transkription oder der Translation.

Hormone lassen sich zu funktionellen Gruppen zusammenfassen

Je nach ihrer Wirkung lassen sich Hormone unter funktionellen Aspekten zu Gruppen zusammenfassen (Abb. 16.1):

In der 1. Gruppe befinden sich dabei die Hormone, welche für die rasche Umstellung des ***Stoffwechsels*** notwendig sind.

Die 2. Gruppe von Hormonen beeinflußt dagegen ***Wachstum, Differenzierung*** und die ***sexuellen Funktionen***.

In der 3. Gruppe finden sich die Hormone, welche für den ***Calcium-*** und ***Phosphatstoffwechsel*** verantwortlich sind,

in der 4. schließlich die am ***Wasser-*** und ***Elektrolytstoffwechsel*** beteiligten Hormone.

Ein 5. Funktionskreis faßt schließlich die ***intestinalen Hormone*** zusammen, die im vorangegangenen Kapitel besprochen wurden.

Viele Hormone reagieren mit einem in der Plasmamembran lokalisierten Rezeptor und lösen die Bildung eines intrazellulären Botenstoffes aus

Eine große Zahl von Hormonen wirkt durch Beeinflussung des Aktivitätszustands des ***Adenylatcyclasesystems*** (Abb. 16.2). Dieses besteht außer einem *Rezeptor* aus einer *Überträgereinheit* und dem eigentlichen Enzym *Adenylatcyclase.*

Nach *Bindung* eines Hormons an den Rezeptor erfolgt eine *Aktivierung* der Adenylatcyclase, wodurch intrazellulär aus ATP unter Pyrophosphatabspaltung 3′,5′-cyclo-AMP (cAMP) entsteht.

cAMP ist der intrazelluläre Signalübermittler, der zunächst die Anwesenheit des zugehörigen Hormones am Rezeptor anzeigt. Er ist für die intrazelluläre Weitergabe dieses Signals verantwortlich und wird infolgedessen auch als ***second messenger*** bezeichnet. cAMP ist zur Aktivierung einer intrazellulären Proteinkinase imstande, wel-

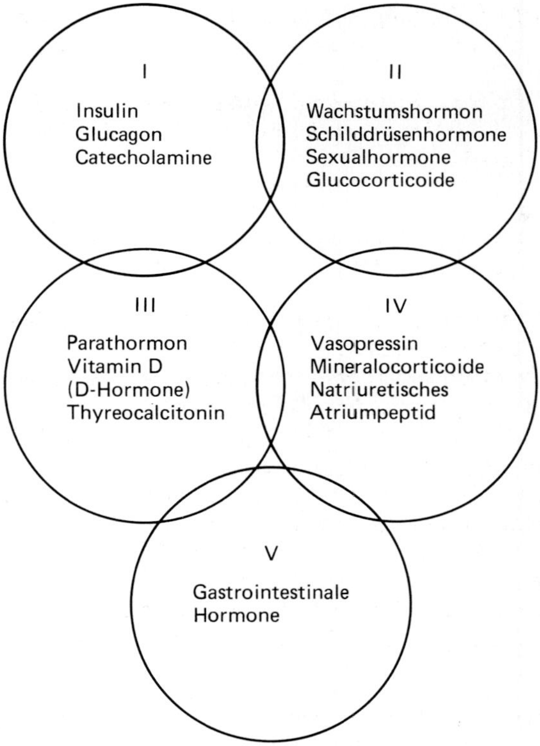

Bild 16.1. Einteilung der Homone nach funktionellen Zusammenhängen

che durch Phosphorylierung eine Reihe von Schlüsselenzymen des Intermediärstoffwechsels in ihrer *katalytischen Aktivität* zu ändern vermag. Ein besonders gut untersuchtes Beispiel hierfür ist die Kontrolle des *Glykogenstoffwechsels* durch cAMP (s.S. 346).

Tabelle 16.1 stellt die Hormone zusammen, deren biologische Effekte durch cAMP vermittelt werden. Besonders wichtig sind die ***Katecholamine*** Adrenalin und Noradrenalin und das ***Glucagon***. Darüber hinaus wirken die glandotropen Hormone des Hypophysenvorderlappens, das Parathormon und das Vasopressin über eine Aktivierung des Adenylatcyclasesystems.

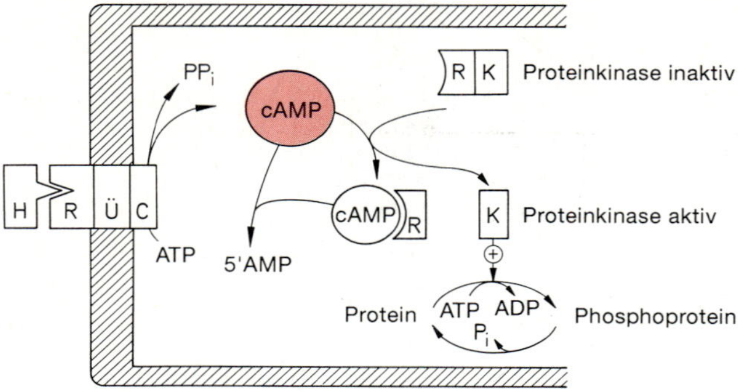

Bild 16.2. Das Adenylatcyclasesystem. Durch Bindung eines Hormones H an den Rezeptor R wird die katalytische Untereinheit C des Systems über eine Überträgereinheit Ü aktiviert. Dadurch vermehrt gebildetes cAMP bindet an die Rezeptoruntereinheit der Proteinkinase, wodurch diese dissoziiert und die nun aktive katalytische Untereinheit K freisetzt. K phosphoryliert geeignete Proteine an Serylresten.

Tabelle 16.1. Hormone, deren biologische Effekte durch cAMP vermittelt werden

Hormon	Gewebe	Seite
Katecholamine	Leber, Skelettmuskel, Herzmuskel, Fettgewebe	346
Glucagon	Leber, Fettgewebe[a] β-Zellen der Langerhans-Inseln	353
Parathormon	Knochen, Nieren	376
Vasopressin	Epitheliale Gewebe	381
ACTH	Nebennierenrinde, Fettgewebe[a]	373
LH (ICSH)	Ovarien, Testes	372
TSH	Schilddrüse, Fettgewebe[a]	366
TRH	Hypophyse	367

[a] Wahrscheinlich ohne physiologische Bedeutung

Neuere Untersuchungen haben zur Aufdeckung der Signalübertragung zwischen Rezeptor und Adenylatcyclase geführt. Wie aus Abb. 16.3 zu entnehmen ist, handelt es sich bei dieser Überträger-

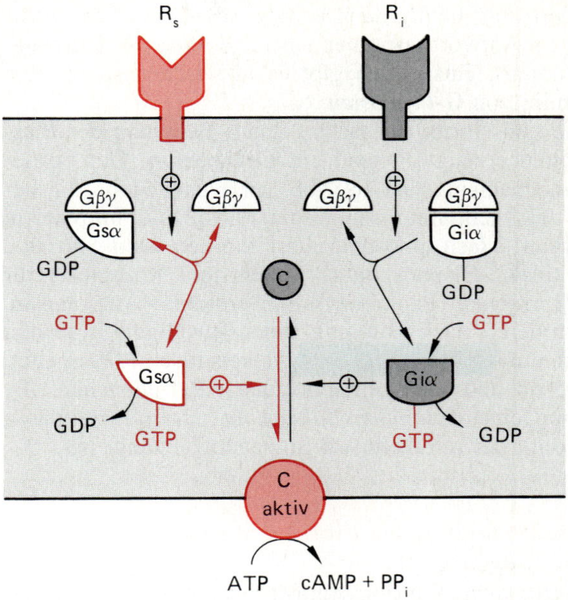

Bild 16.3. G-Proteine als Signalüberträger im Adenylatcyclasesystem (Einzelheiten s. Text)

einheit um ein Guanosinnucleotid-bindendes Protein (G-Protein). Es besteht aus drei Untereinheiten. Die mit der Hormonbindung einhergehende *Konformationsänderung* des Rezeptors führt dazu, daß an der α-Untereinheit des G-Proteins ein GDP gegen ein GTP ausgetauscht wird. Dadurch kommt es zu einer *Dissoziation* des G-Proteins in seine Untereinheiten, die GTP-beladene α-Untereinheit ist nun in der Lage, die Adenylatcyclase zu aktivieren. Die notwendige Signallöschung kommt dadurch zustande, daß durch eine intrinsische GTPase-Aktivität des G-Proteins GTP in GDP umgewandelt wird. Damit kommt das System wieder in seinen *Ausgangszustand* zurück und ein neuer Aktivierungscyclus kann beginnen. Interessanterweise hat sich herausgestellt, daß die Einschaltung von G-Proteinen in Signalübertragungen nicht auf die Aktivierung der Adenylatcyclase beschränkt ist, sondern sehr häufig dann benutzt wird, wenn ein *intrazelluläres Signal* als Antwort auf einen *extrazellulären Reiz* erzeugt werden muß (s. unten). Tatsächlich gibt es inzwischen schon eine relativ große Familie von ***G-Proteinen***.

Bei einer Reihe von Hormonen ist das durch Beladung des Plasmamembranrezeptors erzeugte Signal ein ***Calciumion***. Der vorliegende Wirkungsmechanismus ist in Abb. 16.4 dargestellt. Er beruht darauf, daß das Membranphospholipid Phosphatidylinositol in der Plasmamembran 2fach phosphoryliert werden kann, so daß Phosphatidylinositol-4,5-Bisphosphat (PIP_2) entsteht. Rezeptoren für eine Reihe von Hormonen (Pankreozymin, Serotonin, Angiotensin, Acetylcholin) aktivieren nach Bindung ihres jeweiligen Liganden über ein G-Protein eine Phospholipase C, die spezifisch PIP_2 spaltet, wobei Diacylglycerin und Inositoltrisphosphat (IP_3) entstehen. IP_3 seinerseits löst nun eine *Calciummobilisierung* aus intrazellulären Speichern aus, womit der intrazelluläre Signalstoff erzeugt ist.

Sonderfall: Insulin (an Inosit hängt noch Glykosaminoglykan)

Hormone können DNS-bindende Proteine aktivieren

Hormone mit *langsamem* Wirkungseintritt beeinflussen im allgemeinen die Geschwindigkeit der ***Proteinbiosynthese***. Eine Möglichkeit ihrer Wirkung ist in Abb. 16.5 dargestellt. Sie gilt u.a. für die ***Schilddrüsenhormone*** und ***Steroidhormone***. Das Hormon bindet an ein cytosolisches Rezeptorprotein. Der dabei entstehende Hormon-Rezeptor-Komplex macht eine *Konformationsänderung* durch, nach der ein Übertritt in den Kern möglich ist, wo die Biosynthese spezifischer Proteine induziert wird. In aller Regel erfolgt dies durch spezifische Stimulierung der *Transkriptionsrate*. Abb. 16.6 stellt in schematischer Form die Strukturmerkmale zusammen, die bei den bisher untersuchten derartigen Hormonrezeptoren gefunden wurden. Es handelt sich um Proteine mit z.T. konservierten Domänen, die für die Bindung des Hormons, die DNS-Bindung sowie die Steigerung der Transkription verantwortlich sind.

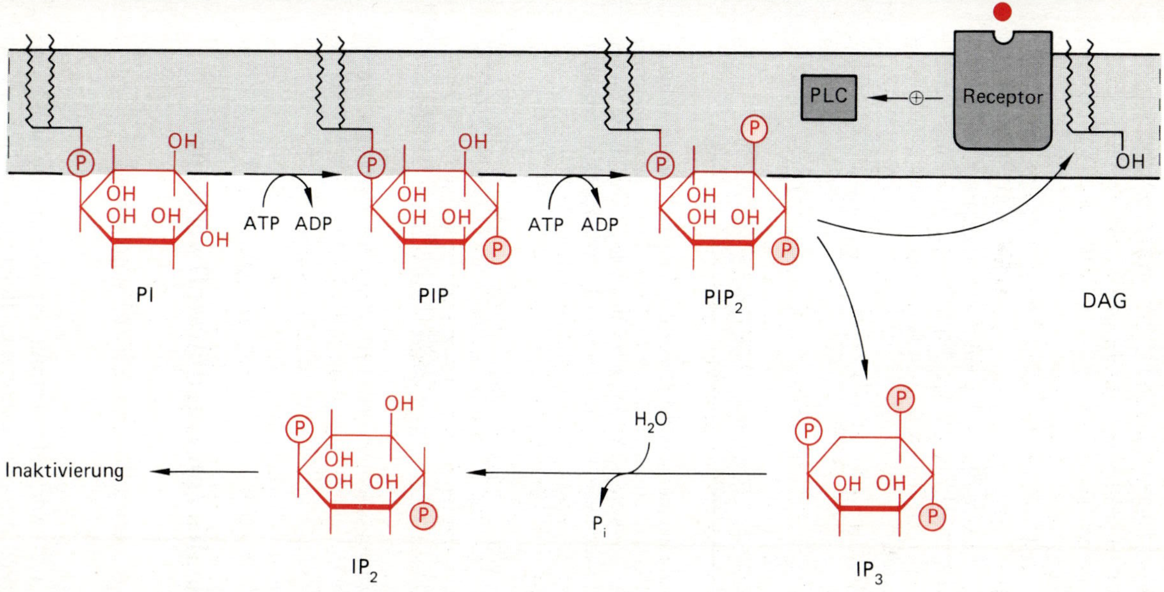

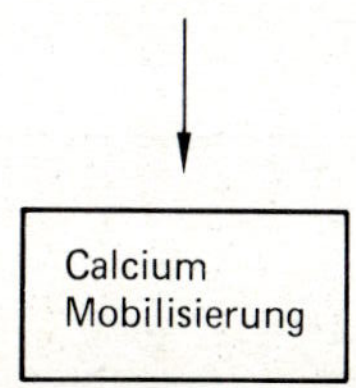

Bild 16.4. Schematische Darstellung der hormonellen Signaltransduktion durch den Phosphatidylinositol-Cyclus. *PI* = Phosphatidylinositol; *PIP* = Phosphatidylinositol-4-Phosphat; PIP_2 = Phosphatidylinositol-4,5-Bisphosphat; *PLC* = Phospholipase C; IP_3 = Inositoltriphosphat

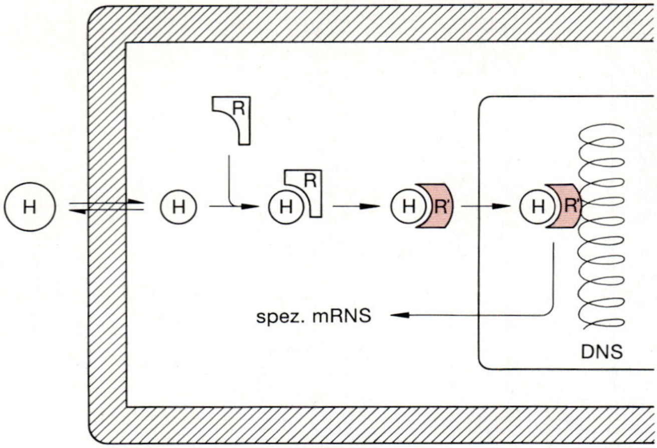

Bild 16.5. Hormonelle Beeinflussung der Genexpression. Das Hormon H bindet an ein intrazelluläres Rezeptorprotein. Dadurch wird eine Konformationsänderung ausgelöst, die den Hormon-Rezeptorkomplex zur Bindung an spezifische Stellen der DNS veranlaßt. Dadurch wird die Transkription spezifischer Gene verändert

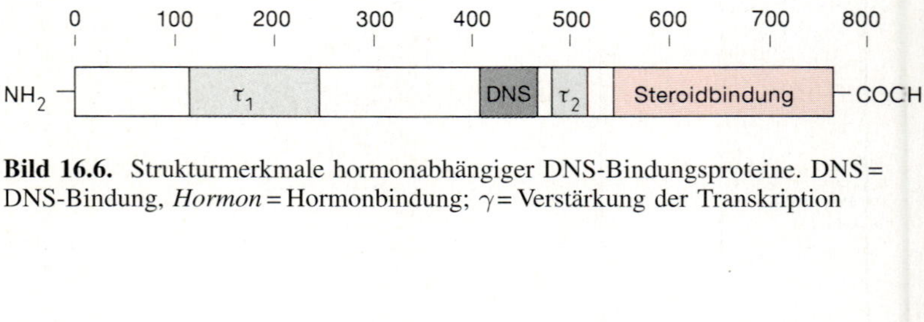

Bild 16.6. Strukturmerkmale hormonabhängiger DNS-Bindungsproteine. DNS = DNS-Bindung, *Hormon* = Hormonbindung; γ = Verstärkung der Transkription

16.2 Kontrolle des Intermediärstoffwechsels

Adrenalin und Noradrenalin ermöglichen eine schnelle Substratmobilisierung

Die Biosynthese von Adrenalin erfolgt im *Nebennierenmark* sowie in den adrenergen Nervenendigungen, diejenige von Noradrena-

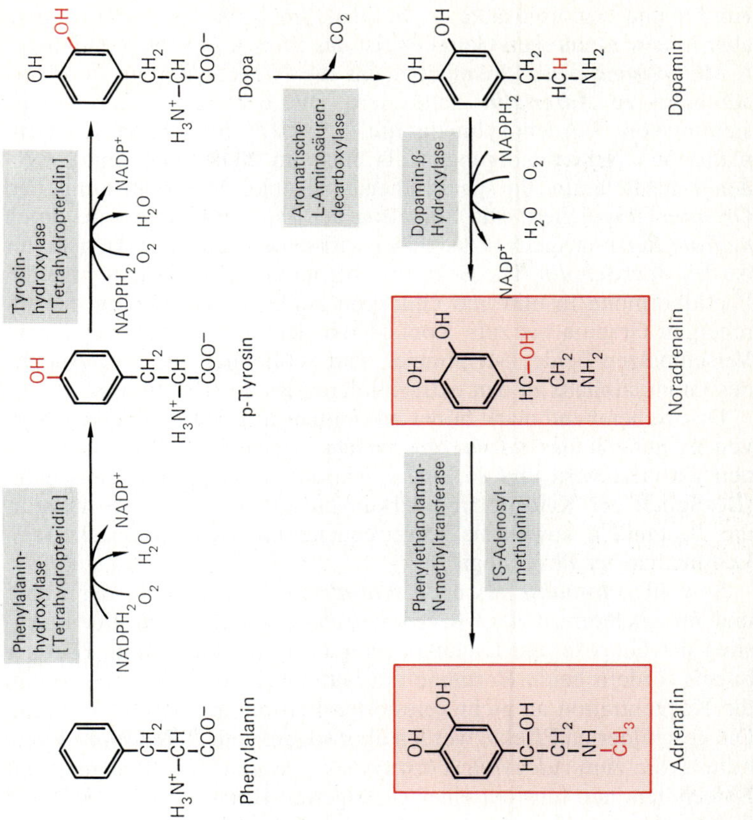

Bild 16.7. Biosynthese von Noradrenalin und Adrenalin (Einzelheiten s. Text)

lin ausschließlich in *adrenergen Nervenendigungen*. Ausgangspunkt für die Biosynthese ist die Aminosäure ***Tyrosin*** (Abb. 16.7). Diese wird zunächst durch die Tyrosinhydroxylase zu Dihydroxyphenylalanin (DOPA) hydroxyliert. Danach erfolgt eine Decarboxylierung zum entsprechenden Amin, dem ***Dihydroxyphenylamin*** (*Dopamin*). Eine erneute Hydroxylierung durch die Dopamin-β-Hydroxylase liefert ***Noradrenalin***. Das Enzym benötigt zweiwertiges

Kupfer und Ascorbinsäure (s. S. 316). Im Nebennierenmark, nicht aber in den adrenergen Ganglien, ist das Enzym *Phenylethanolamin-N-Methyltransferase* lokalisiert, das die N-Methylierung von Noradrenalin zu ***Adrenalin*** katalysiert. Die benötigte Methylgruppe stammt vom S-Adenosylmethionin (s.S. 207). Sowohl in den sympathischen Nervenendigungen als auch im Nebennierenmark werden Katecholamine in spezifischen, von einer Membran umhüllten *Granula* gespeichert. Die Sekretion der Katecholamine wird durch *neurale Reize* ausgelöst; der dabei wirksame chemische Transmitter ist das *Acetylcholin*. Die Sekretion beruht ähnlich wie diejenige der Peptidhormone Insulin und Glucagon auf einer Wanderung der adrenergen Granula bis zum Kontakt mit der Plasmamembran, einem Verschmelzen beider Membranen und schließlich in einer Abgabe des Granulainhalts in den extrazellulären Raum (Exocytose).

Das Nebennierenmark bildet zusammen mit den adrenergen Nervenendigungen das ***adrenerge System***, welches in Notfallsituationen aktiviert wird und so eine Reaktion auf Gefahren ermöglicht. (Bezüglich der Katecholaminwirkungen auf die glatte Muskulatur, die Blutgefäße sowie die Herzfrequenz und Kontraktionskraft s. Lehrbücher der Physiologie).

Sowohl ***Adrenalin*** als auch ***Noradrenalin*** wirken in der Leber und im Skelettmuskel *glykogenolytisch*, wodurch es zu einem Anstieg der Glucose und Lactatkonzentration im Blut kommt. Darüber hinaus fördern beide Hormone am Fettgewebe die *Lipolyse*, so daß die Konzentration an nicht veresterten Fettsäuren im Blut zunimmt. Die geschilderten Effekte werden über sogenannte *β*-***Rezeptoren*** vermittelt, die zum *Adenylatcyclasesystem* gehören. Ihre Belegung mit Katecholaminen führt zu einer gesteigerten Bildung von cAMP und weiter zu einer Aktivierung der an der Glykogenolyse bzw. am Abbau von Triacylglycerin beteiligten Enzymsysteme.

Die Fähigkeit von Adrenalin und Noradrenalin zur ***Mobilisierung der Substratspeicher*** Glykogen und Triacylglycerin beruht auf ihrer Fähigkeit, über *β*-Rezeptoren die Adenylatcyclase zu *stimulieren* und damit die cAMP-abhängige Proteinkinase zu *aktivieren*. Dieses Enzym ist imstande, eine Reihe von Schlüsselenzymen des Kohlenhydrat- und Fettstoffwechsels zu phosphorylieren und damit deren katalytische Aktivitäten zu *modifizieren*. Dies trifft zunächst auf die Schlüsselenzyme des Glykogenstoffwechsels sowie des Triacylglycerinabbaus zu (Abb. 16.8). Glykogensynthethase wird durch Phosphorylierung in die *inaktive*, Glykogenphosphorylase

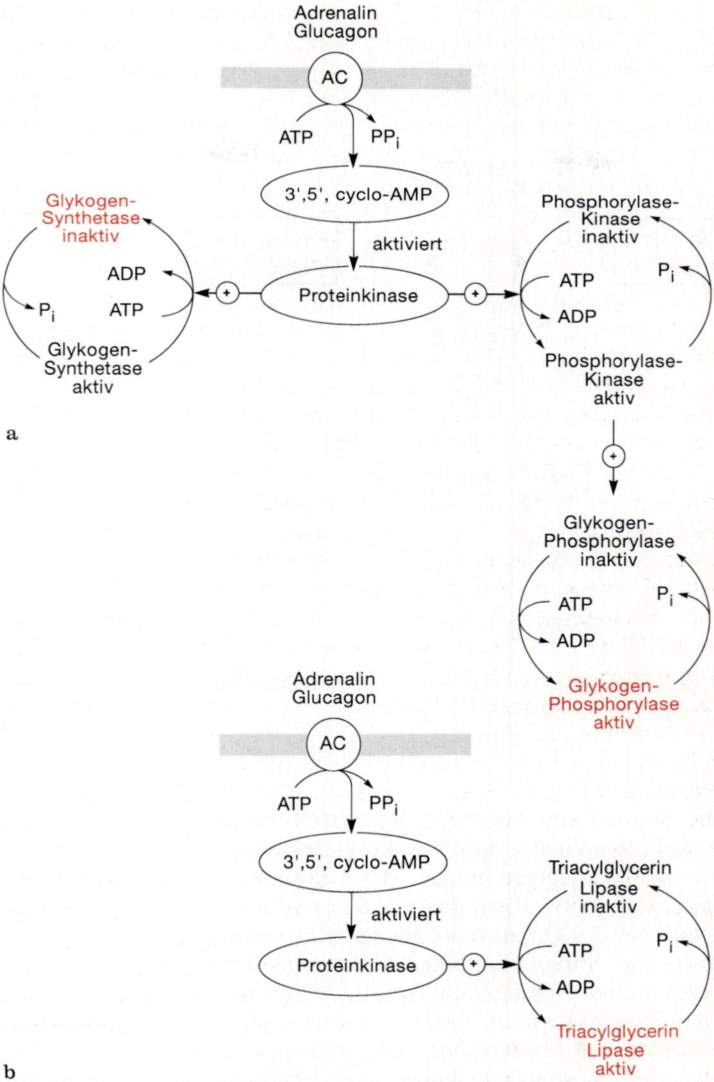

Bild 16.8a,b. Regulation der Schlüsselenzyme des Glykogen- und Triacylglycerinstoffwechsels. **a** Durch cAMP-abhängige Phosphorylierung wird die Glykogensynthase inaktiviert und die Phosphorylase aktiviert. **b** Durch cAMP-abhängige Phosphorylierung wird die Triacylglycerinlipase aktiviert

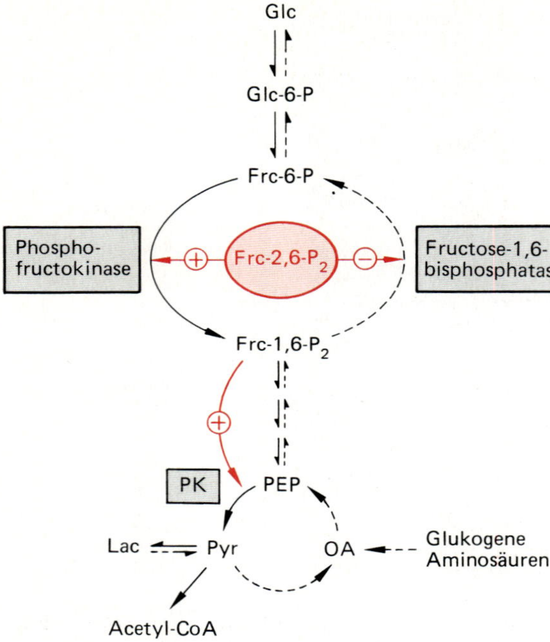

Bild 16.9. Bedeutung von Fructose-2,6-Bisphosphat für die Regulation von Glykolyse und Gluconeogenese

in die *aktive* Form überführt. Bei letzterem Enzym ist dabei eine weitere Proteinkinase, die Phosphorylasekinase, zwischengeschaltet. Auch die Triacylglycerinlipase des Fettgewebes wird durch Phosphorylierung aktiviert, so daß auf diese Weise die wichtigsten Substratspeicher des Organismus angegriffen werden können.

Auch die Stimulierung der ***Gluconeogenese*** der Leber durch Adrenalin und Noradrenalin kommt unter Einschaltung der aktivierten Proteinkinase zustande. Diese beeinflußt die Konzentration an ***Fructose-2,6-bisphosphat***, dem wirksamsten *allosterischen Aktivator* der Phosphofructokinase und Inhibitor der Fructose-1,6-bisphosphatase (Abb. 16.9). Das für die Bereitstellung dieses ***Regulatormoleküls*** von *Glykolyse* bzw. *Gluconeogenese* verantwortli-

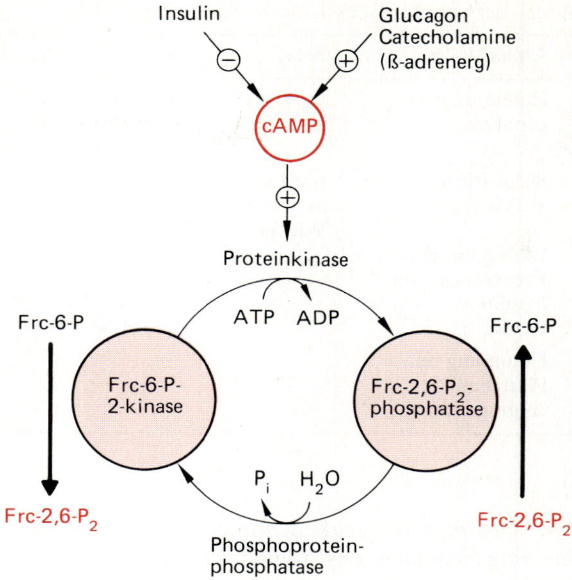

Bild 16.10. Hormonelle Regulation der Bildung und des Verbrauchs von Fructose-2,6-Bisphophat (Einzelheiten s. Text)

che Enzym ist die *Fructose-6-phosphat-2-kinase*. Wie aus Abb. 16.10 hervorgeht, wird sie durch cAMP-abhängige Phosphorylierung zu einer Fructose-2,6-bisphosphatase und führt damit zu einem Abfall der Konzentration von Fructose-2,6-bisphosphat. Damit wird die Glykolyse gehemmt und die Gluconeogenese stimuliert.

Die Wirkungen der Katecholamine werden durch unterschiedliche Rezeptoren vermittelt

Durch pharmakologische Untersuchungen mit entsprechenden Derivaten konnte schon vor Jahren gezeigt werden, daß Katecholamine ihre Wirkung durch unterschiedliche Rezeptoren entfalten. Wie aus Tabelle 16.2 hervorgeht, unterscheidet man α_1, α_2, β_1- und **β_2-Rezeptoren**, die sehr unterschiedliche Katecholaminwirkun-

Tabelle 16.2. Wirkungen der verschiedenen Katecholaminreceptoren

$Alpha_1$	$Alpha_2$	$Beta_1$	$Beta_2$
Glykogenolyse gesteigert	Hemmung von Lipolyse	Lipolyse gesteigert	Glykogenolyse Gluconeogenese gesteigert
Kontraktion gl. Muskulatur	Relaxation gl. Muskulatur	positiv inotrope Wirkung	Freisetzung von Insulin Glucagon Renin
	Hemmung der Freisetzung von Insulin Renin		Relaxation gl. Muskulatur
	Hemmung der Plättchen-Aggregation		

gen vermitteln. Die β-Rezeptoren wirken immer über *Aktivierung*, α_2-Rezeptoren über eine *Hemmung* des Adenylatcyclasesystems. α_1-Rezeptoren wirken dagegen über eine *Mobilisierung* intrazellulärer Calciumspeicher entsprechend dem auf S. 344 dargestellten Mechanismus.

Katecholamine werden zu Vanillinmandelsäure abgebaut

Der Abbau von Katecholaminen erfolgt durch *Oxidation* und *Methylierung*. Die beiden hierfür benötigten Enzyme sind die Monoaminoxidase und die Katechol-O-Methyltransferase. Wie aus Abb. 16.11 hervorgeht, wird der Abbau zunächst durch eine Methylierung in Position 3 eingeleitet, so daß die entsprechenden 3-Methoxy-Derivate des Adrenalins und Noradrenalins entstehen. Die Monoaminoxidase desaminiert sie unter Ausbildung eines Aldehyds, des ***3-Methoxy-4-Hydroxy-Mandelsäurealdehyds***. Durch Oxidation der Aldehydgruppierung zur entsprechenden Carbonsäure entsteht schließlich das Hauptabbauprodukt des Katecholaminstoffwechsels, die ***3-Methoxy-4-Hydroxy-Mandelsäure*** oder Vanillinmandelsäure. Diese wird im Harn ausgeschieden. Da sie dünnschichtchromatographisch leicht nachgewiesen werden kann, ergibt die Bestimmung der Vanillinman-

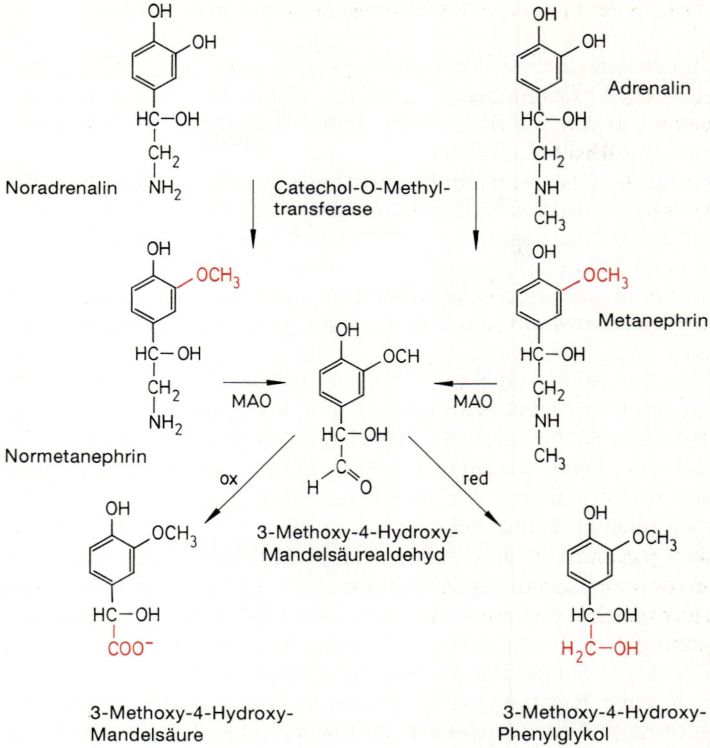

Bild 16.11. Abbau der Katecholamine durch Katechol-O-Methyltransferase und Monoaminoxidase

delsäureausscheidung über 24 Stunden ein gutes Maß für die Höhe der *Katecholaminsekretion*.

Glucagon ist für die Einleitung der Stoffwechselveränderungen bei Hunger verantwortlich

Glucagon wird durch die *α- Zellen der Langerhansschen Inseln* synthetisiert. Ähnlich wie ***Insulin*** ist es ein ***Peptidhormon***. Es enthält

29 Aminosäuren, seine chemische Totalsynthese ist inzwischen gelungen.

Ähnlich wie Insulin wird Glucagon aus einer höhermolekularen Vorstufe, dem ***Präglucagon***, gebildet. Auch die *Speicherung* des Glucagons in den α-Zellen erfolgt ähnlich wie diejenige von Insulin in Form spezifischer Granula.

Der für die *Glucagonabgabe* entscheidende Reiz ist ein Abfall der ***Glucosekonzentration*** in der extrazellulären Flüssigkeit. Der kritische Wert für die Erhöhung der Plasmaglucagonkonzentration liegt bei einer Glucosekonzentration von etwa 2,8 mmol/l. Außer durch einen Abfall der Glucosekonzentration führt ein Anstieg der ***Aminosäurekonzentration*** im Blut zu einer gesteigerten Glucagonfreisetzung.

Glucagon gelangt über die Pfortader zunächst zur Leber, wo es relativ rasch abgebaut wird, so daß nur noch geringe Mengen im lebervenösen Blut erscheinen. Das Hauptzielorgan des Glucagons ist demnach die ***Leber*** im Hungerzustand. Ob es dagegen unter physiologischen Bedingungen Wirkungen auf extrahepatische Gewebe hat, ist noch nicht endgültig geklärt.

Glucagon führt in der Leber zu einer Aktivierung des Adenylatcyclasesystems. Damit ist ***Glucagon*** ein wichtiger Antagonist des ***Insulins***: Es führt zu einer Hemmung der Glykogenbiosynthese und Steigerung des Glykogenabbaus, zu einer Abgabe von Glucose durch die Leber und damit zum Anstieg der ***Blutglucosekonzentration***.

In dieselbe Richtung wirkt die durch Glucagon hervorgerufene Steigerung der ***Gluconeogenese*** der Leber. Am Fettgewebe der Ratte läßt sich durch Glucagon eine Steigerung der Lipolyse mit vermehrter Abgabe von Glycerin und nicht veresterten Fettsäuren feststellen. Ob diesem Effekt physiologische Bedeutung zukommt, ist fraglich, an menschlichem Fettgewebe läßt er sich nicht nachweisen.

Insulin ist das wichtigste anabole Hormon

Struktur, Biosynthese und Sekretion. Insulin ist ein Peptidhormon aus insgesamt 51 Aminosäuren. Diese liegen in Form von zwei Ketten, der A- und der B-Kette, vor. Wie Abb. 16.12 zeigt, sind die beiden Ketten durch zwei *Disulfidbrücken* verknüpft, die Struktur der A-Kette wird schließlich durch eine weitere Disulfidbrücke stabilisiert. Die Biosynthese und Speicherung von *Insulin* erfolgt in

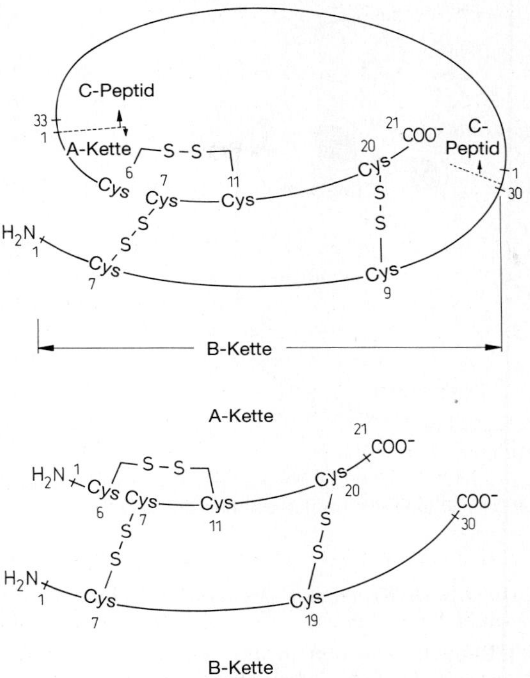

Bild 16.12. Struktur von Proinsulin und Insulin

den β-Zellen der *Langerhansschen Inseln* des ***Pankreas***. Allerdings wird Insulin zunächst in Form eines größeren Vorläufermoleküls, des ***Präproinsulins***, gebildet. Nach Entfernung des Signalpeptids entsteht Proinsulins. Seine ersten 30 Aminosäuren vom N-Terminus an gerechnet enthalten die Sequenz der ***B-Kette***, die letzten 21 Aminosäuren bis zum C-Ende stellen die Sequenz der ***A-Kette*** dar. Das in der Mitte liegende Stück besteht je nach Spezies aus 30 - 35 Aminosäuren und wird auch als ***C-Peptid*** (Connecting-Peptid) bezeichnet. Durch diese Anordnung des Moleküls ist die Ausbildung einer *Tertiärstruktur* gewährleistet, bei der die für die Ausbildung der Disulfidbrücken notwendigen Cysteinreste in enge Nachbarschaft geraten, so daß ihre Oxidation leicht möglich ist. Zur Fertigstellung von Insulin aus Proinsulin muß nach dem Schließen der Disulfidbrücke

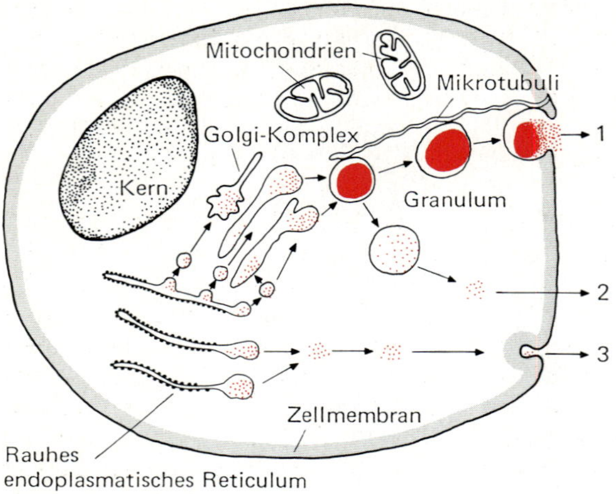

Bild 16.13. Schematische Darstellung der Insulinsekretion der β-Zelle

lediglich noch durch *spezifische Proteasen* das C-Peptid abgespalten werden.

In den β-Zellen der Langerhansschen Inseln synthetisiertes Insulin kann dort in ***Sekretgranula*** gespeichert werden, die von einer aus dem endoplasmatischen Reticulum stammenden Membran umgeben sind. Bei der Sekretion wandern die ***β-Granula*** an die innere Zellmembranoberfläche. Haben sie diesen Ort erreicht, so verschmelzen Granulamembran und Cytoplasmamembran, die Nahtstelle öffnet sich und der Granulainhalt wird in den extrazellulären Raum entleert und gelangt von dort ins Blut. (Abb. 16.13)

Die entscheidende Größe für die ***Insulinsekretion*** ist die Höhe der Glucosekonzentration im Extrazellulärraum. Steigt dieser über den im Nüchternzustand vorliegenden Konzentrationswert von etwa 4 mmol/l an, so kommt es rasch zu einer Freisetzung von Insulin aus den β-Zellen. Bis zu einer Glucosekonzentration von etwa 15 mmol/l besteht eine *direkte* Proportionalität zwischen der Menge freigesetzten Insulins und der Glucosekonzentration.

Neben der Glucose kennt man heute eine ganze Reihe von Verbindungen, die die Insulinsekretion *stimulieren* oder *hemmen*. Zu den Stimulatoren gehören einige Aminosäuren (insbesondere die verzweigtkettigen), gastrointestinale Hormone, vor allem das GIP (gastrisches inhibitorisches Peptid), sowie eine Reihe von Pharmaka, wie besonders die in der Therapie des ***Diabetes*** verwendeten Sulfonylharnstoffe sowie Verbindungen, die zu einer Erhöhung des cAMP-Gehalts der β-Zelle führen. Die wichtigsten physiologischen Hemmstoffe der Insulinsekretion sind die ***Katecholamine***.

Biochemische Wirkungen. Tabelle 16.3 gibt eine Zusammenstellung der wichtigsten biochemischen Wirkungen des Insulins. Für das Umschalten der postresorptiven auf die resorptive Phase des Stoffwechsels sind aufgrund ihrer Masse die wichtigsten Organe die *Muskulatur*, das *Fettgewebe* und die *Leber*. Bei allen dreien hat das Insulin Einfluß auf den Kohlenhydrat-, Fett- und Proteinstoffwechsel. Zu den am längsten bekannten Wirkungen des Insulins gehört seine Fähigkeit, den ***Transport*** von Glucose und verwandten Zuckern durch die Zellmembran zu fördern. Mechanistisch kommt dieser Effekt dadurch zustande, daß Insulin intrazellulär gespeicherte Glucose-Carrierproteine in die Plasmamembran verlagert und damit die Transportgeschwindigkeit erhöht. Dies ist von besonderer Bedeutung für den Stoffwechsel der Muskulatur und des Fettgewebes, da hier die Glucoseaufnahme für den weiteren Stoffwechsel der Glucose *limitierend* ist. Aufgrund der Masse von Fettgewebe und Muskulatur führt jede Steigerung der Glucoseaufnahme zu einem prompten Abfall der ***Blutglucosekonzentration***, wie er nach Insulingaben zu beobachten ist.

Die gesteigerte Glucoseaufnahme in Fettgewebe und Muskulatur hat eine Reihe von Konsequenzen. In der Muskulatur wird ein großer Teil der durch Insulin eingeschleusten Glucose in Form von Glykogen gespeichert. Auch im Fettgewebe werden durch Insulin ***Speichervorgänge*** ausgelöst. Allerdings wird hier vermehrt aufgenommene Glucose in *Fett* umgewandelt. Interessant dabei ist, daß sowohl der Glycerinanteil der Triacylglycerine als auch ihr Fettsäureanteil im Fettgewebe aus Glucose synthetisiert werden kann (s. auch S. 449).

Auch der ***Glucosestoffwechsel*** der *Leber* reagiert empfindlich auf Insulin. Das Glukosetransportsystem der Hepatocyten ist zwar nicht insulinempfindlich. Wegen der großen Michaeliskonstanten der Glucokinase verläuft der Glucoseumsatz proportional der Glukosekonzentration in der Pfortader. Insulin ist jedoch für die ***Biosynthese*** einer Reihe von Schlüsselenzymen des Glucosestoffwechsels verantwortlich. Zu ihnen gehört die Glucokinase (s.S. 116), die Phos-

Tabelle 16.3. Wirkungen von Insulin auf den Stoffwechsel

	Leber	Fettgewebe	Muskulatur
Kohlenhydratstoffwechsel	Anstieg von Glykogensynthese Hemmung von Glykogenolyse Hemmung von Gluconeogenese Induktion von Glykolyseenzymen Repression von Gluconeogeneseenzymen	Stimulierung des Glucosetransportes durch die Zellmembran Anstieg des Glucoseabbaus im Pentosephosphatcyclus und Glycolyse	Stimulierung des Glucosetransportes durch die Zellmembran Anstieg der Glykogensynthese Anstieg des Glucoseabbaus
Fettstoffwechsel	Anstieg der Lipogenese Hemmung der Ketogenese	Anstieg der Lipogenese Hemmung der Lipolyse Induktion der Lipoproteinlipase	Steigerung der Triacylglycerinsynthese aus Fettsäuren
Aminosäure- und Proteinstoffwechsel	Stimulierung der Proteinbiosynthese Hemmung der Proteolyse Hemmung der Harnstoffbildung	Stimulierung des Aminosäuretransportes durch die Zellmembran Stimulierung der Proteinbiosynthese	Stimulierung des Aminosäuretransportes durch die Zellmembran, Stimulierung der Proteinbiosynthese Hemmung der Proteolyse

phofructokinase (s. S. 116) sowie die Pyruvatkinase (s.S. 121). Die vermehrte Biosynthese dieser Enzyme ermöglicht einen gesteigerten Glucosedurchsatz durch die Glykolyse. Darüber hinaus fördert Insulin auch in der Leber die Biosynthese von Glykogen aus Glucose.

Insulin ist imstande, in Leber und Fettgewebe durch Aktivierung der entsprechenden Phosphodiesterase den *cAMP-Spiegel* zu senken. Dieser Effekt tritt besonders deutlich zutage, wenn das Adenylatcyclasesystem z. B. durch Katecholamine aktiviert ist.

Unter diesem Aspekt lassen sich eine Reihe von Insulineffekten gut verstehen. So führen z. B. in der Leber erniedrigte cAMP-Spiegel zu einer Hemmung der Glykogenolyse und Stimulierung der ***Glykogensynthese***. Am Fettgewebe wird die Lipolyse stark reduziert, so daß die Fettsäurekonzentration im Serum deutlich absinkt. Daß dies nicht nur ein biochemisch interessanter Befund ist, geht eindrucksvoll aus der Beobachtung hervor, daß bei der Behandlung eines ***Coma diabeticum*** (s.S. 360) mit Insulin der Spiegel an nicht veresterten *Fettsäuren* im Blut mit etwa derselben Kinetik abfällt wie die Blutglucosekonzentration. Im Gegensatz zur Leber- und Fettzelle ist es fraglich, ob eine der beobachteten Insulinwirkungen an der Muskulatur auf eine etwaige Beeinflussung des Adenylatcyclasesystems in diesem Gewebe zurückzuführen ist.

Insulin beeinflußt nicht nur den Kohlenhydrat- und Fettstoffwechsel, sondern auch denjenigen von Aminosäuren und Proteinen. So stimuliert es in der Leber, dem Fettgewebe und vor allem der Muskulatur die ***Aufnahme von Aminosäuren***, die ähnlich wie diejenige von Glucose über ein in seinen Einzelheiten jedoch noch nicht genau bekanntes Transportsystem erfolgt. Unabhängig davon läßt sich in den genannten Geweben nachweisen, daß Insulin die ***Proteinbiosynthese*** *stimuliert* und die ***Proteolyse*** *hemmt*. Dies läßt sich besonders gut in der Leber beobachten, wo Insulin zu einer deutlichen Reduktion der *Harnstoffbildung* führt.

Faßt man das Spektrum der Insulineffekte auf den Intermediärstoffwechsel zusammen, so ergibt sich klar das Bild eines ***anabol wirkenden Hormones***: Insulin stimuliert die Glucoseaufnahme und damit den Einbau des Glucosemoleküls in Glykogen und Triacylglycerine. Insulin stimuliert die Aufnahme von Aminosäuren und die Biosynthese von Proteinen, während es *gleichzeitig* die Proteolyse hemmt. Insulin hemmt das Adenylatcyclasesystem der Leber und der Fettzelle, was zu einer Steigerung der Glykogenbiosynthese mit gleichzeitiger Hemmung der Glykogenolyse sowie zu einem ausgeprägten *antilipolytischen* Effekt führt. Darüber hinaus ist Insulin für die Biosynthese einer Reihe anabol wirkender Enzyme verantwortlich, zu denen die Schlüsselenzyme der Glykolyse sowie die Lipoproteinlipase (s.S. 411) gehören.

Über den molekularen Mechanismus des Insulins herrscht noch Unklarheit. Immerhin konnte inzwischen der *Insulinrezeptor* isoliert und charakterisiert werden. Es handelt sich um ein tetrameres, integrales ***Membranglykoprotein***. Dieses wird nach Bindung von Insulin an einem auf der cytoplasmatischen Seite gelegenen Tyrosylrest autophosphoryliert. Welche weiteren Signalschritte jedoch danach folgen, ist noch nicht bekannt.

Insulinmangel führt zu Diabetes mellitus

Der geordnete Ablauf des Intermediärstoffwechsels hängt vom richtigen Verhältnis des Insulins als anabolem Hormon zu seinen Antagonisten ab. In der ***Resorptionsphase*** gelangen große Mengen resorbierter Nahrungsstoffe in den Kreislauf, welche auf die verschiedenen Gewebe verteilt und nach Möglichkeit gespeichert werden müssen. Der mit gesteigerter Kohlenhydratresorption einhergehende Anstieg der Blutglucosekonzentration sorgt zusammen mit gastrointestinalen Hormonen für eine Steigerung der Insulinsekretion, womit die Aufnahme von Glucose, Fettsäuren, Aminosäuren in die insulinabhängigen Gewebe und ihre Speicherung als Glykogen, Triacylglycerin und Protein erfolgen kann. In der ***postresorptiven Phase*** dagegen benötigt der Organismus weiterhin Energie, obwohl eine entsprechende Zufuhr über die Nahrung fehlt. Er ist damit darauf angewiesen, endogene Speicher zur Deckung seines Bedarfes zu benutzen. In dieser Phase wird also der Insulinspiegel niedrig sein und die Insulinantagonisten Glucagon (im wesentlichen für die Leber) und Katecholamine das Übergewicht erhalten. Sie sorgen für eine Steigerung des ***Glykogen-*** und ***Triacylglycerinabbaus*** (möglicherweise auch der Proteolyse).

Der ***Diabetes mellitus*** ist ein typisches Beispiel für eine ***Stoffwechselfehlregulation***, die durch das Fehlen eines Hormons mit anschließendem Überwiegen der Wirkung seiner Antagonisten ausgelöst wird. Für jede Form des Diabetes ist ein *absoluter* oder *relativer* ***Insulinmangel*** typisch, der in jedem Fall ein Überwiegen der durch Insulinantagonisten ausgelösten Effekte zur Folge hat. Es kommt zu einer *Verminderung der Glucoseaufnahme* und *Verwertung* in Fettgewebe und Muskulatur. Darüber hinaus überwiegt infolge des Übergewichts von Glucagon und Katecholaminen sowie des Wegfalls der Insulinbremse auf das Adenylatcyclasesystem die Glykogenolyse und die Lipolyse. Relativ gesteigerte Glucagonspiegel führen darüber hinaus zu einer Zunahme der *Gluconeogenese* in der Leber. Aus dieser Konstellation wird die Symptomatik des Diabetes mellitus verständlich: Steigerung der Glucosekonzentration im Blut mit anschließender Glucosurie und Steigerung der Konzentration nicht veresterter Fettsäuren im Blut. Diese gelangen unter anderem zur Leber, wo sie zu Acetacetat und β-Hydroxybutyrat abgebaut und wieder ins Blut abgegeben werden. Da sie nur zum Teil von den extrahepatischen Geweben verwertet werden können und die Geschwindigkeit ihrer Ausscheidung über die Nieren relativ gering ist, kommt es zu einer gewaltigen *Konzentrationszunahme der Ketonkörper* im Blut. Da es sich hierbei um Säuren handelt, folgert daraus das Auftreten der typischen ***diabetischen Ketoacidose***.

Durch gesteigerte Proteolyse und Harnstoffbiosynthese ergibt sich darüber hinaus eine ***negative Stickstoffbilanz***. Die als Folge der Glucosurie auftretende osmotische Diurese sowie die durch die metabolische Acidose bedingte Hyperventilation führen zu *Wasser-* und *Elektrolytverlust* sowie anschließend zu einer ***extra- und intrazellulären Dehydratation***. Dehydratation zusammen mit Elektrolytverlust führen zu *Hypovolämie, peripherer Minderdurchblutung, intrazellulärem Kaliumverlust, Oligurie* und schließlich zu *Coma* und *Tod* (s. Abb. 16.14).

16.3 Kontrolle von Wachstum und Differenzierung

Eines der faszinierendsten biologischen Phänomene ist die Entstehung eines komplexen aus den verschiedensten Geweben und Zellen aufgebauten vielzelligen Organismus aus einer befruchteten Eizelle. Es leuchtet ohne weiteres ein, daß hierfür das geordnete Zusammenspiel einer Vielzahl von Hormonen und Wachstumsfaktoren notwendig ist. Diese sind zum überwiegenden Teil noch nicht bekannt, jedoch weiß man seit langer Zeit aufgrund des Auftretens entsprechender Fehlbildungen, daß bei Wachstum und Differenzierung das

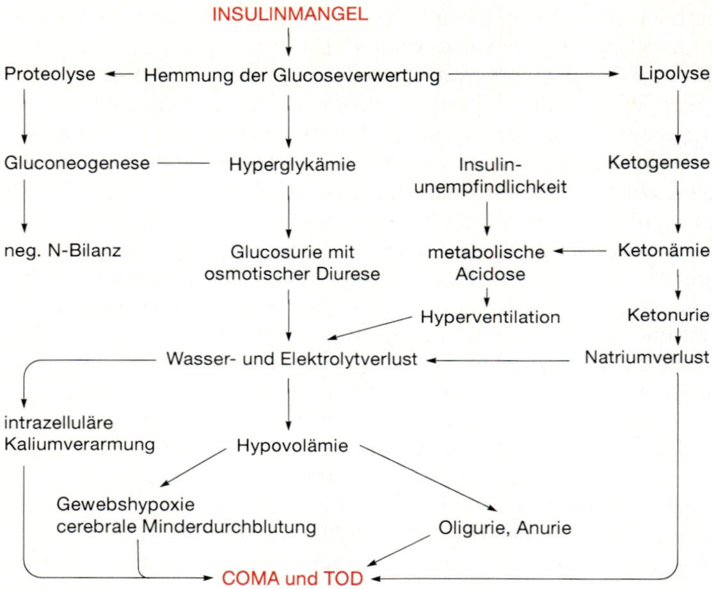

Bild 16.14. Mechanismen der Entstehung des diabetischen Comas

Wachstumshormon, die ***Schilddrüsenhormone*** und die ***Sexualhormone*** eine bedeutende Rolle spielen.

Jedes Wachstum ist mit einer Zunahme an Gewebsprotein verbunden. Es gibt jedoch eine Reihe von Zuständen, bei denen Gewebsprotein eingeschmolzen werden muß. Zu ihnen gehören länger dauernde Hungerphasen, Inaktivitätsatrophie und Altersinvolution. Eine große Rolle bei der Regulation dieser Prozesse spielen die ***Glucocorticoidhormone*** der Nebennierenrinde.

Für Wachstum und Differenzierung verantwortliche Hormone werden durch ein hierarchisches System glandotroper Hormone reguliert

Eine Reihe von endokrin aktiven Drüsen kontrolliert mit Hilfe ihrer Hormone nicht die Stoffwechselaktivität oder das Wachstum peri-

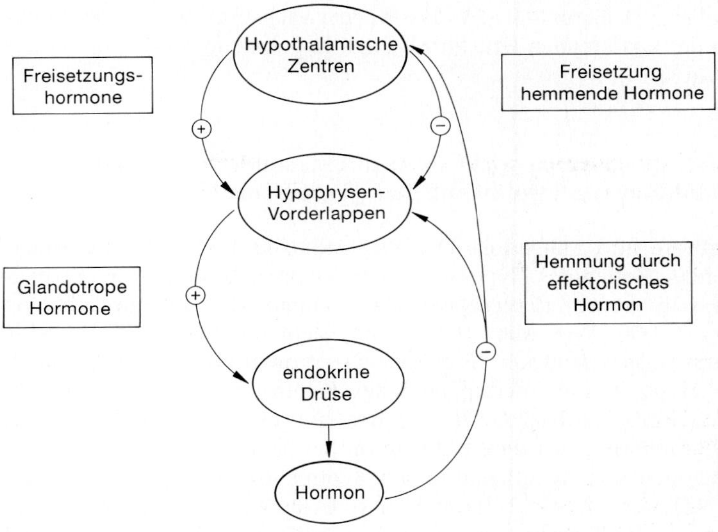

Bild 16.15. Hierarchie hormoneller Regelkreise

pherer Gewebe, sondern nachgeschaltete innersekretorische Drüsen. Sie sind damit Teil eines hierarchischen Systems hormoneller Regelkreise, deren Zweck die ***genaue Kontrolle von Hormonkonzentration im Blut*** ist. Wie die Abb. 16.15 zeigt, spielen dabei Hormone des ***Hypothalamus*** und des ***Hypophysenvorderlappens*** eine bedeutende Rolle. Auslösende Stimuli, seien sie *neuraler* oder *humoraler* Art, führen zu einer erhöhten Abgabe von ***Freisetzungshormonen*** (releasing hormones, Liberine) aus bestimmten Bezirken des Hypothalamus. Sie wirken spezifisch auf die verschiedenen hormonproduzierenden Zellen des Hypophysenvorderlappens und bewirken dort die Freisetzung der einzelnen ***glandotropen Hormone***, die wiederum die Aktivität *peripherer Hormondrüsen* stimulieren. Die daraufhin steigende Konzentration des effektorischen Hormons im Blut wirkt im Sinne einer negativen Rückkoppelung *hemmend* auf Hypophysenvorderlappen und Hypothalamus. Über derartige Regelkreise wird die Blutkonzentration der Schilddrüsenhormone, der Corticoidhormone sowie der männlichen und weiblichen Sexualhormone reguliert. Außerdem steht das Körperwachstum sowie die Funktion der laktierenden Brustdrüse unter hypothalamisch-hypophysärer Kontrolle.

Wachstumshormon wirkt nicht direkt, sondern über die Produktion von insulinähnlichen Wachstumsfaktoren

Synthese und Sekretion. Das Wachstumshormon wird in den acidophilen Zellen des Hypophysenvorderlappens synthetisiert. Es handelt sich um ein ***Peptidhormon*** mit einem Molekulargewicht von etwa 21 000. Wie Abb. 16.16 zeigt, steht die Sekretion des ***STH*** (*s*omato*t*ropes *H*ormon, Somatotropin, growth hormone, GH) durch den Hypophysenvorderlappen unter Kontrolle durch hypothalamische Hormone. Das ***GRH*** (*g*rowth hormone *r*eleasing *h*ormone, Somatoliberin), das durch Dopamin, bei Tiefschlaf oder bei Hypoglykämien von hypothalamischen Zentren freigesetzt wird, steigert die STH-Abgabe des Hypophysenvorderlappens. Ein entsprechendes hemmendes Hormon entstammt ebenfalls dem Hypothalamus und wird als ***GIH*** (*g*rowth hormone release *i*nhibiting *h*ormone) oder ***Somatostatin*** bezeichnet. Interessanterweise hemmt Somatostatin offenbar auch in anderen Systemen die Freisetzung von Peptidhormonen. So ist es z.B. in Langerhansschen Inseln nachgewiesen worden und blockiert dort die Sekretion von *Glucagon* und *Insulin*.

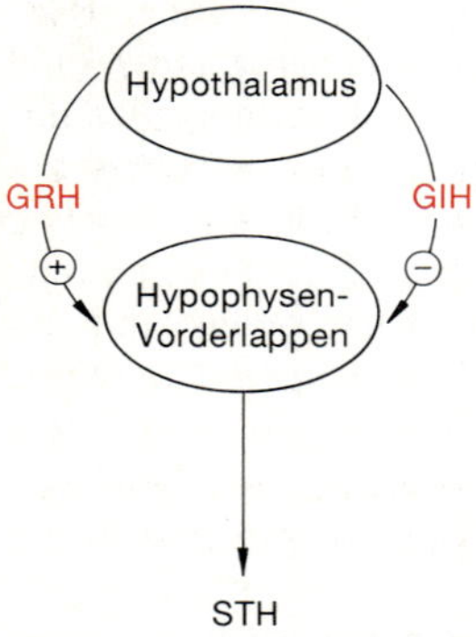

Bild 16.16. Hormonelle Kontrolle der STH-Sekretion

Biochemische Wirkung. Ein Ausfall der das Wachstumshormon produzierenden Zellen und damit des Wachstumshormons selber führt beim Kind zum ***Zwergwuchs***, eine meist durch Tumoren ausgelöste Überpoduktion zum ***Riesenwuchs*** bzw. zur ***Akromegalie***, wenn die STH-Überproduktion nach Abschluß der Wachstumsphase auftritt.

Das Wachstumshormon ist also für das Längenwachstums des Skeletts notwendig, welches an den *Epiphysenfugen* stattfindet. Hier wird durch die Chondrocyten die extrazelluläre Matrix gebildet (s.S. 461). Das aus der ***Hypophyse*** stammende Wachstumshormon übt dabei seine Wirkung nicht direkt auf die Chondrocyten aus. Es induziert vielmehr vor allem in der *Leber* die Biosynthese von wachstumsfördernden Peptiden, den sogenannten ***Somatomedinen***. Diese sind am *Knorpel ausschließlich*, am *Fettgewebe* und der *Muskulatur* wenigstens *teilweise* für die Wachstumshormonwirkungen verantwortlich. Die Somatomedine zeigen strukturelle Verwandtschaft mit Insulin, weswegen sie als insulinähnliche Wachstumsfaktoren oder ***IGF*** (engl. *insulin-like growth factor*) bezeichnet werden. Inzwischen konnten zwei IGF-Peptide charakterisiert werden, ***IGF-I*** und ***IGF-II***. Sie sind für die Wachstumshormoneffekte auf Knorpelzellen verantwortlich. Wegen ihrer Insulinähnlichkeit *stimulieren* sie – allerdings in hohen Konzentrationen – im Fettgewebe die ***Glucoseaufnahme*** sowie die ***Lipogenese*** und *hemmen* die durch Katecholamine stimulierte ***Lipolyse***.

Neben seiner wachstumsfördernden Wirkung hat STH als solches eine Reihe von Auswirkungen auf den Kohlenhydrat- und Fettstoffwechsel. STH selbst wirkt *lipolytisch* und führt, allerdings in großen Dosen, zu einer *Hemmung* der *Glucoseaufnahme* im Fettgewebe und der Muskulatur. Diese *„diabetogenen Effekte"* des Wachstumshormons, die besonders gut beim Hund nachweisbar sind, haben möglicherweise mit der physiologischen Wirkung des Hormons nichts zu tun.

Schilddrüsenhormone werden für die Differenzierung des Organismus benötigt und stimulieren die Synthese spezifischer Proteine

Biosynthese und Sekretion. Die Hormone der Schilddrüse sind das ***Tetrajodthyronin*** (*Thyroxin*, T_4) sowie das ***Trijodthyronin*** (T_3).

Das Organ für ihre *Biosynthese, Speicherung* und *Sekretion* ist die Schilddrüse.

T_3 und T_4 sind jodierte Derivate des ***Tyrosins***. Aus diesem Grund ist der Stoffwechsel der Schilddrüse eng mit dem Stoffwechsel des ***Jods*** verbunden.

Jod wird vom Organismus mit den Nahrungsstoffen als *Jodid* aufgenommen und gelangt in lockerer Bindung an *Plasmaproteine* über das Blut an die Schilddrüse. Durch ein energieabhängiges Transportprotein erfolgt nun die Jodidspeicherung der Schilddrüse, wobei Jodid *gegen ein Konzentrationsgefälle* aufgenommen wird. In den Epithelzellen der Schilddrüsenfollikel wird Jodid durch eine Jodidperoxidase wahrscheinlich auf die Stufe des Jodoniumions oxidiert:

$$H_2O_2 + I^- \rightarrow I^+ + 2\,OH^-$$

Das sehr reaktionsfähige Jodonium jodiert nunmehr Tyrosylreste eines für die Schilddrüse spezifischen Glykoproteins, des ***Thyreoglobulins***. Wie aus Abb. 16.17 hervorgeht, werden Tyrosylreste zunächst in Position 3 und danach in Position 5 des aromatischen Rings jodiert, wobei *Monojodtyrosyl* und *Dijodtyrosylreste* entstehen. Durch ein spezifisches Kopplungsenzym erfolgt nun die Kopplung zweier jodierter Tyrosylreste, wobei, immer noch in Bindung an Thyreoglobulin, Tri- bzw. Tetrajodthyronin entstehen. Nach der Jodierung wird Thyreoglobulin mit den anhaftenden T_3- und T_4-Resten in das ***Follikellumen*** der Schilddrüse sezerniert und auf diese Weise *gespeichert*.

Für die ***Sekretion*** von T_4 und T_3 ist die *Wiederaufnahme* des Thyreoglobulins in die Schilddrüsenepithelzellen notwendig. Sie erfolgt durch Endocytose, das Thyreoglobulin gelangt dabei in *Lysosomen*, wo es proteolytisch abgebaut wird, so daß als Endprodukte freies T_3 und T_4 entstehen, die von den Schilddrüsenepithelzellen ans Blut abgegeben werden.

Sowohl die Biosynthese als auch die Sekretion der Schilddrüsenhormone stehen unter hypothalamisch-hypophysärer Kontrolle. Das ***thyreotrope Hormon*** (TSH) der basophilen Zellen des Hypophysenvorderlappens ist ein Glykoproteinhormon, welches die *Jodidaufnahme* durch die Schilddrüse, den *Einbau* von *Jod* in die Tyrosylreste des Thyreoglobulins und die *Biosynthese* der Schilddrüsenhormone Thyroxin und Trijodthyronin stimuliert. Seine Sekretion durch den Hypophysenvorderlappen wird nicht nur durch hohe T_4-Spiegel im Blut gebremst, sondern steht unter hypothalamischer Kontrolle.

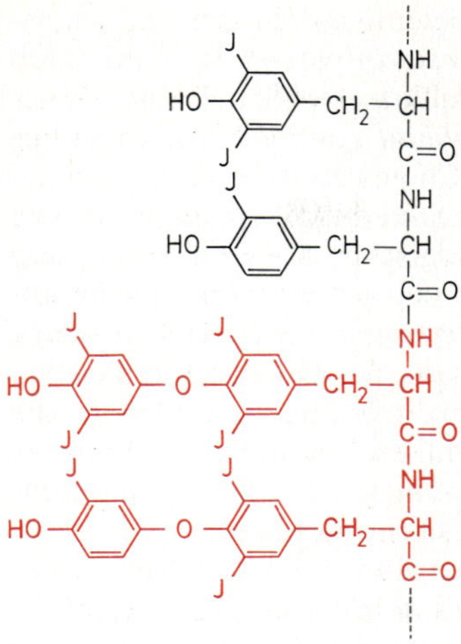

Bild 16.17. Biosynthese von Tetrajodthyronin (Thyroxin, T_4) und Trijodthyronin (T_3) am Thyreoglobulin. Die fertigen, noch an Thyreoglobulin gebundenen Hormone sind hervorgehoben

Der positive Effektor, der die TSH-Sekretion stimuliert, ist das hypothalamische ***TRH*** (*TSH-releasing hormone, Thyreoliberin*). Es handelt sich um ein Tripeptid der chemischen Struktur (Pyro)-Glu-His-Pro-NH_2.

Biochemische Wirkung. Schilddrüsenhormone haben einen deutlichen Einfluß auf die ***Differenzierung*** des Organismus.

So sind sie bei Amphibien für die *Metamorphose* verantwortlich. Beim Menschen hängt die *pränatale* Entwicklung und Differenzierung des *zentralen Nervensystems* sowie die Anlage der *primären Ossifikationszentren* vom Vorhandensein ausreichender Mengen an Schilddrüsenhormonen ab. Fehlen sie, so kommt es zum Krankheitsbild des ***Kretinismus***.

Physiologische Mengen an Schilddrüsenhormonen haben einen ***proteinanabolen Effekt***. Dieser Effekt, der nach einer Latenzzeit von einigen Stunden auftritt, läßt sich anhand der Aktivitätssteigerung der im oxidativen Stoffwechselweg beteiligten Enzyme gut nachweisen. Die Geschwindigkeit der *Cholesterinbiosynthese* wird durch Aktivitätszunahme der HMG-CoA-Reduktase erhöht. Da gleichzeitig auch der ***Cholesterinumsatz*** und ***-abbau*** gesteigert ist, kommt es *insgesamt* zu einer *Erniedrigung* des Cholesterinspiegels im Blut.

Schilddrüsenhormone steigern den ***Sauerstoffverbrauch*** nahezu aller Gewebe. Dieser auch mit physiologischen Mengen von T_3 und T_4 nachweisbare Effekt ist offenbar auf den gesteigerten Substratumsatz zurückzuführen. ***Hypothyreote Personen*** haben eine *niedrige* Sauerstoffaufnahme, der Puls ist langsam, der Blutdruck erniedrigt, die geistige und körperliche Beweglichkeit verlangsamt. Obwohl die Geschwindigkeit der Cholesterinbiosynthese niedrig ist, kommt es infolge einer noch stärkeren Verlangsamung des Cholesterinumsatzes im allgemeinen zu *erhöhten* Cholesterinspiegeln.

Unter hohen, unphysiologischen Mengen an Schilddrüsenhormonen kommt es zu einer ***negativen Stickstoffbilanz*** und einer *Hemmung* der ***Proteinbiosynthese***. Der Umsatz von Kohlenhydraten und Lipiden ist gesteigert, aus den Knochen wird vermehrt *Calcium* mobilisiert.

Mit sehr hohen Konzentrationen an Schilddrüsenhormonen, die auch bei pathologischen Zuständen nur sehr selten auftreten, findet sich eine Entkopplung der oxidativen Phosphorylierung und strukturelle Veränderungen der Mitochondrien.

Es ist schwer, die verschiedenartigen Wirkungen der Schilddrüsenhormone unter einem einheitlichen Aspekt zu sehen. Für ihre Wirkung wird ein Mechanismus angenommen, wie er dem in Abb. 16.5 dargestellten entspricht. Dies bedeutet, daß sie von ihren Zielzellen aufgenommen werden und im Cytosol mit einem Rezeptorprotein assoziieren. Der *Hormon-* Rezeptorkomplex gelangt dann in den Kern, wo die Biosynthese spezifischer ***mRNS*** ausgelöst wird.

Tatsächlich gehört der inzwischen charakterisierte Rezeptor für Schilddrüsenhormone zur Gruppe der DNS-bindenden Proteine (Abb. 16.6).

Als ***Thyreostatica*** werden eine Reihe von Verbindungen bezeichnet, die die Biosynthese und Sekretion von Schilddrüsenhormonen *hemmen* und therapeutisch bei ***Überfunktion*** der Schilddrüse eingesetzt werden. Ihnen ist gemeinsam, daß sie die Aufnahme von Jodid und dessen Einbau in das Thyreoglobulin *hemmen*. Im allgemeinen handelt es sich um Derivate des Thioharnstoffs, daneben haben Rhodanid und Perchlorat eine entsprechende Wirkung.

Androgene fördern die Entwicklung männlicher Geschlechtsmerkmale

Biosynthese. Der Sammelbegriff Androgene wird für alle Hormone, die die Entwicklung der männlichen Geschlechtsmerkmale fördern, verwandt. Derartige Hormone werden von der ***Nebennierenrinde***, hauptsächlich aber von den ***Leydig-Zellen*** des Hodens synthetisiert. Abbildung 16.18 zeigt die wichtigsten Stufen der Biosynthese von Androgenen. Sie leiten sich wie die anderen Steroidhormone vom *Cholesterin* ab. Durch oxidative Verkürzung der Seitenkette entstehen aus diesem das ***Pregnenolon*** bzw. das ***Progesteron***. Nach Hydroxylierung beider Verbindungen kann die Seitenkette vollständig abgespalten werden. Es entstehen die androgen wirksamen Hormone ***Dehydroepiandrosteron***, ***Androstendion*** sowie ***Testosteron***. Die Reduktion der Doppelbindung im Ring A des Testosterons führt zum noch androgen wirksamen ***Androsteron***, welches ein im Urin ausgeschiedenes Abbauprodukt des Testosterons ist.

Obwohl im Prinzip sowohl die Nebennierenrinde als auch die Hoden zur Androgenbiosynthese fähig sind, wird offensichtlich der *überwiegende* Teil der Androgene im Hoden synthetisiert. Dies geht jedenfalls aus der Tatsache hervor, daß der Androgenspiegel im Blut nach Kastration auf deutlich niedrigere Werte absinkt.

Biochemische Wirkungen. Androgene, besonders das *Testosteron*, fördern Wachstum und Entwicklung der männlichen Fortpflanzungsorgane wie Samenleiter, Prostata, Vesiculardrüsen und Penis. Außerdem sind sie für eine normale *Spermatogenese* unerläßlich. Auch die Ausbildung der *sekundären männlichen Geschlechtsmerkmale* ist androgenkontrolliert.

Die biologisch wirksame Form des Testosterons ist das *Dihydrotestosteron*, das in den jeweiligen Zielorganen unter Einwirkung einer *5α-Reduktase* entsteht. Ähnlich wie andere Steroidhormone wird Testosteron von der Zielzelle aufgenommen und assoziiert mit einem *cytosolischen Rezeptor*, der in den Kern gelangt und dort die Transkription spezifischer Gene beeinflußt.

Außer seinen typischen androgenen Effekten hat das Testosteron eine ausgeprägte ***anabole Wirkung***. So führt es zu einer vermehrten Proteinbiosynthese in der *Muskelzelle* und damit zu einer Massenzunahme in der Muskulatur. Der in der Pubertät erfolgende *Testosteronanstieg* führt zunächst zu einer ausgeprägten Steigerung der

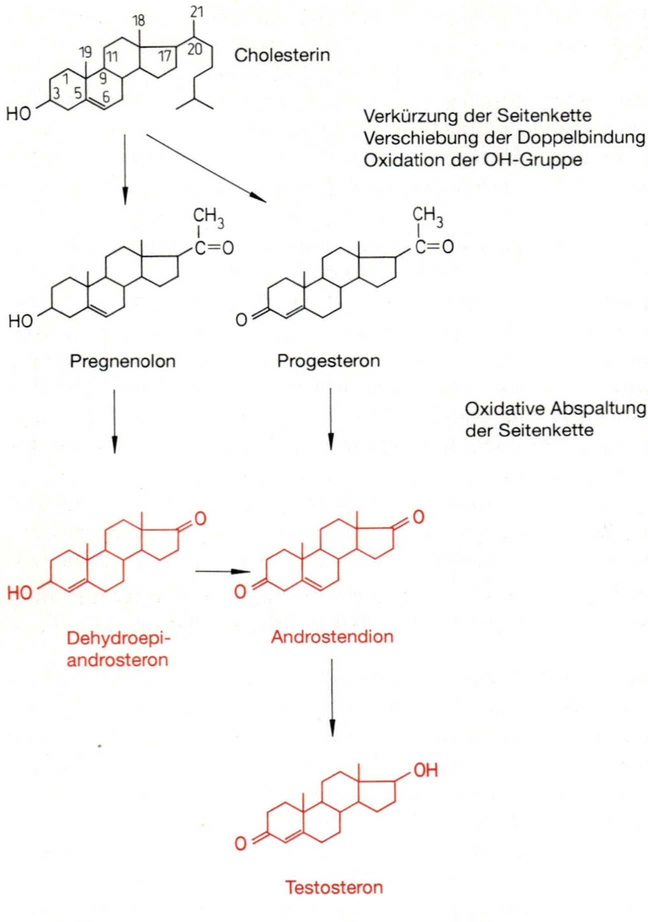

Bild 16.18. Biosynthese der Androgene aus Cholesterin

Wachstumsrate des Skeletts (pubertärer Wachstumsschub) und danach zum Schließen der Epiphysenfugen und damit zum Stopp des Wachstums.

Androgene Hormone werden in der Leber zu ***Androsteron*** reduziert anschließend sulfatiert bzw. glucuronidiert und so ausscheidungsfähig gemacht. Sie bilden die Fraktion der leicht im Urin bestimmbaren *17-Ketosteroide*. Auch die *Östrogene* und *Gestagene* (s.u.) werden zu ihrer Ausscheidung an Glucuronsäure bzw. Schwefelsäure gekoppelt.

Östrogene fördern die Entwicklung weiblicher Geschlechtsmerkmale und regulieren zusammen mit Gestagenen den Menstruationscyclus

Biosynthese. Östrogene werden vor allem in den Thecazellen der ***Graafschen Follikel*** und im ***Corpus luteum*** gebildet. Geringere Mengen entstehen auch in den ***Testes***, der ***Nebennierenrinde*** und im ***Fettgewebe***.

Auch die Östrogenbiosynthese geht letztendlich vom *Cholesterin* aus. Sie führt zunächst auf bekannten Wegen zu den *Androgenen*, die nach entsprechender Hydroxylierung die Methylgruppe am C-Atom 19 verlieren. Nach Aromatisierung des Rings A entstehen die beiden wichtigsten Östrogene, das ***Östradiol*** sowie das ***Östron*** (Abb. 16.19).

Wirkungen. Die Östrogene wirken primär auf den Uterus und hier vor allem auf die Uterusschleimhaut. Es kommt zur sogenannten ***Pro-***

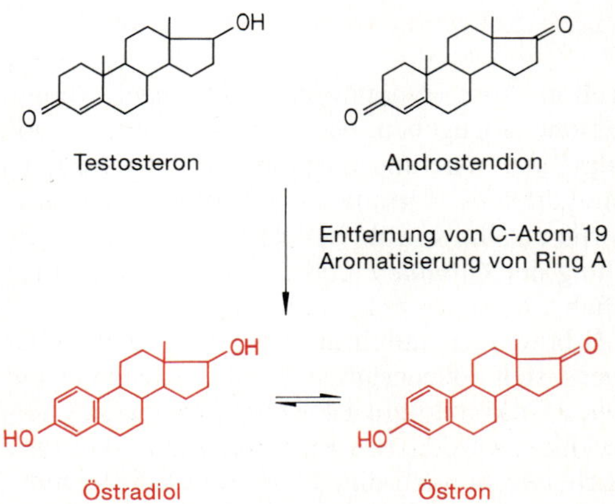

Bild 16.19. Biosynthese der Östrogene aus Androgenen

liferationsphase mit Aufbau der Uterusschleimhaut, Verlängerung der uterinen Drüsen, Wachstum und Vermehrung der Muskelfasern und zunehmender Vascularisierung. Darüber hinaus sind die Östrogene für die Ausprägung und Aufrechterhaltung der ***sekundären weiblichen Geschlechtsmerkmale*** verantwortlich. Ähnlich wie Androgene haben Östrogene eine, allerdings wesentlich schwächer ausgeprägte, proteinanabole Wirkung.

Der wichtigste Vertreter der **Gestagene** als weitere weibliche Sexualhormone ist das ***Progesteron*** (Abb. 16.18). Es wird im Corpus luteum gebildet, das sich nach dem Eisprung aus dem Graafschen Follikel bildet. Besonders im zweiten Teil der Schwangerschaft entsteht Progesteron auch in der *Placenta*.

Im Verlauf des Menstruationscyclus tritt Progesteron nach dem Eisprung auf und ist für die Umwandlung der Uterusschleimhaut vom Proliferations- zum Sekretionsstadium verantwortlich. Darüber hinaus wirkt Progesteron *ovulationshemmend* und bremst über eine Rückkopplungshemmung die *LH-Sekretion* der Hypophyse.

Bei der hormonellen Konzeptionsverhütung werden heute Mischpräparate aus synthetischen Östrogenen und Gestagenen angewandt. Sie bewirken eine Hemmung der Follikelreifung und der Ovulation. Dies läßt sich durch eine hypothalamische Hemmung der Gonadotropinsekretion sowie eine direkte Beeinflussung des Ovars erklären.

Gonadotropine steuern die Sekretion von Sexualhormonen

Biosynthese und Sekretion. Vom Hypophysenvorderlappen werden zwei gonadotrope Hormone abgegeben, das Follikel-stimulierende Hormon (FSH) sowie das Luteinisierungshormon (LH), das auch als interstitielle Zellen stimulierendes Hormon (ICSH) bezeichnet wird. Beide gonadotropen Hormone sind sowohl bei der Frau als auch beim Mann für die Entwicklung der ***Gonaden*** und die Aufrechterhaltung ihrer Funktion unerläßlich.

Die Sekretion von LH bzw. FSH durch die basophilen Zellen des Hypophysenvorderlappens steht wiederum unter der Kontrolle hypothalamischer Hormone. So konnte ein LHRH (LH-releasing hormone, Gonadoliberin) isoliert werden, das nicht nur die Freisetzung von LH, sondern möglicherweise auch diejenige von FSH steigert.

Eine Hemmung der Gonadotropinsekretion erfolgt beim Mann durch Androgene, die sowohl die LH- wie auch die FSH-Freisetzung hemmen. Bei der Frau hemmen die Östrogene die FSH-Sekretion, das Progesteron diejenige des LH.

Biochemische Wirkungen. Die biochemischen Wirkungen der beiden Gonadotropine sind bei Mann und Frau unterschiedlich. Bei der Frau erfolgt die erste Cyclusphase bis zur Entwicklung des Graafschen Follikels unter Kontrolle des FSH, das die Östrogensekretion des Follikelepithels stimuliert. In der Cyclusmitte steigt der LH-Spiegel an, wodurch die Umwandlung des Follikels in das Corpus luteum ausgelöst und die Progesteronsekretion durch das Corpus luteum stimuliert wird. Beim Mann sind beide gonadotropen Hormone zur Spermatogenese notwendig.

Glucocorticoide lösen die bei längeren Hungerperioden auftretenden Stoffwechselveränderungen aus

Biosynthese und Sekretion. Abbildung 16.20 zeigt die wichtigsten Stufen der ***Glucocorticoidbiosynthese***, wobei auch hier wieder vom *Cholesterin* ausgegangen werden kann. Durch oxidative Kettenverkürzung, anschließende Oxidation am C-Atom 3 und Verschiebung der Doppelbindung in den Ring A entsteht aus Cholesterin über Pregnenolon das *Progesteron*. Beide Verbindungen können in Position 17α hydroxyliert werden. Um zum ***Cortisol***, dem wichtigsten Glucocorticoid, zu gelangen, muß noch zweimal hydroxyliert werden, nämlich an den Positionen 11β und 21β. In einer ähnlichen Folge von Reaktionen entsteht aus Progesteron das ***Corticosteron***. Auch hier wird an 11β und 21β hydroxyliert, allerdings fehlt hier die 17α-Hydroxygruppe. Diese ist offenbar für die Glucocorticoidwirksamkeit von großer Bedeutung, da Corticosteron eine wesentlich *schwächere* Wirkung als Cortisol hat.

Die Nebennierenrinde vermag keine größeren Mengen an ***Steroidhormonen*** zu speichern, weswegen bei Bedarf die Biosynthese *rasch* in Gang gesetzt werden muß. Sowohl Synthese als auch Sekretion von Glucocorticoidhormonen stehen unter der Kontrolle des *adrenocorticotropen Hormons* ***ACTH*** der Hypophyse. Es handelt sich um ein aus 39 Aminosäuren bestehendes Peptid, welches strukturelle Beziehungen zum Melanocyten-stimulierenden Hormon aufweist. ACTH wird unter dem Einfluß eines hypothalamischen Hormons, des ***CRH*** (Corticotropin releasing hormone, Corticoliberin)

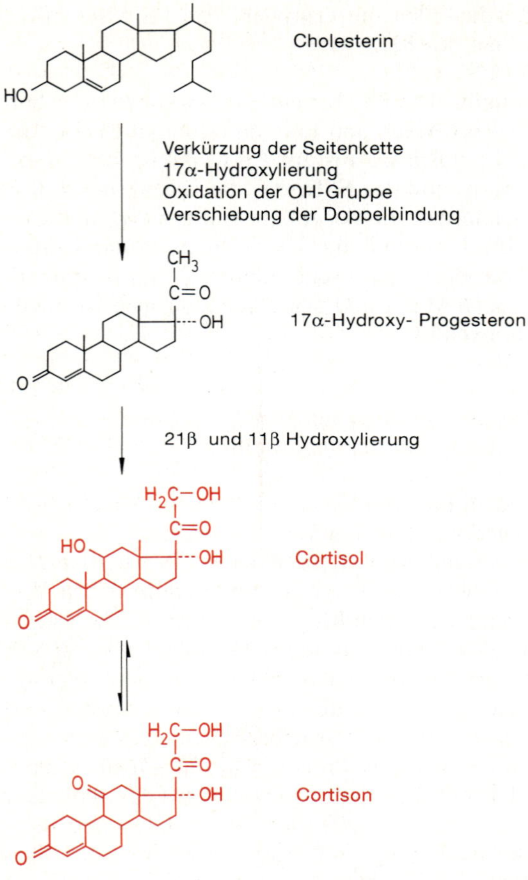

Bild 16.20. Biosynthese der Glucocorticoide aus Cholesterin

vom Hypophysenvorderlappen abgegeben und stimuliert in der Nebennierenrinde die Biosynthese und die Abgabe von Cortisol und Corticosteron. Beide Hormone *hemmen* im Sinne einer negativen Rückkopplung die ACTH-Sekretion des Hypophysenvorderlappens sowie die CRH-Sekretion des Hypothalamus.

Biochemische Wirkung. Die eigentliche ***biologische Bedeutung*** der Glucocorticoidhormone besteht darin, daß sie dem Organismus die Möglichkeit zum *Überstehen längerer Hungerperioden* geben. Zu diesem Zweck müssen in extrahepatischen Geweben eine Reihe von katabolen Vorgängen ausgelöst werden, die dort eine gesteigerte Proteolyse und Abgabe von Aminosäuren an die Blutbahn zur Folge haben. In der *Leber* dienen diese Aminosäuren der Biosynthese von Glucose (s.S. 221), was die Energieversorgung der glucoseabhängigen Gewebe des Organismus gewährleistet. Auch hierzu tragen die Glucocorticoide bei, indem sie in der Leber zu einer *Aktivitätssteigerung* vieler für den Umbau von Aminosäuren zu Glucose benötigter ***Enzyme*** sorgen. Diese Aktivitätssteigerung erfolgt durch verstärkte Neusynthese der betreffenden Enzymproteine. So findet sich vor allen Dingen eine Zunahme der Aktivitäten der Glutamat-Pyruvat-Transaminase, der Tyrosin-Aminotransferase und der Tryptophanpyrrolase. Daneben sind die für die Gluconeogenese verantwortlichen Schlüsselenzyme Pyruvatcarboxylase, Phosphoenolpyruvatcarboxykinase, Fructose-1,6-Bisphosphatase und Glucose-6-Phosphatase in ihrer Aktivität gesteigert.

Die ***katabolen Wirkungen*** von Glucocorticoiden in extrahepatischen Geweben sind für eine Reihe therapeutisch ausgenützter Wirkungen dieser Hormone verantwortlich. Dies trifft vor allem für den *immunsupressiven Effekt* zu, der durch eine Hemmung der Proteinbiosynthese im lymphatischen Gewebe erklärt werden kann. Zusätzlich werden auch andere zelluläre Abwehrreaktionen, wie z.B. die *Leucocyteneinwanderung* in Entzündungsgebiete unterdrückt. Mit Sicherheit ist ein Teil der entzündungshemmenden Effekte von Glucocorticoiden mit den immunsuppressiven Effekten eng verwandt.

Es ist verständlich, daß die allgemeine katabole Wirkung von Glucocorticoiden, wenn sie zum Zweck der Entzündungshemmung oder der Immunsuppression ausgenutzt werden soll, auch die Gefahr schwerwiegender Nebenwirkungen mit sich bringt. Durch die katabole Wirkung im Knochen und Muskelgewebe wird die ***Proteinbiosynthese*** beider Organe *gebremst* und ihr *Abbau gefördert.* So kommt es gelegentlich unter Collagenverlust zu einer Demineralisierung des Knochens mit der Entwicklung einer ***Osteoporose***. Durch die gesteigert Proteolyse und die damit verbundene Stimulierung der Glucoseneusynthese kommt es zu einer Belastung des Organismus mit Kohlenhydraten, die unter gegebenen Bedingungen zum Ausbruch eines ***Diabetes mellitus*** (Steroiddiabetes) führt.

16.4 Kontrolle des Calcium- und Phosphatstoffwechsels

Die Konzentration an ionisiertem Calcium wird im Blut erstaunlich konstant gehalten. Sie liegt bei etwa 1,1-1,4 mmol/l. Etwa gleichviel kommt darüber hinaus in proteingebundener Form vor.

Diese Konstanz ergibt sich durch das Zusammenwirken von Vitamin D (s.S. 321) mit dem aus den Nebenschilddrüsen stammenden ***Parathormon*** sowie dem ***Thyreocalcitonin*** aus den C-Zellen der Schilddrüse.

Parathormon ist für die Calciummobilisierung aus dem Knochen verantwortlich

Biosynthese und Sekretion. Parathormon ist ein Peptidhormon aus 84 Aminosäuren, von denen allerdings nur die ersten 29 bis maximal 34 vom N-Terminus her für die biologische Wirkung verantwortlich sind. Im Gegensatz zu anderen ***Proteohormonen*** wird das Parathormon *nicht* in den Nebenschilddrüsen gespeichert, sondern *kontinuierlich* synthetisiert und sezerniert. Dabei besteht eine deutliche Abhängigkeit der Parathormonsekretion vom Spiegel an *ionisiertem Calcium* im Serum. Fällt dieser ab, so steigt prompt die Konzentration an Parathormon an.

Biochemische Wirkung. Nach Zufuhr von Parathormon findet sich im Serum ein *Abfall* der Konzentration an anorganischem Phosphat sowie ein *Anstieg* des Calciums.

Die Ursache hierfür ist ein Parathormoneffekt an Knochen, Nieren sowie der intestinalen Mucosa. Am Knochen führt das Hormon sehr rasch zu einer ***Calciummobilisierung***, die auf eine Aktivierung der Osteoclasten zurückgeführt werden kann. An den Nieren bewirkt das Parathormon eine Hemmung der Phosphatreabsorption mit entsprechender Phosphaturie sowie eine Verminderung der Calciumausscheidung. Beide Effekte werden durch Aktivierung des ***Adenylatcyclasesystems*** (s.S. 340) verursacht.

An der Dünndarmmucosa stimuliert Parathormon die *Resorption* von Calcium und Magnesium, allerdings ist es hier wesentlich schwächer wirksam als die D-Vitamine. Insgesamt führt also Parathormon durch Steigerung der Calciummobilisierung im Knochen, durch Hemmung der Calciumausscheidung durch die Nieren sowie durch eine geringfügige Stimulierung der Calciumresorption zu einem Anstieg der Calciumkonzentration im Serum.

Thyreocalcitonin führt zum Calciumeinbau in Knochen

Thyreocalcitonin ist ein Polypeptid aus 32 Aminosäuren, das in den C-Zellen der Schilddrüse gebildet wird. Seine Aufgabe scheint diejenige eines Gegenspielers des Parathormons zu sein. Unter seiner Einwirkung kommt es zu einer *Hemmung der Parathormonwirkung* am Knochen. Allerdings scheint es bevorzugt den Knochenanbau zu stimulieren, was sehr rasch zu einer Senkung des Calciumspiegels im Blut führt. Darüber hinaus wirkt Calcitonin auf die Nieren, wo es die Calciumausscheidung stimuliert.

16.5 Kontrolle des Wasser- und Elektrolytstoffwechsels

Mineralocorticoide sind zur Verhinderung von Natriumverlusten des Organismus notwendig

Außer Androgenen sowie Glucocorticoidhormonen produziert die Nebenniere auch die sogenannten Mineralocorticoide. Es handelt sich um ***11-Desoxycorticosteron*** sowie vor allen Dingen ***Aldosteron***. Ihre Biosynthese ist in Abb. 16.21 dargestellt, wobei wiederum das vom Cholesterin abgeleitete *Progesteron* der Ausgangspunkt ist.

Zur Biosynthese des Aldosterons ist eine Hydoxylierung an den Positionen 21, 18 und 11 sowie die Oxidation der CH_2OH-Gruppe am C-Atom 18 zur Aldehydgruppierung notwendig.

Mineralocorticoide steigern die Reabsorption von *Natrium-* und *Chloridionen* durch den proximalen und distalen Nierentubulus. Gleichzeitig kommt es zu einer gesteigerten ***Ausscheidung*** von *Kalium-* und *Ammoniumionen* sowie von Protonen. In ähnlicher Weise wird auch die Natriumausscheidung durch die Schweißdrüsen, die Speicheldrüsen und die Intestinalflüssigkeit verlangsamt. Jede

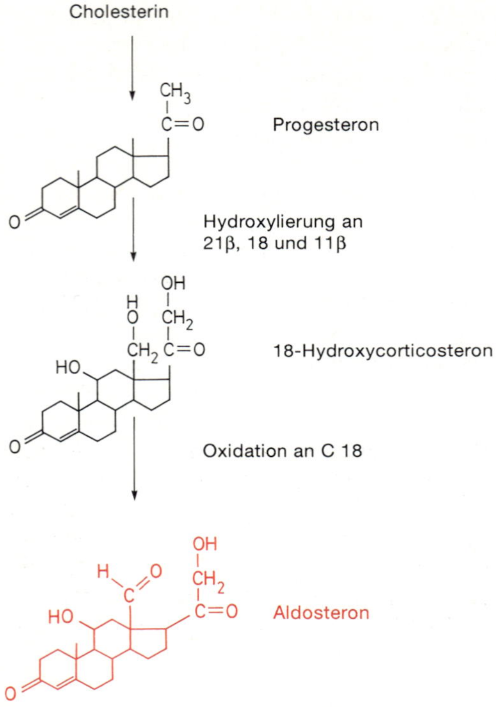

Bild 16.21. Biosynthese des Aldosterons aus Cholesterin

länger bestehende Übersekretion von Mineralocorticoiden führt auf die Dauer wegen der Natriumretention zu einer ***Ödembildung***.

Angiotensin II ist der stärkste Stimulus für die Aldosteronsekretion

Die Sekretion der Mineralocorticoide steht in engem Zusammenhang mit dem Zustand des Renin-Angiotensin-Systems (Abb. 16.22). Bei jedem Abfall des Plasmavolumens kommt es vor allem aus den Nieren zu einer Freisetzung einer spezifischen Protease, die als ***Renin*** bezeichnet wird. Ihr Substrat ist ein in der Leber synthetisiertes Gly-

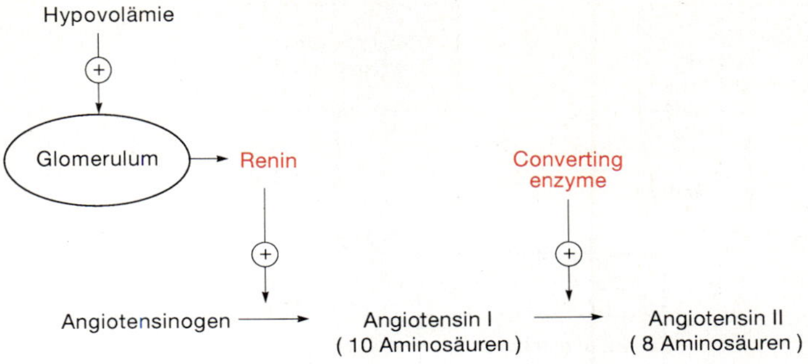

Bild 16.22. Das Renin-Angiotensin-System

koprotein, das *Angiotensinogen*. Durch die Einwirkung des Renins wird von diesem ein Decapeptid, das Angiotensin I, abgespalten. Eine weitere Peptidase, die entweder im Blutplasma oder in den Lungenkapillaren vorkommt, spaltet zwei weitere Aminosäuren ab, wobei das aktive Hormon Angiotensin II entsteht. Dieses Octapeptid wirkt *vasokonstriktorisch* und *blutdrucksteigernd*, daneben stellt es den stärksten Stimulus für die Biosynthese und Sekretion des Aldosteron durch die Nebennierenrinde dar.

Das natriuretische Atriumpeptid stimuliert die renale Natriumausscheidung

In den letzten Jahren konnte gezeigt werden, daß ein Antagonist zu den Mineralocorticoiden mit ihrer Natrium retinierenden Wirkung existiert. Es handelt sich um das vor allem im *rechten Vorhof des Herzens* synthetisierte natriuretische Atriumpeptid, welches auch als ***ANF*** (engl. Atrial Natriuretic Factor) bezeichnet wird.

Es ist ein aus 33 Aminosäuren bestehendes Peptid, welches als wesentlich *größerer Präkursor* synthetisiert wird. Seine wichtigste Wirkung besteht in einer ***Relaxation*** der *glatten Muskulatur* sowie einer ***Steigerung*** der *Natriurese*. Darüber hinaus ***hemmt*** es die *Reninfreisetzung* durch die Nieren und die Aldosteronsekretion. Abbildung 16.23 stellt die der Regulation des Wasser- und Elektrolythaushaltes zugrundeliegenden endokrinen Wechselwirkungen zusammen.

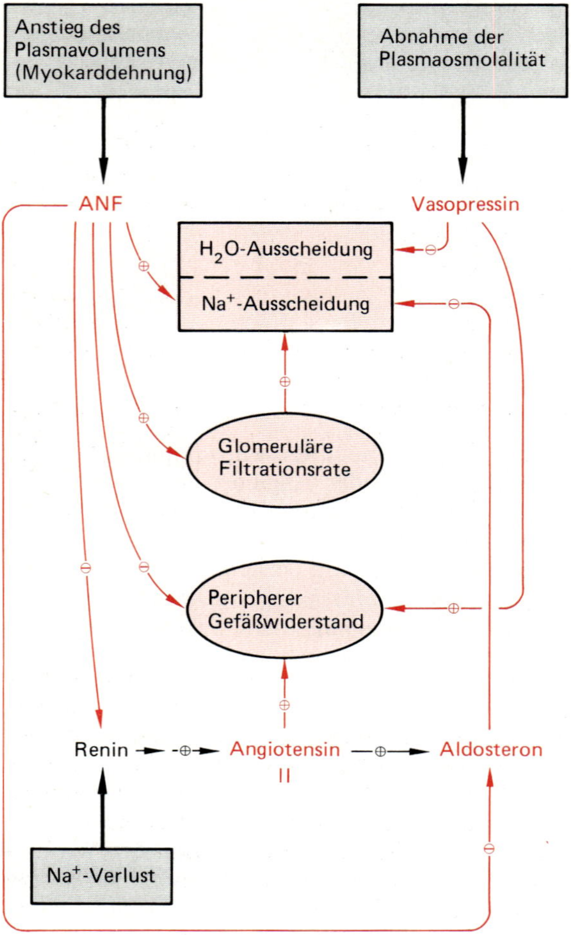

Bild 16.23. Übersicht über die hormonelle Regulation des Wasser- und Elektrolythaushaltes durch Aldosteron, Angiotensin II, Vasopressin und ANF

16.6 Peptidhormone des Hypophysenhinterlappens

Vom Hypophysenhinterlappen werden zwei Hormone abgegeben, das ***Vasopressin*** und das ***Oxytocin***. Es handelt sich um zwei sehr ähnlich aufgebaute Peptide aus je 8 Aminosäuren. Beide tragen eine Disulfidbrücke zwischen Cysteinresten in den Positionen 1 und 6. *Vasopressin* führt durch Erhöhung des peripheren Widerstandes zu einer ***Blutdruckerhöhung***. Darüber hinaus wirkt es stark *antidiuretisch* und wird deswegen auch als ***antidiuretisches Hormon*** (ADH) bezeichnet. Diese Wirkung kommt durch Stimulierung der *tubulären Wasserabsorption* zustande. An den Nieren wirkt Vasopressin über eine Aktivierung des *Adenylatcyclasesystems*.

Obwohl es sich nur in zwei Aminosäuren vom Vasopressin unterscheidet, hat das *Oxytocin* ein gänzlich *anderes* Wirkungsspektrum. Es ist die wichtigste zur *Uteruskontraktion* führende Substanz und wird infolgedessen im Rahmen der Geburtshilfe verwendet.

16.7 Gewebshormone

Als Gewebshormone bezeichnet man Hormone, die nicht in endokrinen Drüsen gebildet werden, sondern für deren Produktion einzelne, häufig über die verschiedensten Gewebe verteilte Einzelzellen verantwortlich sind. Zum Teil erreichen Gewebshormone ihre Zielzellen wie andere Hormone über den Blutweg, zum Teil sind die Zielzellen unmittelbar benachbart und werden durch Diffusion erreicht.

Tabelle 16.4 zeigt einige wichtige Gewebshormone. Prinzipiell lassen sich Gewebshormone in drei Gruppen einteilen, die ***Amine, Peptide*** sowie ***Eikosanoide***.

Zu den Aminen gehören u.a. die beiden biogenen Amine ***Serotonin*** (5-Hydroxytryptamin) sowie ***Histamin*** (s. Abb. 16.24). Beide entstehen durch Pyridoxalphosphat-abhängige Decarboxylierung aus den entsprechenden Aminosäuren, nämlich dem *Tryptophan* sowie dem *Histidin*.

Die wichtigsten Gewebshormone mit Peptidcharakter sind die ***Kinine***. Es handelt sich um das ***Bradykinin*** mit 9 Aminosäuren sowie das ***Kallidin***, das sich vom Bradykinin dadurch unterscheidet, daß es

Tabelle 16.4. Die wichtigsten Gewebshormone

	Bildungsort	Abbau	Wirkung
Amine			
Serotonin	Enterochromaffine Zellen des Intestinaltraktes Zentralnervensystem	Monoaminoxidase: 5-Hydroxyindolacetaldehyd; Ausscheidung als Hydroxyindolacetat	Erhöhung der Darmmobilität
Histamin	Mastzellen des Bindegewebes	Histaminase: Abbau zum Aldehyd, Ausscheidung als Imidazolylacetat	Vasodilatation, Erhöhung der Kapillarpermeabilität
Peptide			
Die Kinine Bradykinin Kallidin	Im Blutplasma durch proteolytische Abspaltung aus Kininogen	Abspaltung der C-terminalen Aminosäure	Vasodilatation, Erhöhung der Kapillarpermeabilität, Leukozytenmigration
Prostaglandine			
	In vielen Zellen aus mehrfach ungesättigten Fettsäuren, besonders Arachidonsäure; Einteilung in 4 Hauptgruppen (Prostaglandin A, D, E bzw. F)	Unbekannt	Prostaglandin A: Hemmung der Magensaftsekretion Prostaglandin E: Kontraktion der Muskulatur des schwangeren Uterus; Hemmung der Lipolyse; Steigerung der Hormonsekretion Prostaglandin F: Kontraktion der Gefäßmuskulatur, Blutdrucksteigerung Kontraktion der Bronchialmuskulatur
Leukotriene			
	In vielen Zellen aus mehrfach ungesättigten Fettsäuren, besonders Arachidonsäure	Unbekannt	Kontraktion der Bronchialmuskulatur Chemotaxis für Leukozyten Entzündungsreaktion

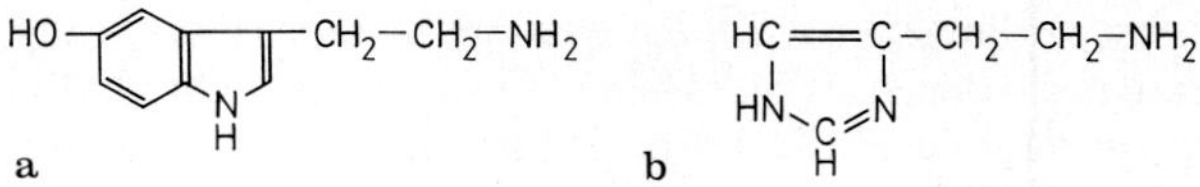

Bild 16.24. Serotonin und Histamin

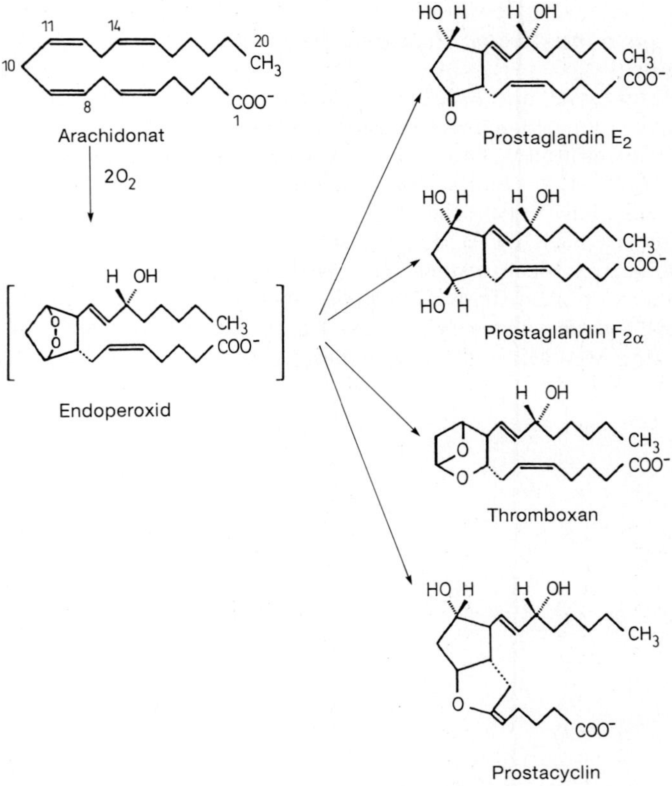

Bild 16.25. Biosynthese von Prostaglandinen, Thromboxanen und Prostacyclinen

um einen Lysinrest verlängert ist. Kinine entstehen unter Einwirkung spezifischer Proteasen, der *Kallikreine* aus *Kininogenen*. Die Kallikreine kommen im Blutplasma in Form entsprechender Proenzyme, der Prokallikreine, vor, für ihre Aktivierung ist der ***Hageman-Faktor*** des Blutgerinnungssystems notwendig. Auch die Kinine führen zu einer *Vasodilatation* mit Erhöhung der Kapillarpermeabilität, außerdem haben sie als Stimulatoren der Leukocytenmigration eine *chemotaktische Wirkung*.

In die Gruppe der Gewebshormone mit ***Peptidcharakter*** gehören auch die ***gastrointestinalen Hormone***, die auf Seite 332, 333 besprochen wurden.

Gewebshormone mit *Fettsäurecharakter* sind die ***Eikosanoide***. Sie entstehen in den verschiedensten Zellen des Organismus aus mehrfach ungesättigten Fettsäuren, besonders aus ***Arachidonsäure*** (s. Abb. 16.25). Eikosanoide lassen sich in Prostaglandine und Leukotriene einteilen. Entsprechend der vielfältigen Struktur der Prostaglandine ist auch ihr Wirkungsspektrum äußerst *variabel*. Über den molekularen Mechanismus ihrer Wirkung herrscht weitgehend Unklarheit. So wirken sie in einigen Geweben *stimulierend*, in anderen dagegen wieder *hemmend* auf das Adenylatcyclasesystem. Leukotriene sind Mediatoren der Entzündungsreaktionen.

17 Das Blut

ZUSAMMENFASSUNG

Die Erythrocyten: Hämoglobin ist das auf den Transport der Atemgase spezialisierte Molekül. Die Dissoziation von Oxyhämoglobin hängt von Temperatur, pH-Wert, CO_2-Partialdruck und spezifischen Metaboliten ab. Hämoglobin ist für den CO_2-Transport unerläßlich. Mutationen im Hämoglobinmolekül können zu Hämoglobinopathien führen. Häm wird aus Glycin und Succinyl-CoA synthetisiert. Häm wird in den reticuloendothelialen Zellen zu Bilirubin und im Darm zu Stercobilin abgebaut. Der Erythrocytenstoffwechsel ist auf den Abbau von Glucose spezialisiert.
Thrombocyten und Blutgerinnung: Bei Verletzungen aggregieren Thrombocyten und bewirken einen Gefäßverschluß. Die Blutgerinnung beruht auf der proteolytischen Spaltung von Fibrinogen zu Fibrin. Die Aktivierung des Faktors X erfolgt im extravasalen System durch Gefäßverletzungen und im intravasalen System durch Kontakt mit benetzbaren Oberflächen. Antithrombin III ist ein wichtiger Hemmstoff der Blutgerinnung. Die Protease Plasmin spaltet Fibrinpolymere.
Blutplasma: Blutplasma enthält über 100 unterschiedliche Proteine. Lipide werden im Blut als Lipoproteine transportiert. Im Blut transportierte niedermolekulare Stoffe spiegeln Aufnahme, Austausch zwischen Geweben sowie Ausscheidung von Substraten und Ionen wider.

Das Blut ist ein flüssiges Organ. Da es vom Herzen im Gefäßsystem umgepumpt wird, stellt es eine ideale Verbindung zwischen den verschiedenen Geweben des Organismus dar. Zu seinen Aufgaben gehören:

- Transport von Sauerstoff und Kohlendioxid
- Transport von aufgenommenen Nahrungsstoffen zu den verschiedenen Geweben
- Transport von Stoffwechselendprodukten zu den Ausscheidungsorganen Leber und Niere
- Abwehr körperfremder Organismen und Verbindungen

Prinzipiell kann man im Blut zwischen ***korpuskulären Elementen*** und einem wäßrigen, proteinhaltigen, als ***Plasma*** bezeichneten Medium unterscheiden. Erythrocyten und Thrombocyten dienen dem Transport der Atemgase bzw. der Blutgerinnung, Leukocyten und Lymphocyten der Abwehr (wegen seiner besonderen Bedeutung wird dieser Vorgang in einem eigenen Kapitel (Kap. 18) besprochen). Im Plasma werden viele Proteine, Lipide und eine große Zahl weiterer niedermolekularer Verbindungen transportiert.

17.1 Die Erythrocyten

Die *Erythrocyten* stellen mit vier bis sechs Millionen pro *Mikroliter* den mengenmäßig bedeutendsten Anteil der korpuskulären Elemente des Blutes dar. Sie sind bei Säugetieren kern- und mitochondrienlose Zellen, die – hochspezialisiert – für eine einzige Aufgabe da sind: Für den Transport von *Sauerstoff* von der Lunge zu den Geweben sowie den Rücktransport von CO_2 von den Geweben zur Lunge. Zur Erfüllung dieser Aufgabe enthalten sie in hoher Konzentration ein spezifisches Transportprotein, das ***Hämoglobin***.

Hämoglobin ist das auf den Transport der Atemgase spezialisierte Molekül

Hämoglobin ist ein tetrameres Molekül aus je 2 identischen Untereinheiten mit einem Molekulargewicht von je 17 000. Beim Hämoglobin des *Erwachsenen*, dem ***HbA***, werden die beiden Untereinheiten als α- bzw. β-Ketten bezeichnet, so daß seine Summenformel $Hb\alpha_2\beta_2$

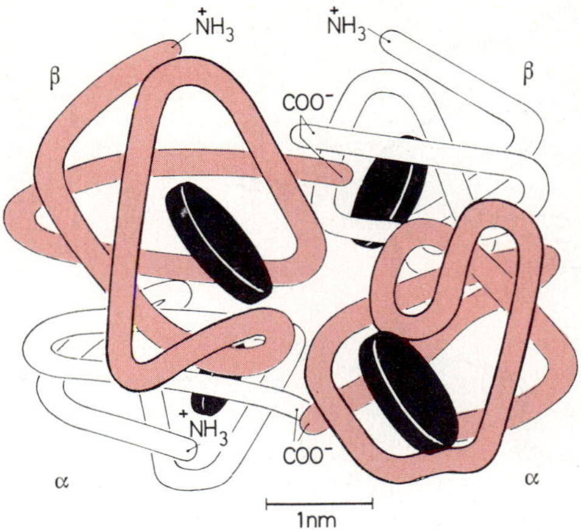

Bild 17.1. Die Konformation des Hämoglobin Tetramers. Die schwarzen Scheiben stellen Häm-Gruppen dar

lautet. Jede Untereinheit des Hämoglobins enthält in zentraler Position eine prosthetische Gruppe, das ***Häm***, das über eine kovalente Bindung mit einem *Histidylrest* der Peptidkette verknüpft ist. Abbildung 17.1 stellt in schematischer Weise den Aufbau des Hämoglobins aus den vier Untereinheiten dar.

Während des größten Teils der ***Fetalphase*** findet sich ein als ***HbF*** bezeichnetes Hämogobin, das sich vom HbA dadurch unterscheidet, daß die β-Ketten durch γ-Ketten ausgetauscht sind, seine Summenformel also $Hb\alpha_2\gamma_2$ lautet.

Abbildung 17.2 stellt die Struktur des Häm und seine Beziehungen zu den einzelnen Peptidketten des Hämoglobins dar. Es handelt sich um ein ***Metalloporphyrin***. Dieses besteht aus einem Tetrapyrrol, welches über die 4 Stickstoffatome der Pyrrolringe ein *Eisenatom* komplex gebunden hat. Die Bindung erfolgt dabei über eine Hauptvalenz mit dem Stickstoff der Pyrrolringe A und C, während Bindungen mit den Pyrrolringen B und D als Nebenvalenzen dargestellt sind. Eine weitere Hauptvalenz des Eisens ist an den Imidazolstickstoff eines *Histidylrestes* der Peptidkette geknüpft. Die Funktion des Hämoglobins besteht in der ***reversiblen Bindung*** von *Sauerstoff* unter dem in der Lunge herrschenden hohen Sauerstoffpartialdruck und ***Trans-***

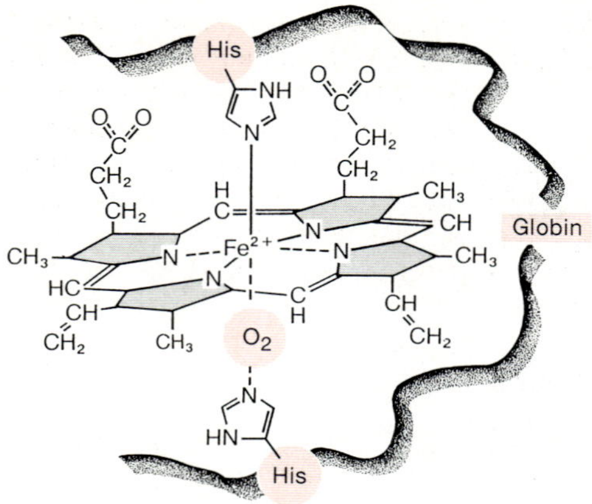

Bild 17.2. Bindung von Häm im Hämoglobinmolekül

port zu den O_2-verbrauchenden Geweben. Abbildung 17.3 zeigt die Abhängigkeit der Sauerstoffbeladung des Hämoglobins vom Sauerstoffpartialdruck. Die dem Vorgang zugrundeliegende Gleichung[1] lautet:

$$Hb + O_2 \leftrightharpoons Hb\,(O_2)$$

Die Anlagerung des Sauerstoffs erfolgt dabei an das ***zweiwertige Eisen*** des Häms, so daß pro Hämoglobintetramer insgesamt $4\,O_2$ gebunden werden können. Dabei besteht eine *Kooperativität*, wie dem sigmoiden Verlauf der Beziehung zwischen Sauerstoffsättigung und Sauerstoffpartialdruck entnommen werden kann. Dies bedeutet, daß die Anlagerung von Sauerstoff um so leichter erfolgt, je mehr Untereinheiten des Hämoglobins bereits mit Sauerstoff beladen sind. Diese Kooperativität bei der Oxygenierung von Hämoglobin ist dem Verhalten ***allosterischer Enzyme*** (s.S. 99) analog.

---

1 Diese allgemein übliche Schreibung der Oxygenierungsreaktion repräsentiert nur die Reaktion einer Untereinheit. Streng genommen müßte sie lauten:

$$Hb_4 + 4\,O_2 = Hb_4\,(O_2)_4$$

Nach Konvention werden auch in den folgenden Gleichungen immer nur Reaktionen einer Untereinheit dargestellt.

Eine Voraussetzung hierfür ist, wie bei allosterischen Enzymen, daß das Hämoglobin ein *Oligomeres* aus Untereinheiten ist. Dies läßt sich u.a. auch am Verhalten des ***Myoglobins*** feststellen. Myoglobin, welches große Strukturanalogien zu den einzelnen Untereinheiten des Hämoglobins besitzt, also eigentlich ein „Hämoglobinmonomeres" ist, ist das *sauerstoffspeichernde Protein* der Muskelzelle. Hier erfolgt die Sauerstoffanlagerung nach der Kinetik einer klassischen Sättigungskurve. Da Myoglobin ein Monomeres ist, läßt sich hier kein kooperativer Effekt nachweisen.

Die Dissoziation von Oxyhämoglobin hängt von Temperatur, pH-Wert, CO_2-Partialdruck und spezifischen Metaboliten ab

Eine Reihe von Faktoren, wie Temperatur, pH-Wert, CO_2-Partialdruck sowie einige Metaboliten beeinflussen den Verlauf der Sauerstoffanlagerungskurve. Unter *physiologischen Bedingungen* sind dabei die Effekte von pH-Wert und CO_2-Partialdruck von besonderer Bedeutung. Sie werden auch als ***Bohr-Effekt*** bezeichnet. Unter dieser Bezeichnung versteht man die Tatsache, daß jede *Erhöhung* der H^+- bzw. CO_2-Konzentration zu einer *Rechtsverschiebung* der Sauerstoffbindungskurve führt (s. Abb. 17.3).

Dies hat vor allem Konsequenzen für die ***Desoxygenierung*** des Hämoglobins. In den Lungen herrscht hoher O_2- und niedriger CO_2-Partialdruck, so daß die vollständige Beladung des Hämoglobins mit Sauerstoff bevorzugt wird. In den Geweben herrscht dagegen niedriger O_2- und hoher CO_2-Partialdruck. Außerdem ist hier die H^+-Konzentration größer. Dies erleichtert die Desoxygenierung von Hämoglobin.

Einen ähnlichen Effekt haben verschiedene ***organische Phosphatverbindungen***. Im Säugetierorganismus spielt hierbei die größte Rolle das 2,3-Bisphosphoglycerat, das in den Erythrocyten auf dem in Abb. 17.4 dargestellten Weg aus 1,3-Bisphosphoglycerat entsteht. Durch Anlagerung des 2,3-Bisphosphoglycerates an das *desoxygenierte Hämoglobinmolekül* wird die Sauerstoffaffinität zum Hämoglobin herabgesetzt. Wie beim Bohr-Effekt ergibt sich dadurch eine ***Erleichterung der Sauerstoffabgabe*** in den sauerstoffverbrauchenden Geweben. Dieser Vorgang hat offenbar eine große Bedeutung bei der *Höhenanpassung* des Organismus. Jedenfalls kommt es bei Auf-

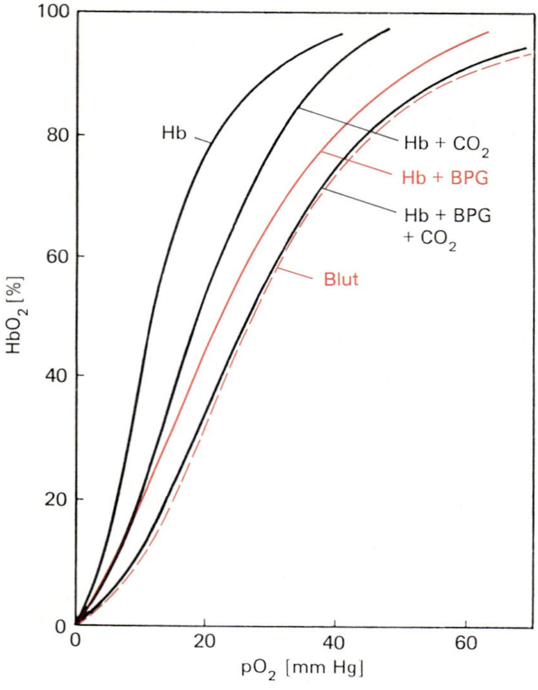

Bild 17.3. Sauerstoffanlagerungskurven. Von links nach rechts: Hämoglobin in Abwesenheit von 2,3-Bisphosphoglycerat, Hämoglobin in Gegenwart von CO_2 (40 mm Hg); Hämoglobin in Gegenwart von 2,3-Bisphosphoglycerat; Hämoglobin in Anwesenheit von 2,3-Bisphosphoglycerat und CO_2; Vollblut bei 40 mm Hg CO_2. Der pH-Wert der Hb-Lösung betrug 7,22 bei 50% O_2-Sättigung. Der pH-Wert des Blutplasmas betrug 7,40 bei 50% O_2-Sättigung, was einem pH-Wert von 7,22 innerhalb der Erythrocyten entspricht. (1 mm Hg = 133,3 Pa)

enthalt in Gebirgshöhen ab 4500 m zu einer deutlichen Zunahme der 2,3-Bisphosphoglyceratkonzentration. Etwas Ähnliches findet sich bei *Anämien* oder anderen *hypoxischen Zuständen*.

Ein Gas, das eine im Vergleich zum Sauerstoff noch wesentlich größere Affinität zum Hämoglobin besitzt, ist das ***Kohlenmonoxid*** (CO). Es entsteht bei der unvollständigen Verbrennung organischer Verbindungen. Seine Affinität zum Hämoglobin ist rund 300 mal

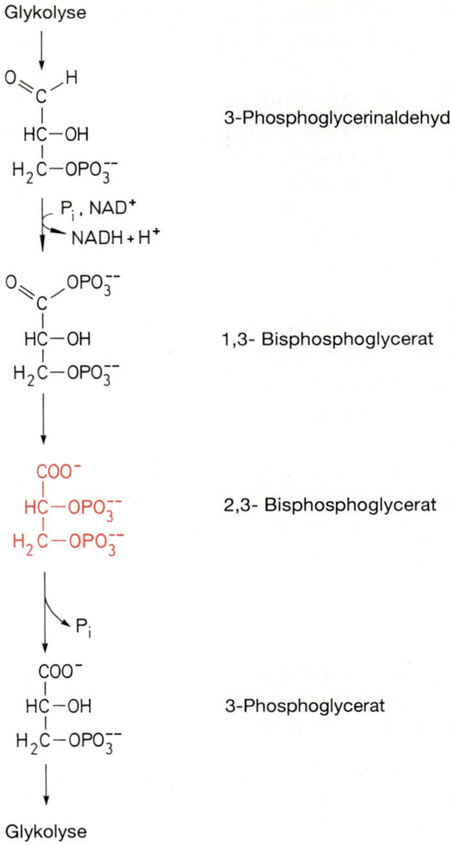

Bild 17.4. Die Bildung von 2,3-Bisphosphoglycerat während der Glykolyse der Erythrocyten

höher als die von Sauerstoff. Aus diesem Grund führen schon geringe Mengen von CO zu einer deutlichen ***Verminderung der Sauerstoffbindung*** und damit des Sauerstofftransportes im Blut. Gleichzeitig führt CO zu einer *Linksverlagerung* der Sauerstoffbindungskurve, so daß auch die Sauerstoffabgabe in den Geweben behindert wird. Eine Überführung von HbCO in HbO_2 kann *nur* durch eine rasche Erhöhung des Sauerstoffpartialdruckes erreicht werden, was infolgedessen die einzig sinnvolle Therapie bei der Behandlung der CO-Vergiftung darstellt.

Eine Voraussetzung sowohl für die Bindung von Sauerstoff als auch für diejenige von CO ist die Tatsache, daß das Eisen im Häm in *zweiwertiger Form* vorliegt. Besonders unter den Bedingungen einer Sauerstoffsättigung kann Hämoglobin jedoch leicht nach der Gleichung

$$\mathrm{Hb}\left(\mathrm{Fe}^{2+}\right) + \mathrm{O}_2 \rightarrow \mathrm{Hb}\left(\mathrm{Fe}^{3+}\right) + \mathrm{O}_2^-$$

zu ***Methämoglobin*** oxidiert werden, wobei aus dem Sauerstoff das *toxische* Peroxid-Anion entsteht. Dies wird durch die Superoxid-Dismutase in H_2O_2 umgewandelt und anschließend durch die *Peroxidase* entgiftet. Im Gegensatz zum Hämoglobin kann Methämoglobin *keinen* Sauerstoff mehr binden.

Man muß annehmen, daß im Blut ständig beträchtliche Mengen an Methämoglobin entstehen, die durch ein in den Erythrocyten in hoher Aktivität vorkommendes Enzym, die ***Methämoglobinreduktase***, in einer NADH-abhängigen Reaktion reduziert werden:

$$2\,\mathrm{Hb}\left(\mathrm{Fe}^{3+}\right) + \mathrm{NADH} \rightarrow 2\,\mathrm{Hb}\left(\mathrm{Fe}^{2+}\right) + \mathrm{NAD}^+ + \mathrm{H}^+$$

Als seltene, genetisch bedingte Erkrankung kommt ein angeborenes Fehlen oder ein angeborener Mangel an Methämoglobinreduktase vor. Bei den Betroffenen kann die Konzentration von Methämoglobin über 30% ansteigen, was zu einer *mangelnden Sauerstoffversorgung* der Gewebe führt.

Hämoglobin ist für den CO_2-Transport unerläßlich

Die beim Gewebsstoffwechsel entstehende CO_2-Menge ist größer als der maximalen physikalischen Löslichkeit dieses Gases im Serum entspricht. Infolgedessen benötigt der Organismus, ähnlich wie beim Transport des Sauerstoffs, auch für den Transport des CO_2 spezielle Hilfsmechanismen. Etwa 10% des CO_2 können in ***physikalischer Lösung*** transportiert werden. Weitere 10% reagieren mit nichtprotonierten Aminogruppen des Hämoglobins (wahrscheinlich N-terminale Valinreste), wobei entsprechende ***Carbaminoderivate*** entstehen:

$$CO_2 + R\text{–}NH_2 \rightarrow R\text{–}NH\text{–}COO^- + H^+$$

Der weitaus größte Teil des CO_2 wird durch die in den Erythrocyten in hoher Aktivität vorkommende ***Carboanhydrase*** zu Kohlensäure hydratisiert:

$$CO_2 + H_2O \leftrightharpoons H_2CO_3$$

Kohlensäure dissoziiert unter Abgabe eines Protons zu Hydrogencarbonat:

$$H_2CO_3 \leftrightharpoons HCO_3^- + H^+$$

Hydrogencarbonat gelangt entlang des Konzentrationsgefälles aus den Erythrocyten in das Blutplasma, die Protonen dienen der Protonierung von ***Desoxyhämoglobin***. Dies ist deswegen möglich, weil Hämoglobin nach der Sauerstoffabgabe zu einer schwächeren Säure wird.

Über den zuletzt geschilderten Vorgang werden etwa ***70 - 80% des CO_2-Transportes*** abgewickelt. In den Lungen laufen die jeweils umgekehrten Vorgänge ab, was letztendlich dazu führt, daß bei der *Oxigenierung* von Hämoglobin CO_2 in die *Alveolarluft* abgegeben wird.

Mutationen im Hämoglobinmolekül können zu Hämoglobinopathien führen

Unter der Bezeichnung Hämoglobinopathie versteht man im Gefolge von Mutationen (s.S. 293) entstandene ***Änderungen der Primärstruktur*** *einzelner Hämoglobinuntereinheiten*. Soweit es sich um *Punktmutationen* handelt, betreffen sie nur den Austausch einer *einzigen* Aminosäure. Wenn durch einen derartigen Austausch die Eigenschaften des Hämoglobins nicht schwerwiegend gestört werden, werden derartige Erkrankungen häufig nur zufällig entdeckt.

Anders ist es jedoch, wenn der Austausch Aminosäuren betrifft, die für die Funktion des Hämoglobins von großer Bedeutung sind. Je nach der Art des Austauschs ergeben sich dann unterschiedliche Krankheitsbilder (Tabelle 17.1). Das bekannteste ist die sogenannte ***Sichelzellkrankheit***, die in Europa nur selten, jedoch häufiger in

Tabelle 17.1. Genetische Störungen der Aminosäurensequenz von Hämoglobinen (Auswahl aus über 250 bekannten Varianten)

Hämoglobin		Störung	Substitution			
HbS		Sichelzellbildung	β^{6}	Glu	→	Val
HbM	Iwate	Methämoglobinbildung	α^{87}	His	→	Tyr
HbM	Boston	Methämoglobinbildung	α^{58}	His	→	Tyr
HbM	Hyde Park	Methämoglobinbildung	β^{92}	His	→	Tyr
HbM	Saskatoon	Methämoglobinbildung	β^{63}	His	→	Tyr
HbM	Milwaukee I	Methämoglobinbildung	β^{67}	Val	→	Glu
HbH	Hammersmith	Abspaltung des Hämanteils	β^{42}	Phe	→	Ser

Afrika bei Schwarzen auftritt. Klinisch findet sich bei den Betroffenen, besonders bei den ***Homozygoten***, eine schwere Störung der *Sauerstofftransportfunktion* der Erythrocyten, die besonders im desoxygenierten Zustand dazu neigen, sich sichelförmig zu verformen und zu hämolysieren. Die Ursache der Erkrankung besteht im Austausch eines hydrophilen *Glutamatrestes* in Position 6 der β-Kette durch die *hydrophobe* Aminosäure ***Valin***. Ein derartiges pathologisches Hämoglobin neigt im desoxigenierten Zustand zur *Aggregatbildung*, was die Sichelzellen und die Hämolyse verursacht.

Die homozygote Form der Erkrankung ist im allgemeinen tödlich. Dagegen zeigen ***heterozygote*** Krankheitsträger zwar eine deutliche Anämie, jedoch verläuft bei ihnen die ***Malaria tropica*** deutlich milder als bei Normalen. Offenbar ist der Lebenszyklus des Malariaerregers in Sichelzellen gestört. Auf jeden Fall bietet dieser Befund eine Erklärung für die Tatsache, daß die Sichelzellanämie in Malariagebieten häufiger vorkommt.

Ein ganz anderer Mutationsmechanismus liegt den ***Thalassämien*** zugrunde. Diese Krankheitsbilder werden dadurch verursacht, daß die ***Biosynthese ganzer Untereinheiten*** des Hämoglobins gestört ist (bei der α-Thalassämie diejenige der α-Ketten, bei der β-Thalassämie diejenige der β-Ketten). Als Folge dieser Erkrankung entstehen Hämoglobine mit *vier β-Ketten* (HbH), beziehungsweise kommt es bei der β-Thalassämie zum *Persistieren embryonaler Hämoglobine*. Bei den *homozygoten* Formen der Thalassämien ist die zugrundelie-

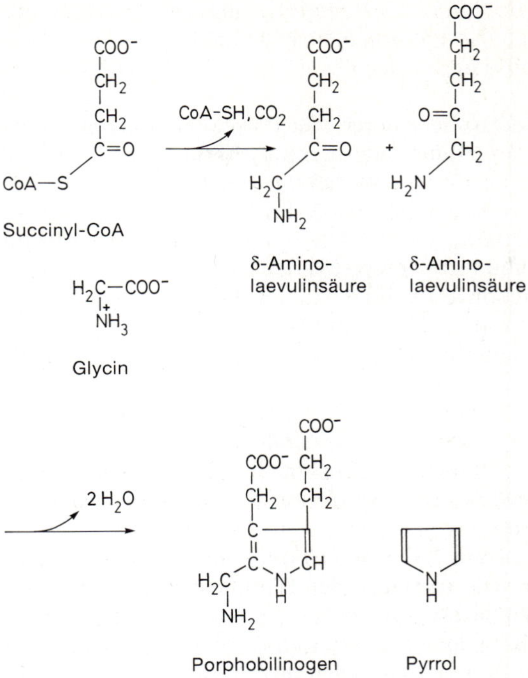

Bild 17.5. Biosynthese von Porphobilinogen aus Succinyl-CoA und Glycin

gende Störung so schwer, daß es meist zum Tod im frühen Kindesalter kommt, während *Heterozygote* eine wesentlich bessere Lebenserwartung haben.

Häm wird aus Glycin und Succinyl-CoA synthetisiert

Grundbaustein des Häms ist das in Abb. 17.5 dargestellte Pyrrol, eine fünfgliedrige, ungesättigte heterocyclische Verbindung. Das Schema zeigt die Bildung des für die Hämbiosynthese benötigten Pyrrolderivates, des ***Porphobilinogens***. Es entsteht intramitochondrial durch Kondensation von Glycin und Succinyl-CoA zu *δ*-

Aminolävulinsäure. Die unter Decarboxylierung des Glycinanteils stattfindende Reaktion ist Pyridoxalphosphat-abhängig. Zwei Moleküle δ-Aminolävulinsäure kondensieren zum Pyrrolderivat Porphobilinogen.

Unter Desaminierung kondensieren vier Porphobilinogenmoleküle zu einer Tetrapyrrolverbindung, dem ***Uroporphyrinogen III*** (Abb. 17.6). Es zeichnet sich dadurch aus, daß die vier Pyrrolringe jeweils einen Acetyl- bzw. Propionylrest tragen. Im Gegensatz zum unphysiologischen Uroporphyrinogen I sind beim Uroporphyrinogen III im Ring IV der Acetyl- und Propionylrest vertauscht. Uroporphyrinogen III wird decarboxiliert sowie zweimal oxidiert. Das dabei entstehende ***Protoporphyrin III*** nimmt unter nochmaliger Oxidation das zentrale Eisenatom auf, das hieran beteiligte Enzym ist die sogenannte ***Ferrochelatase***.

Die Hämbiosynthese unterliegt einer strikten Regulation: Häm als Endprodukt der Synthesekette wirkt allosterisch hemmend auf das geschwindigkeitsbestimmende Enzym der Biosynthese, die *δ-Aminolävulinsäuresynthase*. Darüber hinaus reprimiert Häm die Biosynthese dieses Enzyms.

Beim Menschen sind eine Reihe von Erkrankungen bekannt, denen eine Überproduktion von Vorstufen der Hämbiosynthese zugrunde liegt. Aufgrund ihres typischen Absorptionsverhaltens führen derartige Verbindungen häufig zur *Photosensibilisierung*, besonders wenn sie in der Haut abgelagert werden. Den verschiedenen, als ***Porphyrien*** bezeichneten Erkrankungen liegt jeweils ein ***Enzymdefekt*** im Bereich der Hämbiosynthese zugrunde. Da dies immer zu einem Absinken des Hämgehalts der Zellen führt, wird die δ-Aminolävulinsäuresynthase entsprechend aktiviert, was jedoch infolge des Enzymdefekts nicht zu vermehrter Biosynthese von Häm, sondern zu derjenigen *toxischer Zwischenprodukte* führt.

Häm wird in den reticuloendothelialen Zellen zu Bilirubin und im Darm zu Stercobilin abgebaut

Da die Erythrocyten eine beschränkte Lebensdauer haben, ist klar, daß der Organismus nicht nur zur *Biosynthese*, sondern auch zum *Abbau* von Hämoglobin und damit auch von Häm imstande sein muß. Der Ort dieses Hämabbaus sind die reticuloendothelialen Zellen der ***Leber***, der ***Milz*** und des ***Knochenmarks***.

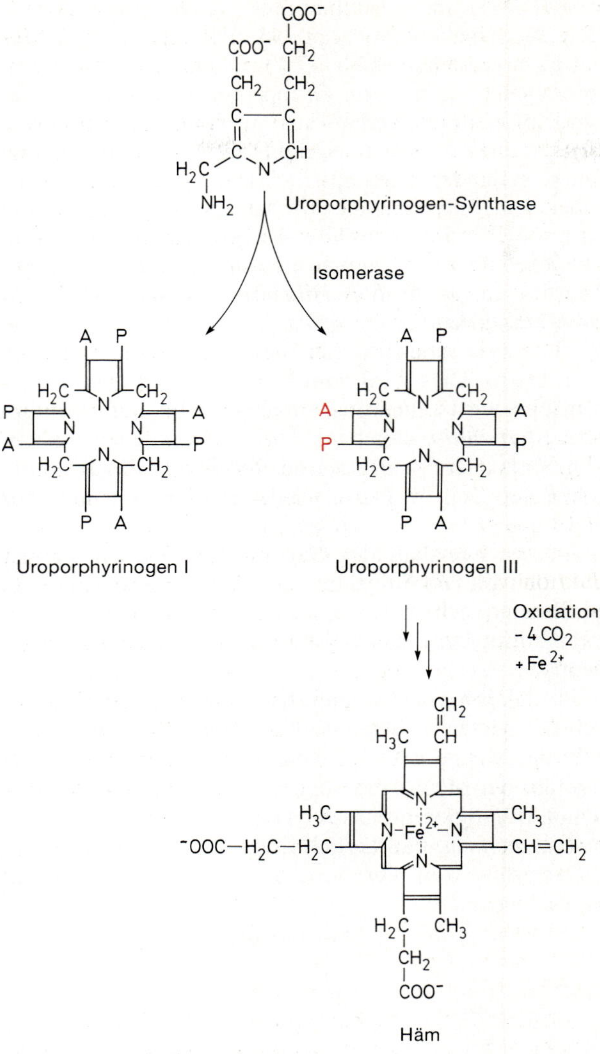

Bild 17.6. Biosynthese von Häm aus Porphobilinogen

Zunächst wird Häm an einer Methinbrücke durch eine mikrosomale *Hämoxygenase* gespalten, wobei pro Mol Häm je ein Mol ***Biliverdin, CO*** und ***Fe***$^{2+}$ entstehen (Abb. 17.7). Die die Reaktion katalysierende Hämoxygenase gehört zur Gruppe der Monooxygenasen.

Biliverdin wird im weiteren Verlauf des Stoffwechsels zum orangeroten ***Bilirubin*** reduziert, wobei NADPH als Cofaktor benötigt wird. An Albumin gebunden wird das in Wasser praktisch unlösliche Bilirubin über den Blutweg zur Leber transportiert. Dort erfolgt durch Reaktion mit UDP-Glucuronsäure die Bildung von Bilirubin-Diglucuronid, welches über die Galle ausgeschieden wird. *Bilirubin-Diglucuronid* wird auch als ***direktes Bilirubin***, das ***freie Bilirubin*** dagegen als ***indirektes Bilirubin*** bezeichnet.

Abbildung 17.7 zeigt in schematischer Form das weitere Schicksal des Bilirubins im Darm. Dies wird vom Einwirken der Darmbakterien geprägt. Zunächst wird Glucuronsäure abgespalten und Bilirubin schrittweise zum ***Stercobilin*** abgebaut. Die verschiedenen Abbauprodukte, die im Verlauf der schrittweisen Reduktion von Bilirubin entstehen, werden zum Teil im Darm wieder reabsorbiert und über die Pfortader der Leber zugeleitet, wo sie erneut ausgeschieden werden (enterohepatischer Kreislauf der Gallenfarbstoffe). Ein kleiner Teil gelangt über den großen Kreislauf zur Niere und wird dort in den Urin ausgeschieden. So ist das auch unter physiologischen Bedingungen in Spuren im Urin nachweisbare ***Urobilinogen*** mit Stercobilinogen identisch.

Die tägliche Produktion von Gallenfarbstoffen ist beachtlich. Da Hämoglobin den bei weitem größten Teil des Häms im Körper ausmacht, entspricht die Menge der täglichen Ausscheidungen an Gallenfarbstoff ungefähr der Menge des abgebauten Hämoglobins. Aufgrund des täglichen Hämoglobinumsatzes von *etwa 90 mg/kg Körpergewicht* läßt sich errechnen, daß täglich etwa *220 mg Bilirubin* gebildet werden. Der größte Teil hiervon wird als Stercobilinogen mit den Faeces ausgeschieden.

Der Erythrocytenstoffwechsel ist auf den Abbau von Glucose spezialisiert

Erythrocyten sind hochspezialisierte Zellen, die auf die Aufgabe des Sauerstoff- und CO_2-Transportes optimiert sind. Im Verlauf ihres ***Reifungsprozesses*** verlieren sie alle *intrazellulären Membranen*,

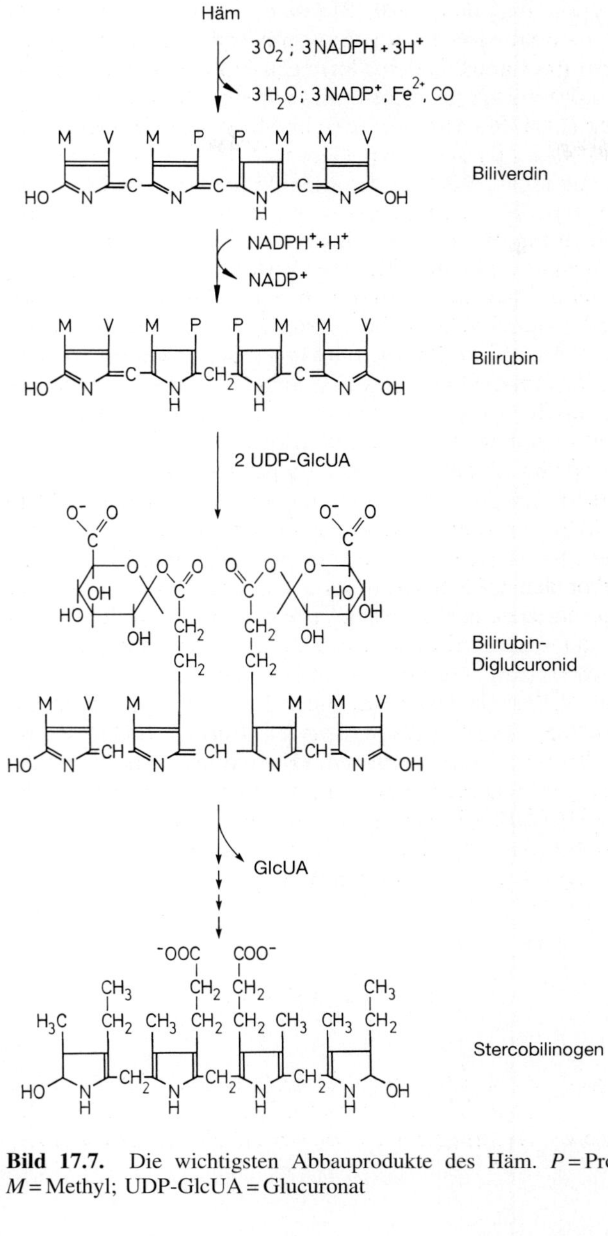

Bild 17.7. Die wichtigsten Abbauprodukte des Häm. *P* = Propyl; *V* = Vinyl; *M* = Methyl; UDP-GlcUA = Glucuronat

die *Mitochondrien* und den *Kern*. Sie sind damit *nicht* mehr zur Durchführung membrangebundener Biosynthesen (z.B. Lipidsynthesen), zu sauerstoffverbrauchenden Stoffwechselprozessen, besonders zur Atmung, oder zur Proteinbiosynthese fähig. Zur Deckung des Energiebedarfs steht ihnen damit ausschließlich die ***Glykolyse*** zur Verfügung.

Das hierbei gebildete ATP wird vor allem für den *aktiven Transport* von Ionen benötigt. Wie andere Zellen zeichnen sich auch Erythrozyten durch einen *niedrigen* intrazellulären *Natrium-* und *hohen* intrazellulären *Kaliumgehalt* aus. Dieses Ungleichgewicht gegenüber der extrazellulären Flüssigkeit wird durch eine sehr aktive ***Natrium-Kalium-ATPase*** aufrecht erhalten. Etwas Ähnliches trifft für die Konzentration von *Calcium* zu, die mit Hilfe einer ***Calcium-ATPase*** im Inneren des Erythrocyten *sehr niedrig* gehalten wird. Darüber hinaus wird ATP für die Aufrechterhaltung der Form des Erythrocyten sowie für die Biosynthese von Glutathion benötigt.

Glutathion ist ein Tripeptid aus Glutamat, Glycin und Cystein (Abbildung 17.8). Es kommt in allen Zellen des Organismus, im Erythrocyten jedoch in besonders hoher Konzentration vor. Seine Biosynthese erfolgt enzymkatalysiert in zwei ATP-abhängigen Reaktionen. Die funktionelle Bedeutung des Glutathion geht aus der Tatsache hervor, daß es in die Gruppe der *Sulfhydryl-Verbindungen* gehört.

In reduzierter Form verfügt es über eine freie SH-Gruppe (Glutathion-SH, GSH), in oxidierter Form liegt es als Disulfid vor (Glutathiondisulfid, GSSG). In ***reduzierter Form*** schützt Glutathion die *SH-Gruppen* von *Proteinen* (Hexokinase, Glycerinaldehydphosphatdehydrogenase, Glucose-6-Phosphatdehydrogenase) der Erythrocyten, *SH-haltige Proteine* der Erythrocytenmembran und

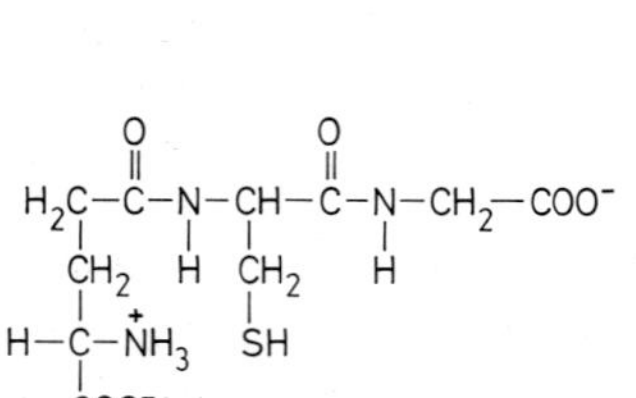

Glutathion (γ-Glutamyl-cysteinyl-glycin)

Bild 17.8. Glutathion, ein Tripeptid mit protektiver Funktion im Erythrocyten

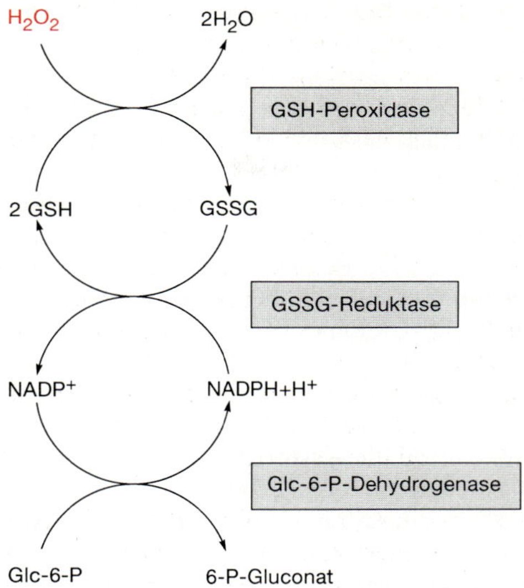

Bild 17.9. Abbau von H_2O_2. Durch GSH-Peroxidase und GSSG-Reduktase wird H_2O_2 metabolisiert. Die Glucose-6-Phosphat-Dehydrogenase ist die wichtigste einer Reihe von Reaktionen zur NADPH-Regenerierung. GSH Glutathion reduziert; GSSG Glutathion oxidiert

Hämoglobin mit seinen 6 Sulfhydrylgruppen vor einer Oxidation, die ja im Erythrocyten wegen des dort vorliegenden besonders hohen Sauerstoffpartialdrucks leicht erfolgen kann. Darüber hinaus ist Glutathion Bestandteil des in Abb. 17.9 am Beispiel des H_2O_2 dargestellten Systems zur Entgiftung von Peroxiden, deren Bildung im Erythrocyten wegen der hohen Sauerstoffkonzentration leicht erfolgt. Durch die *GSH-Peroxidase* wird Glutathion oxidiert und Peroxide dabei reduziert.

Die Rückgewinnung reduzierten Glutathions erfolgt in einem $NADP^+$-abhängigen Prozeß, der an die Glucose-6-Phosphat-Dehydrogenase und damit an den ***Pentosephosphatweg*** geknüpft ist. Tatsächlich erfolgen im Erythrocyten etwa 10% des Glucoseumsatzes über den Pentosephosphatweg, dienen damit also der Peroxideliminierung. Die Bedeutung dieses Prozesses geht aus der Tatsache hervor, daß es bei genetischen Defekten im Pentosephosphatweg, vor allem dem *Glucose-6-Phosphat-Dehydrogenasemangel*, zu einer Störung der Erythrocytenfunktion kommt, die sich als ***hämolytische Anämie*** äußert.

Eine Besonderheit des Glykolysewegs der Erythrocyten ist in Abb. 17.4 dargestellt. Durch einen Nebenweg wird die Phosphoglyceratkinase-Reaktion umgangen und dabei das für die Sauerstofftransportfunktion des Hämoglobins notwendige *2,3-Bisphosphoglycerat* gebildet. Die beiden hierfür notwendigen Enzyme, die 2,3-Bisphosphoglyceratmutase sowie die Bisphosphoglyceratphosphatase, kommen in Erythrocyten in besonders hoher Konzentration vor.

In der Fetalphase findet die Bildung von Erythrocyten, die ***Erythropoese***, vorwiegend in der *Leber*, statt, nach der Geburt verlagert sie sich in das *Knochenmark*. Aus *pluripotenten Stammzellen* entwickeln sich zunächst sogenannte *Proerythroblasten*, aus denen im Verlauf weiterer Teilungsschritte die ***Erythroblasten*** entstehen.

Bereits *während* der Differenzierung des Proerythroblasten zum Erythroblasten beginnt die Biosynthese von ***Hämoglobin***, des mengenmäßig wichtigsten Proteins im Erythrocyten. *Gleichzeitig* erfolgt die Kernauflösung, die zunächst mit einer Verdichtung des Kernmaterials beginnt und schließlich zum vollständigen Verlust des Kerns und damit zur Bildung des ***Erythrocyten*** führt. Ganz junge Erythrocyten enthalten noch Reste von Membranmaterial, die mit verschiedenen Farbstoffen anfärbbar sind. Sie werden als *Reticulocyten* bezeichnet.

Die Gesamtmenge der Erythrocyten im menschlichen Blut ist mit $2{,}5 \times 10^{13}$ (25.000 Milliarden) sehr hoch. Aus ihrer Lebensdauer von 110 - 130 Tagen kann errechnet werden, daß *pro Sekunde 2,4 Millionen Erythrocyten neu* produziert werden müssen. Diese hohe Neubildungsrate macht verständlich, daß das ***Knochenmark*** zu den teilungsaktivsten Organen des Organismus gehört und besonders empfindlich auf einen Mangel an Cofaktoren der Purin- und Pyrimidinbiosynthese und anderer für die Zellteilung notwendiger Verbindungen reagiert. Aus diesem Grunde führt ein Mangel oder Fehlen von Folsäure (s.S. 313) bzw. Vitamin B_{12} (s.S. 315) als Frühsymptom zu einer typischen Anämieform, der ***megaloblastischen Anämie***.

Der wichtigste *Faktor* für die Regulation der Erythropoiese ist das Hormon ***Erythropoietin***. Es handelt sich um ein Glykoprotein mit einem Molekulargewicht von etwa 35.000, welches vor allem in den *Nieren* und zu einem kleineren Teil in der *Leber* gebildet wird. Der wichtigste *Reiz* für die Erythropoietinausschüttung ist ein Abfall des Sauerstoffpartialdruckes im arteriellen Blut. Erythropoietin bewirkt im Knochenmark eine Steigerung der Erythropoiese aus Erythrocytenvorstufen, welche z. B. an Hand der Beschleunigung des Eiseneinbaus in Hämoglobin verfolgt werden kann.

In den letzten Jahren ist es gelungen, Erythropoietin gentechnologisch herzustellen, was zu einer Verbesserung der Behandlungsmöglichkeiten mancher Anämieformen geführt hat.

17.2 Thrombocyten und Blutgerinnung

Durch den Mechanismus der Blutstillung schützt sich der Organismus bei Verletzungen der Blutgefäße vor Blutverlusten. Die Stillung von Blutungen wird einmal durch ***reflektorische Kontraktion*** der verletzten Blutgefäße, zum anderen aber durch die Bildung eines das betreffende Gefäß verschließenden ***Thrombus*** ausgelöst. Für die Bildung eines derartigen Thrombus sind *aggregierte Thrombocyten* sowie das *plasmatische System* der *Blutgerinnung* notwendig.

Bei Verletzungen aggregieren Thrombocyten und bewirken einen Gefäßverschluß

Thrombocyten entstehen durch Abschnürung aus den ***Megakaryocyten*** des Knochenmarks. Im Blut haben sie eine Lebensdauer von 8 - 10 Tagen. Sie enthalten keinen Kern mehr, jedoch noch Mitochondrien und eine Reihe von Sekretgranula. Ihren Energiestoffwechsel decken sie überwiegend aus aerober Glykolyse. Geraten sie mit geschädigten Blutgefäßen in Kontakt, bei denen das unter dem Endothel liegende *Kollagen I* freiliegt, so kommt es zur Anheftung an die Kollagenfibrillen, zu einer Formveränderung der Thrombocyten sowie schließlich zur ***Thrombocytenaggregation***. Erst durch die unten beschriebenen Vorgänge der plasmatischen Blutgerinnung wird dem aus Thrombocyten gebildeten Thrombus die notwendige Festigkeit verliehen.

Die Blutgerinnung beruht auf der proteolytischen Spaltung von Fibrinogen zu Fibrin

Das entscheidende Ereignis bei der Blutgerinnung ist die ***Polymerisierung*** des löslichen Proteins Fibrinogen zum unlöslichen Fibrin.

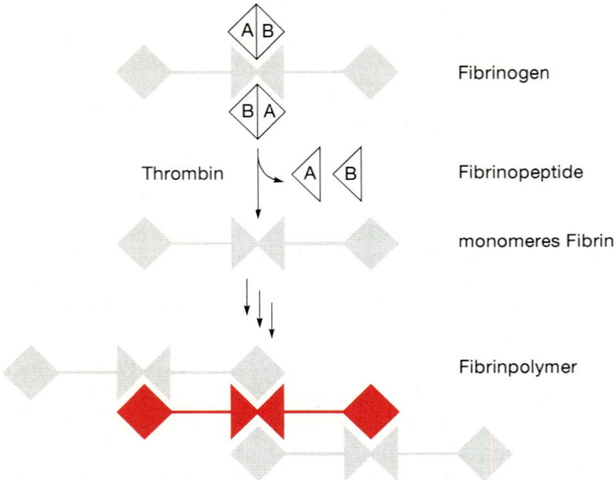

Bild 17.10. Schematische Darstellung der Fibrinpolymerisierung. Aus Fibrinogen werden durch die Protease Thrombin die Fibrinpeptide A und B abgespalten. Dadurch freigelegte hydrophobe Bezirke treten mit globulären Domänen benachbarter Fibrinmoleküle in Wechselwirkung

Diese Reaktion verläuft in mehreren Stufen (Abb. 17.10). Fibrinogen ist ein hexameres Molekül der Struktur $\alpha 2\beta 2\gamma 2$. Es besteht aus zwei Hälften, bei denen je eine α-, β- und γ-Ketten über Disulfidbrücken miteinander eine *stäbchenförmige* Struktur ausbilden. Die beiden Hälften sind ebenfalls über Disulfidbrücken miteinander verknüpft.

Die Bildung von Fibrin aus Fibrinogen beginnt mit der proteolytischen Abspaltung der beiden kleinen Fibrinopeptide A und B. An der Spaltstelle entstehen dabei Strukturen, die mit den globulären Endstücken an den terminalen Enden der beiden Molekülhälften in Verbindung treten können. Der Vorgang wiederholt sich bis zum Aufbau von langen Polymeren, welche durch Ausbildung kovalenter Quervernetzungen stabilisiert werden. Hierfür ist der als Transglutaminase wirkende aktivierte ***Faktor XIIIa***[2] notwendig (Abb. 17.11).

---

2 An der Blutgerinnung beteiligte Proteinfaktoren werden mit römischen Ziffern bezeichnet. Das Suffix a gibt an, daß es sich um eine aktivierte Form eines

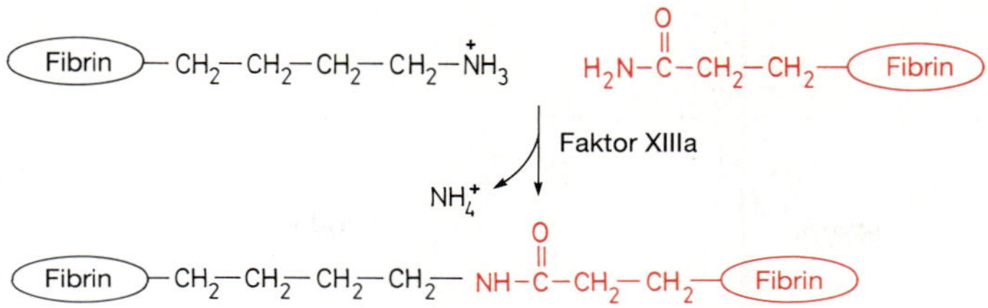

Bild 17.11. Entstehung von kovalenten Quervernetzungen im polymeren Fibrin. Der aktivierte Faktor XIII_a ist eine Transglutaminase, die eine kovalente Bindung zwischen Glutaminyl- und Lysylresten benachbarter Fibrinmoleküle knüpft

Die für die Abspaltung der Fibrinopeptide verantwortliche Protease ist das ***Thrombin*** (Faktor II_a). Es wird durch proteolytische Aktivierung aus ***Prothrombin*** (Faktor II) gebildet. Prothrombin wird in der Leber synthetisiert und enthält bis zu 14 unter Einwirkung von *Vitamin K* (s.S. 323) synthetisierte γ-Carboxyglutamyl-Reste. Abbildung 17.12 stellt die Aktivierung des Prothrombins zu Thrombin dar. Sie erfolgt an der *Plasmamembran* von Thrombocyten. Dort freigelegte Phospholipide binden Calcium und das wegen der γ-Carboxyglutamylreste stark *negativ* geladene Prothrombin. In der Plasmamembran der Thrombocyten befindet sich darüber hinaus ein Rezeptor für den ***Gerinnungsfaktor V***, der durch Bindung an diesen zu V_a aktiviert wird und dann einen Komplex mit dem aktivierten ***Faktor*** X_a eingeht. Dieser auch als ***Prothrombinase*** bezeichnete Komplex aus Phospholipiden, Calcium und den Faktoren V_a und X_a spaltet Prothrombin und führt es dadurch in ***Thrombin*** über.

Die Aktivierung des Faktors X erfolgt im extravasalen System durch Gefäßverletzungen und im intravasalen durch Kontakt mit benetzbaren Oberflächen

Für die Auslösung und Geschwindigkeit der Blutgerinnung sind demnach diejenigen Vorgänge von besonderer Bedeutung, die zur Aktivierung des Faktors X zum Faktor X_a führen. Hierfür sind zwei Wege

---

derartigen Proteins handelt. Meist erfolgt die Aktivierung durch enzymatische Abspaltung eines Peptides.

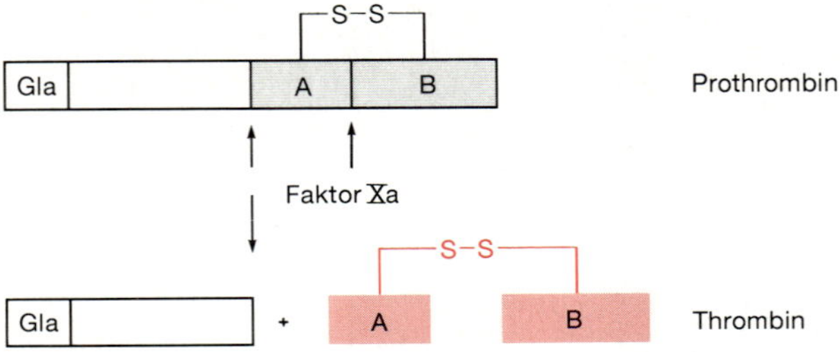

Bild 17.12. Entstehung von Thrombin aus Prothrombin. Der aktivierte Faktor Xa spaltet das Prothrombinmolekül an zwei Stellen (*Pfeile*). Dadurch wird Prothrombin in ein N-terminales Peptid sowie die Protease Thrombin gespalten. Diese besteht aus zwei als A und B bezeichneten Peptiden, die durch eine Disulfidbrücke verknüpft sind. *Gla* = γ-Carboxyglutamyl-Reste

verantwortlich , die als ***extravasculäres*** (engl. extrinsic) bzw. ***intravasculäres*** (intrinsic) ***System*** der Blutgerinnung bezeichnet werden (Abb. 17.13).

Das extravasculäre System der Aktivierung des ***Faktors X*** gewährleistet die außerordentlich rasche Blutgerinnung nach Verletzungen. Sie beruht auf der Aktivierung des Faktors VII zum ***Faktor*** $\boldsymbol{VII_a}$. Hierfür ist der ***Gewebsfaktor III*** (Gewebsthromboplastin) notwendig. Außerdem kann VII_a proteolytisch aus VII durch Thrombin oder den Faktor X_a erzeugt werden. Der Faktor VII_a bildet mit *Calciumionen* und *Phospholipiden* der Blutplättchen einen Komplex, der proteolytisch den Faktor X in X_a umwandelt.

Das intravasculäre System für die Erzeugung des ***Faktors*** $\boldsymbol{X_a}$ gibt die Möglichkeit zur Blutgerinnung im intakten Gefäßsystem und tritt beispielsweise bei Verlangsamung der *Strömungsgeschwindigkeit* des Bluts auf. Es beginnt mit der proteolytischen Aktivierung des Faktors XII zum ***Faktor*** $\boldsymbol{XII_a}$, wofür außer Kontakt mit Kollagen I ***Kininogen*** und aus Präkallikrein entstandenes ***Kallikrein*** (s.S. 383) notwendig ist. Der Faktor XII_a ist eine Protease, die einerseits *Kallikrein* aus Präkallikrein erzeugt, andererseits den Faktor XI zum ***Faktor*** $\boldsymbol{XI_a}$ spaltet. In Anwesenheit von Calciumionen bewirkt Faktor XI_a eine proteolytische Spaltung des Faktors IX zum ***Faktor*** $\boldsymbol{IX_a}$. Im Komplex mit Phospholipiden und Calciumionen ist der Faktor IX_a imstande, Faktor X proteolytisch zu ***Faktor*** $\boldsymbol{X_a}$ zu aktivieren. Diese Reaktion erfolgt allerdings außerordentlich *langsam*. Sie wird durch den Faktor

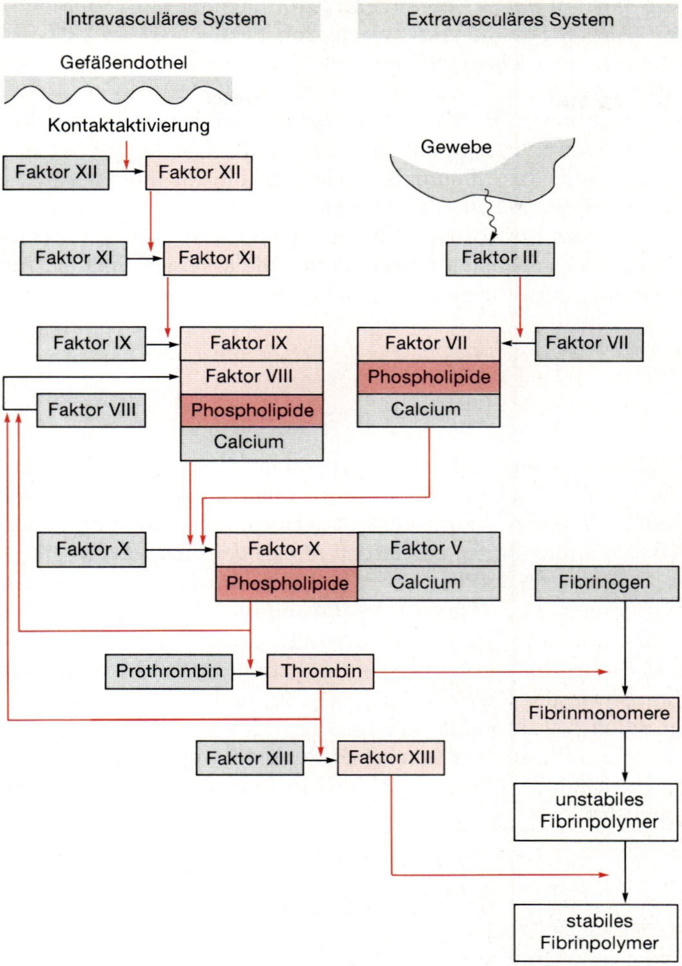

Bild 17.13. Schema der Blutgerinnung durch das intra- und extravasculäre System. Die aktivierten Faktoren sind rot gekennzeichnet. (Einzelheiten s. Text)

VIII oder noch effektiver durch ***VIII***$_{\mathbf{a}}$ um mehrere Größenordnungen *beschleunigt*. Für die Aktivierung von Faktor VIII zu VIII$_a$ ist der Faktor XI$_a$ oder ***Thrombin*** notwendig.

Die Biosynthese und Sekretion der für die Blutgerinnung notwendigen Faktoren VII, IX, X sowie des Prothrombins werden durch die ***K-Vitamine*** reguliert. Sie dienen als Cofaktoren bei der γ-Carboxylierung von Glutamylseitenketten, die im aminoterminalen Bereich der genannten Blutgerinnungsenzyme liegen. Durch die Einführung dieser zusätzlichen Carboxylgruppen werden die Wechselwirkungen der genannten Proteine mit Calciumionen und den für die Aktivierung notwendigen Membranphospholipiden ermöglicht.

Antithrombin III ist ein wichtiger Hemmstoff der Blutgerinnung

Der wichtigste Hemmstoff der Blutgerinnung ist das Antithrombin III. Seine Aktivität ist in freier Form verhältnismäßig gering, wird jedoch durch ***Heparin*** enorm verstärkt. Heparin ist ein stark sulfatiertes Glucosaminoglykan, das in den *Mastzellen* der perikapillären Gewebe, der Lungen und der Leber sowie in den *Granulocyten* des Blutes vorkommt. Der ***Heparin-Antithrombin III-Komplex*** ist ein starker Inhibitor aller Serinproteasen (z.B. auch Trypsin, Chymotrypsin, Plasmin). Im Gerinnungssystem hemmt er die Aktivität von Thrombin, sowie der Faktoren XII$_a$, XI$_a$, X$_a$ und IX$_a$.

Außer durch Antithrombin III kann die Blutgerinnung noch durch zwei weitere im Plasma vorkommende Proteaseinhibitoren gehemmt werden. Es handelt sich um das α_1-***Antitrypsin*** sowie das α_2-***Makroglobulin***.

Die Protease Plasmin spaltet Fibrinpolymere

Es gibt sehr viele Hinweise dafür, daß das Blutgerinnungssystem sich in einem dynamischen Zustand befindet. Dies bedeutet, daß ständig Fibrin entsteht und nach seiner Ablagerung auch ständig wieder abgebaut werden muß. Für eine erfolgreiche Wundheilung ist darüber hinaus die Auflösung von Fibrinpfropfen für die *Rekanalisierung* von Blutgefäßen notwendig. Die hierfür notwendige Protease wird als ***Plasmin*** bezeichnet und löst Fibrin unter Bildung von löslichen

Spaltprodukten. Analog dem *Blutgerinnungssystem* unterliegt auch das ***fibrinolytische System*** einer proteolytischen Aktivierung. Plasmin entsteht nämlich aus einer größeren Vorstufe, dem ***Plasminogen***. Proteasen, die für diesen Vorgang zuständig sind, werden als *Plasminogen-Aktivatoren* bezeichnet und kommen sowohl im Blutplasma als auch in den unterschiedlichsten Geweben vor. Von besonderem Interesse ist in der letzten Zeit der ***Gewebsplasminogen-Aktivator*** (engl. tissue plasminogen activator) t-PA geworden. Er kann heute gentechnisch hergestellt werden und wird bei der Therapie von Gefäßverschlüssen verwendet.

17.3 Blutplasma

Die nichtkorpuskulären Bestandteile des Blutes können in hochmolekulare Bestandteile wie Proteine und Lipoproteine sowie die niedermolekularen Bestandteile eingeteilt werden.

Blutplasma enthält über 100 unterschiedliche Proteine

Bis heute sind über 100 unterschiedliche Proteine als physiologische Plasmabestandteile charakterisiert worden. Es handelt sich überwiegend um Glykoproteine, die meist in der Leber oder im Lymphgewebe synthetisiert werden. Der Gesamtproteingehalt des Plasmas liegt zwischen 60 und 80 g/l. Für klinische Zwecke ist es natürlich nicht möglich, immer das gesamte Spektrum der Plasmaproteine einzeln zu identifizieren. Die ***Trägerelektrophorese*** ist ein Verfahren, welches eine Grobaufteilung der Plasmaproteine in *fünf Fraktionen* ermöglicht, nämlich Albumin, $\alpha 1$-, $\alpha 2$-, β- und γ-Globuline. Die relativen Verhältnisse der einzelnen Fraktionen geben gewisse Aufschlüsse über zugrundeliegende Erkrankungen wie Lebererkrankungen, Infektionen, Störungen des Immunsystems u.a. Eine Verfeinerung dieser Methode läßt sich durch die ***Immunelektrophorese*** oder andere meist immunologische Verfahren erzielen, die jedoch einen wesentlich größeren analytischen Aufwand erfordern.

Nach ihrer Funktion lassen sich die Plasmaproteine in mehrere Gruppen einteilen. Von besonderer Bedeutung sind die mit der Abwehrfunktion betrauten ***Immunglobuline***, deren Funktion in Kapitel 18 besprochen ist. Ein Hauptvertreter dieser Klasse ist das Immunglobulin G (IgG) dessen Konzentration 12,5 g/l beträgt.

Die weiter oben schon besprochenen ***Proteinase-Inhibitoren*** haben vielfältige Funktionen bei der Regulation von Blutgerinnung und Fibrinolyse. Mengenmäßig ist ihr Hauptvertreter das α2-Makroglobulin. Ebenfalls zum Abwehrsystem gehörend und dort besprochen ist die Gruppe der ***Komplementkomponenten.*** Es handelt sich insgesamt um etwa 19 Proteine, deren Zusammenspiel für die Komplementaktivierung und Komplementfunktion (s.S. 433) von großer Bedeutung ist.

Zu der Hauptfunktion einer großen Gruppe weiterer Proteine gehört der ***Transport*** anderer Proteine bzw. schlecht wasserlöslicher Verbindungen. Ein Hauptvertreter dieser Gruppe ist das Albumin, das in einer Konzentration von etwa 44 g/l vorkommt, für die Aufrechterhaltung des kolloidosmotischen Druckes verantwortlich ist und den Transport einer großen Zahl *hydrophober Moleküle*, z.B. von Fettsäuren, Bilirubin oder hydrophober Aminosäuren, übernimmt. Andere Proteine aus dieser Gruppe sind für den Transport von *Steroidhormonen, fettlöslichen Vitaminen, Cobalamin* sowie *Spurenelementen* verantwortlich. Besondere Schwierigkeiten wegen ihrer Unlöslichkeit und der relativ hohen Konzentration machen beim Transport im Blutplasma die *Lipide*. Es ist daher verständlich, daß für ihren Transport spezifische Proteine verantwortlich sind.

Lipide werden im Blut als Lipoproteine transportiert

Unter dem Begriff der Lipoproteine faßt man eine Gruppe chemisch definierter Aggregate von Lipiden mit spezifischen Proteinen zusammen, die einen *geordneten Lipidtransport* im Blut erst möglich machen. Die einzelnen Lipoproteine können durch Sedimentation in der Ultrazentrifuge oder durch Elektrophorese identifiziert werden und sind in Tabelle 17.2 zusammengestellt.

Chylomikronen entstehen im Verlauf der Fettresorption in den Enterocyten des Duodenums. Sie gehören zu den lipidreichsten Lipoproteinen und werden zunächst in die intestinalen Lymphgänge abgegeben. Von dort werden sie zu den extrahepatischen Geweben transportiert (Abb. 17.14). Durch die auf den Kapillarendothelien sowie der Außenseite der Plasmamembran vieler Zellen vorkommende

Tabelle 17.2. Die Zusammensetzung der Serum-Lipoproteine. Triacylglycerine, Phospholipide und Cholesterin sind in % der Gesamtlipide angegeben

Bezeichnung	Protein %	Gesamt Lipide %	Triacylglycerine	Phospholipide	Cholesterin
Chylomikronen	1–2	98–99	88	8	4
VLDL (Very low density lipoproteins)	7–10	90–93	56	20	24
LDL (Low density lipoproteins)	21	79	13	28	59
HDL (High density lipoproteins)	35–55	45–65	15	45	40

Lipoproteinlipase werden die in ihnen enthaltenen Triacylglycerine gespalten. Dabei freiwerdende Fettsäuren werden von den Zellen aufgenommen und entsprechend verstoffwechselt. Die nach diesem Abbau überbleibenden Reste von Chylomikronen (engl. remnants) werden von der Leber aufgenommen.

Lipoproteine sehr geringer Dichte (engl. very low density lipoproteins; VLDL; Abb. 17.14) transportieren in der Leber vorwiegend aus Kohlenhydraten synthetisierte ***Triacylglycerine***, daneben ***Phospholipide*** und ***Cholesterin***. Auch sie werden an den extrahepatischen Geweben durch die Lipoproteinlipase angegriffen. Dabei entstehen über Zwischenstufen ***Lipoproteine niedriger*** Dichte (low density lipoproteins; LDL). Diese Lipoproteine zeichnen sich durch einen besonderen Cholesterinreichtum aus und sind für den ***Cholesterintransport*** zu extrahepatischen Geweben verantwortlich. Jeder Anstieg der LDL-Konzentration im Blut über den Normalwert hinaus ist ein Hinweis auf die Gefahr einer ***Arteriosklerose***. Anders als Chylomikronen und VLDL werden LDL durch eine rezeptorvermittelte Endocytose aufgenommen und intrazellulär abgebaut. Das dabei freiwerdende Cholesterin ist ein Repressor der Biosynthese der *HMG-CoA-Reduktase*, des geschwindigkeitsbestimmenden Schritts der Cholesterinbiosynthese (s.S. 254). Auf diese Weise hemmt durch LDL aufgenommenes Cholesterin die *zelleigene* Cholesterinbiosyn-

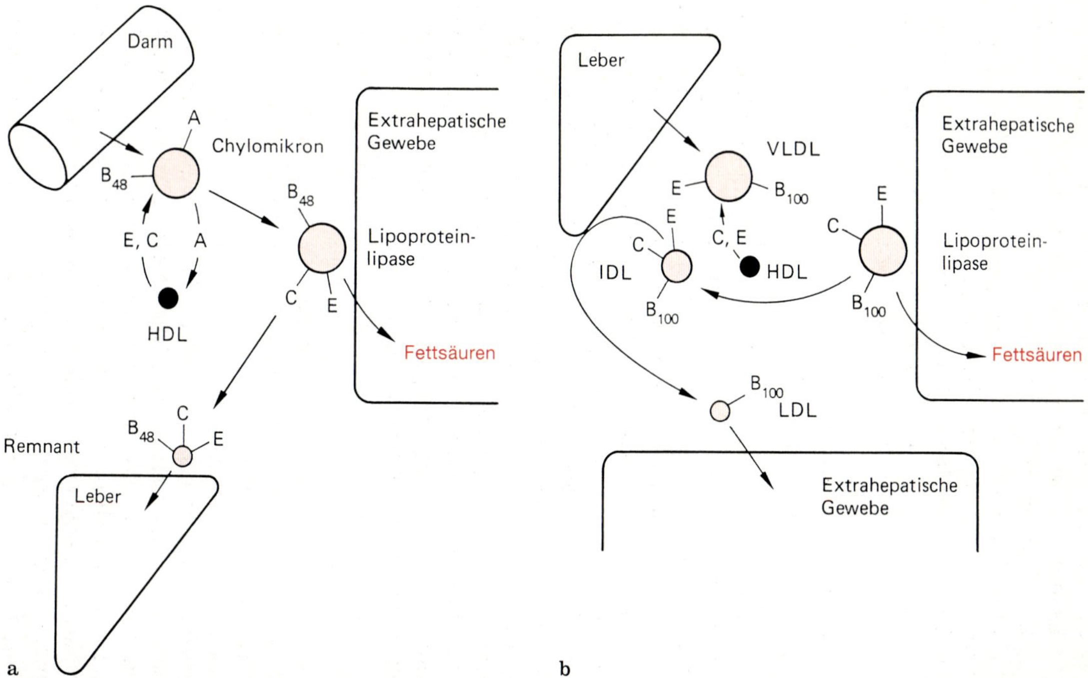

Bild 17.14a,b. Abbau der triacylglycerinreichen Lipoproteine. **a** Abbau von Chylomikronen, **b** Abbau der VLDL. (Weitere Einzelheiten s. Text)

these. Es ist klar, daß Defekte dieses Mechanismus, z.B. ein angeborener Defekt des LDL-Rezeptors, zu schweren Störungen des Cholesterinstoffwechsels führen müssen.

Die ***Lipoproteine hoher Dichte*** (engl. high density lipoproteins; HDL) werden ebenfalls in der Leber synthetisiert. Dank ihres Gehaltes an *Apolipoprotein A* sind HDL imstande, im Plasma das von der Leber synthetisierte Enzym ***Lecithin-Cholesterin-Acyltransferase*** (LCAT) zu binden. Es katalysiert die Reaktion:

$$\text{Cholesterin} + \text{Phosphatidylcholin} \rightleftharpoons \text{Cholesterinester} + \text{Lysophosphatidylcholin}$$

Da Lysophosphatidylcholin vom HDL-Partikel abdiffundiert, entstehen freie Plätze, die mit aus den Membranen extrahepatischer Gewebe stammendem Cholesterin beladen werden. Dieses wird dann zur Leber als dem Hauptausscheidungsorgan des Cholesterins transportiert. Den HDL wird deswegen eine ***antiatherogene Wirkung***, d.h. eine Schutzwirkung vor Arteriosklerose, zugeschrieben.

Tabelle 17.3 stellt die wichtigsten bis heute identifizierten und charakterisierten ***Apolipoproteine*** dar. Sie verteilen sich in spezifischer Weise auf die verschiedenen Lipoproteine, werden zwischen den Lipoproteinen ausgetauscht und haben außer ihrer Funktion als Strukturelement der Lipoproteine eine Reihe weiterer Aufgaben wie Rezeptorbindung oder Aktivierung der am Abbau der verschiedenen Lipoproteine beteiligten Enzyme.

Im Blut transportierte niedermolekulare Stoffe spiegeln Aufnahme, Austausch zwischen Geweben sowie Ausscheidung von Substraten und Ionen wider

Mit dem ***Blutplasma*** werden die Energieträger Glucose, Lactat, Ketonkörper, Fettsäuren sowie Aminosäuren transportiert. Diese werden zum Teil durch *enterale Resorption* aufgenommen, zum Teil in den unterschiedlichen dafür spezialisierten Geweben ans Blut abgegeben. Die einzelnen zugrundeliegenden Vorgänge sind in den entsprechenden Kapiteln besprochen.

Die sog. ***Reststickstoff-Fraktion*** gibt Auskunft über den Umsatz im Aminosäure- und Proteinstoffwechsel sowie die Funktion der Nieren. Zu dieser Fraktion gehören als wichtigstes Endprodukt des

Tabelle 17.3. Klassifizierung der Apolipoproteine des menschlichen Serums (LCAT = Lecithin-Cholesterin-Acyltransferase; LPL = Lipoproteinlipase)

Apolipoprotein	Lipoprotein	Molekulargewicht [$\cdot 10^{-3}$]	Funktion
A I	HDL	28	Aktivator der LCAT
A II	HDL	17	Strukturelement
A IV	HDL	46	unbekannt
B_{100}	VLDL, LDL	549	Ligand des B-Receptors
B_{48}	Chylomikronen	265	Strukturelement
C I	VLDL, HDL	7	Aktivator der LCAT
C II	VLDL, HDL	8,5	Aktivator der LPL
C III	VLDL, HDL	8,9	unbekannt
D	HDL	21	Aktivator der LCAT, Strukturelement
E	VLDL, HDL, (LDL)	39	Ligand des E-Receptors

Aminosäurestoffwechsels der Harnstoff, daneben die Harnsäure als Endprodukt des Purinstoffwechsels, das Kreatin und Kreatinin sowie freie Aminosäuren. Jeder stärkere *Anstieg* des Reststickstoffs im Serum wird als ***Azotämie*** oder ***Urämie*** bezeichnet und beruht auf der mangelnden Ausscheidung harnpflichtiger Substanzen durch die Nieren.

Außer Energieträgern und ausscheidungspflichtigen Verbindungen wird im Plasma eine große Zahl weiterer Verbindungen transportiert, z.B. Alkali- und Erdalkalimetalle sowie Spurenelemente. Darüber hinaus ist das Plasma der Träger der ***Puffersysteme*** des Bluts (siehe Lehrbücher der Physiologie).

18 Spezifische und unspezifische Abwehr

ZUSAMMENFASSUNG

Zelluläre Bestandteile des Immunsystems: B-Lymphocyten produzieren lösliche Antikörper. T-Lymphocyten besitzen spezifische T-Zellrezeptoren. Monocyten/Makrophagen phagocytieren und präsentieren Antigene. Granulocyten vermitteln die Abwehr gegen Mikroorganismen und Parasiten.
Antigene und Immuglobuline: Vom Immunsystem spezifisch als fremd erkannte Strukturen werden als Antigene bezeichnet. Immunglobuline sind tetramere Proteine mit einer antigenbindenden Domäne. Die Antikörpervielfalt kommt durch genetische Rekombination zustande. Monoklonale Antikörper erkennen jeweils nur ein Epitop eines Antigens.
Der Haupthistokompatibilitätskomplex (MHC): Die Proteine des MHC-Komplexes sind integrale Membranproteine, die in vielen Isoformen vorkommen. Die Proteine des MHC-Komplexes werden für die Antigen-Präsentation benötigt.
Die humorale Immunantwort: Die Aktivierung von B-Lymphocyten beruht auf Zell-Zell-Wechselwirkungen mit T-Helferzellen und Monocyten/Makrophagen. Die Differenzierung von B-Lymphocyten zu Plasmazellen wird durch Interleukine gesteuert. Immunglobuline aktivieren das Komplementsystem.
Die zelluläre Immunantwort: Die Präsentation von Antigenpeptiden durch MHC-I-Moleküle führt zur Aktivierung cytotoxischer T-Lymphocyten. Aktivierte cytotoxische T-Lymphocyten lysieren ihre Zielzellen.
Die Immuntoleranz.

Alle Vertebraten verfügen über ein Abwehrsystem, das ihnen ermöglicht, fremde, meist von außen eingedrungene Moleküle, Molekülkomplexe sowie Organismen wie Viren, Bakterien und Parasiten zu erkennen und zu eliminieren. Grundsätzlich unterscheidet man zwischen unspezifischem und spezifischem Abwehrsystem. Das ***unspezifische*** wird durch die Aktivitäten der *phagocytierenden Zellen*, z.B. der ***Granulocyten*** des Blutes charakterisiert.

Auch die Träger des ***spezifischen Abwehrsystems*** sind Abkömmlinge der *hämatopoetischen Stammzellen* des Knochenmarks. Es handelt sich im wesentlichen um die ***B-*** *und* T-Lymphocyten sowie die ***Monocyten/Makrophagen***. Dieses System der spezifischen Abwehr wird auch als das *Immunsystem* bezeichnet. Insgesamt besteht es aus etwa einer Billion Zellen mit einem Gesamtgewicht von etwa 1 kg.

Das Immunsystem verfügt über 3 bemerkenswerte Eigenschaften:

- Es vermag mit einer ***hohen Trennschärfe*** körperfremde Verbindungen zu erkennen und zu eliminieren, während gegenüber allen körpereigenen Verbindungen eine sogen. ***Immuntoleranz*** besteht.
- Beim Immunsystem fällt die ***hohe Spezifität*** auf. Immunisierung gegen eine Bakterienzelle oder einen Virus bedeutet zunächst nur Schutz vor der durch diese Organismen ausgelösten Infektion, jedoch *nicht* vor anderen Organismen.
- Eine weitere bemerkenswerte Eigenschaft des Immunsystems ist schließlich sein „Gedächtnis“. Bei Zweitkontakt mit einem fremden Stoff erfolgt die Immunantwort rascher und kräftiger.

Körperfremde Verbindungen, welche eine Immunantwort auslösen,

Tabelle 18.1. Eigenschaften von T- und B-Lymphocyten

	T-Zellen	B-Zellen
Art der Immunantwort	Cellulär	Humoral
Bildungsort	Knochenmark	Knochenmark
Differenzierungsort	Thymus	Lymphknoten, Milz etc. (?)
Lebensdauer	Monate bis Jahre	Tage bis Wochen
Funktion	Abtötung von Zellen mit „fremden Oberflächeneigenschaften”. Produktion von Interleukinen	Bildung von Antikörpern

bezeichnet man als ***Antigene***. Die Komponenten der *humoralen* Immunantwort reagieren auf den Kontakt mit einem Antigen durch die Produktion von *Plasmaproteinen*, die spezifische Strukturen auf dem Antigen erkennen und an das Antigen binden. Diese Proteine werden als ***Immunglobuline*** bezeichnet.

Die *zelluläre* Immunantwort richtet sich vor allem gegen *körpereigene* Zellen, die auf ihrer Zelloberfläche von der Norm abweichende Strukturen tragen, damit also als *fremd* erscheinen. Solche Zellen können von Viren befallen oder zu Tumorzellen transformiert worden sein.

18.1 Zelluläre Bestandteile des Immunsystems

B-Lymphocyten produzieren lösliche Antikörper, T-Lymphocyten besitzen spezifische T-Zellrezeptoren

Die Lymphocyten sind die wichtigsten Träger des spezifischen Abwehrsystems des Organismus gegen die als *Antigene* bezeichneten fremden Moleküle und molekulare Systeme. Außerdem richtet sich ihre Aktivität gegen fremde (Bakterien) oder veränderte eigene Zellen (z.B. Krebszellen), welche auf ihrer Oberfläche spezifische Strukturen, die *antigenen Strukturen* enthalten. Im peripheren Blut lassen sich etwa 2 000 - 4 000 Lymphocyten/mm^3 nachweisen. Diese Zahl stellt jedoch nur einen geringen Teil der Gesamtpopulation dar. 99% der insgesamt etwa 10^{12} Lymphocyten des Organismus befinden sich im Knochenmark, Thymus und in den Lymphknoten. Im Organismus existieren *zwei* unterschiedliche Lymphocytenfamilien, die B- und T-Lymphocyten. Im peripheren Blut stellen T-Lymphocyten etwa 70% und B-Lymphocyten etwa 10% des zirkulierenden Lymphocytenpools. Die übrigen 20% lassen sich *nicht* zuordnen. Tabelle 18.1 stellt einige der Eigenschaften von T- und B-Lymphocyten dar.

B-Lymphocyten machen um funktionsfähig zu werden einen Differenzierungszyklus durch, der sehr wahrscheinlich bei Säugern im *Lymphknoten*, der *Milz* und anderen *sekundären Lymphorganen* stattfindet. Differenzierte B-Lymphocyten werden durch Kontakt mit einem Antigen aktiviert, welches zunächst an entsprechende Oberflächenrezeptoren der B-Lymphocyten gebunden wird. Dies löst die Umwandlung zu sogenannten *Plasmazellen* aus, die spezifische, gegen das Antigen gerichtete ***Immunglobuline*** bilden und durch Sekretion an das Blut abgeben. Sie sind somit Träger der ***humoralen Immunantwort***.

Die Differenzierung der ***T-Lymphocyten*** erfolgt im *Thymus*. Sie verfügen über einen als *T-Zellrezeptor* bezeichneten, in der Plasmamembran lokalisierten Proteinkomplex. Dieser kann Antigene binden und vermittelt dann die Aktivierung der T-Lymphocyten. Sie erfolgt unter Bildung anhand spezifischer Oberflächenmarker unterscheidbarer *Subtypen*. ***Cytotoxische T-Lymphocyten*** tragen den Oberflächenmarker CD8 und sind imstande, als fremd erkannte, also Antigene tragende Zellen, zu *binden* und zu *lysieren* (s.S. 436).

T-Helfer-Lymphocyten mit dem Oberflächenmarker CD4 ermöglichen dagegen durch Produktion verschiedener Wuchsfaktoren die Differenzierung von B-Lymphocyten zu Plasmazellen und die Immunglobulinproduktion.

Monocyten/Makrophagen phagocytieren und präsentieren Antigene

Für das Verständnis der Immunantwort (s.S. 431) von besonderer Bedeutung ist die in den letzten Jahren gewonnene Erkenntnis, daß T-Lymphocyten freie Antigene *nicht* erkennen können, sondern nur dann reagieren, wenn diese ihnen von sog. Antigen-präsentierenden Zellen *angeboten* werden. Antigen-präsentierende Zellen sind insbesondere die ***Monocyten/Makrophagen***, daneben auch die ***B-Lymphocyten***.

Abbildung 18.1 stellt den Mechanismus der Antigenpräsentation dar. Er beginnt mit der Aufnahme nativer Antigene durch *Endocytose*. Die aufgenommenen Antigene werden anschließend durch *partielle Proteolyse* fragmentiert.

Der eigentliche Vorgang der Präsentation besteht nun darin, daß die so entstandenen Fragmente an Proteinkomponenten des ***Haupthistokompatibilitätskomplexes*** (MHC-Komplex, s.S. 428) assoziieren. Der MHC-Komplex ist wiederum ein integraler Bestandteil der Plasmamembran und wird deswegen nach Assoziation mit den Fragmenten der Antigene in die Plasmamembran verlagert. Darüber hinaus sind ***Makrophagen*** imstande, eine Reihe von Wuchsfaktoren für Lymphocyten freizusetzen (s.S. 432).

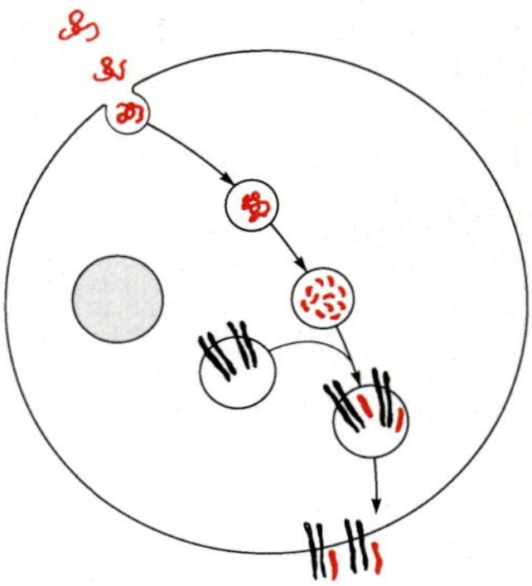

Bild 18.1. Mechanismus der Antigenpräsentation in Monocyten/Makrophagen bzw. durch B-Lymphocyten. Einzelheiten s. Text

Granulocyten vermitteln die Abwehr gegen Mikroorganismen und Parasiten

Etwa 70% der im peripheren Blut vorkommenden ***weißen Blutkörperchen*** sind Granulocyten. Diese werden wie die anderen korpuskulären Elemente des Bluts aus *undifferenzierten Stammzellen* im Knochenmark gebildet. Je nach ihrer Färbbarkeit unterscheidet man ***neutrophile, basophile*** und ***eosinophile Granulocyten***. Die im peripheren Blut nachweisbaren Granulocyten stellen nur einen relativ kleinen Teil der insgesamt vorkommenden Population dar, da sich der größere Teil im Knochenmark befindet.

Granulocyten sind in besonderem Maße zur ***Phagocytose*** von in den Organismus eingedrungenen Partikeln, Mikroorganismen und Parasiten imstande. Sie gehören infolgedessen zusammen mit den *phagocytotischen Endothelzellen* von Leber, Milz, Knochenmark und Lymphknoten zu den Zellen des *reticuloendothelialen Systems* (RES) und übernehmen die Aufgabe der ***unspezifischen Abwehr***.

Während der Phagocytose wird das körperfremde Element, also die Bakterien- oder Parasitenzelle, zunächst an den Granulocyten angelagert und danach durch Endocytose aufgenommen. Durch die Aktivität lysosomaler Enzyme erfolgt die Abtötung und Lyse des Eindringlings. Speziell die ***neutrophilen Granulocyten*** haben die Fähigkeit, durch Reduktion von Sauerstoff mit NADPH H_2O_2 zu bilden, welches eine der wichtigsten zellulären bakteriziden Substanzen darstellt. Die Erkennung des Eindringlings als körperfremd und damit die Auslösung der Phagocytose erfolgt häufig durch Anlagerung an relativ *unspezifische Bindungsstellen* an der Oberfläche des Granulocyten. In einigen Fällen kommt es auch zur Ausbildung *spezifischer Rezeptoren*, die Immunglobulin-beladene Bakterien erkennen können. Ein weiteres Erkennungssignal für die Phagocytose kann die Beladung von Bakterien oder Parasiten mit aktiviertem Komplement (s.u.) sein.

18.2 Antigene und Immunglobuline

Vom Immunsystem spezifisch als fremd erkannte Strukturen werden als Antigene bezeichnet

Jede Verbindung, die vom Immunsystem des Organismus erkannt wird und die Bildung von Antikörpern auslöst, wird als Antigen bezeichnet. In aller Regel handelt es sich bei Antigenen um ***körperfremde Substanzen***, meist um Proteine, Nukleinsäuren, Polysaccharide und komplexe Oberflächenstrukturen von Bakterien, Viren, Pflanzen und Staubteilchen. Als körperfremd können auch molekulare Strukturen erkannt werden, die unter *pathologischen Umständen* im Organismus selbst gebildet werden. In sehr seltenen Fällen kommt es zur Ausbildung von Antikörpern gegen *körpereigene* Verbindungen mit entsprechenden Krankheitserscheinungen. Man spricht dann von sogenannten ***Autoimmunerkrankungen***.

Eine große Zahl von Untersuchungen hat gezeigt, daß die Zufuhr *eines* einheitlichen hochgereinigten Proteins meist die Bildung einer *Vielzahl* verschiedener Antikörper auslöst. Dies bedeutet, daß auf einem Antigen eine *größere Zahl* von Strukturen vorhanden sein muß, auf die das Immunsystem mit der Bildung *jeweils* eines Immunglobulins reagiert. Derartige Strukturen werden als ***Epitope*** oder ***antigene Determinanten*** bezeichnet. Meist haben sie die Größe einer Sequenz von etwa 10 Aminosäuren.

Der Organismus kann auch auf *niedermolekulare* Verbindungen mit einer *Antikörperbildung* reagieren (z.B. Penizillin-Allergie). In diesem Fall spricht man nicht von Antigenen, sondern von ***Haptenen***. Ein Hapten löst nur dann eine Antikörperbildung aus, wenn es relativ *fest* an ein Trägerprotein gebunden ist.

Immunglobuline sind tetramere Proteine mit einer antigenbindenden Domäne

Alle ***Antikörper*** sind ***Glykoproteine***. In der *Serumelektrophorese* wandern sie mit der Fraktion der ***α-Globuline***, werden daher auch als Immunglobuline bezeichnet.

Tabelle 18.2 stellt die einzelnen im Serum nachweisbaren Immunglobulinfraktionen zusammen. Diese lassen sich am besten durch Immunelektrophorese unterscheiden. Prinzipiell handelt es sich um gleichartig aufgebaute Moleküle, die jedoch Unterschiede in der *Aminosäuresequenz*, dem *Kohlenhydratgehalt* und in der Konzentration aufweisen. Abbildung 18.2 zeigt den Aufbau eines charakteristischen Antikörpermoleküls, des Immunglobulins G (IgG). Es kommt im Vergleich zu den anderen Immunglobulinen im *menschlichen Serum* in der höchsten Konzentration vor; seine Strukturelemente finden sich auch in den anderen Immunglobulinklassen. Es ist ein symmetrisches, aus insgesamt vier Ketten aufgebautes Protein. Je zwei identische schwere (= *H*-Ketten, *h*eavy chains) und zwei leichte (= *L*-Ketten, *l*ight chains) Ketten werden durch nichtkovalente Bindungen sowie durch Disulfidbrücken verknüpft, so daß eine *stabile* Y-*förmige Struktur* entsteht.

Durch gezielte proteolytische Spaltung z.B. durch Papain lassen sich Antikörper in zwei Fragmente zerlegen:

Die sogenannten ***F_{ab}-Fragmente*** sind imstande, Antigene zu binden. Sie bestehen aus den beiden Schenkeln des Y-förmigen IgG-Moleküls, die jeweils aus den L-Ketten sowie einem *Teil* der H-Ketten gebildet werden. Das zweite Fragment wird **F_c-Fragment** genannt. Gebildet wird es aus dem verbleibenden Rest der H-Ketten. Es ist leicht zu kristallisieren und enthält den gesamten Kohlenhydratanteil des Antikörpers.

Bei einer genauen Analyse der *Aminosäuresequenz* von Antikörpermolekülen zeigt es sich, daß Teile der Sequenz beim Vergleich verschiedener Antikörperspezies *keine* oder nur sehr *geringe* Unterschiede aufweisen, weswegen man sie auch als *invariabel* oder *konstant* bezeichnet.

Tabelle 18.2. Die Immunglobuline des Humanserums

	IgG	IgA	IgM	IgD	IgE
Molekulargewicht	150000	160000 (+Aggregate)	900000 (+Aggregate)	184000	190000
Schwere Ketten	γ	α	μ	δ	ε
Leichte Ketten	κ/λ	κ/λ	κ/λ	κ/λ	κ/λ
Gehalt im Normalserum [g/l]	8–18	0,9–4,5	0,6–2,8	0,003–0,4	$1–14 \cdot 10^{-4}$

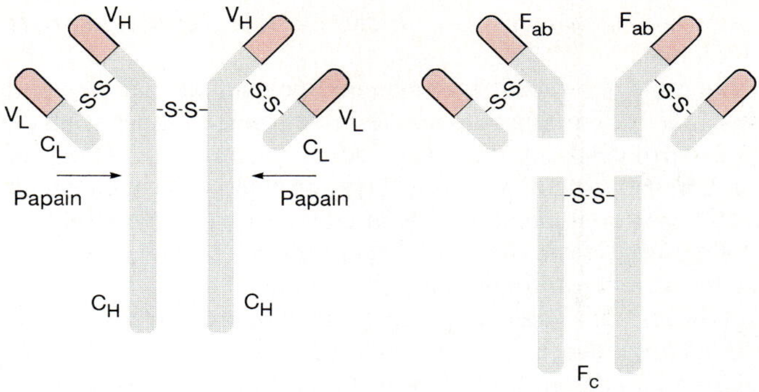

Bild 18.2. Aufbau eines Immunglobulin G-Moleküls. → = Spaltstelle für die Protease *Papain*. Weitere Einzelheiten s. Text

Speziell in der Gegend der *Antigenbindungsstelle* findet sich jedoch eine außerordentliche *Variabilität*, so daß hier von variablen bzw. sogar *hypervariablen Bezirken* gesprochen wird. Diese große Variabilität spiegelt die Tatsache wider, daß Antikörper in sehr spezifischer Weise mit den verschiedensten Antigenen zu reagieren haben, was nur durch *genaue* Anpassung der Antikörperstruktur an das jeweilige Antigen gelingt. Man nimmt an, daß der Organismus imstande ist, spezifische Antikörper auf etwa 10^7 - 10^8 unterschiedliche Antigene zu bilden.

Wie aus Tabelle 18.2 hervorgeht, werden die im menschlichen Plasma vorkommenden Immunglobuline in ***fünf Klassen*** unterteilt. Diese Unterteilung beruht darauf, daß die *schweren* Ketten der Immunglobuline in *fünf Varianten* vorkommen, die mit den griechischen Buchstaben γ, α, μ, δ, und ϵ bezeichnet werden. So gehört ein Immunglobulin bei identischer leichter Kette zur Klasse IgG, wenn die schwere Kette dem γ-Typ zugehört, zum Typ IgA, wenn sie dem α-Typ zugehört.

Das Vorkommen der Immunglobuline weist auf unterschiedliche Funktionen hin.

- Die ***IgG*** sind mengenmäßig der wichtigste Vertreter der Immunglobuline und kommen im Plasma sowie der Kolostralmilch vor. IgG *binden* z.B. von Bakterien gebildete, im Plasma vorkommende

Toxine sowie Mikroorganismen, so daß diese besser ***phagozytiert*** werden können.

- Immunglobuline des ***Typs A*** kommen im Speichel, der Tränen- und Nasalflüssigkeit, dem Schweiß sowie in den Sekreten der Lungen und des Gastrointestinaltraktes vor. Dort liegen sie als Dimere in Kombination mit einem weiteren Glykoprotein, der sogenannten sekretorischen Komponente (SC-Komponente), vor. Die Funktion des IgA liegt im ***Schutz*** der *Schleimhautoberflächen* des Organismus vor bakteriellen Infektionen.
- Immunglobuline des ***Typs M*** liegen als pentamere Aggregate vor. Sie werden hierzu durch ein J-Protein (engl. J = joining) verknüpft. IgM gehören zu den am frühesten im Verlauf einer Immunantwort (s.u.) produzierten Immunglobulinen. Sie sind besonders wirksame ***Aktivatoren*** des *Komplementsystems* (s.S. 433).
- Über die biologische Funktion der ***IgD*** ist wenig bekannt. ***IgE*** spielen eine besondere Rolle bei der ***Allergie***. Sie binden an einem spezifischen Rezeptor der Mastzellen und bewirken auf diese Weise nach Kontakt mit Antigen die Freigabe von *Mediatorsubstanzen* wie ***Histamin*** (s.S. 381) u.a.

Die Antikörpervielfalt kommt durch genetische Rekombination zustande

Die Fähigkeit zur Produktion von etwa 10^7 - 10^8 unterschiedlichen Antikörperspezifitäten bedeutet natürlich, daß jeweils spezifische Aminosäuresequenzen in den variablen Teilen der F_{ab}-Fragmente der Antikörpermoleküle synthetisiert werden. Es läßt sich leicht errechnen, daß ein außerordentlich großer Teil des Genoms nur für die Antikörperproduktion verwendet werden müßte, wenn man annimmt, daß für jede denkbare L- bzw. H-Kette jedesmal ein *eigenes Gen* benötigt wird.

In der Tat wird das Problem der Erzeugung der Antikörpervielfalt durch ***genetische Rekombination*** gelöst. Abbildung 18.3 stellt die zugrundeliegenden Verhältnisse am Beispiel der Herstellung einer L-Kette eines Immunglobulins dar. Bei nicht differenzierten B-Lymphocyten liegen – wie in allen anderen somatischen Zellen des Organismus – einige hundert V-Segmente vor, die für die *ersten 95 Aminosäuren* des ***V-Teils*** einer L-Kette codieren.

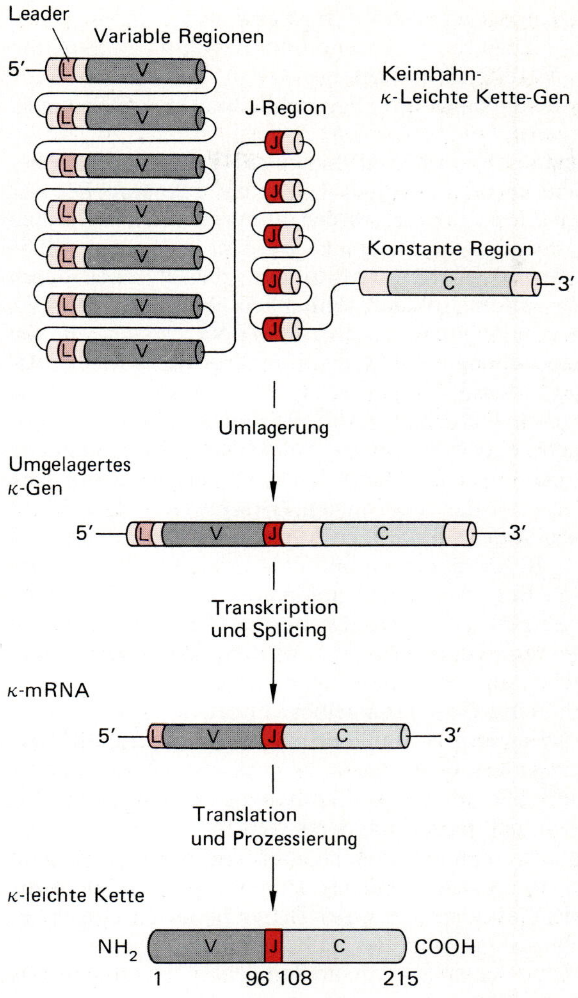

Bild 18.3. Biosynthese einer L-Kette eines Immunglobulins durch genetische Rekombination. Einzelheiten s. Text

Davon abgesetzt findet man fünf ***J-Segmente*** (J = joining). Jedes dieser J-Segmente enthält die genetische Information für *weitere fünf Aminosäuren* des V-Teils der L-Kette.

Noch etwas weiter davon entfernt liegt schließlich eine ***C-Sequenz***, die für den *konstanten Teil* der L-Kette codiert.

Bei der Entwicklung von funktionsfähigen ***B-Zellen*** wird ein beliebiges V-Segment an ein beliebiges J-Segment geknüpft. Die dazwischenliegenden Gensegmente werden eliminiert. Die zwischen dem erwählten J-Segment und dem C-Segment gelegenen DNS-Abschnitte werden zwar noch transkribiert, danach aber durch Spleißen (s.S. 65) entfernt, so daß schließlich eine aus einem V-, einem J- und einem C-Segment bestehende ***mRNS*** entsteht, die die Matrize für die Herstellung einer fertigen leichten Kette liefert. Allein mit den 200 V-, den 5 J- und einer C-Sequenz können also ca. 1.000 L-Ketten mit verschiedenen variablen Teilen entstehen.

Im Prinzip liegen bei der Herstellung von H-Ketten ganz ähnliche Verhältnisse vor. Außer den V- und den J-Sequenzen lassen sich noch weitere Segmente, die sogenannten ***D-Gene*** (D = Diversität) nachweisen. Man nimmt an, daß beim Menschen je eines aus etwa 75 - 100 V-Genen, 10 - 20 D-Genen und 6 J-Genen für die H-Kette kombiniert werden. Bei beliebiger Kombination können somit etwa 12.000 H-Ketten hergestellt werden. Da L- und H-Ketten wiederum beliebig kombinierbar sind, lassen sich auf diese Weise etwa 10^7 - 10^8 unterschiedliche Antikörperspezifitäten erreichen.

Das oben geschilderte Genrearrangement findet während der Reifung von B-Lymphocyten aus Stammzellen des Knochenmarks *unabhängig* von der Anwesenheit eines *Antigens* statt. Dies führt zu einer entsprechend großen Zahl von B-Lymphocyten, die sich nur dadurch unterscheiden, daß jede ein anderes Gen für L- und H-Ketten besitzt. Diese Gene werden auch unabhängig von der Anwesenheit eines *Antikörpers* synthetisiert und als membrangebundener ***Antigenrezeptor*** in die Plasmamembran der B-Lymphocyten eingebaut, die in diesem Ruhezustand lange verbleiben können.

Ihre Aktivierung erfolgt erst, wenn ein Antigen in den Organismus eindringt, welches eine zum Antigenrezeptor auf dem Lymphocyten passende antigene Determinante trägt. Es kommt dann zur Ausbildung eines zellgebundenen ***Antigen-Antikörper-Komplexes***, welcher vom Lymphocyten internalisiert wird und eine *Differenzierung* und *Proliferation* auslöst. Dies führt schließlich zur Ausbildung eines sogenannten ***Klons*** von Plasmazellen, die den entsprechenden Antikörper produzieren und nun sezernieren (klonale Selektion). Über weitere Einzelheiten dieser Immunantwort s.S. 431. Da die meisten Antigene mehrere antigene Determinanten haben, werden mehrere unterschiedliche B-Lymphocyten aktiviert, so daß eine entsprechend größere Zahl von Plasmazellklonen entsteht. Man spricht in diesem Fall von ***polyklonalen Antikörpern***.

Monoklonale Antikörper erkennen jeweils nur ein Epitop eines Antigens

Es ist für viele experimentelle und diagnostische Zwecke ein großer Vorteil, statt des üblichen polyklonalen Antikörpergemisches nach Immunisierung mit einem Antigen eine einheitliche, nur von *einem* B-Zellklon produzierte Antikörperspezies zur Verfügung zu haben. Ein Verfahren zur Herstellung derartiger ***monoklonaler Antikörper*** ist vor einigen Jahren von Köhler und Milstein entwickelt worden. Seine Grundzüge sind in Abb. 18.4 zusammengestellt.

Zur Erzeugung der monoklonalen Antikörper wird zunächst eine Maus mit dem in Frage kommenden Antigen immunisiert. Natürlich entstehen hierbei entsprechend der klonalen Selektion eine mehr oder weniger große Zahl von aktivierten B-Lymphocyten, deren Antikörper gegen jeweils ein spezifisches Epitop des Antigens gerichtet sind. Das experimentelle Problem besteht nun darin, jeweils *einen einzigen* dieser B-Lymphocyten zu isolieren und seine Antikörperproduktion für möglichst lange Zeit aufrecht zu erhalten. Hierzu werden die *Milzzellen* der immunisierten Maus, die im wesentlichen aus B-Lymphocyten bestehen, isoliert und experimentell mit *Myelomzellen* fusioniert. Da Myelomzellen bösartig entartete Plasmazellen sind, führt dies zur ***Immortalisierung*** der B-Lymphocyten. Diese können nun beliebig lange in Zellkultur gehalten werden.

Durch entsprechende Selektionsverfahren werden nicht fusionierte Myelomzellen bzw. B-Lymphocyten abgetrennt. Durch Vereinzeln der dabei schließlich entstehenden Hybridzellen (Hybridome) lassen sich jetzt unter Einhaltung geeigneter Wachstumsbedingungen von je einer B-Zelle abstammende Klone herstellen, deren Antikörperproduktion und Antikörperspezifität genau festgestellt werden können. Da jeder Klon nur von *einer* B-Zelle abstammt, werden die produzierten Antikörper als *monoklonale Antikörper* bezeichnet.

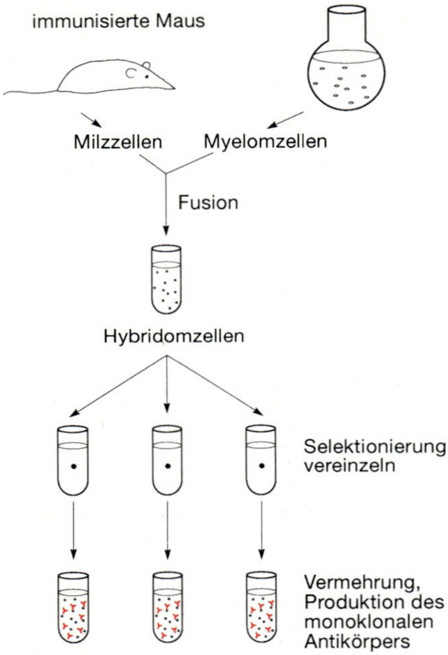

Bild 18.4. Herstellung eines monoklonalen Antikörpers. Einzelheiten s. Text

18.3 Der Haupthistokompatibilitätskomplex (MHC)

Die Proteine des MHC-Komplexes sind integrale Membranproteine, die in vielen Isoformen vorkommen

Der Transplantationschirurgie sind dadurch Grenzen gesetzt, daß es häufig ohne eine mit Nebenwirkungen behaftete und schwer zu überwachende medikamentöse Therapie einige Wochen nach einer Transplantation zur ***Abstoßung*** des Transplantates kommt. Wie es sich gezeigt hat, sind für diese Abstoßungsreaktion auf der Oberfläche aller Zellen lokalisierte Proteine verantwortlich. Als

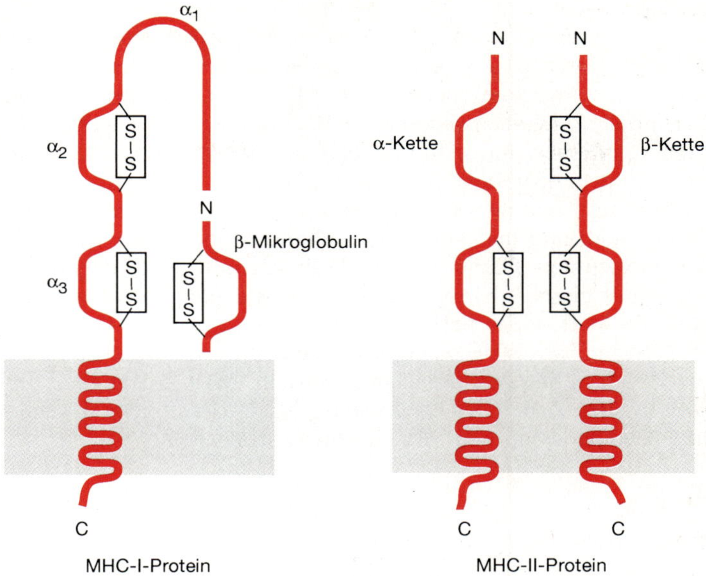

Bild 18.5. Strukturen der MHC-I- und MHC-II-Komplexe. Einzelheiten s. Text

Haupt-Gewebeverträglichkeits-Antigene oder ***Haupt-Histokompatibilitäts-Antigene*** werden die für die Abstoßungsreaktion bedeutsamsten bezeichnet. Bei uns hat sich für diese Strukturen die englische Abkürzung für Major Histocompatibility Complex, nämlich ***MHC-Komplex***, eingebürgert. Beim Menschen wird der MHC-Komplex auch als ***humane Leucocytenantigene*** bezeichnet, weswegen man auch vom ***HLA-Komplex*** spricht.

Im menschlichen Organismus lassen sich zwei MHC-Komplexe nachweisen, die deshalb als MHC-I- und MHC-II-Antigene bezeichnet werden und deren Strukturen schematisch in Abb. 18.5 dargestellt sind. Der ***MHC-I-Komplex*** ist ein integrales Membranprotein mit drei extrazellulären Domänen αI - αIII. Er ist mit einem als βII-Mikroglobulin bezeichneten Protein assoziiert. Der ***MHC-II-Komplex*** besteht dagegen aus zwei glycosylierten integralen Membranproteinen α und β. Beide Ketten weisen durch intramolekulare Disulfidbrücken stabilisierte Domänen auf.

Von den verschiedenen für die Proteine der MHC-I bzw. -II Komplexen codierenden Genen gibt es beim Menschen eine Vielzahl von ***Allelen***. Damit unterscheiden sich die entsprechenden Genprodukte auch als Antigene voneinander. Alle Gene des menschlichen MHC-Komplexes werden ***codominant*** exprimiert, d.h. gleichberechtigt vom väterlichen und mütterlichen Chromosom. Da die Gene in jedem Haplotyp insgesamt *dreimal* vorkommen, bedeutet es, daß jede Zelle eines Menschen sechs möglicherweise verschiedene MHC-I-Antigene und aufgrund von $\alpha\beta$-Mischungen noch mehr MHC-II-Antigene exprimiert. Damit wird die Wahrscheinlichkeit, daß ein Individuum mit einem nichtverwandten anderen Individuum zufällig die gleichen MHC-Gene besitzt, außerordentlich *gering*.

Die Proteine des MHC-Komplexes sind unterschiedlich auf die verschiedenen Zellen des Organismus verteilt. MHC-I-Antigene finden sich in allen Zellen des Organismus, MHC-II-Antigene dagegen nur in B-Lymphocyten und Monocyten/Makrophagen.

Die Proteine des MHC-Komplexes werden für die Antigen-Präsentation benötigt

Die Antwort auf die Frage nach der physiologischen Funktion der Proteine des MHC-Komplexes war klar, als nachgewiesen wurde, daß ***T-Lymphocyten*** Antigene nie in freier Form, sondern nur nach

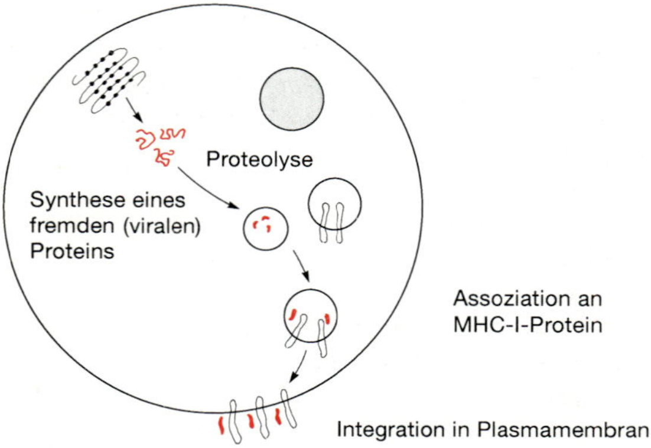

Bild 18.6. Antigenpräsentation mit dem MHC-I-Komplex. Einzelheiten s. Text

Assoziation an die Proteine des MHC-Komplexes erkennen können. Abbildung 18.6 stellt die Verhältnisse für Zellen mit dem MHC-I-, Abb. 18.1 für solche mit dem MHC-II-Komplex dar.

Proteine des MHC-I-Komplexes werden in *allen* Körperzellen synthetisiert und als Membranproteine in die Plasmamembran eingebaut. Sie assoziieren jedoch vorher mit Peptidfragmenten, die durch partielle intrazelluläre Proteolyse entstanden sind und aus etwa 15 - 20 Aminosäuren bestehen. Stammen diese Fragmente aus körpereigenen Proteinen, so wird der entstandene MHC-I-Peptid-Komplex als „eigen" erkannt und führt *nicht* zur Aktivierung von T-Lymphocyten (Immuntoleranz s.S. 437). Werden in der betreffenden Zelle jedoch fremde Proteine exprimiert, z.B. im Verlauf einer Virusinfektion, oder nach maligner Transformation, so entstehen fremde Peptide, die zusammen mit den eigenen MHC-Proteinen auf der Zellmembran exprimiert werden. Diese werden von T-Lymphocyten als fremd erkannt und führen zur Aktivierung derselben. Bei der Reaktion gegen Transplantate steht dagegen weniger die Expression fremder Peptide sondern des *fremden MHC-I-Komplexes* als Erkennungssignal im Vordergrund.

Als fremd erkannte Peptide in Kombination mit dem eigenen MHC-I-Komplex führen zur Aktivierung ***cytotoxischer T-Lymphocyten***. Die Präsentation fremder Antigene zusammen mit dem MHC-II-Komplex dient dagegen einem anderen Zweck. Durch B-Lymphocyten bzw. Monocyten/Makrophagen aufgenommene fremde Antigene werden intrazellulär proteolytisch fragmentiert und von diesen Zellen dann zusammen mit dem MHC-II-Komplex ***präsentiert***. Die Kombination aus Fremdantigen- und MHC-II-Komplex wird von den ***T-Helferzellen*** erkannt. Diese beginnen daraufhin mit der Produktion von Wuchs- und Differenzierungsfaktoren für B-Lymphocyten (s.u.).

18.4 Die humorale Immunantwort

Die Aktivierung von B-Lymphocyten beruht auf Zell-Zell-Wechselwirkungen mit T-Helferzellen und Monocyten/Makrophagen

Die experimentelle Beobachtung, daß die Immunglobulinproduktion von B-Lymphocyten auf ein gegebenes Antigen hin bei *thymuslo-*

sen Tieren deutlich abgeschwächt ist, führte zu der Entdeckung, daß die Aktivierung von B-Lymphocyten von der Aktivität einer T-Lymphocyten-Subpopulation abhängt, die als ***T-Helferzellen*** bezeichnet werden. Hierzu ist notwendig, daß das Antigen entweder von Monocyten/Makrophagen oder von B-Lymphocyten mit Hilfe ihres spezifischen Rezeptors aufgenommen, intrazellulär fragmentiert und zusammen mit dem MHC-II-Komplex präsentiert wird.

T-Helferzellen verfügen wie andere T-Lymphocyten über den ***T-Lymphocytenrezeptor***. Der Aufbau dieses integralen Membranproteins ist schematisch in Abb. 18.7 dargestellt. Es handelt sich um ein heterodimeres Molekül aus je einer α- und einer β-Kette, die durch Disulfidbrücken verknüpft und als integrale Membranproteine in die Plasmamembran der T-Lymphocyten eingebaut sind. Jede der beiden Ketten enthält zwei durch Disulfidbrücken stabilisierte ***Domänen***, eine konstante, als C-Domäne sowie eine variable, als V-Domäne bezeichnete.

Ähnlich wie bei den Immunglobulingenen der B-Lymphocyten entsteht auch der variable Anteil des T-Zell-Rezeptors durch genetische Rekombination aus einer Vielzahl von V-, D- und J-Segmenten. Dies führt dazu, daß die T-Zellrezeptoren eine ähnliche Vielfalt wie die Antikörper aufweisen. Das primäre Ereignis bei der ***humoralen Immunantwort*** ist demnach die Erkennung eines auf einem B-Lymphocyten bzw. Monocyten/Makrophagen exprimierten mit einem fremden Antigen beladenen MHC-II-Komplexes durch den T-Zellrezeptor.

Die Differenzierung von B-Lymphocyten zu Plasmazellen wird durch Interleukine gesteuert

Die oben geschilderte rezeptorvermittelte Vernetzung von B-Lymphocyten, Monocyten/Makrophagen und T-Helferzellen führt zunächst zur Aktivierung der T-Helferzellen. Dies löst die *Sekretion* einer Reihe von als Interleukine (IL) bezeichneten ***Wuchs- und Differenzierungsfaktoren*** aus. Bis jetzt sind mehr als zehn derartige Interleukine entdeckt worden, in jedem Fall handelt es sich um Proteine mit Molekulargewichten zwischen 15 000 und 25 000. Bei der humoralen Immunantwort wird zunächst von den T-Helferzellen das ***Interleukin IV*** abgegeben, welches zur Proliferation der B-Zellen und damit zur Bildung des entsprechenden Klons führt. Ebenfalls

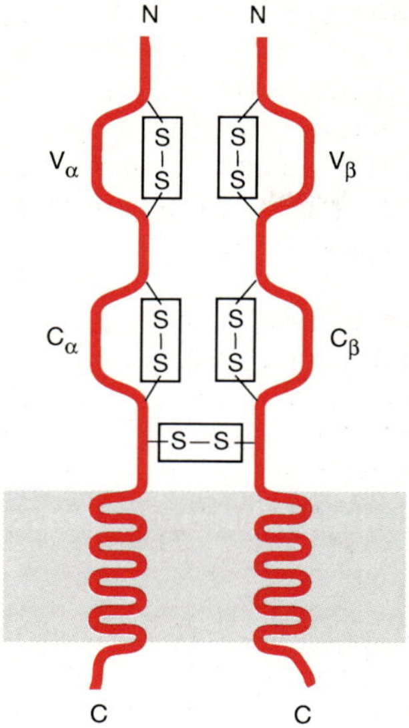

Bild 18.7. Struktur des T-Lymphocytenrezeptors. Einzelheiten s. Text

als Proliferationsfaktor wirken kann das ***Interleukin II***. Die Umschaltung auf Immunglobulinsekretion sowie die endgültige Differenzierung zur Plasmazelle wird dann durch das ebenfalls von T-Helferzellen sezernierte ***Interleukin V*** bewirkt.

Immunglobuline aktivieren das Komplementsystem

Durch die nach entsprechender Aktivierung der B-Lymphocyten erfolgende Immunglobulinproduktion und die Bildung der Antigen-Antikörper-Komplexe werden antigene Strukturen zwar mit Antikörpern „markiert", sie sind jedoch damit noch *nicht unschädlich* gemacht. Bei *löslichen* Antigen-Antikörper-Komplexen erfolgt diese Eliminierung durch *Granulocyten*, die einen F_c-Rezeptor besitzen, der Antigen-Antikörper-Komplexe bindet, die danach durch *Phagocytose* aufgenommen und eliminiert werden.

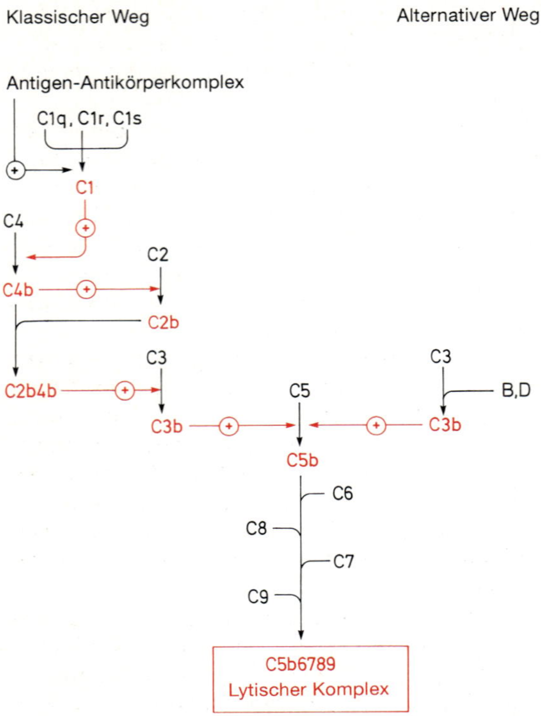

Bild 18.8. Aktivierung des Komplementsystems über den klassischen bzw. alternativen Weg. Aktive Komponenten sind rot hervorgehoben, proteolytische, zur Aktivierung führende Reaktionen mit roten Pfeilen markiert. Weitere Einzelheiten s. Text

Anders ist es dagegen bei der Zerstörung von ***Bakterienzellen***, die mit Antikörpern markiert sind. Hier führt die Antikörperbindung zur Aktivierung des ***Komplementsystems***.

Wie aus Abb. 18.8 hervorgeht, ist das Komplementsystem aus mindestens 20 verschiedenen Plasmaproteinen zusammengesetzt, die ähnlich wie die Proteine der *Blutgerinnung* oder der *Fibrinolyse* in einem ***Kaskadensystem*** zusammenwirken, bei dem spezifische Proteasen durch ***limitierte Proteolyse*** aktiviert werden. Die einzelnen

Komponenten des Komplementsystems werden mit C (für complement) und einer Ziffer bezeichnet. Für die Aktivierung des Komplementsystems stehen *zwei Wege* zur Verfügung, der klassische Weg sowie der alternative Weg.

Die ***gemeinsame Endstrecke*** beider Wege geht von der aktivierten Form der Komponente C 3 aus, die als C 3b bezeichnet wird. C 3b ist eine Protease, die C 5 unter Bildung der Produkte C 5b und C 5a spaltet. C 5b integriert sich in die Membran von Bakterienzellen und ermöglicht nacheinander den weiteren Einbau der Komplexe C 6, C 7, C 8 und C 9. Diese bilden zusammen eine auch *elektronenoptisch sichtbare Pore*, durch die Ionen in die betroffene Zelle eindringen können und die schließlich zur Lyse der Zelle führt.

Der ***klassische Weg*** der Komplementaktivierung beginnt mit der Anlagerung der Faktoren C1r, C1q und C1s an zwei benachbarte Fc-Enden von Antikörpermolekülen. Der wirksamste Aktivator des Komplementsystems ist dabei das pentamere IgM, bei dem die Nachbarschaft der F_c-Teile vorgegeben ist. Dieser C 1-Komplex spaltet die Komponente C 4 unter Bildung von C 4b. C 4b bindet und spaltet die Komponente C 2, so daß schließlich ein Komplex C 4b/2b entsteht, die C 3-Konvertase. Sie führt durch Proteolyse zur Bildung der Komponente C 3b aus C 3.

Der ***alternative Weg*** der Komplementaktivierung beginnt mit der Bindung kleiner Mengen von C 3b – welches immer durch Plasmaproteasen entsteht – an Bakterienoberflächen. Dies führt zusammen mit weiteren Faktoren D und B zu einer Aktivierung von C 3b und autokatalytisch zu einer verstärkten Spaltung von C 3 mit Einlagerung weiterer C 3b-Moleküle. Diese können schließlich C 5 spalten und danach auf dem geschilderten Weg die Membranpore bilden.

18.5 Die zelluläre Immunantwort

Die Präsentation von Antigenpeptiden durch MHC-I-Moleküle führt zur Aktivierung cytotoxischer T-Lymphocyten

Auch die Aktivierung von cytotoxischen T-Lymphocyten setzt die Präsentation von Antigenpeptiden mit MHC-Proteinen voraus. Allerdings handelt es sich hier, anders als bei der Aktivierung der

T-Helferzellen, um ***Assoziate*** von Antigenpeptiden mit MHC-I-Proteinen. Diese werden in allen Körperzellen exprimiert und normalerweise mit den Abbauprodukten körpereigener Proteine vergesellschaftet.

Bei Zellen, die beispielsweise mit *Viren* befallen sind oder bei denen durch maligne Transformation *geänderte Proteine* synthetisiert werden, entsteht nun ein ***Komplex*** aus dem MHC-I-Protein und einem Fremdpeptid. Dieser Komplex wird über den auch in cytotoxischen T-Lymphocyten vorhandenen ***Rezeptor*** gebunden. Die dadurch auftretende *Vernetzung* führt zu einer Aktivierung des T-Lymphocyten und zunächst zur Produktion von ***Interleukin II***, welches als ***autokriner Wachstumsfaktor*** wirkt. Diese autokrine Produktion von Interleukin II als dem *wichtigsten* T-Zell-Wachstumsfaktor genügt jedoch nicht. In aller Regel muß die Interleukin II-Produktion von ebenfalls aktivierten T-Helferzellen übernommen werden. Neben Interleukin II wirkt auch noch Interleukin IV als T-Zell-Wachstumsfaktor. Im allgemeinen sind somit für eine T-Zell-vermittelte Immunantwort die Kooperation von *wenigstens drei Zellen* notwendig, einer ***Antigen-präsentierenden Zelle***, einem ***cytotoxischen T-Lymphocyten*** mit dem passenden Rezeptor und einer ***aktivierten T-Helferzelle***.

Aktivierte cytotoxische T-Lymphocyten lysieren ihre Zielzellen

Cytotoxische T-Lymphocyten verfügen über eine Reihe verschiedener Mechanismen, mit deren Hilfe sie eine Zielzelle zur Lyse bringen können. So sind sie einmal zur *Synthese* und *Sekretion* eines als ***Perforin*** bezeichneten Proteines imstande. Perforine lagern sich nach ihrer Sekretion in einem Calcium-abhängigen Prozeß in die Plasmamembran ihrer Zielzelle ein und bilden eine Pore, ähnlich derjenigen, die durch das aktivierte Komplementsystem erzeugt wird.

Darüber hinaus werden von den cytotoxischen T-Lymphocyten eine Reihe von ***hydrolytischen Enzymen*** abgegeben, die durch die Perforinporen ins Innere der Zielzelle gelangen und dort zu einer Zerstörung lebenswichtiger Bestandteile fühen. Außerdem werden weitere ***Cytokine*** von aktivierten cytotoxischen T-Lymphocyten erzeugt, die auf eine Reihe von Zellen cytotoxisch wirken, wie z.B. der ***Tumor-Nekrose-Faktor***.

18.6 Die Immuntoleranz

Ein in seinen Einzelheiten noch nicht geklärtes Phänomen ist die Fähigkeit des Immunsystems, zwischen „eigen“ und „fremd“ zu unterscheiden. Dies wird durch eine Reihe unterschiedlicher Mechanismen ermöglicht. In der Reihe der B-Lymphocyten beruht eine der Möglichkeiten darauf, daß auch *noch unreife B-Zellen* einen ***funktionellen Rezeptor*** auf ihrer Oberfläche exprimieren. Trifft dieser auf das für ihn passende Antigen, wird die betreffende B-Zelle eliminiert. Da körpereigene Antigene immer im Überfluß vorhanden sind, würde ein solcher Mechanismus zum *Verschwinden* solcher B-Lymphocyten führen, die eine Spezifität gegen körpereigene Antigene aufweisen.

Eine weitere Möglichkeit besteht darin, daß es keine *T-Helferzellen* gibt, die körpereigene Antigene erkennen. In diesem Fall würden die für die B-Zell-Differenzierung und Immunglobulinproduktion notwendigen Interleukine fehlen. Da aktivierte B-Lymphocyten ohne diese Faktoren innerhalb weniger Tage absterben, führt auch dieser Mechanismus zur Immuntoleranz.

Von großer Bedeutung ist natürlich die *Eliminierung* der gegen „eigen“-Antigene gerichteten *T-Lymphocyten*. Diese erfolgt sehr wahrscheinlich im Thymus und beruht darauf, daß T-Lymphocyten, die von ***Thymusmakrophagen*** präsentierte „eigen“-MHC-Proteine in Assoziation mit „eigen“-Antigenpeptiden erkennen, auf noch unbekannte Weise zerstört werden. Damit bleiben nur diejenigen Zellen übrig, die Rezeptoren für *„eigen“*-MHC *und* für *„fremd“*-Antigenpeptide besitzen.

19 Die Leber

ZUSAMMENFASSUNG

Die Leber kontrolliert den Stoffwechsel vieler anderer Gewebe. Die Leber ist das wichtigste Organ zur Entgiftung körpereigener und körperfremder Verbindungen. Gegenüber toxischen Verbindungen ist die Leber besonders empfindlich. Die Gallenflüssigkeit enthält in der Leber aufbereitete Ausscheidungsprodukte.

Die Leber kontrolliert den Stoffwechsel vieler anderer Gewebe

Die Leber ist eines der größten Organe des Organismus. Bezüglich ihrer Bedeutung im Stoffwechsel nimmt sie eine zentrale Position ein. In ihr laufen die *meisten* der heute bekannten Stoffwechselreaktionen ab. Infolge ihrer ***spezifischen anatomischen Lokalisation*** ist sie zwischen den Darm als Ort der Resorption von Nahrungsstoffen und die extrahepatischen Gewebe als den „Endverbrauchern" geschaltet. Auf diese Weise kommt ihr eine wichtige Rolle bei der Aufrechterhaltung des „inneren Milieus" der Körperflüssgkeiten zu: Sie ist es, die dafür sorgt, daß die Zusammensetzung der *extrazellulären Flüssigkeit*, was ihren Nährstoffgehalt angeht, im wesentlichen konstant bleibt.

Neben diesen Funktionen kommt der Leber auch erhebliche ***sekretorische Aktivität*** zu. Nahezu *alle* der im Blutplasma vorkommenden Proteine werden in der Leber synthetisiert und sezerniert. Eine Ausnahme hiervon machen die *Immunglobuline*, die aus dem lymphatischen System stammen. Darüber hinaus erfolgt in der Leber die Assemblierung von VLDL (*V*ery *L*ow *D*ensity *L*ipoproteins), LDL

(*L*ow *D*ensity *L*ipoproteins) und HDL (*H*igh *D*ensity *L*ipoproteins) sowie ihre Abgabe ans Blut.

Durch ihre Fähigkeit zur ***Gallenbildung*** hat die Leber eine wichtige Funktion als Ausscheidungsorgan. Der größte Teil des auszuscheidenden Cholesterins sowie der aus dem Cholesterin entstandenen *Gallensäuren* erscheint in der Gallenflüssigkeit. Darüber hinaus befinden sich hier die sogenannten *Gallenfarbstoffe*, die die Abbauprodukte des Hämoglobins darstellen.

Über die genannten Funktionen hinaus kommt der Leber im Zug der ***Entgiftung*** körpereigener und körperfremder Verbindungen eine wichtige Rolle zu. Sie ist imstande, schwer wasserlösliche Metabolite soweit zu modifizieren, daß sie über die Nieren *ausscheidungsfähig* werden.

Die Entdeckung, daß intrazellulär lokalisierte Enzyme bei Gewebsschädigungen in die extrazelluläre Flüssigkeit und damit ins Blut abgegeben werden können, wo sie leicht nachweisbar sind, gehört zu den Meilensteinen der klinisch-chemischen Diagnostik. Dies trifft im besonderen Maße für die Leber zu. Sie zeichnet sich vor allen anderen Organen durch eine vielseitige Ausstattung mit spezifischen und besonders aktiven ***Enzymen*** aus. Diese können deshalb bei entsprechenden Schädigungen sehr gut im Blut nachgewiesen werden

Tabelle 19.1 gibt eine Zusammenstellung der wichtigsten spezifischen Stoffwechselfunktionen der Leber wieder. Es handelt sich um Reaktionen, die zu den großen Kapiteln des ***Intermediärstoffwechsels*** gehören und dort auch besprochen werden.

Die Leber ist das wichtigste Organ zur Entgiftung körpereigener und körperfremder Verbindungen durch Biotransformation

Zu den ganz wesentlichen Aufgaben der Leber gehört die Entgiftung *körpereigener* Verbindungen wie beispielsweise von ***Steroiden*** oder von ***Bilirubin***. Darüber hinaus gelangen eine große Zahl *körperfremder* Verbindungen wie Arzneimittel, Farbstoffe, Konservierungsmittel, usw. in den Organismus und müssen wieder eliminiert werden. In der Regel handelt es sich bei den genannten körpereigenen und körperfremden Substanzen um *stark lipophile Verbindungen*, die ohne den Mechanismus der sogenannten ***Biotransformation*** entweder gar nicht oder nur außerordentlich langsam ausgeschieden wer-

Tabelle 19.1. Übersicht über die wichtigsten Stoffwechselfunktionen der Leber

Stoffwechsel	Funktion	Seite
Kohlenhydrate		
Glykogen	Homöostase der Blutglucose durch hormonelle Regulation von Glykogensynthese und Glykogenolyse	346
Glucose	Homöostase der Blutglucose durch Glucosebiosynthese aus Nichtkohlenhydraten (Gluconeogenese)	220 f
Galaktose	Utilisierung von Galaktose aus Laktose, Biosynthese von Galaktose	125
Fruktose	Utilisierung von Fructose aus Saccharose	125
Lipide		
Lipoproteine	Biosynthese, Assemblierung und Abbau von VLDL, LDL und HDL	410
Fettsäuren	Biosynthese von Ketonkörpern bei β-Oxidation der Fettsäuren	149
Cholesterin	Biosynthese von Cholesterin in Abhängigkeit vom Nahrungscholesterin	254
	Umwandlung von Cholesterin zu Gallensäuren	256
N-haltige Verbindungen		
Aminosäuren	Biosynthese nichtessentieller Aminosäuren	182 f
	Abbau essentieller und nichtessentieller Aminosäuren	192 f
Aminosäuren	Decarboxylierung von Aminosäuren zu „biogenen Aminen“	204
Harnstoff	Biosynthese von Harnstoff im Harnstoffcyclus	189
Kreatin	Biosynthese	456
Proteine		
Albumin	Biosynthese und Sekretion	409
Gerinnungsenzyme	Biosynthese und Sekretion	403 f

den können. Sie könnten deswegen infolge einer sehr langen Verweildauer im Organismus zu gefährlichen Konzentrationen *akkumulieren*.

Tabelle 19.2. Wichtige, durch Monooxigenasen katalysierte Reaktionen

Hydroxylierung		
R–H	O_2, $NADPH + H^+$ → H_2O, $NADP^+$	R–OH
O-Dealkylierung		
$R-O-CH_3$	O_2, $NADPH + H^+$ → H_2O, $NADP^+$	R–OH + HCHO
N-Dealkylierung		
$R-N(R')-CH_3$	O_2, $NADPH + H^+$ → H_2O, $NADP^+$	R–NH(R') + HCHO

Generell erfolgt die Biotransformation in zwei Schritten. Zunächst werden die betreffenden Verbindungen durch chemische Modifikationen soweit umgewandelt, daß sie OH-, NH_2-, SH- bzw. COOH-Gruppen enthalten. In aller Regel sind die so entstandenen ***Metabolite*** immer noch *nicht hydrophil genug*, um ohne weiteres ausgeschieden werden zu können.

Sie werden also im zweiten Schritt der Biotransformation an sehr *polare* Verbindungen gekoppelt. *Die dabei entstehenden* ***Konjugationsverbindungen*** können nun ohne weiteres ausgeschieden werden. Dies geschieht entweder durch die *Nieren* in den *Urin* oder über die *Leber* in die Gallenflüssigkeit.

Teil 1 der Biotransformation: Oxidative bzw. reduktive Umwandlung. Meist werden die in Frage kommenden Verbindungen durch die Aktivität der sogenannten *Monooxygenasen* (s.S. 177) oxidiert. Tabelle 19.2 gibt einen Überblick über die wichtigsten durch sie vermittelten *Oxidationen*. Weitere wichtige oxidative Reaktionen sind die *Desaminierung* unter Ausbildung einer CO-Gruppe sowie Ammoniakfreisetzung und die oxidative Spaltung der Seitenkette des Cholesterins unter Bildung der ***Gallensäuren*** (s.S. 256).

Wesentlich seltener werden ausscheidungspflichtige körpereigene bzw. körperfremde Substanzen im Teil 1 der Biotransformation durch ***Reduktionen*** modifiziert. Dabei entstehen z.B. aus Nitrogruppen ***Aminogruppen***.

Tabelle 19.3. Möglichkeiten der Konjugation von Metaboliten, die durch die Oxidation oder Reduktion körpereigener bzw. körperfremder Substanzen entstanden sind

Glucuronidierung

$R-OH$ + UDP-Glucuronat $\longrightarrow$ 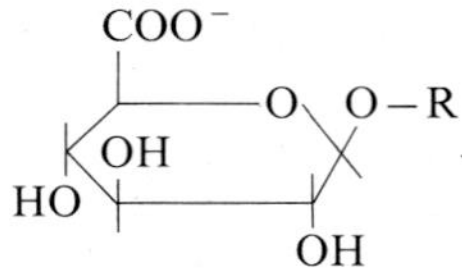

+ UDP

$R-NH_2$ + UDP-Glucuronat $\longrightarrow$ 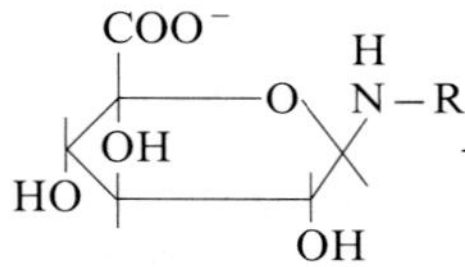

+ UDP

$R-COO^-$ + UDP-Glucuronat $\longrightarrow$ 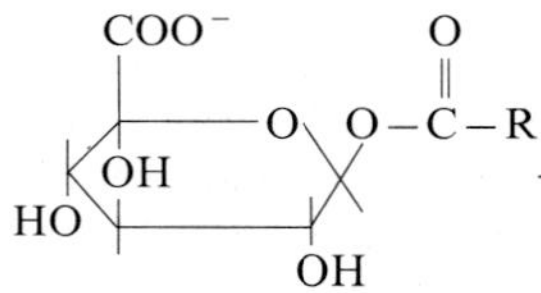

+ UDP

Sulfatierung

$R-OH + PAPS \rightarrow R-O-SO_3^- + PAMP$

$R-NH_2 + PAPS \rightarrow R-NH-SO_3^- + PAMP$

Konjugation mit Glycin

$$R-\overset{\displaystyle O}{\overset{\|}{C}}-SCoA + H_3N^+-CH_2-COO^- \rightarrow R-\overset{\displaystyle O}{\overset{\|}{C}}-NH-CH_2-COO^- + CoASH$$

Teil 2 der Biotransformation: Die Konjugation. Der Sinn dieser zweiten Phase der Biotransformation besteht darin, die durch Oxidation bzw. Reduktion entstandenen Metabolite an stark hydrophile Verbindungen zu koppeln. Hierzu stehen an erster Stelle Konjugation mit *Glucuronsäure*, mit *Sulfat* bzw. mit *Glycin* zur Verfügung (Tabelle 19.3).

Durch Konjugation mit Glucuronsäure entstehen die sogenannten ***Glucuronide***. Für die Glucuronidierung muß Glucuronsäure in ihrer aktivierten Form, d.h. als *UDP-Glucuronat* (s.S. 226) vorliegen.

Die Konjugation kann mit OH-Gruppen, primären und sekundären Aminen sowie mit Carboxylgruppen erfolgen.

Für die ***Sulfatierung***, die vor allen Dingen mit OH-Gruppen sowie *Aminogruppen* erfolgt, ist das aktivierte Sulfat, das 3'-Phosphoadenosin-5'-Phosphosulfat (s.S. 210) notwendig. Aus ihm entsteht nach Sulfatierung das *3'-Phosphoadenosinmonophosphat*.

Eine weitere Möglichkeit ist schließlich die ***Amidierung*** von *Carboxylgruppen* mit Aminosäuren, wofür im wesentlichen die Aminosäure Glycin verwendet wird. Hierbei muß zunächst die Carboxylgruppe des betreffenden Metaboliten in einer ATP-abhängigen Reaktion mit Coenzym A zum betreffenden Acyl-CoA aktiviert werden. Erst danach erfolgt unter Ausbildung eines *Säureamids* die Reaktion mit Glycin.

Außer den genannten drei Reaktionstypen kommen noch die ***Methylierung***, die ***Acetylierung*** sowie die Ausbildung von ***Thioethern*** vor, die allerdings von wesentlich geringerer Bedeutung sind.

Die verschiedenen für die Biotransformation benötigten ***Enzymsysteme*** sind besonders leicht *induzierbar*. Dies bedeutet, daß ihre Aktivität bei besonders hoher oder langdauernder Zufuhr der zu metabolisierenden Verbindungen durch vermehrte Synthese des betreffenden Enzymproteins zunimmt. Bei Neugeborenen und *Kleinkindern* sind die betreffenden Aktivitäten im allgemeinen außerordentlich *niedrig*. Dies betrifft vor allem die mikrosomalen Monooxygenasen sowie die Glucuronyltransferasen. Dies erklärt, warum Neugeborene gegen eine ganze Reihe von Arzneimitteln außerordentlich *empfindlich* sind. Der bei Neugeborenen gelegentlich zu beobachtende ***Ikterus*** beruht auf einer noch ungenügenden Glucuronidierung des durch den vermehrten Erythrocytenabbau entstehenden *Bilirubins*.

Gegenüber toxischen Verbindungen ist die Leber besonders empfindlich

Aufgrund ihrer anatomischen Lage ist die Leber gegen Gifte besonders empfindlich. Sie liegt, gleichsam als „Filter" zwischen dem *Intestinaltrakt* als dem Ort der Resorption und dem *Organismus*. Infolgedessen treffen alle oral zugeführten Gifte die Leber als *erstes* und in besonders *hoher Konzentration*. Schadstoffe oder Gifte, deren Lebertoxizität erwiesen ist, können Abfallprodukte *industrieller* Herstellungsverfahren sein (organische Lösungsmittel wie Tetrachlorkohlenstoff, Phosphor u.a.), aus *natürlichen* Quellen stammen wie beispielweise eine der beiden Giftkomponenten des Knollenblätterpilzes, das Amanitin (s.S. 273) oder zur Gruppe der *Pharmaka* gehören (z.B. Tetracycline, Cytostatica u.a.).

Häufig führt gerade die *chronische Vergiftung* mit derartigen Verbindungen zu einer sogenannten ***Fettleber***, d.h. einer Zunahme des normalen Fettgehaltes der Leber (ca. 5%) auf das Mehrfache. In aller Regel ist bei lebertoxischen Substanzen die Ursache dieser Verfettung in einer *Hemmung der Biosynthese von Apolipoproteinen* zu sehen, was eine Behinderung der Lipoproteinsekretion mit gesteigerter Fettablagerung zur Folge hat.

Die bedeutungsvollste lebertoxische Substanz ist ohne Zweifel das ***Ethanol***. Wie für die anderen per os zugeführten Gifte gilt auch hier, daß die Leber mit den höchsten Konzentrationen konfrontiert wird. Abbildung 19.1 zeigt die Möglichkeiten des Ethanolabbaus, der *ausschließlich* in der Leber erfolgt. Der größte Teil des Abbaus erfolgt dabei durch eine NAD-*abhängige*, schrittweise Oxidation von *Ethanol* zu *Acetat*. Die hierfür benötigten Enzyme sind die *Alkoholdehydrogenase* sowie die *Aldehyddehydrogenase*, die cytosolisch bzw. mitochondrial lokalisiert sind.

Einen Nebenweg, dem quantitativ allerdings nur eine geringe Bedeutung zukommt, stellt die Alkoholoxidation durch eine *Cytochrom* P_{450}-abhängige *Monooxygenase* dar. Das entsprechende Enzym ist am *endoplasmatischen Reticulum* lokalisiert. Beim Ethanolabbau entstehendes *Acetat* wird durch eine in der Leber in hoher Aktivität vorkommende *Thiokinase* zu *Acetyl-CoA* aktiviert. Dieses kann über die bekannten Stoffwechselwege oxidiert werden, dient aber auch als Ausgangspunkt für eine gesteigerte *Fettsynthese* (alkoholische Fettleber!).

Die Gallenflüssigkeit enthält in der Leber aufbereitete Ausscheidungsprodukte

In der Leber laufen nicht nur wichtige Stoffwechselprozesse und Biosynthesen ab. Sie ist auch ein aktives ***Sekretionsorgan***. Das von ihr sezernierte Produkt ist die *Gallenflüssigkeit*, die von der Leber abgegeben und bei vielen Säugetieren, auch beim Menschen, in der ***Gallenblase*** gespeichert und konzentriert werden kann. Tabelle 19.4 zeigt die Zusammensetzung menschlicher Leber- bzw. Blasengalle.

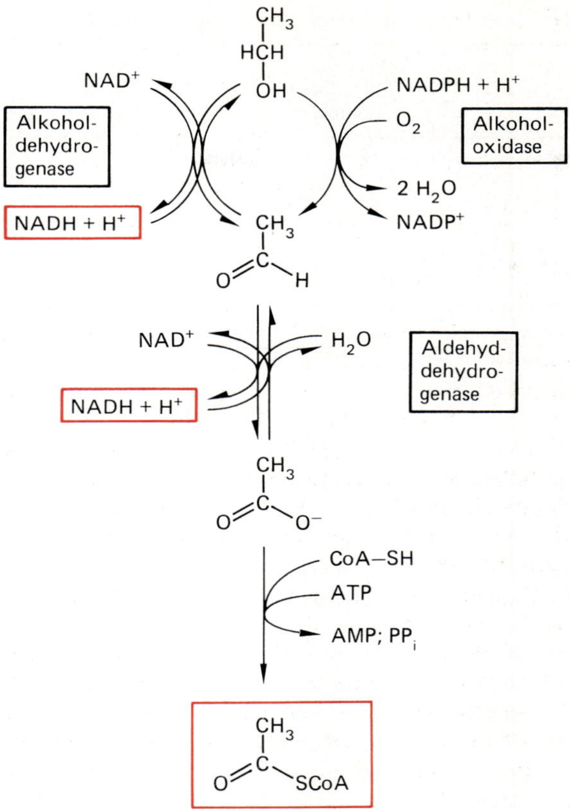

Bild 19.1. Möglichkeiten des Ethanolabbaus der Leber

Neben den *Gallenfarbstoffen*, die im wesentlichen aus *Bilirubindiglucuronid* (s.S. 399) bestehen, enthält sie hohe Konzentrationen von *Cholesterin* und *Gallensäuren*.

Die letzteren entstehen in der Leber durch die in Abb. 12.10 dargestellten Prozesse aus ***Cholesterin***. Es handelt sich im wesentlichen um eine *oxidative Verkürzung* der Cholesterinseitenketten sowie um eine *Hydroxylierung* des Steranskelettes. Zu weitergehenden Modifikationen oder gar zur Spaltung des Steranringsystems ist der tierische

Tabelle 19.4. Zusammensetzung menschlicher Leber- und Blasengalle

	Lebergalle [% des Gesamtgewichtes]	Blasengalle [% des Gesamtgewichtes]
Wasser	96,64	86,7
Gallensäuren	1,9	9,1
Mucin und Gallenfarbstoffe	0,5	3,0
Cholesterin	0,06	0,3
Fettsäuren	0,1	0,3
Anorganische Salze	0,8	0,6
pH	7,1	6,9 – 7,7

Organismus *nicht* imstande. Cholesterin kann also nur als solches oder in Form von Gallensäure ausgeschieden werden.

Der tägliche *Umsatz* an ***Gallensäuren*** beträgt unter der Annahme einer Gallenbildung von nur 500 ml etwa 10 g, die tägliche *Synthese* an Gallensäuren jedoch nur 200 - 500 mg, was genau der täglichen Ausscheidung von Gallensäuren bzw. deren bakteriellen Abbauprodukten mit den Faeces entspricht.

Diese offensichtliche Diskrepanz wird durch die Tatsache erklärt, daß *Gallensäuren* in sehr erheblichem Umfang einem ***enterohepatischen Kreislauf*** unterliegen. Über die Gallenwege in das *Duodenum* sezernierte Gallensäuren werden im unteren Duodenum mit Hilfe eines *aktiven Transportsystems* resorbiert und über das Pfortadersystem zur *Leber* zurückgebracht, wo sie für die erneute Sekretion in die Gallenflüssigkeit zur Verfügung stehen. Der Sinn dieses enterohepatischen Kreislaufes liegt offensichtlich darin, die relativ geringe Gesamtmenge der Gallensäuren für die Resorption von Fetten (s. S. 336) bereitzuhalten.

Das in der Gallenflüssigkeit vorkommende *Cholesterin* ist praktisch wasserunlöslich. Es bildet mit den in der Gallenflüssigkeit ebenfalls vorkommenden *Phospholipiden*, besonders dem *Phosphatidylcholin*, sowie den *Gallensäuren* gemischte ***Micellen*** und bleibt so in Lösung. Eine Micellenbildung ist jedoch nur bei entsprechenden Konzentrationen der drei beteiligten Partner möglich. Werden die Konzentrationsbereiche überschritten, so kommt es zum *Ausfallen* des Cholesterins in der Gallenflüssigkeit und damit zur Bildung sogenannter ***Gallensteine***, von denen 80% cholesterinreich und 50% reine Cholesterinsteine sind.

Eine große Reihe körpereigener und körperfremder Substanzen werden über die Gallenwege ausgeschieden. Zu ihnen gehören der Gallenfarbstoff Bilirubin, Glucuronide der Steroidhormone, andere *Hormone* (z.B. Insulin) sowie viele *Medikamente*. Störungen des Gallenflusses behindern deswegen häufig die Eliminierung von Arzneimitteln, was gegebenenfalls bei ihrer Dosierung berücksichtigt werden muß.

20 Das Fettgewebe

ZUSAMMENFASSUNG

Das Fettgewebe ist der größte Substratspeicher des Organismus. Durch Wechsel zwischen Lipogenese und Lipolyse nimmt das Fettgewebe aktiv am Stoffwechsel des Organismus teil.

Das Fettgewebe ist der größte Substratspeicher des Organismus

Das Fettgewebe macht beim normalgewichtigen Menschen etwa 12% des Gesamtkörpergewichtes aus. Zu seinen Aufgaben gehört

- die Energiespeicherung,
- die Wärmeisolierung (subkutanes Fettgewebe),
- Schutz vor mechanischen Traumen (Fettgewebe der Fußsohle),
- die Polsterung wichtiger Organe (retroorbitales Fettgewebe).

Da das Fettgewebe zu 95% aus ***Triacylglycerin*** besteht, errechnet sich bei Normalgewichtigen eine Fettmasse von etwa 8 - 10 kg. Diese ist imstande, den Energieverbrauch des Menschen für ***etwa 37 Tage*** zu decken, was die *Überlegenheit* des Fettgewebes gegenüber anderen Formen der Energiespeicherung (Glykogen, Proteine) deutlich macht.

Eine wesentliche Voraussetzung für das Funktionieren des Fettgewebes als Energiespeicher ist allerdings, daß es in der Lage ist, rasch und effektiv zu viel aufgenommene Nahrungsstoffe in Fett umzulagern und zu speichern, dieses jedoch bei Bedarf ebenso rasch und effektiv zu mobilisieren.

Durch Wechsel zwischen Lipogenese und Lipolyse nimmt das Fettgewebe aktiv am Stoffwechsel des Organismus teil

Die im Fettgewebe ablaufenden Stoffwechselprozesse wurden ausführlich in den Kap. 10 und 12 besprochen. Sie sind in Abb. 20.1 zusammengefaßt. Ausgangsstoffe der ***Lipogenese*** im Fettgewebe sind vor allem Glucose sowie nichtveresterte Fettsäuren. Glucose kann zu Acetyl-CoA abgebaut werden, welches dann als Ausgangspunkt für die *Fettsäurebiosynthese* dient. Glucose liefert aber gleichzeitig infolge der Fähigkeit des Fettgewebes zur Reduktion von Dihydroxyacetonphosphat α-Glycerophophat als den *Glycerinanteil* der Triacylglycerine. Diese werden aus 3 Acyl-CoA und α-Glycerophosphat synthetisiert.

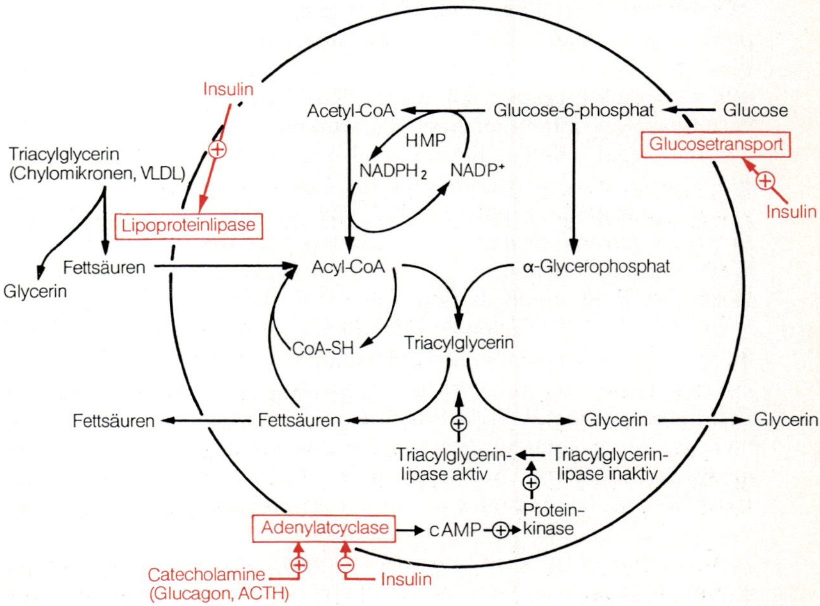

Bild 20.1. In der Fettzelle ablaufende Stoffwechselprozesse. (Einzelheiten siehe Text) *LPL* = Lipoproteinlipase

Die Lipogenese steht unter hormoneller Kontrolle durch ***Insulin***. Es stimuliert den *Glucosetransport* in die Fettzelle und stellt damit das nötige Substrat für die Umwandlung von Kohlenhydraten in Fett zur Verfügung. Die Hauptquelle für die vom Fettgewebe aufgenommenen nichtveresterten Fettsäuren stellen die in Chylomikronen und VLDL-gespeicherten ***Triacylglycerine*** dar. Sie müssen durch die *Lipoproteinlipase* zu Fettsäuren und Glycerin gespalten werden, wobei die ersteren vom Fettgewebe aufgenommen werden können. Die Biosynthese der Lipoproteinlipase steht ebenfalls unter der Kontrolle von *Insulin*.

Die ***Lipolyse*** als Abbau des im Fettgewebe gespeicherten Triacylglycerins zu Fettsäuren und Glycerin erfolgt durch *hormonkontrollierte* Aktivierung einer entsprechenden *Triacylglyerinlipase* (s.S. 348). Das Enzym wird durch eine cAMP-abhängige Proteinkinase phosphoryliert und aktiviert, in dephosphorylierter Form zeigt es keinerlei enzymatische Aktivität. Damit bekommen die *Insulinantagonistisch wirkenden Hormone*, vor allen Dingen die ***Katecholamine***, eine besondere Bedeutung für die Lipolyse. Sie sind imstande, die Adenylatcyclase des Fettgewebes zu stimulieren, was über die erhöhten cAMP-Spiegel zu einer Aktivierung der die Triacylglycerinlipase phosphorylierenden Proteinkinase führt. Da Insulin die cAMP-spiegel senkt, *stimuliert* es also am Fettgewebe nicht nur die *Lipogenese*, sondern *hemmt* auch die *Lipolyse*.

Jede gesteigerte Lipolyse führt zum Anstieg der Konzentration ***nichtveresterter Fettsäuren*** im Serum. Sie werden als *Albuminkomplexe* transportiert und dienen in vielen Geweben als Substrate zur Deckung des Energiebedarfs durch β-Oxidation der Fettsäuren.

Speziell die Leber zeichnet sich durch eine Besonderheit aus; auch hier erfolgt eine konzentrationsabhängige Aufnahme von nicht veresterten Fettsäuren aus dem Blut sowie eine rasche Oxidation der Fettsäuren zu Acetyl-CoA. Ein Teil dieses Acetyl-CoA wird jedoch nicht im Citratcyclus oxidiert, sondern dient der Produktion der ***Ketonkörper***, also von Acetacetat und β-Hydroxybutyrat (der dritte Ketonkörper, das Aceton, entsteht durch spontane Decarboxylierung von Acetacetat). Die Leber ist kaum imstande, Ketonkörper selber zu verwerten, sie gibt sie vielmehr wiederum ans Blut ab, von wo sie an eine Vielzahl von Geweben, darunter an die *Muskulatur* und unter bestimmten Bedingungen an das *Zentralnervensystem*, gelangen und oxidiert werden können. Der offensichtliche biologische Vorteil dieses Prozesses liegt darin, daß durch die Umwandlung in die Ketonkörper *Fettsäuren* in eine gut oxidierbare und *leicht wasserlösliche Form* gebracht werden können (Mechanismus der Ketonkörperbiosynthese s.S. 149).

21 Das Muskelgewebe

ZUSAMMENFASSUNG

Kontraktilität wird durch Wechselwirkungen zwischen Actin und Myosin vermittelt. Die Bereitstellung der für den Kontraktionsvorgang benötigten Energie ist vielfältig abgesichert.

Kontraktilität wird durch Wechselwirkungen zwischen Actin und Myosin vermittelt

Das Phänomen der Beweglichkeit ist in der Biosphäre in vielfältigster Weise verwirklicht. Es findet sich als Bewegung intrazellulärer Organellen (Kernteilung), bei Einzellern (Geißelbewegungen, amöboide Bewegung) sowie bei vielzelligen tierischen Organismen in Form eines spezialisierten Gewebes, des *Muskelgewebes*.

Im Muskelgewebe selbst kann wiederum zwischen quergestreifter und ***glatter Muskulatur*** unterschieden werden. Die erstere bildet die ***willkürlich innervierbaren*** Muskeln und zeichnet sich durch eine charakteristische Querstreifung im lichtmikroskopischen Bild aus. Ein Sonderfall der quergestreiften Muskulatur ist der ***Herzmuskel***. Die ***glatte Muskulatur*** zeigt das Phänomen der Querstreifung nicht und dient der ***vegetativ innervierten*** Bewegung der Organe im *Gastrointestinal-* und im *Urogenitaltrakt* sowie der *Blutgefäße*.

Ein quergestreifter Muskel läßt sich in eine große Anzahl sogenannter *Faserbündel* zerlegen, die wiederum aus einzelnen *Muskelfasern* bestehen. Eine *Muskelfaser* stellt ein ***Plasmodium*** dar, welches durch Wachstum und Kernteilung aus einer Zelle entstanden ist. Es kann mehrere *hundert Zellkerne* enthalten und eine Länge

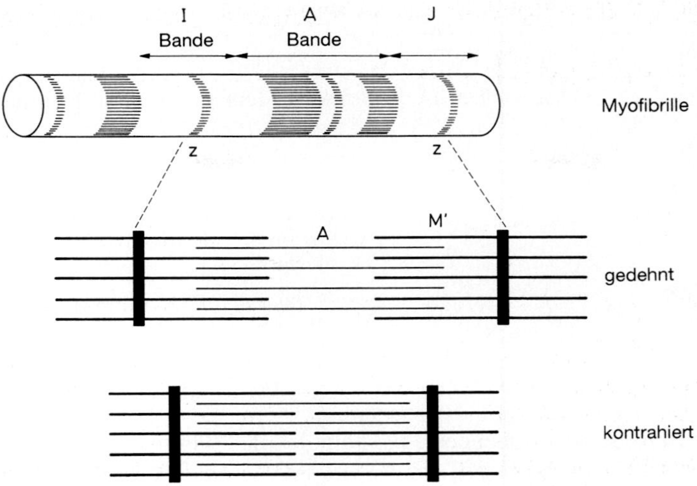

Bild 21.1. Schema des Aufbaus einer Myofibrille

von *mehreren Zentimetern* erreichen. Die Muskelfaser ist von einer Plasmamembran umgeben, die als ***Sarkolemm*** bezeichnet wird.

Den *kontraktilen Apparat* der Muskelfasern stellen die ***Myofibrillen*** dar, die in großer Zahl in der Muskelfaser vorkommen. Sie enthalten die *dünnen* und *dicken Filamente*, die im quergestreiften Muskel in einem sich regelmäßig wiederholenden Muster angeordnet sind und so zum Phänomen der *Querstreifung* führen (Abb. 21.1).

Wie aus Abb. 21.1 und aus Tabelle 21.1 hervorgeht, bilden insgesamt 4 Proteine die wesentlichen Bestandteile des ***Sarkomers*** als der funktionellen Grundeinheit der *Myofibrille*. Das Hauptprotein des Sarkomers ist das *Myosin*, das für die Bildung der ***dicken Filamente*** verantwortlich ist. Der Aufbau eines dicken Filamentes aus mehreren *Myosinmolekülen* geht aus Abb. 21.2 hervor. Die dünnen Filamente werden durch Polymerisierung des globulären Proteins *G-Actin* zum filamentösen *F-Actin* gebildet. Diese ***dünnen F-Actin-Filamente*** lagern darüber hinaus die regulatorischen Proteine Tropomyosin und Troponin an.

Abbildung 21.2 zeigt schematisch die bei der ***Muskelkontraktion*** auftretenden Vorgänge. Zunächst binden die Kopfgruppen der das

Tabelle 21.1. Die einzelnen Proteine des Myofilamentes

Protein	Polymere Form	Funktion
Myosin	Dickes Filament	Brückenbildung mit F-Actin, Myosin-ATPase
G-Actin	F-Actin, dünnes Filament	Brückenbildung mit Myosin
Tropomyosin	–	Als Bestandteil des dünnen Filaments Regulation der Myosin-Actin-Wechselwirkung
Troponin	–	Ca-Bindungsprotein, Regulation der Myosin-Actin-Wechselwirkung

dicke Myofilament bildenden Myosinmoleküle ATP und spalten dieses zu ADP und P_i, so daß der *Myosin-ADP-Komplex* entsteht. Die bei der ATP-Spaltung freiwerdende Energie wird dadurch konserviert, daß sie eine *spezifische Konformationsänderung* des Myosinmoleküls auslöst. Unter der Einwirkung von ***Calcium*** lagern sich die Kopfgruppen der Myosinmoleküle an die aus F-Actin bestehenden *dünnen Filamente* an, so daß der *Actomyosin-ADP-Komplex* entsteht. Unter Abspaltung von ADP ändert sich nun die Lage der Kopfgruppen derart, daß die dünnen Filamente über die dicken gleiten, so daß es zu einer *Verkürzung des Sarkomers* kommt.

Die *Dissoziation des Actomyosinkomplexes* geschieht schließlich durch Anlagerung von ATP an die Kopfgruppen des Myosins, womit ein erneuter Kontraktionscyclus durchgeführt werden kann.

Im ***Ruhezustand*** liegt das Sarkomer demnach in einem vergleichsweise „energiereichen" Zustand vor, da die bei der ATP-Spaltung freiwerdende Energie in einer entsprechenden Konformation des Myosinmoleküls konserviert wurde. Daß dies *nicht sofort* zum Auslösen des Kontraktionsprozesses führt, ist der Tatsache zu verdanken, daß in Ruhe die Bindungsstellen des F-Actins für die Myosinkopfgruppen durch das *Tropomyosin* verlegt sind. Im Sarkomer freigesetzte ***Calciumionen*** werden von *Troponin*, einem weiteren Bestandteil des dünnen Filamentes, gebunden. Dadurch kann Troponin mit Tropomyosin in *Wechselwirkung* treten, was zu einer ***Freilegung der Myosinbindungsstellen*** auf dem dünnen Filament und damit zur Auslösung des Kontraktionsvorgangs führt.

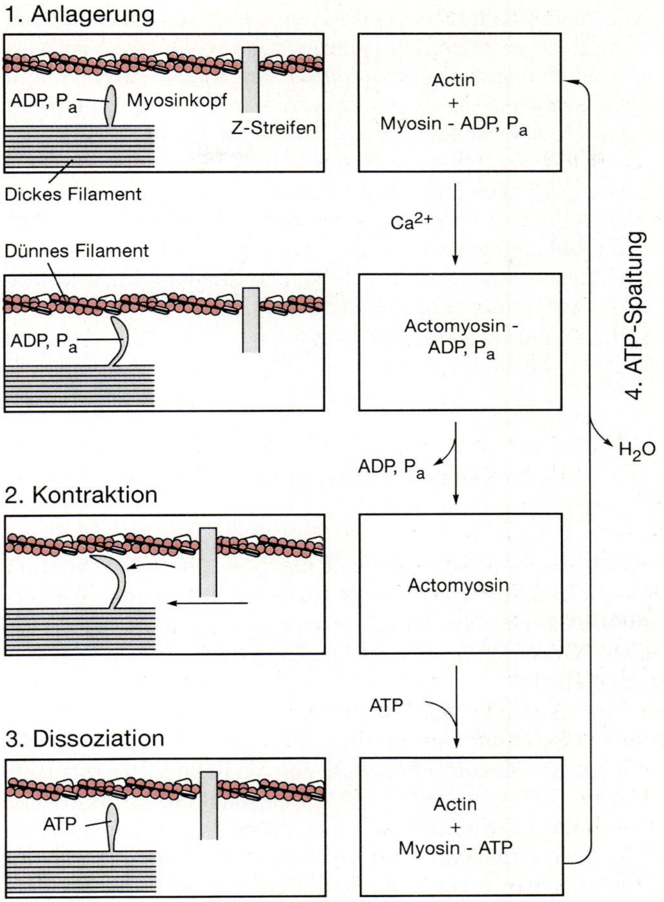

Bild 21.2. Mechanismus der Muskelkontraktion. Durch ATP-abhängige Konformationsänderungen an den Myosinköpfen der dicken Filamente kommt es zum Aneinandervorbeigleiten von Actin- und Myosinfilamenten. (Aus: Jungermann, Möhler 1980 Biochemie. Springer, Berlin, Heidelberg, New York)

Im Ruhezustand ist die ***Calciumkonzentration*** im Sarkomer mit etwa 10^{-7} mol/l außerordentlich niedrig. Durch die mit der Nervenreizung einhergehende *Depolarisation* der Muskelfaser kommt es zu einer *Calciumfreisetzung* aus intrazellulären Calciumspeichern (sarkoplasmatisches Reticulum) sowie außerdem zu einem *Calciumeinstrom* aus dem extrazellulären Raum.

Für den Übergang zur Ruhephase ist die *Wiederherstellung* der niedrigen intrazellulären Calciumkonzentration notwendig, was mittels einer ATP-abhängigen *Calcium-ATPase* geschieht, welche die *gegen* ein Konzentrationsgefälle erfolgende Wiederaufnahme von Calcium in das ***sarkoplasmatische Reticulum*** bzw. die Ausschleusung von Calcium aus der Zelle katalysiert. Nähere Einzelheiten zum Mechanismus der Muskelkontraktion s. Lehrbücher der Physiologie.

Die Bereitstellung der für den Kontraktionsvorgang benötigten Energie ist vielfältig abgesichert

Aus dem oben geschilderten Mechanismus der Muskelkontraktion wird verständlich, daß der ATP-Verbrauch der Muskulatur bei Arbeit beträchtlich ist. Die Muskelzelle verfügt infolgedessen über eine Reihe von Mechanismen, die ihr die Deckung dieses hohen Energiebedarfs ermöglichen.

Für sehr kurz dauernde Muskelkontraktionen steht neben dem ***intrazellulären ATP-Gehalt*** der Muskelzelle eine weitere energiereiche Verbindung, das ***Kreatinphosphat***, zur Verfügung, dessen Biosynthese in Abb. 21.3 dargestellt ist. Ausgangspunkt der Biosynthese ist die Aminosäure *Glycin*, die eine *Guanidinogruppe* von Arginin übernimmt und anschließend *methyliert* wird. Das so entstandene *Kreatin* kann in einer reversiblen Reaktion mit ATP zu *Kreatinphosphat* phosphoryliert werden. Dank der benachbarten Guanidinogruppe handelt es sich um eine „energiereiche Verbindung“, deren *Hydrolyse-Energie* im Bereich derjenigen des ATPs liegt.

Da der *Kreatingehalt* der Muskelzelle um ein Mehrfaches über demjenigen des ATPs liegt, kann durch Phosphorylierung von Kreatin zu Kreatinphosphat während der Ruhepause ein beträchtlicher Vorrat an „energiereichem Phosphat“ angelegt werden, der bei plötzlichem hohen Energiebedarf dazu dient, ADP unabhängig von Atmungs- bzw. Stoffwechselprozessen zu rephosphorylieren. Dieses

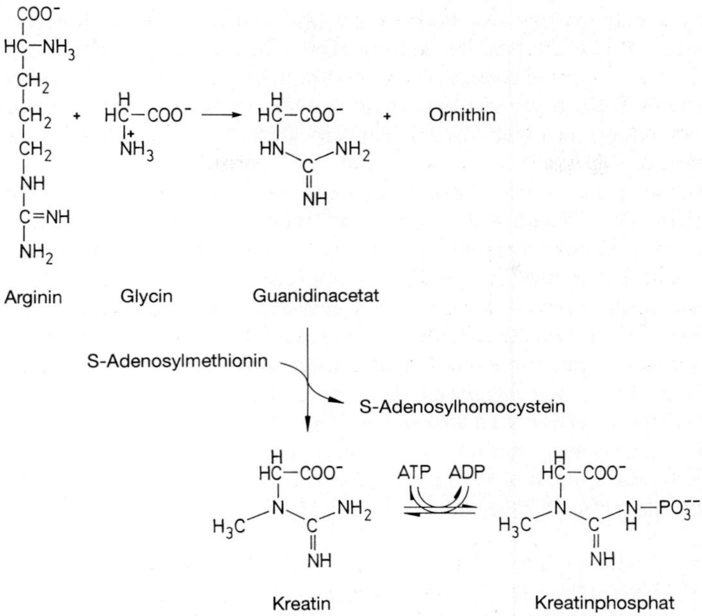

Bild 21.3. Biosynthese von Kreatin und Kreatinphosphat aus Arginin und Glycin

System kann allerdings nur zur relativ *kurzfristigen Deckung* des Energiebedarfs bei Arbeit über wenige Minuten dienen.

Für *länger dauernde Arbeitsleistungen* sind die wichtigsten Substrate aus dem extrazellulären Raum aufgenommene ***Glucose*** sowie das ***Muskelglykogen***. Beide Verbindungen werden über die *Glykolyse* abgebaut und das entstehende *Pyruvat* unter beträchtlichem Energiegewinn in *Citratcyclus* und *Atmungskette* oxidiert (s.S. 154). Da es sich bei den letzteren Prozessen um sauerstoffabhängige Vorgänge handelt, muß in der Muskelzelle die *Sauerstoffdiffusion* aus dem Blut zu den Mitochondrien besonders schnell erfolgen. Dies wird dadurch ermöglicht, daß die Muskelzelle über ein besonderes *Transportprotein* für Sauerstoff, das ***Myoglobin***, verfügt. Myoglobin ist wie Hämoglobin ein *Hämprotein*, besteht jedoch nur aus einer Peptidkette, die viele Strukturhomologien zu den Hämoglobinuntereinheiten

heiten besitzt, jedoch als *monomeres* Molekül *nicht* über die allosterischen Eigenschaften des Hämoglobins verfügt. Myoglobin wird infolge des in der extrazellulären Flüssigkeit herrschenden *Sauerstoffpartialdrucks* gut mit Sauerstoff beladen, gibt ihn jedoch leicht an die Mitochondrien ab, da dort der Partialdruck von Sauerstoff sehr niedrig ist.

Überschreitet die der Muskulatur abgeforderte Arbeitsleistung die Kapazität der Muskelzelle zum oxidativen, O_2-abhängigen Stoffwechsel, so kann der daraus resultierende Energiebedarf durch eine weitere Beschleunigung der *Glykogenolyse* und *Glykolyse* erzielt werden. Hier steht allerdings *kein* Sauerstoff mehr zur Verfügung, so daß dann ***Lactat*** das Endprodukt des Glucoseabbaus darstellt.

Bei Ausdauerleistungen sowie im Hungerzustand treten als weitere wichtige Quelle zur Deckung des Energiebedarfs der Muskelzelle die ***nichtveresterten Fettsäuren*** und ***Ketonkörper*** auf, die in der Muskulatur außerordentlich gut oxidiert werden können.

22 Binde- und Stützgewebe

ZUSAMMENFASSUNG

Kollagen und Elastin sind die wichtigsten Proteine des Bindegewebes. Die extrazelluläre Matrix bildet ein dreidimensionales Netzwerk. Die Kollagensynthese findet intra- und extrazellulär statt. Genetische Störungen beim Aufbau des Bindegewebes führen zu schweren Erkrankungen.

Kollagen und Elastin sind die wichtigsten Proteine des Bindegewebes

Strukturierte extrazelluläre *Substanz* mit entsprechendem Gehalt an Makromolekülen kommt an verschiedenen Stellen des Organismus in ganz unterschiedlichem Ausmaß vor. So findet sie sich in ***parenchymatösen Organen*** nur in *geringem Umfang*, dagegen macht extrazelluläres Material im klassischen Bindegewebe (Knorpel, Sehnen, Nabelschnur, usw.) 85 - 90% aus. In der durch die entsprechenden *Bindegewebszellen* (Fibroblasten, Chondrocyten, usw.) gebildeten ***extrazellulären Matrix*** finden sich im wesentlichen zwei Typen von Makromolekülen. Es handelt sich um die Proteine *Kollagen* bzw. *Elastin* sowie eine als ***Proteoglykane*** bezeichnete Gruppe von Verbindungen.

Kollagen ist mengenmäßig das bedeutendste Protein der extrazellulären Matrix (Tabelle 22.1.) Man kennt heute wenigstens 10 *verschiedene Kollagentypen*, die in unterschiedlicher Häufigkeit in den verschiedenen Bestandteilen des Bindegewebes vorkommen (Tabelle 22.2). Als gemeinsames wichtiges Strukturmerkmal besitzen

Tabelle 22.1. Gehalt einiger Gewebe an Kollagen, Elastin und polyanionischen Proteoglykanen (g/100 g Trockengewebe)

Gewebe	Kollagen	Elastin	Polyanionische Proteoglykane
Leber	4	0,16–0,30	
Lungen	10	3–7	
Aorta	12–24	28–32	6,0
Ligamentum nuchae (Rind)	17	75	
Knorpel	46–64		20–37
Cornea	68		4,5
Haut	72	0,6	
Achillessehne	86	4,4	0,5
Gesamter Knochen	23		0,2
Mineralfreier Knochen	88		0,8

die unterschiedlichen Kollagentypen eine ***Kollagen-Tripelhelix***. Wie aus Abb. 22.1 zu entnehmen ist, besteht diese aus drei Untereinheiten, den *α-Ketten*. Die Sekundärstruktur jeder α-Kette besteht aus einer steilen, *linksgängigen Helix*. Je drei α-Ketten bilden eine ***rechtsgängige Superhelix***. Dadurch wird die stabförmige Gestalt des Kollagenmoleküls mit einem Durchmesser von 1,4 nm und einer Länge von etwa 300 nm festgelegt. Die ungewöhnliche *Sekundärstruktur* des Kollagenmoleküls erklärt sich aus den Besonderheiten der *Primärstruktur* der α-Ketten. Über fast die gesamte Peptidkette findet sich in jeder dritten Position die Aminosäure ***Glycin***. Mit zusammen etwa 20% sind die nächsthäufigen Aminosäuren ***Prolin*** und ***Hydroxyprolin***. In der Sequenz schließen sie sich im allgemeinen unmittelbar an Glycin an. Eine weitere strukturelle Besonderheit ist das relativ häufige Vorkommen von ***Hydroxylysinresten***, welche zum Teil aus Galaktose und Glucose gebildete *Disaccharide* tragen.

Prolin- bzw. Hydroxyprolinreste schränken die Beweglichkeit des Peptidfadens stark ein, da aufgrund ihrer Struktur *keine Drehbarkeit* der Bindung zwischen dem α-C-Atom und der α-Aminogruppe mehr möglich ist. Dank der kleinen Seitenkette des *Glycins* können die *3 α-Ketten* sehr dicht gepackt werden. Durch ***Aggregation*** von Kollagenmolekülen entsteht die *Kollagenfibrille*. Diese Struktur wird durch die Ausbildung von ***kovalenten Vernetzungen*** stabilisiert. Da-

Tabelle 22.2. Bisher bekannte Kollagene

Typ	Charakteristika	Quartärstruktur	Vorkommen
I	Sehr häufig	67 nm quergestreifte Fibrillen	Haut, Knochen, Sehnen etc.
II	Sehr häufig	Kleine 67 nm gebundene Fibrillen	Knorpel, Glaskörper Nucleus pulposus
III	Knorpelreticulin, häufig	Kleine 67 nm gebundene Fibrillen	Haut, Blutgefäße, innere Organe etc. (reticuline Fasern)
IV	Basalmembran	Nichtfibrilläres Netzwerk	Alle Basalmembranen
V	Häufig	Kurze Fasern	Die meisten Zwischengewebe
VI	Mikrofibrillen	100 nm quergestreifte Fibrillen	Die meisten Zwischengewebe
VII	Lange Kette	Antiparallele Dimerstruktur	Haut
VIII	Kurze hintereinanderliegende Helices	?	Endothelzellen
IX	Knorpelprotein, das Glycosaminoglycane enthält	?	Hyaliner Knorpel
X	Kurze Kette	?	Hypertrophierter und mineralisierender Knorpel

neben kommen auch Quervernetzungen innerhalb eines Kollagenmoleküls vor.

Eine sehr ähnliche Aminosäurezusammensetzung zeigt auch das ***Elastin***, welches das Protein der in fast allen Bindegeweben nachweisbaren elastischen Bindegewebsfasern darstellt.

Die extrazelluläre Matrix bildet ein dreidimensionales Netzwerk

Bindegewebe stellt ein dreidimensionales Netzwerk aus *Kollagen* und *Elastin* sowie den verschiedenen *Proteoglykanen* dar

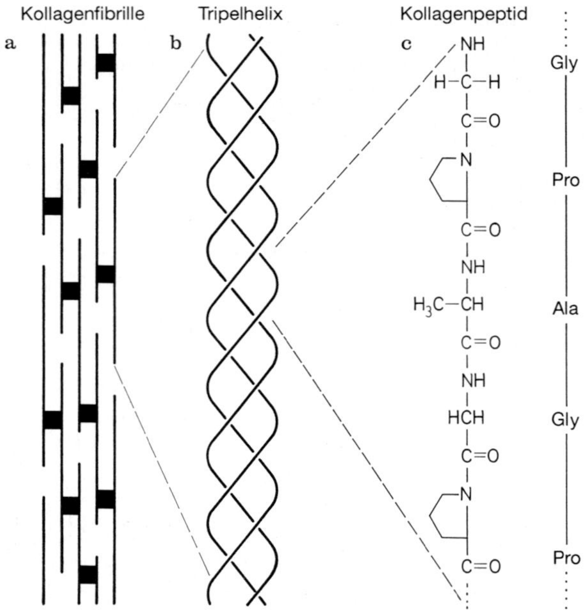

Bild 22.1. Schema des Aufbaus einer Kollagenfibrille

(Abb. 22.2). Die Biosynthese der letzteren wurde bereits besprochen (s.S. 238). Die räumliche Anordnung dieses Netzwerks wird dabei durch Wechselwirkungen zwischen *positiv* geladenen Aminosäureresten der Kollagen- und Elastin-Fasern sowie *negativen* Ladungen auf den Proteoglykanen gegeben.

Straffes Bindegewebe, vor allen Dingen ***Sehnen***, zeichnet sich durch einen sehr hohen Gehalt an *parallel* zueinander verlaufenden *Kollagenfasern* aus, was eine hohe *Zugfestigkeit* ergibt. Im ***Knorpel***, der sich vor allen Dingen durch *druckelastische* Eigenschaften auszeichnet (Gelenke!), sowie im ***lockeren Bindegewebe*** (interstitielles Bindegewebe) findet sich ein vergleichsweise hoher Gehalt an Proteoglykanen, die über *nichtkovalente* Bindungen (s. oben) mit wesentlich spärlicher vorkommenden Fasern aus Kollagen und Elastin verknüpft sind. Dank ihres *hydrophilen Charakters* binden Proteo-

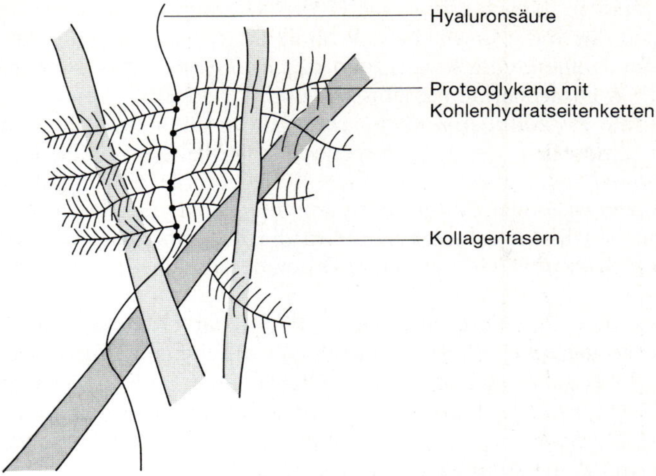

Bild 22.2. Kollagene Fasern und Proteoglykane als Strukturelemente beim Aufbau der extrazellulären Matrix. An die sehr langen Hyaluronsäuremoleküle lagern sich mit Hilfe spezifischer Proteine Proteoglykane an. Diese stark verzweigte und geladene Struktur tritt mit Kollagenfibrillen in Wechselwirkung

glykane viel *Wasser*, dank ihrer *polyanionischen Struktur* enthalten sie darüber hinaus Natrium, Kalium, Calcium und Magnesium.

Infolge des dreidimensionalen Fasernetzes aus Kollagen und Elastin, an das Proteoglykane assoziiert sind, bildet Bindegewebe eine elastische Struktur, die ***Schutz vor mechanischen Traumen*** aller Art bietet. Schließlich stellt das Netzwerk des Bindegewebes eine ***Transportbarriere*** dar, die vor allem von Makromolekülen nur schwer überwunden werden kann.

Die Kollagensynthese findet intra- und extrazellulär statt

In den Bindegewebszellen, den ***Fibroblasten***, erfolgt zunächst die Biosynthese der einzelnen Peptidketten des Kollagens. Im Vergleich zum fertigen *Kollagen* sind sie am N-terminalen Ende um etwa 150 Aminosäuren länger. Dieses Stück, welches während der Kollagenreifung abgespalten wird, wird auch als ***Registerpeptid*** bezeichnet. Die einzelnen Peptidketten des Kollagens lagern sich zur Tripelhelix zusammen, danach erfolgt die Hydroxylierung von Lysin- und Prolinresten durch die Lisyn- bzw. Prolinhydroxylase sowie die Anheftung der Kohlenhydratseitenketten des ***Kollagens***. Dies sind im wesentlichen Disaccharide aus Glucose und Galaktose.

Das fertige ***Prokollagenmolekül*** wird nun in den extrazellulären Raum sezerniert, wo die Registerpeptide abgespalten werden und *Tropokollagen* entsteht. Die einzelnen Kollagenmoleküle aggregieren zur ***Kollagenfibrille***. Aufgrund hydrophiler und hydrophober Regionen auf den Kollagenmolekülen wird die Zusammenlagerung zu *pentameren Mikrofibrillen* mit einem Durchmesser von 4 nm erleichtert.

Eine Stabilisierung dieser Struktur ergibt sich darüber hinaus durch eine ***Quervernetzung*** mit Hilfe kovalenter Bindungen. Voraussetzung hierfür ist, daß in den C- und N-terminalen Bereichen Lysin und Hydroxylysinreste oxidativ desaminiert werden. Die dabei entstehenden *Aldehyde* neigen zur Ausbildung von *Schiffschen* Basen vor allem mit den *ε-Aminogruppen* von Lysinresten.

Die biologische Halbwertszeit von *Kollagen* liegt im Bereich von 50 - 200 Tagen, was für einen langsamen Umsatz des Kollagens spricht. Während verschiedener physiologischer und pathologischer Prozesse kommt es jedoch zu einem *gesteigerten Kollagenabbau* (Altersinvolution, postpartale Rückbildung des Uterus, Wundheilung, usw.). Für den Kollagenabbau verantwortliche Enzyme sind die ***Kollagenasen***, die im tierischen Organismus noch nicht besonders gut charakterisiert sind. Das beim Kollagenabbau entstehende *Hydroxy-*

Tabelle 22.3. Übersicht über Mucopolysaccharidosen (Auswahl)

Fehlendes Enzym	Klinisches Merkmal	Bezeichnung
Iduronidase	Geistige Retardierung Skelettdeformitäten Hornhauttrübung	Mucopolysaccharidose I (Hurler-Syndrom)
N-Acetylhexos-aminidase	Schwere geistige Retardierung	Sanfilippo-B-Syndrom
β-Glucuronidase	Schwere Skelett-deformationen	Mucopolysaccharidose VII
β-Galaktosidase	Schwere Skelett-deformationen	Mucopolysaccharidose IV

prolin und *Hydroxylysin* wird im Gegensatz zu anderen Aminosäuren vom Organismus *nicht* wieder utilisiert, sondern über die Nieren ausgeschieden. Infolgedessen dient die Bestimmung der Hydroxyprolinausscheidung im Urin als Maß für den *Kollagenumsatz*.

Eng verwandt mit dem Kollagen ist das ***Elastin***, welches sich vom Kollagen durch besonders hohe Gehalte der *hydrophoben Aminosäuren* Leucin, Isoleucin, Phenylalanin und Tyrosin unterscheidet. Ähnlich wie beim Kollagen erfolgt auch beim Elastin der Aufbau einer *dreidimensionalen Struktur* durch Ausbildung von kovalenten Quervernetzungen zwischen einzelnen Elastinmolekülen. Der Elastinabbau erfolgt durch das Enzym ***Elastase***.

Genetische Störungen beim Aufbau des Bindegewebes führen zu schweren Erkrankungen

Erkrankungen, die als ***Kollagenosen*** bezeichnet werden, sind Folge hereditärer Defekte bei der *Biosynthese* des reifen Kollagens. So beruht wahrscheinlich das ***Marfan-Syndrom*** auf einer Änderung der *Primärstruktur* der Kollagenpeptide, die durch Mutation ausgelöst wird. Zum Marfan-Syndrom gehören auffallend lange Knochen, Spinnenfingrigkeit, Herzklappeninsuffizienz und Bänderschlaffheit mit Überstreckbarkeit der Gelenke. Die als ***Ehlers-Danlos-Syndrom VI*** bezeichnete Erkrankung beruht auf einer starken Aktivitätsverminderung der *Lysinhydroxylase*. Hierdurch kommt es zu einer Verminderung der Lysinhydroxylierung im Kollagen und zu einer schweren Störung der Bindegewebsstruktur mit Störung der Knochenbildung und einer ungewöhnlichen Überdehnbarkeit von Haut und Gelenken. Weitere Kollagenosen sind ***Lathyrismus, Cutis laxa*** und andere Formen des *Ehlers-Danlos-Syndroms*. Sie beruhen mit großer Sicherheit auf entsprechenden molekularen Änderungen des Kollagens, wenn auch im einzelnen die zugrundeliegenden Mechanismen noch nicht bekannt sind.

Einer Reihe von Erkrankungen liegt ein unvollständiger lysosomaler Abbau von Proteoglykanen zugrunde. Sie werden auch als ***Mucopolysaccharidosen*** bezeichnet. Dabei kommt es zu einer *intralysosomalen Speicherung* der unvollständig abgebauten Proteoglykane. Häufig findet sich bei derartigen Erkrankungen (s. Tabelle 22.3) eine Störung des Knochenwachstums sowie Störungen der geistigen Entwicklung.

23 Das Nervengewebe

ZUSAMMENFASSUNG

Ganglienzellen sind das zentrale Element des Nervensystems. Synapsen sind Verbindungen von einer Nervenzelle zu anderen Zellen. Glucoseoxidation deckt den größten Teil des Energieverbrauchs des Nervensystems.

Ganglienzellen sind das zentrale Element des Nervensystems

Das Nervensystem aller Wirbeltiere ist nach einem einheitlichen Muster aufgebaut. Es besteht aus einem umfangreichen System ***afferenter Fasern***, die die über die ***Sinnesorgane*** aufgenommenen Reize an das ***Zentralnervensystem*** weitergeben, wo diese verarbeitet und in entsprechende Impulse umgesetzt werden, die über ***efferente Fasern*** die *Reaktionen des Organismus* steuern.

Das zentrale Element des Nervensystems ist die ***Ganglienzelle*** (Abb. 23.1), von der das menschliche Gehirn mehr als 10 *Milliarden* enthält. Ganglienzellen verfügen alle über denselben Aufbau: Sie bestehen aus einem ***Zellkörper***, von dem in wechselnder Zahl verzweigte Fortsätze ausgehen, die sogenannten ***Dendriten***. Darüber hinaus verfügen sie über einen häufig außerordentlich langen als ***Axon*** bezeichneten Fortsatz, der häufig *myelinisiert* ist und die von der Ganglienzelle erzeugten *Impulse* abgibt. Die einzelnen Ganglienzellen sind über die Dendriten verbunden, wobei die Verbindungsstellen als ***Synapsen*** bezeichnet werden (Abb. 23.2). Außer Ganglienzellen enthält das Zentralnervensystem noch die sogenannten ***Gliazellen***, die Stütz- und Ernährungsfunktion für die Nervenzellen haben.

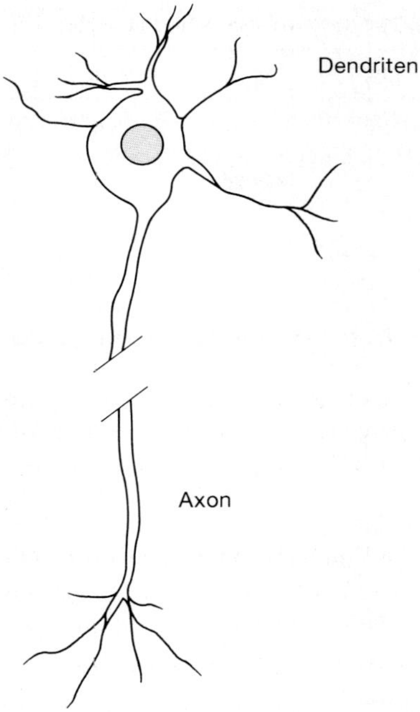

Bild 23.1. Schematische Darstellung einer Ganglienzelle

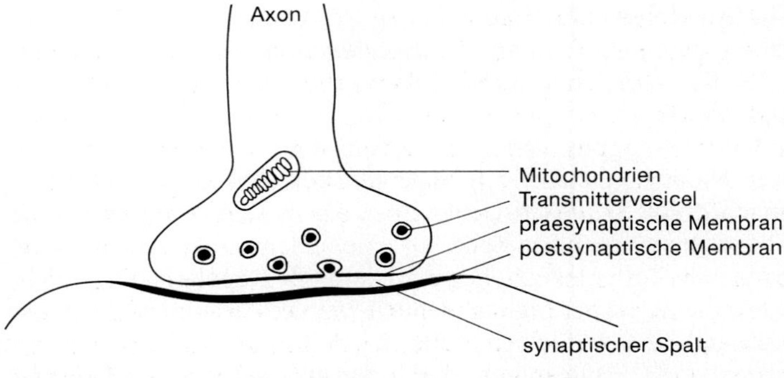

Bild 23.2. Schematische Darstellung des Aufbaus einer Synapse

Tabelle 23.1. Charakteristische chemische Bausteine des Nervengewebes

Baustein	%	Typische Vertreter
Proteine	8	Mikrotubuli, Neurofilamente, Proteolipidproteine
Lipide	5–15	Phospholipide, Sphingolipide, Ganglioside
Elektrolyte	1	–
Wasser	76–86	–

Tabelle 23.1 gibt eine Übersicht über die einzelnen Bauteile des menschlichen Zentralnervensystems. Auffallend ist der vergleichsweise hohe *Lipidgehalt* des Zentralnervensystems, was vor allem auf die ***Myelinscheiden*** der *markhaltigen Axone* zurückzuführen ist.

Die Lipide bestehen aus *Phosphoglyceriden, Sphingolipiden* und den ***Gangliosiden***, die im Zentralnervensystem in besonders hoher Konzentration vorkommenden. Etwa 8% der Gesamtmasse des Zentralnervensystems besteht aus Protein. Einen besonders großen Anteil am Protein haben die Proteine des *Cytoskeletts*, besonders das für den Aufbau der Mikrotubuli benötigte *Tubulin* sowie die *Neurofilamente*.

Synapsen sind Verbindungen von einer Nervenzelle zu anderen Zellen

Während der Wanderung eines Nervenimpulses durch ein Axon entsteht ein typisches ***Aktionspotential*** (s. Lehrbücher der Physiologie), welches als eine fortlaufende *Depolarisierung – Repolarisierung* über der Nervenfaser aufzufassen ist. Ausgelöst wird die Depolarisierung durch die Öffnung von ***Natriumkanälen*** in der Zellmembran, die Repolarisierung erfolgt durch die Aktivität der *Natrium-Kalium-ATPase*.

Die Reizübertragung von einer Nervenzelle auf eine andere (auch auf eine Nichtnervenzelle, z.B. eine Muskelzelle) erfolgt mit Hilfe von sogenannten ***Synapsen*** (Abb. 23.2). Da es sich ja immer um die Reizübertragung von einer Zelle auf eine andere Zelle handelt, kann das Prinzip der fortgeleiteten Depolarisierung – Repolarisierung nicht mehr für die Reizübertragung benutzt werden. Vielmehr setzt der Nervenimpuls am verdickten Ende des ***Neurons*** dort gespeicherte *Überträgerstoffe* (Transmitter) durch die ***präsynaptische Membran*** in den ***synaptischen Spalt*** frei.

Geeignete Rezeptoren in der zur *postsynaptischen Zelle* gehörenden ***postsynaptischen Membran*** binden den Transmitter und lösen hierdurch ein definiertes intrazelluläres Signal aus, was einer *adäquaten Reizübermittlung* entspricht. Ist der von der präsynaptischen Zelle ausgeschüttete Überträgerstoff beispielsweise das *Noradrenalin*, so kommt es postsynaptisch zu einer Aktivierung der *Adenylatcyclase* und damit zu einer Phosphorylierung entsprechender Proteine.

Eine wesentliche Voraussetzung für das Funktionieren einer Synapse ist, daß einmal freigesetzte Transmitter, die dank des sehr geringen Volumens im synaptischen Spalt rasch hohe Konzentrationen erreichen können, auch wieder aus dem Spalt entfernt werden. Dies geschieht einmal durch Wiederaufnahme in die ***synaptischen Vesikel***, zum anderen durch raschen ***enzymkatalysierten Abbau***.

Tabelle 23.2 stellt die wichtigsten heute bekannten ***Transmitter*** zusammen. Der am längsten bekannte Transmitter ist das *Acetylcholin*, das durch die Reaktion von Acetyl-CoA mit Cholin entsteht. Es wird spezifisch in ***autonomen Ganglien***, im ***Nucleus Caudatus*** und vor allen Dingen in der ***motorischen Endplatte*** verwendet. Eine ganze Gruppe von Transmittern kann unter der Bezeichnung ***Monoamine*** zusammengefaßt werden. Es handelt sich um Verbindungen, die aus den Aminosäuren *Tyrosin* (Dopamin, Noradrenalin), *Glutamat* (γ-Aminobuttersäure) oder *Tryptophan* (Serotonin) entstehen. Auch sie erfüllen an Synapsen in definierten Arealen des Zentralnervensystems ihre Funktion.

Der ***Abbau der Neurotransmitter*** erfolgt durch Hydrolyse (Acetylcholin) sowie durch die *Monoaminoxidase* (Monoamine), wobei die entsprechenden Aldehyde entstehen, die dann oxidiert oder reduziert werden können:

$$\text{Monoamin} \quad \xrightarrow{\text{Monoaminoxidase}} \quad \text{Aldehyd}$$

$$R-CH_2-NH_2 + O_2 + H_2O \xrightarrow{FAD} R-C\begin{matrix}\nearrow O \\ \searrow H\end{matrix} + H_2O_2 + NH_3$$

Glucoseoxidation deckt den größten Teil des Energieverbrauchs des Nervensystems

Das Zentralnervensystem ist ein außerordentlich stoffwechselaktives Gewebe. Dies geht schon aus der Tatsache hervor, daß 15% des Mi-

Tabelle 23.2. Die wichtigsten Überträgerstoffe (Transmitter) im Zentralnervensystem

Bezeichnung	Entstehung	Vorkommen
Acetylcholin	Aus Acetyl-CoA und Cholin	Motorische Endplatte, autonome Ganglien, Nucleus caudatus
Dopamin	Durch Hydroxylierung und Decarboxylierung aus Tyrosin	Corpus striatum, Putamen, Nucleus caudatus
Noradrenalin	Durch Hydroxylierung (2 ×) und Decarboxylierung aus Tyrosin	Hypothalamus, Substantia nigra
γ-Amino-buttersäure	Durch Decarboxylierung aus Glutamat	Großhirn, Purkinje Zellen
Serotonin	Durch Hydroxylierung und Decarboxylierung aus Tryptophan	Hypothalamus, Epiphyse, Nucleus caudatus
Enkephalin Endorphin	Aus β-Lipotropin	Großhirn

nutenvolumens für die Durchblutung des Gehirns aufgebracht werden müssen, obwohl dieses nur 2% des Körpergewichtes ausmacht.

Durch die Möglichkeit der Katheterisierung zuführender und abführender Blutgefäße weiß man heute über die zur Deckung des Energiebedarfs des Gehirns aufgenommenen Substrate sehr genau Bescheid. Bei normaler Ernährung verwertet das Nervengewebe in erster Linie ***Kohlenhydrate*** für seinen Stoffwechsel, wobei wegen des geringen Glykogengehaltes die aus dem Blut aufgenommene *Glucose* von besonderer Bedeutung ist. Der überwiegende Teil der aufgenommenen Glucose wird zu CO_2 und H_2O oxidiert. Der sich daraus ergebende recht erhebliche *ATP-Umsatz* dient zu einem überwiegenden Teil der Aufrechterhaltung von ***Ionengradienten***, die für die Nervenleitung benötigt werden.

Unter länger dauernden Hungerbedingungen (nach etwa 30 Stunden) gewinnt das Gehirn die Fähigkeit, auch ***β-Hydroxybutyrat*** und ***Acetacetat*** aufzunehmen und zu oxidieren. Durch diese Adaptation kann in beträchtlichem Umfang Glucose gespart werden. Im Hungerzustand kann diese ja nur durch *Gluconeogenese* aus Aminosäuren erzeugt werden, so daß jeder Einspareffekt hier zu einer bedeutenden Lebensverlängerung führt.

Auffallend ist der besonders hohe Anteil von *Glutamat* und *Glutamin* an den freien Aminosäuren des Gehirns. Vom Glutamat geht die Synthese des Neurotransmitters *γ-Aminobutyrat* aus. Darüber hinaus ist Glutamat eine wichtige Verbindung für die Entgiftung von Ammoniak, da es zu Glutamin amidiert werden kann. Glutamat entsteht durch Transaminierung bzw. reduktive Aminierung von *α-Ketoglutarat* (s.S. 186). Bei sehr hohen Ammoniakkonzentrationen wird so viel α-Ketoglutarat in Glutamat bzw. Glutamin umgewandelt, daß es zu einem Abfall der intrazellulären α-Ketoglutaratkonzentration und damit zu einer *Verlangsamung des Citratcyclus* in den Ganglienzellen kommt. Man nimmt an, daß dies einer der Gründe für die besondere Toxizität des Ammoniaks für das Zentralnervensystem ist.

Besonderheiten im Stoffwechsel des Zentralnervensystems ergeben sich schließlich noch dadurch, daß es über die sogenannte ***Blut-Hirn-Schranke*** verfügt. Sie beruht auf einer im Vergleich zu anderen Organen besonders *geringen Permeabilität* der Blutkapillaren des Gehirns. Diese sind zwar für Gase wie CO_2, O_2 *und* NH_3 permeabel, für *Elektrolyte*, *Aminosäuren, Glucose*, viele *Arzneimittel* usw. jedoch kaum durchlässig. Wenn überhaupt, erfolgt ein Transport dieser Verbindungen durch aktive ***Transportsysteme*** bzw. durch ***erleichterte Diffusion***.

Die Zusammensetzung der interstitiellen Flüssigkeit des Gehirns entspricht in etwa derjenigen des ***Liquor cerebrospinalis***, der durch die *Plexus chorioidei* gebildet wird. Seine Zusammensetzung ist im Vergleich zu derjenigen des Serums, speziell was die Elektrolytkonzentrationen angeht, *wesentlich konstanter*, was von großer Bedeutung für die Aufrechterhaltung der Gehirnfunktion ist.

Sachverzeichnis

A.J. Augustin, Universität Bonn;
J.S. Schwegler, Physiologisches Institut, Würzburg